实验室 建设与管理 工作研究

主　编／敖天其　金永东

副主编／何　柳　董丽萍

编　委／陈衍夏　刘胜青　廖林川　秦家强
　　　　吴家刚　王茂林　王玉良　汪道辉
　　　　谢　川　向　刚　余　倩　叶　佳
　　　　张凌琳　郑小林

SHIYANSHI
JIANSHE YU GUANLI GONGZUO YANJIU

 四川大学出版社

项目策划：毕　潜
责任编辑：肖忠琴
责任校对：胡晓燕
封面设计：墨创文化
责任印制：王　炜

图书在版编目（CIP）数据

实验室建设与管理工作研究 / 敖天其，金永东主编
. — 成都：四川大学出版社，2021.2
ISBN 978-7-5614-6728-2

Ⅰ．①实… Ⅱ．①敖… ②金… Ⅲ．①高等学校－实
验室管理－研究 Ⅳ．① G642.423

中国版本图书馆 CIP 数据核字（2021）第 026170 号

书名	实验室建设与管理工作研究
主　　编	敖天其　金永东
出　　版	四川大学出版社
地　　址	成都市一环路南一段 24 号（610065）
发　　行	四川大学出版社
书　　号	ISBN 978-7-5614-6728-2
印前制作	四川胜翔数码印务设计有限公司
印　　刷	成都市新都华兴印务有限公司
成品尺寸	185mm×260mm
印　　张	28.25
字　　数	718 千字
版　　次	2021 年 4 月第 1 版
印　　次	2021 年 4 月第 1 次印刷
定　　价	128.00 元

◆ 读者邮购本书，请与本社发行科联系。
　电话：(028)85408408/(028)85401670/
　(028)86408023　邮政编码：610065
◆ 本社图书如有印装质量问题，请寄回出版社调换。
◆ 网址：http://press.scu.edu.cn

四川大学出版社
微信公众号

卷 首 语

高校实验室是基本办学条件之一，是人才培养与科技成果的摇篮。实验室建设管理水平是学校办学实力和水平的重要方面。近年来，学校在深入贯彻习近平新时代中国特色社会主义思想，推进学校"两个伟大"、加快建设一流大学和一流人才的培养过程中，以世界一流的标准和"先进性、专业性、课程性、创意性"四位一体的建设理念，以及跨学科专业开放共享的建设模式和智能化的运行管理手段，高度重视和加强实验室建设与管理工作，为人才培养、科学研究、文化传承与社会服务提供了有力的实验条件支撑。

围绕国家和学校的"十四五"规划，实验室建设与管理在新形势下如何进一步改革创新、追求卓越，提升实验室建设与管理服务水平，更好地发挥实验室的综合效益，这需要在理论和实践方面探索创新。本书收录了一批在实验室建设与管理、实验室安全与环保、大型仪器设备开放共享等方面思考和研究的优秀成果，探索在新形势下实验室建设与管理及实验教学改革的新思路、新举措，以期广大实验课程教师、实验技术与实验室管理工作人员能从本书中获得启发，推动实验教育教学改革，为建设高等教育强国、科技创新强国，培养具有全球竞争力的一流人才提供更加有力的实验条件保障。

目　　录

1

仪器设备应用与管理（开放共享）

实验室安全与环保

实验室其他相关创新工作

实验室建设模式与标准

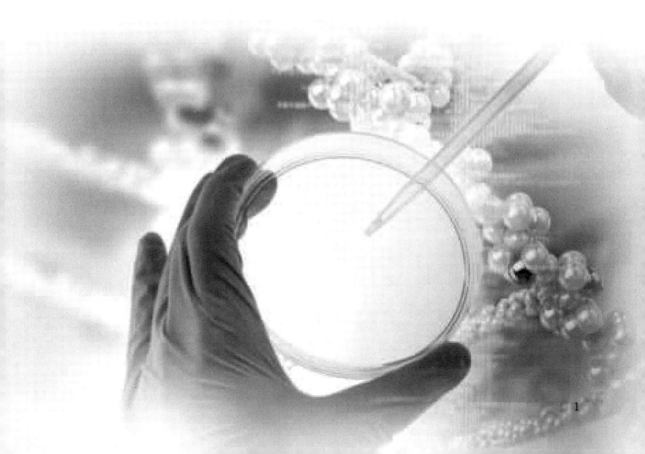

化学实验教学中心高质量服务实验教学的探索与实践

白　蓝*　刘　媛　王玉良　杨　成

四川大学化学学院化学实验教学中心

【摘　要】 四川大学化学学院的化学实验教学中心以国家级实验教学示范中心的建设运行为标准，以突出的软硬件环境、高水平实验教学队伍以及严格的教学督导制度为支撑，通过创新灵活的实践教学方式，高质量高标准地为高水平实验教学和高素质创新型人才培养服务。化学实验教学中心在教学教改研究和学生实践能力及创新能力培养等方面，做出了积极的探索并取得了显著的成效。

【关键词】 实验教学示范中心；实验教学；教研教改；人才培养

引言

四川大学化学学院的化学实验教学中心（以下简称"中心"）自成立以来，经多次融合，逐渐形成了一个包括基础、创新和综合化学实验的多学科交叉的教学平台。其作为组织高水平实验教学、培养创新人才的重要基地[1-2]，中心以国家级实验教学示范中心的建设运行为标准，以"兴趣培养为先导，个性指导定方向，项目实施提能力，综合素质为目标"为创新意识培养的总体思路，坚持前沿融合型教学方式和"个性化、阶段化、过程化"的创新人才培养路径[3-4]，建立自主式、探究式、合作式的实践教学方法。近年来，中心秉承开拓创新的精神，在提升实验教学条件、优化实验实践教学体系、改革教学方法以及人才培养模式等方面进行了有益的探索与实践。

1　建立全方位实验教学服务保障条件

1.1　合理设置分层次实验教学平台

四川大学化学实验教学中心在四川大学江安校区第一基础实验楼设立四大基础实验室，主要为全校化学相关专业一、二年级的学生提供基础化学实验教学，对学生进行化学

---

*　作者简介：白蓝，博士，实验师，四川大学化学学院化学实验教学中心教学管理秘书，主要从事有机实验教学和有机高分子功能材料研究。

基本实验技能训练以及拓展性和设计创新性实验训练，培养学生综合运用所学知识解决实际问题的能力，提高学生的科学素养和创新能力。四大基础实验室年均开出 130 余项实验项目，开设课程 40 余门。其中，无机化学实验课程群 14 门，有机化学实验课程群 11 门，物理化学实验课程群 7 门，化学分析实验课程群 3 门，仪器分析实验课程群 5 门。此外，四大基础实验室还开设了"探索型化学实验"与"化学综合实验"两门特色实验课程。近年来，四大基础实验室承担了全校理、工、医、文四大类共 14 个学院 45 个专业不同层次的化学实验教学，年均完成实验教学工作量约 40 万人学时，其中非化学本专业的学时数约占 76%，按人数计算非化学本专业学生人数约占 92%。

中心在四川大学望江校区建设有化学"专业实验室"与应用化学"专业实验室"。化学"专业实验室"配备了众多先进的大型仪器，承担了化学专业高年级本科生的科研训练、设计实验、专业实验、探索性实验及本科毕业论文的任务。应用化学"专业实验室"则主要依托绿色化学、高分子化学、放射化学以及化学生物学四个特色学科的科研实验室而建立，形成本科教学与科研深度交叉融合的培养方式，促进了高水平应用型科研对实验教学和人才培养的支持。

同时，两大"专业实验室"积极利用自身拥有的价值 3000 余万元的大型分析检测仪器设备，推进大型仪器设备资源共享服务。近三年来，其面向校内外开展了有机化学、无机化学、化学生物学、高分子材料、生物医学材料、光电器件的制作、光电性能研究等领域的分析检测，大型精密设备年均使用达三万机时以上。

1.2 加强高水平教师队伍管理与建设

（1）学校与学院高度重视实验教学队伍建设。

确立了"水平一流、结构合理、爱岗敬业、创新进取"的实验教学队伍建设目标，以及"专职与兼职结合，引进与培养互补，激励与竞争并举"的建设工作指导思想，实施了相应的各项政策措施。在中心参加课程教学的教师和全体实验技术人员均作为固定人员，并对其教学工作进行认真管理和考核。

（2）鼓励高水平教师积极加入实验教学队伍。

四川大学化学学院和中心整合教学资源，出台合理规则，引入择优竞争上岗机制，鼓励和引导高水平教师参加实验教学工作，并积极参与创新性实验教学、参加教学改革和教材编写等工作。目前中心师资力量雄厚，现有固定人员 92 人。教学科研岗位的实验教师 62 人，其中国家"杰出青年基金"获得者 1 人、国家海外高层次人才引进计划青年项目入选者 5 人，正高级职称 27 人、副高级职称 19 人；实验技术人员 30 人，其中正高级职称 1 人，副高级职称 6 人，具有博士学位 14 人。这些优秀的人才为高水平的实验教学提供了保障。

（3）鼓励教师积极参加校内外培训，提升教师水平。

近年来，中心教师参加实验教学与技术相关培训及学术交流年均二十余人次。内部培训与交流常态化。

（4）执行严格的教学质量督查制度，促进教师持续改进工作。

领导巡视制度：中心主任、常务副主任随时到各实验室巡查上课情况，了解教学情况；实验室主任经常巡视各实验室，及时发现并处理教学中出现的各种问题。

学期中期评估制度：由中心领导和实验室主任检查教学情况，向学生了解教师的教学效果，并进行分析评估，将评估结果反馈给每位教师，促其扬长补短；问题严重者会被及时撤换。

学生评议制度：每学期末，学校向学生发放教学效果调查表（网上调查）并召开学生座谈会，评议各实验课程教学质量。

校院两级督导制度：学校实验教学质量督导组除定期检查教学情况外，化学学院还设置了实验教学质量督导任务，对中心的建设发展、教学内容、教学质量、教学效果及教学改革成效等进行指导、监督和评估。

1.3 推进实验室硬件建设与安全管理

近年来，在学校和学院的关怀下，在"中央高校改善基本办学条件专项资金"及学校设备处相关经费的支持下，中心陆续完成了对公共区域和实验室内部区域的装修改造，并对实验室的通风设备、实验台、实验柜以及实验室的门进行了分批更换；各实验室监控全面覆盖，实验室门锁全面换新，楼道紧急消防设施安装到位。实验室的硬件条件得到进一步提高，实验安全得到进一步保证。中心公共区域及实验室内部面貌如图1所示。

图1　中心公共区域及实验室内部

此外，进一步规范任课教师和实验技术人员在实验室安全方面应当承担的责任与义务，组织实验人员进行实验室化学品危害评估和个体防护的培训，以及消防安全知识和火灾应急处置的培训，强化管理人员的安全意识和应急处置技能。在推广实验室开放的同时，加强对学生的安全教育与管理，以"化学实验室个人防护"为主题，推出化学实验中心的安全宣传册，并发给首次参加化学实验课程的学生。同时推出"化学实验教学中心"公众号，以新媒体方式扩大宣传力度。进一步完善了危化品领用、管理、使用制度及危险废弃物处理等管理办法。

2 开展灵活创新的实验教学组织形式

如何改变传统的教育模式，转变高校教育观念及改革教育模式，培养适应科技发展和社会需求的人才，是实验教学面临的重要问题[5]。中心根据化学学科的特点及发展趋势，以学生为本，持续进行课程建设，不断对实验教学内容进行整合优化，完善教学体系，减少验证性实验，增加综合性、设计性和创新性实验[6-7]；在优化实验内容的基础上研发并推广创新实验年均 5 个，指导学生年均近 2000 人次；面向学生开设开放实验年均 20 项，指导学生年均 200 人次。

2.1 因材施教，灵活安排实验教学内容

实验教学示范中心建设的核心内容是加强实验教学体系建设和深化实验教学改革，建立既满足大众化教育，又适应学生个性化发展，有利于培养学生能力的多层次、开放式的实验教学课程体系[8]。因此，针对同样学时数的实验课程，因不同学院、不同专业的学生的学习程度与应用背景不尽相同，中心各教研组针对具体情况改变实验内容，体现内容专业性。认真规划实验课程项目，在精选单元实验、传统实验的基础上，充分拓展综合性、设计性、研究性与创新性实验，使学生在基础实验知识、基本操作技能、基本实验方法和科研创新能力等方面得到较全面、系统的培养。

2.2 多项举措并举，持续推进素质教育

（1）继续开设素质公选课——"探索型化学实验"。

"探索型化学实验"课程是面向全校开设的素质教育公选课，采取一个实验目标，多种自选方案的实验教学模式，实验教学学时为 32 个学时。整个课程分为不同难度级别，包括项目调研、资料查阅、课程实验部分，最后写出项目可行性研究报告。

（2）支持学生社团活动。

化学学院"创意化学"学生社团依托中心创新教育实验室，每个月定期举行"走进实验室"活动。在暑期的国际实践周，社团成员更是与诸多国际名校的学子交流想法，共同进行创新创意实验。

（3）承办校级竞赛，助力学生综合素质训练。

中心每年承办四川大学"宏坤·银杏杯"化学知识竞赛复赛。复赛分为专业组和非专业组，每年都有约 60 名同学参加比赛。比赛全程由中心实验老师负责监督、评判。此外，"挑战杯"四川大学学生科技节之安全与技能大赛的复赛与半决赛曾分别多次在中心无机实验室和有机实验室进行。

（4）承接学校国际实践周交流活动。

每年七月举办国际实践周，中心教师都会带领来自国外高校的约 10 名留学生以及四川大学化学学院大二年级的约 20 位交流营成员开展户外采集水样和水中分析活动。同时，由创意化学社主办的"国际课程周之趣味实验"活动都会在实验中心创新教育实验室举行。在中心教师的指导下，同学们进行史莱姆、黄金雨、叶脉书签、自制口红、银镜等多个创意实验。在中心开展的校级竞赛及国际实践周等学生活动情况如图 2 所示。

图 2　校级竞赛及国际实践周等学生活动情况

（5）开设创新思维系列讲座。

中心教师结合自身求学经历及科研经验，定期开设创新思维系列讲座与本科同学分享化学研究的乐趣，指导学生的学习、科研方向。如图 3 所示，中心杨成主任为学生带来"超分子光化学简介"讲座。

图 3　中心杨成主任为本科生讲座

3　服务成效

经过多年的建设和发展，中心在实验教研教改、实验教学示范引领和创新人才培养方面取得了显著成效。

3.1　教研教改成效

中心教师积极参与教改，近年来，申请四川大学校级实验技术立项、教学改革研究项目年均三十余项，发表教研教改中文核心论文年均二十余篇，指导大学生大创项目年均七十余项。

此外，中心教师还积极进行仪器设备开发，其中由中心物理化学实验室教师开发的双液系气—液平衡相图绘制的实验用沸点测定装置能更为准确地获得双液体系的沸点和气液相的组成数据，并使得相关实验操作更为方便，且安全环保。该实验装置被授权实用新型专利。开发的甲醇分解实验装置（图 4）结构流程简单，操作方便，可连续测试不同温度、空速、不同甲醇浓度等条件下的甲醇分解率及产物的选择性等。该装置对应开设的实验内容丰富，操作性强，可满足基础、设计、综合等不同层次的实验需求。目前中心开设的"多相催化—甲醇分解"实验不仅反映了科学研究的前沿热点，而且交叉融合了材料、化学和环境等相关学科的知识，涉及表面吸脱附、氧化还原能、催化等课程内容，体现出新的实验设计方式和内容，实验的科学性、实用性和可操作性较强，学生的学习积极性高，有利于培养学生的综合创新能力。

图 4　中心物理化学实验组自制甲醇分解实验装置

3.2　示范引领成效

中心积极参与由科学出版社和四川大学牵头成立的西南地区高校化学类教材建设联盟，已经联合 16 个大学完成了《有机化学实验》的编辑工作。川、渝、滇、黔的主要大学共同探讨了有机化学实验教学有关的基础实验、综合实验及探索型实验的课程建设与实验项目更新工作。

中心主办了"西南地区高校化学实验教学创新改革交流会"，组织云南大学、西南石油大学、重庆大学、西南大学、云南民族大学、昆明理工大学、贵州大学、四川师范大学、四川轻化工大学等西南地区高校交流近年来化学实验教学改革的经验和成果，提高各高校化学实验教学的教改水平，帮助各高校做好"第一届全国大学生化学实验创新设计竞赛"的项目准备工作。

3.3　学生培养成效

（1）学生学科竞赛成绩突出。

中心教师指导的 2015 级本科生代表我校参加"第十一届全国大学生化学实验邀请赛"，参赛的 3 名学生均获得二等奖，获奖证书如图 5 所示。

图5 第十一届全国大学生化学实验邀请赛获奖证书

中心的王玉良教授、吴凯群副教授指导 2016 级本科生严子君、张鑫和吴祚鸷三位同学，代表我校参加第一届全国大学生化学实验创新设计竞赛，获得大赛特等奖，获奖证书如图 6 所示。

图6 第一届全国大学生化学实验创新设计竞赛获奖证书

（2）学生参加创新创业训练计划。

近年来，中心教师指导学生申请大学生创新创业训练计划年均七十余项，其中国家级项目 8 项，省级项目年均二十余项。教师对学生在项目立意、实施方案、申请书撰写、项目答辩等方面进行积极指导。

（3）学生发表创新科研论文。

近年来中心教师指导本科生在核心、SIC 期刊发表论文年均三十余篇。

结语

四川大学化学实验中心按国家级实验教学示范中心的要求，在规范运行机制、建设实验教师队伍、完善实验教学体系、综合创新训练等多方面进行了积极探索与改进，积累了丰富经验。为进一步提升实验教学服务效果，中心将持续提升实验教学队伍水平，加强教研教改，进一步完善双创实验教学体系，新增创新创业实验项目。加强中心条件建设，增加必要的先进高端的仪器设备，打造开放、安全、智慧的实验教学平台，同时增强中心网络信息化能力，利用实验教学资源的优势，进一步扩大辐射示范效应[9-10]。

参考文献

[1] 贾蓉，杨建军，杨宁，等. 依托实验教学示范中心加强实践育人 [J]. 实验室研究与探索，2019，38（10）：157-161.

［2］王文蜀，周宜君，孙洪波，等. 依托国家级实验教学示范中心提升学生实践和创新能力［J］. 实验技术与管理，2017，34（9）：218－221.

［3］陈林姣，石艳，李勤喜，等. 国家级实验教学示范中心综合育人功能［J］. 实验技术与管理，2018，35（6）：222－225.

［4］杜慧芳，王西平，王荣花，等. 依托实验教学示范中心搭建创新人才培养平台［J］. 实验技术与管理，2017，34（3）：210－213.

［5］闫永亮，陈湘国，路魏，等. 深化实验教学改革加强实验教学示范中心建设［J］. 实验室研究与探索，2016，25（5）：151－153.

［6］习友宝，李朝海，陈瑜，等. 以学生为本培养学生实践创新能力［J］. 实验室研究与探索，2019，38（9）：170－173.

［7］邸馗，张骁，陈晨. 高校实验教学示范中心建设探索与实践［J］. 实验技术与管理，2018，35（6）：232－236.

［8］梁树英，卢峰，黄海静. 国家级实验教学示范中心"三层次七系列"复合型实验教学体系建构［J］. 实验室研究与探索，2019，38（4）：138－142.

［9］孟威. 不忘初心持续发挥示范引领作用［J］. 实验室研究与探索，2019，38（11）：144－146.

［10］刘广武，周淑红，王志琼，等. 高校实验教学示范中心信息化体系建设［J］. 实验室研究与探索，2020，39（1）：165－169.

工科类开放实验室建设与管理的改革与探索

黄　涛* 肖　勇

四川大学电气工程学院

【摘　要】高校实验室作为人才培养和学科发展的重要基地，扮演着越来越重要的角色，国内高校就开放实验室的建设与管理展开了积极的讨论与探索。本文以四川大学电气工程学院实验室建设管理为例，针对高校开放实验室建设与管理中存在的问题，探索以 CDIO 理念为代表的有效管理方法，提出了基于校企共建，并依托创新创业科研训练项目和学科电子类竞赛等平台的一系列实验室开放举措，期望为高校开放实验室的建设和发展提供一定的参考价值。

【关键词】CDIO；运行机制；开放实验室

引言

随着社会经济的迅猛发展，我国对高层次专业技术人才和创新复合型人才的渴求越来越强烈，如何顺应社会发展要求，培养出更多更好的高素质人才，成了困扰我国高等教育的一个突出问题。在教学工作中，广大高等教育工作者也在不断进行着对新的教育教学模式的研究和探索，而 CDIO 工程教育模式则是一种优秀的人才培养模式，是国际工程教育改革的最新成果。CDIO 代表构思（Conceive）、设计（Design）、实现（Implement）和运作（Operate），它以研发到产品运行的生命周期为载体，让学生以主动的、实践的、与课程之间有机联系的方式进行工程训练[1]。在 CDIO 工程教育模式的背景下，很多高校教育工作者一改传统的理论教学模式，推出了创新性的教学方法，如清华大学工业工程系教授顾学雍采用了基于 CDIO 方法进行"数据结构及算法"和"数据库系统原理"教学[2]，西南林业大学的林宏等提出了基于 CDIO 工程教育模式的"Java 程序设计"课程的建设与改革[3]。而高等院校的实验室作为教学、科研及人才培养的重要基地，无疑扮演着越来越重要的角色，如何将实验室开放性教学和 CDIO 工程教育模式有机结合是我们面临的一次机遇和挑战。

1　传统实验教学中存在的问题和痛点

不可否认，传统实验教学是理论教学的一种有效补充手段，是对理论课程的延伸和拓

---

* 作者简介：黄涛，硕士，讲师，主要从事高等学校通信工程教学及自动化实验室工作。

展，对理论知识的加深理解起到了至关重要的作用。但在目前新形势下，传统实验教学对我国新型急需人才的培养，存在着一些亟待解决的痛点和问题。

（1）实验设备技术水平老化。

由于经费投入或其他原因，部分高校实验室实验设备的更新周期明显滞后于行业的技术进步步伐，设备配置单一，无法满足创新复合型人才培养的需要，不仅无法提升学生的学习积极性，而且使学生更加轻视和厌倦专业。

（2）实验内容单调，模式过于固定。

受设备配置水平的影响，实验教学内容单调陈旧，实验题目多以理论课程的某一知识点进行设定，学生重复指导书的操作步骤进行实验，对所学内容一无所知，缺乏自主思考的空间。

（3）实验安排过于呆板，欠缺灵活性。

本科生的实验时间一般根据教务处安排的预置授课时段，课时和时间要求较为固定，造成了实验课时段实验室很饱和，其他时段实验室资源空闲的不平衡状态，这样的运作方式对于部分有余力、求知欲强的学生而言根本无法满足其学习要求。

（4）实验授课理念陈旧。

实验课程的教学设计主要为满足对理论知识的验证，涉足面狭窄，无法满足对培养学生分析、设计及解决复杂工程问题综合能力的需求，而这种能力恰恰是当今企业对人才素质最为看重的。

2 开放实验教学的应对措施

面对传统实验教学存在的痛点和缺陷，我们该采取哪些有效措施加以应对呢？本文将依据当今高校实验室建设模式及教改成果并结合学院近两年开放实验室的实际情况来进行说明。

（1）抓住机遇，推动重点实验室的建设和管理。

当前，国家通过多种方式加大了对高校本科教学实验室的投入力度，紧跟科技技术的前沿，扎实推进实验室的升级改造。笔者所在的实验中心近两年就实施了云计算数字化信息平台（合同金额 400 万）、电力系统继电保护（合同金额 230 万）和罗克韦尔自动化实验平台的升级换代（合同金额 360 万另加企业捐赠 1500 万），为培养新工科人才打下了牢固的硬件基础。

（2）以 CDIO 工程教育模式改革实验课的教学理念。

转变传统实验课的授课理念，从单一理论知识点验证向综合性工程实践性进行转变。如何培养学生的工程意识及工程实践能力是对高校实验教师能力的一种挑战，对高校实验教师提出了新的要求，除开展教师和实验技术队伍高层次的培训和交流外，还应积极举办校企合作、行业对接，让更多的企业专家走进高校，构建无校墙隔离的综合教学师资资源，并且在实验教学内容中融入更多地以项目驱动和工程应用为特色的元素，强化学生应对解决复杂工程问题的能力。

（3）将 CDIO 工程教育模式的理念引入到开放实验室规划建设中来。

类似于教学设计，开放实验室在规划建设时也要遵循 CDIO 的理念，具体来说，其建设管理要结合自身的特点并按照构思（Conceive）、设计（Design）、实现（Implement）和运作（Operate）四个步骤来实施。以我校2020年修购计划——罗克韦尔共建自动化开放实验室的建设为例，在实验室规划初期，我们就面临设备数量多、实验室空间有限以及开放性等因素所带来的矛盾。为此，基于CDIO的理念，我们在构思上确立了实验室角色的"多功能"化的定位，在设计方案中提出了功能区软划分的方案，主要包括学生课程实验区、教师授课区、学生自主研讨区。尽管在同一个室内空间中，通过对地面装饰色彩的区别，如学生课程实验区（地面采用浅色地板）、教师授课区（地面采用深色地板）和学生自主研讨区（地面采用深色地板），巧妙地保留了实验室空间的整体感，又方便了在不同的区域进行不同的教学研究活动，避免整个空间成为一个单一功能的实验室，也为实验室的开放管理创造了良好的条件。除此之外，为了让学生在实验室享有一个舒适的环境，我们还大胆地对实验室进行色彩搭配。例如：将实验室原有的立柱和房梁进行了相应的色彩喷涂，将房屋四周的五个立柱喷涂成暗红色，中间的三个立柱以及中间的横梁喷涂成深蓝色，将罗克韦尔产品展示墙喷涂成浅蓝色。之所以选择这几种颜色，是因为考虑到蓝色是代表理智的色彩，象征着清新、明晰、合乎逻辑的态度；红色是醒目的色彩，象征着顺利成功。这种蓝加红的搭配不仅和罗克韦尔实验室传统色彩风格高度契合，而且给人带来一定的视觉美感，最终搭配明亮柔和的灯光照明，整个实验室显得活泼而不失稳重，走入实验室也能感受到满满的科技元素。我们相信，在这样一个舒适的环境中，既能让学生愿意坐下来，也能让学生的心情更加放松。图1是罗克韦尔共建实验室功能区规划设计图，图2是罗克韦尔共建实验室实际效果图。

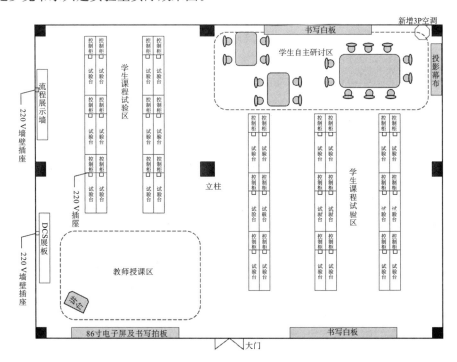

图1　罗克韦尔共建实验室功能区规划设计图

图 2 罗克韦尔共建实验室实际效果图

（4）以 CDIO 工程教育模式为指导，建设以项目驱动、产学研相结合的开放实验室。

舒适的开放环境和先进的实验设备吸引了越来越多的学生走入实验室，但我们必须避免开放停留于表面，避免开放实验室成为学生的自习室，那样开放的初衷就会大打折扣，远达不到人才培养的目的。除在课程实验中采用以项目驱动、工程应用驱动的方式外，还要把产学研相结合的方式引入实验室的管理中来。以我院近几年采用的方式为例，在配套政策上积极鼓励学院授课教师、实验室骨干教师申报各类大学生创新创业项目，并最终让项目在实验室落地。以 2019 年我院专业中心为例，申报了《基于智能电网信息化平台的云计算技术新实验项目设计与实施》《面向智能化继电保护的综合开放式实验项目设计与工程应用多维模式探索》《智慧实验室的设计与智慧物联实验探索》等高水平技术立项以及《基于低功耗蓝牙的体温监测系统设计》《基于 LabVIEW 及 Arduino 的智能体温监测系统》等优秀大学生创新创意实验项目，这样实验室的开放管理就可以以项目为中心服务于广大师生。这样既吸引了学生走入实验室，又保证了学生在实验室有事可做，最大限度地保证了实验室资源的使用。

（5）以 CDIO 工程教育模式指导建设跨学科、跨专业的开放共享实验室。

实验室的建设管理投入了巨大的财力和人力，如何让开放实验室发挥更大的作用也是需要思考的问题，扩大服务对象成为必然的选择。开放实验室不仅服务于本学院本专业，还服务于全校不同专业、学科，甚至服务于社会，以期实现资源共享及效益最大化。下面就以我院开放实验室的建设管理为例进行说明。

我院智能机器人实验室——四川大学 PMCIRI（Perception，Machine Control and Intelligent Robot Institute Lab）实验室是一所集基础研究和应用研究相结合的实验室，该实验室除满足日常本科教学和科研的需求之外，还和相关大学生竞赛类项目有机结合。例如：全国大学生机器人大赛——RoboMaster 机甲大师赛，该赛制是由共青团中央、全国学联、深圳市人民政府联合主办、大疆创新发起的面向大学生和工程师的机器人比赛，是中国最具影响力的机器人项目，包含机器人赛事、机器人生态以及工程文化等多项内容。比赛要求参赛队员走出课堂，组成机甲战队，独立研发制作多种地面和空中机器人参与团队竞技，参赛队员将通过比赛获得宝贵的实践技能和战略思维，将理论与实践相结合，在激烈的竞争中打造先进的智能机器人。由于机器人项目的打造仅靠本院自动化专业的学生是远远不够的，需要学校其他专业、学科的学生共同参与进来，最终参赛队伍由电气工程学院、机械工程学院、计算机学院、电子信息学院的师生共同组成，参赛队员分成电控、软件算法、机械工程三个不同学科的团队，长期在该实验室从事设计和调试。参赛学生在整个项目的实施过程中将 CDIO 理念体现得淋漓尽致，深入贯彻了 CDIO 三个核心文件（1 个愿景、1 个大纲和 12 条标准）中的精神，尤其在团队协作和交流方面得到了很好的锻炼，最终四川大学"火锅"战队的战绩取得了历史性的突破。图 3 是 RoboMaster 机甲大师赛获奖现场图。

图 3　全国大学生机器人大赛——RoboMaster 机甲大师赛四川大学获奖现场

智能机器人实验室除满足教学、科研的功能之外，还成了学院形象、成绩的展示窗口。近几年来，该实验室为成都七中八一中学、川大附小、考研学生夏令营、柬埔寨电力公司等多个机构提供了参观学习的平台，为大中小学生培养了浓厚的科研兴趣。很多学生参观学习后都表达了希望将来能进入我院学习深造的意愿，为我院招生起到了良好的宣传作用。

3　开放实验室的开放手段和方法

实验室开放对管理形成了新的压力，开放中面临的主要问题是安全和效率。实验室的开放管理模式有两种：一种是线下常规的开放管理，另一种是借助于新技术的线上开放管理。

（1）开放实验室的常规开放管理。

从线下开放管理的角度来讲，学生进入实验室必须遵守标准的准入流程。我院学生申请进入开放实验室的流程如图 4 所示。

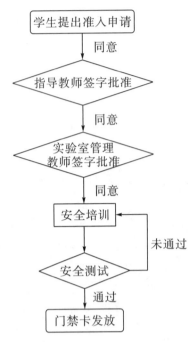

图 4   学生申请进入开放实验室的流程

学生通过安全测试进入开放实验室后，实验室管理教师还要对学生的安全行为起到监督作用。由于实验教师人数有限，基本都是一对多的情况，这对管理者也是一种考量。措施之一是积极发动学生的主人翁责任感，让学生认识到，他们不仅是实验室的使用者，也是实验室管理的参与者。具体来说，每个项目可以指定两个组长，让组长带头承担实验室的管理任务，同学之间相互监督、相互提醒，把环境卫生与安全管理流程化、常态化，将人的主观管理意识和技术管理手段有机结合起来，保障开放实验室的健康运行。

（2）基于互联网虚拟实验室和远程实验室的开放管理。

在线下开放实行准入管理的同时，我们也要发展基于互联网、云技术等高科技的远程开放准入平台。众所周知，新冠肺炎疫情对各行各业都造成了严重的影响，各行业的运行管理纷纷从线下走到了线上。各高校也针对如何有效完成教学任务进行了积极探索，而基于互联网、云技术等高科技的手段为我们提供了行之有效的方法。远程虚拟实验室属于网络应用，它模仿实体实验室的操作，实质上就是一个无壁垒、无墙的实验场所。远程实验室开放管理的一种实现方案（远程实验室接入设计方案）如图 5 所示，该系统通过网络共享实验设备，通过摄像头捕捉实时视频图像，观看实验的现象和结果。

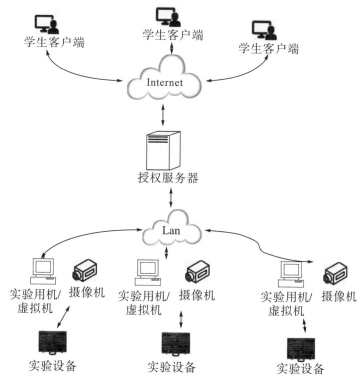

图5 远程实验室接入设计方案

通过构建虚拟实验室或者远程实验室，学生可以突破时间和地域的限制，在 Web 页面上进行简单操作，仅需经过用户名认证，即可实现对实验设备的操作和管理，从而有效地完成相应的实验任务。

结语

本文主要讨论了在 CDIO 教育模式下高校实验室建设与管理中存在的痛点和问题，并结合本院在开放性实验室管理中的实际情况阐述了相关问题的解决方法。CDIO 模式下实验室建设与管理是一个漫长的过程。广大高校实验室工作者需要在长期的实践工作中不断学习和摸索，不断总结和完善，才能培养出创新型、实践型、应用型的工程科技人才。

参考文献

[1] 王伟，孟祥贵，王光明，等. CDIO 模式下高校实验室建设与管理的思考 [J]. 实验室研究与探索，2013 (12)：216—218.

[2] 林健. 谈实施"卓越工程师培养计划"引发的若干变革 [J]. 中国高等教育，2010 (17)：30—32.

[3] 林宏，李彤，张雁，等. 基于 CDIO 工程教育模式的 Java 程序设计课程建设与改革 [J]. 云南民族大学学报（自然科学版），2020，29 (2)：133—139.

[4] 李强，明艳. 专业实验室开放模式的探索与实践 [J]. 实验技术与管理，2017 (2).

[5] 代峰燕，曹建树. 基于 CDIO 理念的测控专业综合训练改革探索 [J]. 实验室研究与探索，2011，30 (3)：88—100.

［6］李亚琴，刘超，于茁，等. 依托高校开放实验室的创客空间建设探究［J］. 实验室研究与探索，2019，38（2）：245－247.

［7］刘学平，王亚杰，尹航. 开放式实验室数字化智能化建设的研究［J］. 实验技术与管理，2018，35（10）：214－217.

［8］李丹丹. 基于"互联网＋"的线上线下混合式教学模式研究［J］. 通讯世界，2019，26（3）：209－210.

［9］马晓欣，刘丽娟，梁建明，等. 基于"互联网＋"教育的实验教学创新探讨［J］. 无线互联科技，2017（14）：33－34.

［10］刘兴华，王方艳. 以创新人才培养为核心的实验室开放模式探索［J］. 实验技术与管理，2016，33（1）：9－12.

基于 B/S 架构的计算机智慧实验室的构建

李霓* 贾鹏 付锟

四川大学计算机学院（软件学院）计算机基础教学实验中心

【摘　要】随着时代的发展，传统实验室管理暴露出诸多问题。实验室缺乏规范化、流程化、系统化的管理流程，实验室信息相互独立，数据共享交互困难，管理模式和制度落后，管理工作效率低。构建智慧实验室，用科学的方法进行实验室管理已经成为大家关注的问题。同时，物联网技术、人工智能、云计算等计算机技术的飞速发展，为我们打造全新的智慧实验室提供了技术支持。四川大学计算机基础教学实验中心利用基于 B/S 架构的实验室综合管理系统完成了对实验教学、实验开放、实验人员、实验仪器设备以及实验室事务的一体化动态监控管理，智慧实验室的构建推进了实验室管理科学化的进程。

【关键词】智慧实验室；实验室管理；B/S 架构；科学管理

引言

随着计算机技术的不断发展，计算机实验课程门类增多，需求增加，传统的计算机实验管理暴露出诸多问题，如软硬件资源管理方式落后、实验教学排课烦琐无序、实验课表查询困难及信息无法共享等。传统的实验项目和实验环境已经不能满足当前实验教学的需要，所以我们在鼓励教师进行开放性实验课程的教学改革，打造双创实验项目的同时，也需要给老师和学生提供最先进的硬件环境和管理模式。

构建智慧实验室是教学改革的一个重要环节。智慧实验室以物联网为基础，以互联化为前提，智能控制实验室的光线、温度、门锁、虚拟桌面等，统一数据管理，为实验教学提供决策支持[1]。在加快建设世界一流大学和一流学科的进程中，一流实验室建设与管理既是重要支撑，也是推动"双一流"工程的关键因素之一[2-3]。构建智慧实验室就是将互联网融入实验室的建设与管理中，实现实验室的智能化管理[4-6]。

1 传统实验室的管理困境

四川大学计算机基础教学实验中心共有 10 个机房和 1 个服务器机房，提供近 1000 个上机机位。传统的实验项目和实验环境已经不能满足当前教学改革的需要，传统的实验室管理模式存在以下三个问题。

---

* 作者简介：李霓，实验师，主要从事实验室管理工作。

1.1 开放实验室管理监控困难

10 个机房 1000 多个机位供学生使用，常常出现前半期机器空闲、后半期设备不够的情况，由于机房设备的使用情况无法正确统计，所以不能统筹安排，提高机器的使用率。计算机设备繁多，传统管理方式缺乏对设备使用状态的有效监控，需要花费大量的时间进行系统维护，工作效率低下[7—8]。

1.2 实验课表查询困难

实验课的时间安排由教务处的排课软件一并完成，但教务处排课系统并不了解机房设备的使用情况，同时，临时性的实验室使用申请需要在实验中心进行登记，且不能录入教务处系统，耗时费力，易起冲突。在传统的管理模式下，需要进行上机实验的课程由任课教师自行到机房进行登记，由机房管理人员统一安排调度，再由教师通知学生上机时间和地点。学生无法查询上机地点，导致其经常走错教室。

1.3 实验室缺乏规范化、流程化、系统化管理

传统实验室的管理多是靠实验人员手动管理，包括机房门窗控制、视频监控、设备监控、学生考勤、机房人员考勤及实验预约等。管理手段落后，效率低，容易出错。

因此，需要一个智能化的管理系统对实验室进行现代化、科学化的管理。

2 智慧实验室建设的总体架构

现在，随着物联网技术、人工智能、云计算等计算机技术的飞速发展，为我们打造全新的智慧实验室提供了技术支持。通过丰富多样的智慧实验室管理模块，准确了解实验室运行状态和相关信息，最大限度地满足学校对实验室智能化管理的需求，同时也为学校师生的教学实践、自主创新提供高效而便捷的通道，把日常管理工作从粗放式向精细化转变，减少人力、物力、财力等资源的投入，提高管理水平。依照"总体规划、分步实施、软硬结合、灵活搭配"的原则，智慧实验室的总体架构如图 1 所示。智慧实验室使用当前典型的物联网架构，建立了一个以控制为根基，以数据流为主干、软件支撑平台为入口，各个业务应用模块灵活搭配，通过智能控制数据采集和统计分析的实验室智能管理系统。

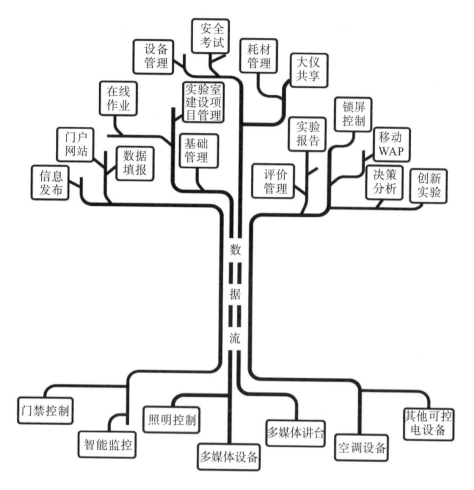

图 1　智慧实验室的总体架构

3　智慧实验室的构建

实验室的管理是实验室正常运行的关键，现代化的管理手段可以让实验室的运行维护事半功倍。

智慧实验室的建设内容包括三个模块：控制单元、基础功能单元、扩展功能单元。

3.1　控制单元

控制单元是智慧实验室管理系统的核心部分，是整个系统的管理执行单元，能够执行各种管理指令，能进行数据的自动获取与存储，且能将实验室的门禁、电源、视频监控、多媒体设备等集中到一个平台上进行控制和管理，智慧实验室控制平台如图 2 所示。

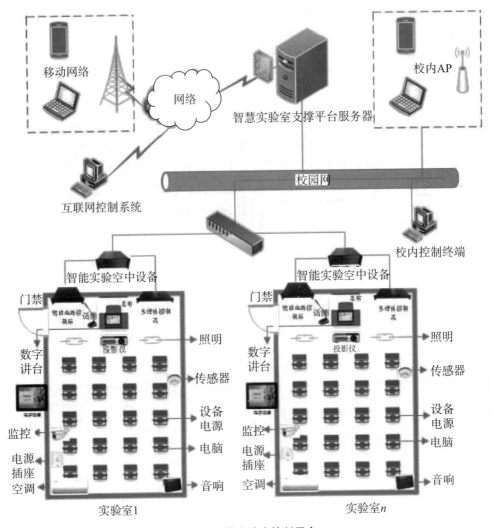

图 2　智慧实验室控制平台

（1）智慧实验室中控箱。

智慧实验室中控箱是整个控制系统的核心部分，保证整个系统稳定可靠地运行。它具备独立逻辑运算处理功能，能处理控制策略。同时具备断电续航功能，在关机状态下具备来电自启动功能。数据能存储 1 年以上。

（2）智能电源控制箱。

智能电源控制箱是电源及门禁控制的执行单元，能对实验室的门禁和电源进行管控，并对每路电源进行单路控制，同时具备过流过压保护功能。

（3）多媒体控制器。

多媒体控制器是多媒体设备的控制执行单元，如投影仪、幕布、音响、话筒、电子白板等设备。支持常见型号的投影仪及电子白板，支持 VGA 信号及高清 HDMI 信号同屏传输，支持投影仪及电子白板的软开/关机，支持手机 Wi-Fi 投屏功能。

（4）控制对象。

系统通过物联网技术、以太网技术等对实验室的门禁、电源、多媒体设备、空调、视频、语音、环境、能耗进行控制和管理，并能灵活配置所需控制对象。

3.2 基础功能单元

基础功能单元是系统运行的基本软件支撑，将各控制单元及基本信息进行配置录入和设置，达到系统智能运行管理的目的。

（1）基础管理。

基础数据管理中心是实验室管理平台运行的核心支撑系统，配置实验室、师生和控制点的基本信息，为设备的智能控制提供地理位置及操作权限等。其包含组织结构管理、角色管理、班级管理、用户及卡片的管理、学期及课节的管理、课程及项目管理和控制点管理等。

（2）实验教学管理。

实验教学管理系统可与教务系统进行对接，可直接导入实验课表并支持课程发布，管理员或指导老师能根据实际需求发布临时课程，并向相关师生推送信息。同时，管理系统支持临时课程调整，并具备自动逻辑冲突判断功能。减少老师临时调换上课时间的操作流程，并能将课程的调整信息实时送达相关人员。

实验教学管理系统支持课程删除功能。管理员或相关老师可以将不需要的实验课程进行删除，并将相关信息推送到相关人员。

学生能查询个人的实验记录，管理人员可查询全体学生的实验记录。

（3）智能控制。

智能控制主要包括远程控制、控制记录查询以及设备状态检测。

管理平台能通过 PC 机和移动设备对实验室的门禁电源执行远程开/关，能对实验室多媒体设备执行远程开/关功能，能远程查看设备的实时运行状况。

系统能记录所有控制的操作，包括时间、人、控制内容及控制结果等信息。保证整个平台控制有源可查，并保障运行的安全。

同时，系统还能对控制设备的运行状态进行自检，并列出每个控制设备目前的状态，便于实验老师进行统计管理。

3.3 扩展功能单元

系统平台不仅可实现智能控制，还能扩展与实验教学、教务相关的业务内容，如门户网站、实验室建设项目管理、资产管理、决策分析、创新实验管理、大仪共享、在线作业和在线实验报告等。

（1）门户网站。

门户网站是专业的信息展示平台，用以展示实验室风采，在线的互动交流，实验教学资源的上传下载，其也是整个平台登录入口。

（2）大学生创新实验管理系统。

为激发学生的创新意识、提高学生自主创新的能力，系统可支持对学生的创新实验管理，学生创新性实验管理示意图如图 3 所示。

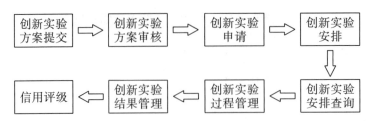

图 3　学生创新性实验管理示意图

学生可通过平台向相关导师提交创新实验方案，导师对学生提交的创新实验方案进行审核。方案审核通过后，学生可在平台提交创新实验申请。管理人员可根据实际情况，确定是否批准申请。通过平台可以实时查询实验室安排情况，有效掌握整个实验过程，并对学生实验结果进行评价并生成相应报告。

（3）信息发布系统。

通过电子课牌等信息展示平台，可以将相关的课表、通知等信息以文字、视频、图片的形式发送至显示平台上。

系统支持信息全体发送和单点发送功能，支持不同课牌显示不同内容，电子课牌具有分屏功能，不同分屏可以显示不同内容。

（4）数据填报系统。

标准化的表格设计与填写，减轻老师的工作强度，实现办公无纸化和信息化。

（5）PC 机锁屏管理系统。

通过对电脑的管理，达到对学生上机状况的全程监控和监管，从而提高教学质量，对学生的行为进行监管和控制。可通过锁屏管理系统进行远程关机功能；对电脑操作界面实时监控功能；当电脑无操作时可以自动锁屏并关闭电源；记录每个学生使用电脑的数据，包括总时长、使用过的电脑和被锁屏关机的次数。

4　具体实施情况

自 2018 年以来，计算机基础教学实验中心通过改造基础设施，将 10 个机房和 1 个服务器机房打造成智慧实验室，提高了实验室的管理效率，设备利用率大大提高，实现了实验室智能化、信息化、科学化的管理。

4.1　改造实验室基础设施，实现实验室智能化管理

通过对实验室基础设施的改造，每个机房均在智能管理系统的控制之下，智能管理系统如图 4 所示。

图 4　智能管理系统

　　智能管理系统实现了管理员身份识别、课表查询、实验室预约、门禁系统控制等功能。根据课表内容、一卡通身份认证及实验场地等信息，可以实现三位一体的精准控制。

　　如 A 班学生今天上午 10 点至 11 点在 212 实验室上课，在今天的 10 点至 11 点时间段内，只有 A 班的学生能进入 212 实验室，其他班级的学生不能进入，且 A 班的学生在这个时间段内只能进入 212 实验室，不能进入其他实验室。

　　同时，智能管理系统开放预约控制功能，实验室管理员将空闲的实验资源开放出来供学生预约使用，有效提高实验资源的利用效率，开放预约控制示意图如图 5 所示。

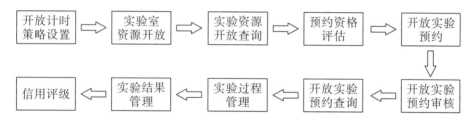

图 5　开放预约控制示意图

　　开放预约控制功能可结合安全学习考试功能模块，对预约学生进行准入考核，通过准入考核后才具备预约权限；开放预约控制功能可结合信用评级，信用等级低于一定程度后将取消预约权限，需要进行相关的学习，考核通过后才能再次拥有权限。

　　开放预约控制功能可根据管理的深度，做到精确的管理。

　　除根据课表内容或预约内容进行控制外，智能管理系统还具备门禁功能，如设置 212 实验室在每周一、三、五早上 8 点开门开电，下午 5 点关门关电，当到达指定时间时，系统就会按照预先设置的策略自动运行。

4.2　通过系统平台实现实验室的内部控制

　　通过系统平台实现对每个机房的设备控制，包括投影设备管理、电脑设备管理、空调控制、幕布控制、音量等，机房设备控制系统如图 6 所示。每个机房的设备均在统一的系统管理下，设备控制一键完成。

图6　机房设备控制系统

4.3　应用大数据技术实现实验室数据的统计分析

师生在日常使用过程中，会产生大量的数据，系统对这些数据进行统计分析，自动生成相关数据报表，让实验室管理员能更加直观地了解实验室运行情况及师生实验教学情况。

数据报表包括设备使用维护情况、实验课程开设情况、学生考勤情况及各个机房的使用率，实时完成数据的采集，并可实时监控设备使用的状态，及时完成数据的采集、汇总及分析。在为实验室提供基础数据的同时，还可为实验室的科学管理及建设规划提供精确的数据支撑和决策支持。

结语

目前，计算机基础教学实验中心的智慧实验室的建设已基本完成，并投入使用。智慧实验室的管理更科学、更规范、更加省时省力。随着物联网技术、云计算、虚拟技术的发展，高校实验室信息化、智能化的建设已成为实验室发展的必然趋势[9-10]。智慧实验室的构建能够进一步推进智慧校园的建设，为学校师生的教学科研、创新创业提供更高效的管理和服务，并为学校的智能化管理提供可靠保障。

参考文献

[1] 马晓松，娄群. 智慧实验室建设理论与实践 [J]. 信息与电脑（理论版），2019（7）：232—233.

[2] 柯红岩，张捷，金仁东. "双一流"建设背景下高效实验室文化建设 [J]. 实验室研究与探索，2019，38（3）：233—235，250.

[3] 张海峰. "双一流"背景下的一流实验室建设研究 [J]. 实验技术与管理，2017（12）：6—10.

[4] 刘昌鑫，陈慧娟，欧阳春娟，等. 物联网技术支持下的高校智慧实验室构建探析 [J]. 中国教育信息化，2016（7）：54—56.

[5] 李云. "互联网＋教育"模式下高校智慧计算机实验室的建设研究 [J]. 电子测试，2019（9）：106—107.

[6] 唐磊，孙佩红. 高校实验室智慧化管理平台建设研究 [J]. 内蒙古财经大学学报，2018（16）：

106－109.

[7] 梁成长. 浅谈物联网技术支持下的高校智慧实验室构建 [J]. 现代信息科技, 2018, 2 (10): 203－
    204, 206.

[8] 兰国莉. 物联网技术背景下谈高校智慧实验室构建 [J]. 数字化用户, 2019, 25 (13): 110－111.

[9] 许世东, 林雅婷, 洪梦萍, 等. 新一代信息技术下智慧型实验室的构建研究 [J]. 信息记录材料,
    2019, 20 (7): 130－131.

[10] 吴苏, 周达华, 马知远. 智慧实验室信息化教学训练平台建设 [J]. 实验室科学, 2019, 22 (1):
    132－134, 138.

基于云平台的计算机基础实验室的构建及系统部署

孟宏源* 黄泽斌 叶 勇

四川大学计算机学院（软件学院）计算机基础教学实验中心

【摘 要】 针对传统计算机实验室软硬件系统维护困难、系统安全性差及缺乏个性化服务的缺点，本文提出了基于云平台的计算机基础实验室的构建及系统部署方案。通过云服务器实现对机房设备的集中远程管理，并通过云端安装统一下发镜像，实现计算机系统的快速部署，完成数据的桌面终端推送。利用云平台实现教学资源的整合和共享，教师和学生通过该平台按需获得云端的资源和服务，有效地解决了实验室的个性化服务问题。基于云平台构建计算机基础实验室对高校实验室建设有着重要的意义。

【关键词】 计算机实验室；云平台；虚拟云桌面；桌面部署

引言

随着物联网技术、虚拟技术及云计算等计算机新技术的发展，高校计算机实验室的管理方式也发生了巨大的改变。计算机辅助教学成了高校各个专业培养创新人才的一个重要组成部分。四川大学计算机基础教学实验中心不仅承担了全校非计算机专业的计算机公共基础课的教学和实验任务，还需要为全校各专业提供计算机实验用机。在此之前，计算机实验室仍然采用每台计算机独自享用资源的模式，导致后期软硬件购买成本高、系统维护困难及无法实现个性化实验教学等问题[1]。而云计算技术作为一种新型的具有虚拟化和高扩展性的计算模式，为高校的资源建设和教育教学改革提供了思路[2-3]。近年来，国内外很多高校围绕云计算的应用展开研究，在云计算辅助教学、云计算资源建设等方面进行了有益的实践和探索，推动了高校教育教学的发展和创新[4-6]。构建基于云计算的计算机实验教学平台，可以有效整合教学资源，使每台计算机通过互联网获得所需的软硬件资源，提高计算机使用效率。

1 计算机实验室存在的问题

传统的网络教学采用教师和学生单独享用各自的计算机的模式，这种教室造价高昂、维护困难且管理繁杂，已是多年前的构建方案，传统计算机实验室构建方案存在以下弊端：

---

* 作者简介：孟宏源，工程师，主要从事计算机应用、实验室管理工作。

（1）实验室设备造价高昂。

传统机房一个座位配备一台计算机，具有学生用机数量较大的特点。计算机基础教学实验中心共有 10 个机房和 1 个服务器机房，提供 1050 个实验机位，按机位数量来配置电脑，造价高，加上计算机硬件更新换代较快，机房不可能频繁更新计算机的硬件设备。

软件方面，如需使用一些正版软件，每台计算机又需要单独的许可证，将进一步增加成本。在每次的升级换代和维护过程中，都需要学校投入较大的资金，应用的成本较高。

（2）计算机软硬件系统维护困难。

计算机实验室的主要使用对象为学生，而学生的计算机技术水平差异较大，且具有较强的动手能力和破坏能力，在上机实验过程中，喜欢随意更改计算机的配置，误删系统文件，或者浏览恶意网站，感染病毒等，这便增加了管理人员工作的复杂度和烦琐度。

另外，随着信息化建设的逐步深入，计算机需配合学校的应用系统建设进行系统的升级和更新，而每次系统升级或更新都需要处理更多的工作，不可避免地增加了系统的维护工作量和开销。

（3）计算机系统安全性差。

每台计算机都能独立地被使用，学生在使用过程中可随意在本机上安装各类软件、存储各种文件，容易受到网络或其他潜在的病毒攻击，系统安全性较差。

（4）无法实现个性化的教学需求。

为了预防病毒和学生对计算机系统的修改，传统计算机实验室的管理方式是在每台计算机上安装还原卡。实验完成重启计算机后，计算机会还原到初始状态，有效地防范了病毒的入侵及学生对计算机的修改。但是学生保存在计算机上的文件只能保留 24 小时，影响了学习的连续性。另外，在传统的机房管理模式下，采用网络克隆的形式部署机房软件，中心所有计算机的操作系统及应用软件完全一致。一旦有教师提出安装新的软件及要求更新系统，计算机实验室的维护教师需要将整个机房全部重新克隆，工作量巨大，耗时耗力。

因此，根据计算机基础实验室面向全校各专业学生开放，开设的实验课程超过 40 门，所需软件较杂的特点，建设云计算实验室是最好的选择。

2　基于云计算的计算机实验室的构建

云计算实验室的设计目标是通过网络、服务器、存储虚拟化整合计算资源，提供多层次、多种类的实验资源支持，使用户可以随时随地在云客户端获取和定制自己所需的应用环境[7-8]。

2.1　云平台实验室的总体架构

根据基础实验室的具体需求，云平台系统由云池服务器、应用服务器、存储服务器及其他硬件设备组成。云平台实验室的总体架构设计如图 1 所示。计算资源池的配置见表 1，共享存储资源池的配置见表 2，网络资源池的配置见表 3。

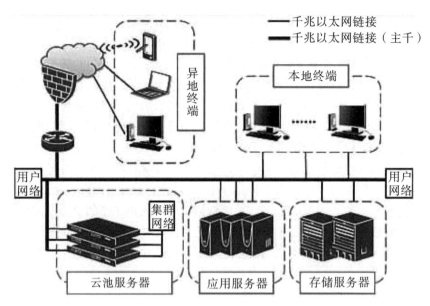

图 1 云平台实验室的总体架构设计示意图

表 1 计算资源池的配置

序号	名称	详细描述
1	云服务器一（主控节点）	处理器：INTEL E5－2600 V3 系列处理器，实配不低于 1 颗 Intel Xeon E5－2620V4 内 存：实配不低于 64 GB 硬 盘：实配不低于 2 块 600 GB SAS 硬盘（支持 RAID1）和 2 块 240 GB SSD 硬盘（支持 RAID1） 网络 I/O：不低于 4 个 10/100/1000 Mbps 自适应以太网 网络 I/O：不低于 2 个万兆网口（含光模块） HBA 卡：配置不低于 2 块单口 8 Gbps FC HBA 卡
2	云服务器二（计算节点）	处理器：INTEL E5－2600V3/V4 系列处理器，实配不低于 2 颗 Intel Xeon E5－2650V4 内 存：实配不低于 192 GB 硬 盘：实配不低于 2 块 600 GB SAS 硬盘（支持 RAID1） 网络 I/O：不低于 4 个 10/100/1000 Mbps 自适应以太网口 HBA 卡：配置不低于 2 块单口 8 Gbps FC HBA 卡

表 2 共享存储资源池的配置

序号	名称	详细描述
1	光纤交换机	48 端口，8 GB 光纤交换机，激活 32 端口，带 32 个 SFP 模块和跳线，全光纤支持级联
2	共享存储	控制器：2 个控制器，每个控制器上缓存总量≥16 GB 磁盘： • 配置 13 块 480 GB MLC SSD 固态硬盘（顺序读≥550 MB/s，顺序写≥550 MB/s，随机读≥89000 IOPS，随机写≥89000 IOPS） • 配置 11 块 2.5 英寸 2 TB 近线 SAS 硬盘（硬盘数量可进行调整，要求支持 RAID5＋1 块热备盘，最终新增可用空间不小于 15 TB）

表 3　网络资源池的配置

序号	名称	详细描述
1	终端接入交换机	24 个千兆以太网口，背板带宽：48 Gbps，包转发率：36 Mpps
2	终端接入交换机	48 个千兆以太网口，背板带宽：96 Gbps，包转发率：72 Mpps
3	汇聚交换机	24 个 10/100/1000Base－T 以太网端口，4 个 10 G Base－X SFP＋万兆光口（含 4 个万兆光模块）
4	服务器机柜	42U 标准服务器专用机柜 600×1000×2000
5	KVM 切换器	4 合一 KVM 切换器，16 口
6	系统集成	网线、电源线、插座、水晶头、UPS 电源等

2.2　云桌面系统逻辑架构

云桌面软件设计从前端到后端分为终端接入层、桌面和应用交付层、虚拟化及云平台层、硬件资源层，云桌面系统逻辑架构如图 2 所示。

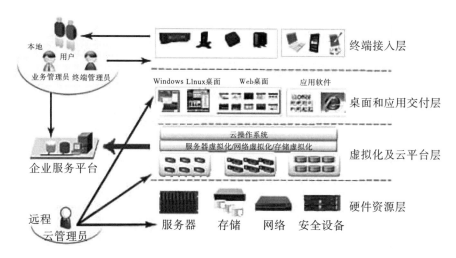

图 2　云桌面系统逻辑架构

3　云平台实验室的实施

计算机基础教学实验中心共有 10 个机房和 1 个服务器机房，提供 1000 多个上机机位。利用两个月时间对现有机器进行改造，完成了终端接入设计、使用场景设计、网络设计，成功完成云平台实验室的构建及实验课的场景布置。

3.1　终端接入设计

本着不浪费现有机房中的计算机的原则进行改造，直接将现有计算机当作终端接入云平台系统，并对每一个终端部署教育桌面云。同时，保留本机原有的系统，采用虚实双系统的模式。即使云服务器与云终端之间的网络偶尔出现突发故障，无法使用虚拟桌面，也可快速进入本地系统，继续教学，且本地系统也可通过云平台的管理软件进行批量管理和部署，管理便捷，接入终端配置如表4所示。

表4　接入终端配置

名称	详细描述	数量
云终端	①所有云终端硬件均采用 X86 构架 CPU 主频：≥1.40 GHz 内存：≥4 GB DDR3L，最大支持 8 GB 硬盘：≥64 GB 存储容量，内部可支持 2.5 英寸的 HDD 或 SSD 硬盘 显卡：集成 HD Graphics I/O 端口：≥4 个 USB 端口，1 个 VGA 端口，1 个 HDMI 端口，1 个 RJ45 端口 ②连接协议：支持 Spice 虚拟桌面连接协议	1000

3.2　使用场景设计

（1）教师教学场景。

近年来 IT 技术不断发展，学校教师的教学手段也发生着深刻的变化。计算机基础教学实验中心的每个实验室均配置了投影仪、幕布和教学用机等多媒体设备。一方面，教师无须再为板书花费时间，大幅提高了上课时的信息交互量；另一方面，也能结合各种形象、具体的演示手段，给学生更加直观、深刻的印象，加深了对纯原理内容的理解。这些教学仪器与设备都在云平台统一管理之下，数据管理更集中，输入输出接口更易控制，提高了设备的使用寿命。同时云平台提供丰富的外设接口，无缝连接并支持电子白板、摄像头和投影机的使用，最大限度地减少了机器病毒感染的风险及外设接口损坏和安装程序异常等问题出现的频率。教师教学场景如图3所示。

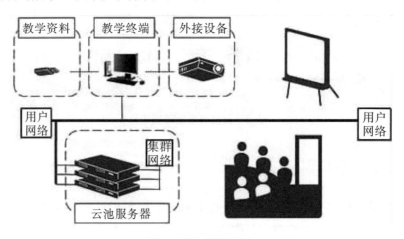

图3　教师教学场景

（2）学生上机场景。

在学校的教学任务中，学生上机时间会占用大多数专业课较多的课时，因此，对计算机机房的管理效果也会直接影响最终的教学质量。而在实际中，由于各专业对上机软件的要求不同，会给机房管理工作带来很大压力。具体来说，机械专业的学生需要使用如AutoCAD、UG 等设计类软件，而数学专业学生却需要使用如 MATLAB 等仿真类软件，因此，如果不同专业的学生想复用同一个计算机机房，这些计算机需要安装的应用软件将会很多。不仅如此，由于上机机位不固定且便携存储已经普及，导致机房管理人员花费在清理计算机病毒、垃圾文件上的精力和时间大大增加。

根据以上情况，我们针对不同专业的学生创建不同的模板，每位学生可以有唯一的账号，管理员能够定期对虚拟桌面进行归零操作。这些功能都极大地提高了学校的管理效率，间接提高了教学质量。学生上机场景如图 4 所示。

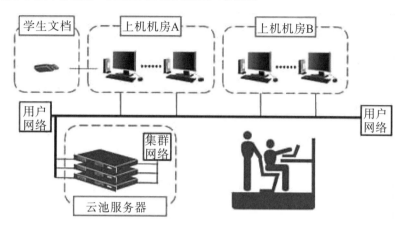

图 4　学生上机场景

3.3　网络设计

计算机基础实验室的 IT 架构如图 5 所示。其中云桌面系统服务器置于学校信息管理中心机房。通过学校的局域网连接各个教室和云桌面服务器，而对于基于 Internet 的访问则通过学校的核心路由器和防火墙等设备对外提供服务。

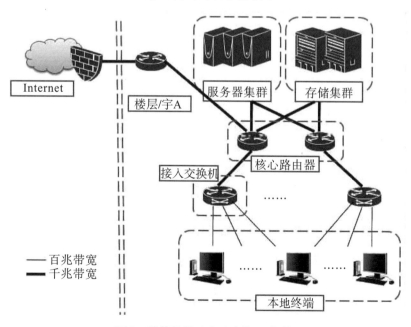

图 5　计算机基础实验室的 IT 架构

3.4 机房部署及应用效果

利用 Web 管理平台远程制作并下发桌面镜像，操作分三步完成。第一步，准备工作，对机房进行分组，加入终端，并上传安装包（系统安装包和应用软件安装包）。第二步，制作镜像，新增桌面镜像，启动虚拟机，安装驱动软件、操作系统及其他应用软件，并保存镜像。第三步，下发镜像，选择机房分组中的终端并选择桌面镜像下发至桌面。

计算机基础教学实验中心是为了满足不同专业不同院系的学生的实验上机需求而建立，针对这些越来越细分的专业及课程需求，快速进行系统环境和软件环境部署、合理对磁盘进行规划是非常重要的。利用云平台部署系统，仅需 3 分钟即可快速发布多个系统和软件环境，机房 1000 多个点位正常启动进入系统只需 40 秒。同时，系统支持 IPV4 和 IPV6 地址，完全适应学校未来的网络规划。

计算机基础教学实验中心除承担日常的教学任务外，还承担了大量对外的全国性考试，包括一年两次的全国计算机等级考试、大学英语四六级口语考试、会计从业人员资格考试、法律职业资格考试和注册会计师考试等。通过云平台部署，在考试完成后无须重装系统，只需修改一下参数设置即可快速恢复原有的教学环境，整个过程只需几分钟，从而保证了教学的连续性。

结语

打破传统计算机实验室的构建方式，利用云平台技术打造全新的计算机基础实验室是实验室智能化建设的必然趋势[9]。通过云服务器将分散的本地管理升级为集中的远程管理。通过云端安装，统一下发镜像，实现了批量安装，快速部署实验系统，进行应用及数据的桌面终端推送。利用云平台技术实现了对教学资源的整合和共享，教师和学生通过该平台按需获得云端的资源和服务，有效地解决了实验室个性化服务问题，为学生提供了更完善的创新创业平台，有助于培养学生的实践能力。基于云平台构建计算机基础实验室对高校实验室建设有着重要的意义[10]。

参考文献

[1] 赵文静，曹忠. 计算机实验室虚拟云桌面的设计与建构 [J]. 实验技术与管理，2019（4）：40-44.

[2] 薄钧戈，崔舒宁，齐琪. 云桌面在大规模实验教学管理中的应用 [J]. 计算机技术与发展，2019，36（4）：105-109.

[3] 孙玉良，黄漫红. 高校文科类实验教学示范中心云桌面建设探索 [J]. 实验技术与管理，2017，34（5）：212-214.

[4] 廖明习，饶文碧，袁景凌，等. 基于云平台的计算机实验室体系的构建 [J]. 计算机教育，2017（12）：150-154.

[5] 梁志强，林秀珍，陈建海. 云桌面在高校计算机实验室的选型研究和建设 [J]. 福建电脑，2020（2）：12-16.

[6] 焦文欢，冯兴杰. 基于云桌面的实验室虚拟化管理与应用 [J]. 实验技术与管理，2019，36（9）：250.

[7] 苗桂君，许南山，刘勇，等. 基于桌面虚拟化的高校机房的调研与构建 [J]. 实验科学与技术，

2017，15（1）：152—158.

[8] 杨焱超，熊盛武，饶文碧，等. 基于云计算的计算机类实验教学平台搭建与应用 [J]. 实验技术与管理，2016，33（10）：147—151.

[9] 黄四青，冯凌峰，冯凌云. 基于 VOI 云桌面的高校计算机实验室应用研究 [J]. 信息技术与信息化，2019（3）：72—75.

[10] 张艳明，桂忠艳，李力恒. 基于云计算的计算机实验教学平台建设 [J]. 微型电脑应用，2018，34（12）：21—23.

SPF 实验动物屏障系统的建设与维护

彭　旭* 　杨寒朔

四川大学实验动物中心

【摘　要】SPF 实验动物屏障系统已成为高校和医院动物中心的必备硬件设施，是开展高级别动物实验的必要场所，也是各高校医学类引进人才进校所考虑的实验条件之一。结合我校各动物中心对 SPF 实验动物屏障系统的建设和运行经验，以及多年来与同行的交流及实践，本文从设计、功能分区、空间分配和设施运行维护等几个方面总结了 SPF 实验动物屏障系统的建立及运行的管理经验。

【关键词】SPF 屏障系统；平面布局；功能分区；维护

实验动物屏障系统（以下简称屏障系统）指符合动物居住的要求，严格控制人员、物品和空气的进出，适用于饲育清洁级或无特定病原体（SPF）级实验动物的设施，属正压环境[1]。其设计、施工、验收必须执行国家现行标准及规范，并符合标准、实用、安全、经济、节省能源、保护环境的要求。同时，设施的合理营造和维护对于动物福利，使用动物的科研数据和教学品质，以及工作人员的健康和安全，都是至关重要的。

1　屏障系统的功能分区

屏障系统的基本形态是入口、走廊、功能间和出口。功能间包括生产区、实验区、辅助区（辅助生产区、辅助实验区），各功能区应明确分设，建议其所占面积比例见表 1[2-3]。屏障环境下的楼梯、厕所应设于生产区和实验区之外。

表 1　动物实验设施各功能区所占面积比例

功能区名称	所占面积比例（%）			
	饲育设施	实验类设施	混合设施	大动物设施
动物饲育（实验）区	≥40	<40	<40	45～50
管理区	8～18	18	23	10～15
清洗消毒区	>10	10	11	10
机械动力区	>10	>10	10	5～10
动物处理区	10～15	10～12	10	10

---

* 作者简介：彭旭，实验师，主要从事模式实验动物的研发与管理工作。

续表1

功能区名称	所占面积比例（%）			
	饲育设施	实验类设施	混合设施	大动物设施
动物接受区	≤10	10	8	10

1.1 出/入口

屏障系统主要饲养小型动物，在设计动物出/入口时，不仅要考虑动物的进入、人的进入，也应考虑物资设备的装卸。随着设施的运行，部分繁育设施和实验设备会进行更替，因此，设备的装卸就显得格外重要，应避免进行二次施工，破坏屏障环境的稳定。需要考虑的因素包括门的安装、缓冲间的设置及特殊设计。

1.1.1 门

屏障系统的出/入口一般应考虑为双门、缓冲间或气锁，对于减少气流交换、降低噪音、防止动物逃脱和野外动物进入均起关键作用。门框尺寸约 107 cm×213 cm，以便于笼架和设备的通过。为降低意外事故带来的风险，按照 GB 19489—2008 要求[4]，饲养携带病原微生物动物的饲养间（ABSL-2 至 ABSL-4 防护水平）的出/入口应设置缓冲间。

1.1.2 缓冲间

缓冲间应设置在被污染率不同的实验室区域间的密闭室，需要时可设置机械通风系统，其门具有互锁功能，不能同时处于开启状态。双门互锁的房间是一个基本的缓冲间，面积不宜过大，可结合更衣、淋浴、消毒等功能。人员入口处应设置风淋室，并采用地面回风系统，或其他措施（如"粘性"地面等），以捕获被吹落的各种微小物质。物品出/入口也应设置缓冲间或气锁，对需要进入屏障系统的物品进行消毒，以符合出入要求。如果没有缓冲间，在开门的时候会出现明显的双边气体交换和压力变化。

1.1.3 特殊设计

特殊设计包括特殊机关、防控野外动物、淋浴、推车和轨道等。由于动物设施的特殊气味和适宜环境，很容易吸引蚂蚁、蟑螂、苍蝇、野鼠和蛇等，因此，如果门周围的围护结构不严密，则防不胜防。将设施的出/入口设计为正压有助于防止环境有害因素进入设施。

1.2 走廊

走廊是连接各功能区的纽带，其各种通道发挥快捷、隔离、消毒等作用。根据设施内的平面布局进行设计，一般宽度为 183~244 cm，能适应大多数设施的要求。

1.2.1 单走廊

单走廊模式的动物房是人员、物品、动物和笼具共用一条走廊，由于饲养间及操作间的门均是开向走廊，因此，走廊上汇集了所有人员、物品、动物、笼具的进出路线。该模式布局简洁、流线明确，大大减少了所需通道的面积，使房间的可用面积变大。单走廊模式的缺点是各种流向在一条走廊上，需要通过日常的严格监管来尽量避免交叉污染。这种模式适用于饲养动物规模较小的动物实验房。

1.2.2 双走廊或多走廊

双走廊或多走廊模式的实验准备室应与洁净走廊相通，并能方便地通向动物实验室。动物实验设施的手术室应与动物实验室相邻，或有便捷的走廊相通，并应设置动物处理室。负压屏障环境设施的解剖室应放在实验区内，并应与污物走廊相连或与无害化消毒室相邻。双走廊或多走廊的实验动物房是人员、物品、动物和笼具先通过洁净走廊进入，再从污物走廊退出。流线明确，减少了交叉污染。由于双走廊模式的动物房设置所有的实验操作间的门均是开向两侧的走廊，因此，洁净走廊上主要是人员、物品进入，废弃物则从污物走廊退出。双走廊模式最突出的优点是减少了交叉污染，流线清晰，易于管理。

1.3 功能间

屏障系统内的功能间包括动物生产区、动物实验区和辅助区（辅助生产、辅助实验）。

1.3.1 动物生产区

实验动物生产区域按功能一般分为动物生产区和辅助生产区。动物生产区包括育种室、扩大群饲育室和生产群饲育室等。

1.3.2 动物实验区

动物实验区域按功能一般分为动物实验区和辅助实验区。动物实验区包括饲育和做小型实验操作的主实验室、准备室、手术室和解剖室等。

1.3.3 辅助区

辅助生产区包括隔离检疫室、缓冲间、更衣室、风淋室、待发室、清洁物品贮藏室、消毒后室和走廊等。辅助实验区包括更衣室、缓冲室、淋浴室、清洗消毒室、洁净储存室、检疫观察室、无害化消毒室、洁净走廊和污物走廊等。

2 饲养间内空间分配

动物饲养间的平面尺寸应根据饲养量、饲养方式、笼具规格、排列方式、室内环境、饲养管理及操作方式等综合确定。屏障环境设施层高不宜小于 4.5 m，室内净高不宜低于 2.4 m，并应满足对净高的需求。门应该开向内侧，如果需要开向走廊，则应该设置玄关；门宽不少于 80 cm，大于 107 cm 为宜。根据国内外动物中心建设经验，门宽和高一般大约为 106.7 cm×213.4 cm，以方便台车及设备进出[5]（如 IVC 饲养笼架、隔离器、层流架、普通笼架、超净工作台的搬运）。

一个饲养间的面积以放置 3~5 个动物笼架为宜，房间面积约为 15~21 m²。当超过 5 个笼架时，可设两个饲养间，既方便日常工作管理，也方便对意外情况的及时处理。以某个饲养间内装配 6 个单面，或者 3 个双面啮齿动物笼架，约提供 300～450 笼盒/房间为例，每个笼盒饲养 5 只啮齿动物，每个房间约有 1500～2250 只动物，此时房间面积为 2250 cm×7600 cm＝22 m²，是一个典型的饲养间模块。目前，常用于各高校研究的大小鼠 IVC 饲养笼架规格基本在 1800 mm×600 mm×1900 mm 以上，因此，在设计饲养间空间时，应充分考虑设备、笼具及生物安全柜等的安装。

3　屏障系统的运行与维护

屏障设施启用后，通常应保持连续运行状态，要使各种环境因素保持稳定、合格，不仅需要对整个屏障设施进行不断地维护和保洁，也需要经常对内环境指标进行检测。

3.1　设施运行维护

一方面，应按照各种通风空调设备的操作和维护要求，进行规范操作，避免环境指标出现异常；另一方面，应根据内环境指标检测的异常结果，及时查找原因并解决问题。如果温、湿度不合格，应考虑空调设备运转有无异常；如果梯度压差不合格，应考虑通风设备运转有无异常。如果氨浓度超标，应考虑饲养间内的动物密度和管理工作有无问题；如果空气洁净度、落下菌数和噪声等指标有异常，除考虑通风净化设备运转有无异常外，还应考虑动物饲养管理工作有无问题，高压蒸汽灭菌器、净水设备、传递窗/间和渡槽等净化系统的消毒效果如何，人员、物品和对动物的净化操作是否规范等。

3.1.1　空调净化系统的运行与维护

根据具体用途不同，实验动物生产设施和动物实验设施应分别设置空调系统。空调系统的设计应充分考虑动物隔离器、动物饲养架、生物安全柜和高压灭菌器等动物、人员、设备的污染负荷及冷、热、湿负荷[6]。在实验动物屏障设施中，空气过滤器是空气净化系统中最主要的设备。主要包括以下三种装置[7]：

（1）初效过滤器：主要阻挡粒径在 5.0 μm 以上的异物或尘粒。使用时一般风速控制在 2 m/s 以内。初效过滤器一般安装在空气处理室的新风口后面的预热器之前，以防止预热器上积尘过多而降低传热效率。

（2）中效过滤器：主要阻挡粒径在 1.0 μm 以上的悬浮性尘粒，一般安装在风机之后系统的正压段，使经过中效过滤器后的洁净空气不再被处理室外面的空气所污染。

（3）高效过滤器：高效过滤器主要阻挡粒径在 0.5 μm 以上的尘粒。过滤面积可达迎风面积的 50～60 倍。

过滤器对空气形成阻力，随着过滤器积尘的增加，过滤器阻力将随之增大。当过滤器积尘太多时，阻力会过高，使过滤器通过风量降低，或过滤器局部被穿透，因此，当过滤器阻力增大到某一规定值时，需更换过滤器。在过滤器没有被损坏的情况下，一般以阻力判定使用寿命。空调净化系统中过滤器的维护内容见表 2[2]。

表 2　空调净化系统中过滤器的维护内容

类别	检查内容	更换周期
初效过滤器	阻力已超过额定初阻力的 60 Pa 左右，或等于 2 倍设计或运行初阻力	1～2 个月
中效过滤器	阻力已超过额定初阻力的 80 Pa 左右，或等于 2 倍设计或运行初阻力	2～4 个月
高效过滤器	阻力已超过额定初阻力的 160 Pa 左右，或等于 2 倍设计或运行初阻力	3 年

3.1.2　饲养设备的运行与维护

空气经初效、中效和高效过滤器进入屏障系统，尘埃粒子数控制为 350 个/L，洁净度达到 10000 级[8]。利用空调送风系统形成清洁走廊和动物房、污染走廊和室外的静压差梯度，净化区内行成梯度压差一般为 20 Pa，以防止空气逆向形成污染。现今国内实验动物饲养的设备条件参差不齐，总体来说分为三种：正压层流架、隔离器和 IVC（独立通气笼盒）系统。

（1）正压层流架：正压层流架是专门用于饲养 SPF 级大鼠、小鼠或免疫缺陷动物的净化笼具设备，相当于一个小型的屏障单元，其在静态时的洁净度至少达到 10 万级。新购置的层流架应按照屏障环境标准进行粒子数及落下菌检查。检验合格后，再用消毒剂彻底消毒，方可放入动物进行饲养。在管理动物或进行实验操作时，重点应防止在转运和操作时的污染。在维护上，每 3～6 个月应进行 1 次内环境洁净度和动物质量检测，发现问题应及时处理；其送、排风机应每半年保养 1 次，初效滤材应每月检查清洗 1 次，高效滤材应每年更换 1～2 次。

（2）隔离器：隔离器中的洁净度为 100 级，主要用于无菌动物饲养繁殖、实验操作和处理后的观察、动物剖宫产净化[9]。隔离器能有效防止传染性病原微生物的扩散，不仅为隔离器中的动物提供保护屏障，同时保护感染设施内的大环境不被有害微生物污染。初效过滤器每周更换 1 次，当通过调整风量无法满足压差要求时，应将其更换为高效过滤器。使用时应注意保持设备清洁，电机出现声音异常时应及时查找原因，排除故障，每半年全面检修 1 次。

（3）IVC 系统：IVC 系统是小型啮齿类实验动物屏障级净化通气的饲养设备。IVC 系统的应用大大简化了屏障系统的操作程序，把人和实验动物的生存环境分开，其维护要求与层流架基本相同。但由于 IVC 为独立通风笼具，不仅要保持鼠盒自身的各部件连接完好，还应使每个鼠盒与通风管道的连接可靠、换气量均匀，避免排气孔堵塞。IVC 的维护盒检测频率与层流架一致[10]。

3.1.3　电源、照明及通信设备的运行与维护

屏障设施内电器的正常运转是极为重要的，为防止意外停电，屏障设施要设置双线路供电。无双线路供电时，至少要配备一套作为防灾用的最小限度的发电设备。发电的容量至少要保证空调机、排风机、隔离器和层流架等的风机运转。为防止夜间和休息日发生事故，24 小时运转的机器应安装保险装置和顺序再启动的自动复归装置。

屏障系统内的照明度分为工作照度和动物照度。工作照度采用特制嵌入式净化灯、镜面铝反光罩和有机透明灯片，使用吸顶型或插入型以达到防尘要求。工作照明开关在清洁

走廊和污物走廊实行双控，照明控制一般要有手动控制和自动控制。在确定照明水平时，对处于屏障系统内的动物还应当关注光照强度、光照时限、光线波长、动物的光照经历、24 h周期内光照时间、动物的体温、激素状况、年龄、种类、性别和品系等[11]。一般来说，强光会引起动物兴奋、烦躁，影响动物的生长发育，发病率高，视网膜受损；弱光使动物镇静、反应迟钝，生长发育缓慢，繁殖率和体质均下降。不同种类的动物和同种动物在不同的生理阶段所需要的最适光照度不同[12]。光照应当弥漫整个动物饲养区，具有足够的亮度，有益于动物的健康和便于管理操作，能充分检查到全部动物，包括在笼架最底层的动物，也为工作人员创造安全的操作条件。

除了光照强度，光照周期对动物的生长、发育和繁殖也有很大影响，啮齿类动物适宜的光照周期基本为明：暗＝12：12。因此，动物饲养区内应设置明暗各12 h的自动动物照度明暗开关。

由于实验动物设施的特殊性，人员的内外联系非常重要。最常用的是安装内线互通的电话，分设在洁净区内各室和各洁净走廊，与洁净区外部相通，各区工作人员通过电话互相通报。其次是手持式民用无线对讲机，它是一种双向移动通信工具，在不需要任何网络支持的情况下就可以通话，对于屏障系统非常适用。

3.2 设施内环境的保洁

屏障设施内环境的保洁工作即搞好日常卫生消毒工作。第一步，在每次的整批更换物料过程中，都要用适当浓度的消毒液对存放鼠盒的笼架和作业台进行擦拭消毒；每个房间的动物饲养管理工作完成后，及时将各房间更换下来的笼具和用具等污物传至污物走廊，打扫房间地面卫生（尽量避免扬尘）。第二步，用消毒液对房间内易积尘、易污染的物体（如存放物、墙体、作业工具和门手等）表面进行擦拭消毒；待各房间的饲养管理工作全部进行完毕后，再用浸有消毒液的拖布按照"库房→走廊→动物饲养间→其他房间"的顺序对地面进行彻底的拖地消毒。第三步，退至污物走廊，将此前放置的所有污物传至出口缓冲间，由洗刷人员将其传至洗消间进行洗消处理，再对污物走廊进行拖地消毒。第四步，打开屏障区内所有无动物区域的紫外线灯，照射消毒30～60 min以上。

结语

SPF实验动物屏障系统的建设目标是使人与动物都有一个最适的工作和居住环境，最大限度地避免一切对实验动物质量或动物实验结果造成不良影响的环境干扰。该系统在建设前应由具有动物设施设计和经营经验的人员及预计使用该设施的代表人员对其必要性和可行性进行论证，论证内容包括设施的地理位置、集中化与分散化、设施平面布局、运行管理与维护、实验动物生产繁育和动物实验等日常管理。同时，应对未来可能发生的等级改变的可能性进行评估和推演，做到既满足近期打算，又能着眼长远考虑。

参考文献

[1] 刘恩岐，尹海林，顾为望. 医学实验动物学［M］. 北京：科学出版社，2008.
[2] 李学勇. 实验动物设施运行管理指南［M］. 北京：科学出版社，2008.

［3］张明. 《生物安全实验室建筑技术规范》GB50346—2011 强制性条文解析［J］. 江苏建筑，2012（1）：107−109.

［4］实验室生物安全通用要求（GB 19489—2008）.

［5］王漪，张道茹，戴玉英，等. 我国实验动物科学技术的基础与前沿——实验动物发展的战略思考——实验动物设施的设计特点和建议［J］. 中国比较医学杂志，2011，21（10）：61−65.

［6］史晓萍，任萍萍，程津津. 屏障系统实验动物环境设施建设及运行维护模式［J］. 实验动物科学，2011，28（6）：57−58.

［7］实验动物环境及设施（GB 14925—2010）.

［8］实验动物微生物学等级及监测（GB 14922.2—2011）.

［9］实验动物质量控制要求（GB/T 34791—2017）.

［10］刘晋津. 实验动物福利及 IVC 系统对实验动物福利的优势体现［J］. 实验动物科学，2014，31（3）：53−55.

［11］实验动物福利伦理审查指南（GB/T 35892—2018）.

［12］赵颖熙，陈露，瞿小妹. 光照度对豚鼠屈光发育的影响［J］. 中国实验动物学报，2011，19（5）：400−404.

基于微课的大学计算机实验课程线上平台的构建

夏 欣* 戴丽娟 李 霓

四川大学计算机学院（软件学院）计算机基础教学实验中心

【摘 要】 新时期高等教育的模式在"互联网＋"影响下发生了诸多改变，为高校计算机实验室的构建提供了新的技术与方法，同时也带来了新的实验教学模式。四川大学计算机基础教学实验中心积极探索通识性大学计算机基础课程的实验教学改革。课程基于新形态教材，微视频等开放式实验课的构建，对个性化教学的新策略与新方法的探索和创新性计算机实验课程的开设，改变了传统授课与教学实践的模式。在新冠肺炎疫情期间，基于微课的线上教学实验平台发挥了重要作用，开启了新的实验教学模式改革。

【关键词】 大学计算机；实验教学改革；微课；线上教学

引言

近年来，国家信息化建设规模庞大、发展迅速，学校信息网络不断完善，"互联网＋"成为新时期重要的思想与技术潮流，为高校计算机实验室的构建提供了新的技术与方法。新时期高等教育的模式在"互联网＋"影响下发生了诸多改变，如 MOOC、翻转课堂、开放性实验课的推广。"互联网＋"倡导开放、创新与自由[1]的精神，各个高校在实验室的构建中也在积极探索开放教学的新路径与新策略，积极转变授课与教学实践模式，为学生创新创业提供新平台和支持[2-4]。

计算机基础教学实验中心承担了四川大学计算机基础课的所有教学和实验工作。面对大一近万名学生，如何有效开展计算机基础课的实验教学，是我们面临的严峻问题。

1 大学计算机实验课程现状

大学计算机基础课程从 20 世纪 90 年代开展"计算机文化"教育开始，经历了普及流行软件的操作和应用，到传授计算机基础知识、技术与方法，引导学生利用计算机解决所学专业中的实际问题，目前更加强调在重技术与应用的基础上加强"思想的教学"。经过多次教学改革，大学计算机课程体系结构已经确定。但教学方法相对滞后，尤其是实验教学作为计算机教学的重要环节，其方式、手段都亟须改变。

---

* 作者简介：夏欣，副教授，主要从事计算机应用，教授"大学计算机""C程序设计"课程。

1.1 大班授课，缺乏实验指导教师

大学计算机基础课程多采用合班授课模式，学生人数多，虽然每个班都配有助教，但学生问题多、实验项目多，教师和助教在上机实验课上忙于对学生进行指导，且多数时候不同学生反复询问同一个问题，教师反复作答，实验效果差。

1.2 实验内容多，上机学时少

信息技术的飞速发展加大了课程容量，但是教学计划却缩减了大学计算机基础课程学时。由于课时有限，为了保证课堂教学的时间，缩减了实验课的学时，导致实验课内容多、课时少，教师无法深入指导学生进行上机实验，学生的上机积极性受到影响。

1.3 教学模式单一，学生缺乏主动性

传统教学模式的缺点在于培养的学生缺乏想象力和独立思考能力，更缺乏批判精神和科学的思维方式。大学教育应该更多地启发和培养学生的想象力和独立思考能力，要启迪学生的心灵，唤醒每个学生自身的潜质。启发学生的学习兴趣和想象力，才是教育的本质。

学生的上机实验课程仍旧采用教师"注入式"的教学方式，违背了目前的教学规律。目前的实验内容仍然是以验证性实验为主，没有充分调动学生的学习积极性，学生被动学习，缺乏主动性。

2 微课的核心内容及特点

微课（Microlecture）是指运用信息技术按照认知规律，呈现碎片化学习内容、过程及扩展素材的结构化数字资源[5]。

微课的核心组成内容是教学视频，同时还包含与该教学主题相关的教学设计、素材课件、教学反思、练习测试及学生反馈、教师点评等辅助性教学资源。它们以一定的组织关系和呈现方式共同营造了一个半结构化、主题式的资源单元应用小环境。因此，微课既有别于传统单一资源类型的教学课例、教学课件、教学设计及教学反思等教学资源，又是在其基础上继承和发展起来的一种新型教学资源[6-7]。

微课有以下四个主要特点：

（1）教学时间较短。

教学视频是微课的核心组成内容。相对于传统的 45 分钟一节课的教学课例来说，微课可以称为"课例片段"或"微课例"，容易抓住学生的注意力。

（2）主题突出、内容具体。

一个微视频针对一个内容，重点突出，学生容易把握。微课将知识点碎片化，便于学生根据自身情况进行选择性学习，开展个性化的教学。

（3）资源容量较小。

从文件大小上来说，一门课程的微视频的总容量一般在几十 MB 左右，视频格式是网络中常用的流媒体格式，便于学生流畅地播放，同时也方便学生下载和存储。

（4）微课制作方便。

不需要太专业的摄像设备，用智能手机即可录制视频。若是录制计算机上的操作，则可以使用录屏软件（如 Camtasia）进行录制，简单易学。

3 基于微课的大学计算机实验教学线上平台的构建

相较于传统实验方式，微课的构建更加注重学生的自主学习，为学生提供了充分的自由和自主的上机实验环境，让学生可以不受课堂学习环境的约束，学生的上机实验更自由更主动[8]。学生与教师之间的关系也由被支配者与支配者的关系转化为平等的交流关系。学生在微课的在线平台上可以充分发挥自己的潜能，随时随地与教师进行互动[9]。

我们利用云平台构建大学计算机实验课程的微课课堂——一个学生自主学习的平台，同时也增加教师和学生的沟通方式，学生除了在规定时间到机房上机，还可以利用微课平台随时随地进行上机练习，与教师进行交流互动，也为学生实验课程的平时成绩提供科学依据。

3.1 大学计算机实验教学微课资源的建立

大学计算机实验课程包含下面三个模块。

（1）计算机硬件模块实验。

该模块实验包括认识计算机主板、CPU 的安装、内存条的安装及计算机简单故障的处理。

（2）计算机软件模块实验。

该模块实验包括对操作系统的使用、Word 2010 的使用、Excel 2010 的使用、PowerPoint 2010 的使用及 Raptor 软件的使用。

（3）计算机网络模块实验。

该模块实验包括无线局域网的安装、网络浏览器的使用及网络安全的防护。

我们将实验操作全部细化，将实验操作录制为 65 个微视频，每个微视频不超过 10 分钟，单个视频大小不超过 10MB，一个微视频对应一个应用操作，即便是大班上课，也尽量做到一对一的实验指导。

计算机基础教学实验中心教师结合高等教育出版社的 ICC 资源平台，构建了自己的大学计算机实验教学资源。上传实验资料、实验所需原始数据及实验操作视频，配置题库，设置试卷、作业，开设讨论论坛、答疑等窗口，设置实验成绩比例构成，如在线时长、实验完成情况等都计入实验成绩。大学计算机实验课程线上教学平台如图 1 所示。

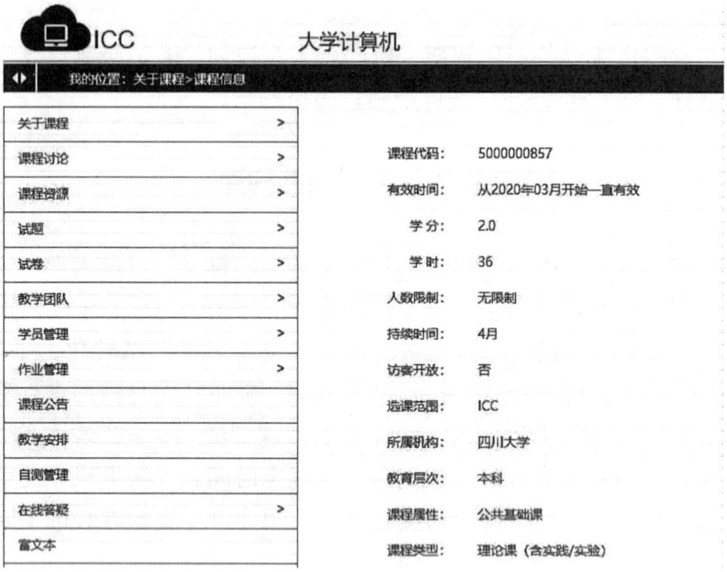

ICC
大学计算机
我的位置：关于课程>课程信息
关于课程
课程讨论
课程资源
试题
试卷
教学团队
学员管理
作业管理
课程公告
教学安排
自测管理
在线答疑
富文本
课程代码：5000000857
有效时间：从2020年03月开始一直有效
学分：2.0
学时：36
人数限制：无限制
持续时间：4月
访客开放：否
选课范围：ICC
所属机构：四川大学
教育层次：本科
课程属性：公共基础课
课程类型：理论课（含实践/实验）

图 1　大学计算机实验课程线上教学平台

教学的主体资源完成构建后，需要搭建学生端的使用界面，学生可使用电脑或手机 App 登录线上教学平台，如图 2 所示。通过教师端分配实验教学学时、发布实验内容及公告，要求学生在规定时间内完成实验课程的学习与实践，在线提交实验报告，教师在线答疑。

大学计算机
签到
投票问卷
消息
APP自测
成绩
讨论

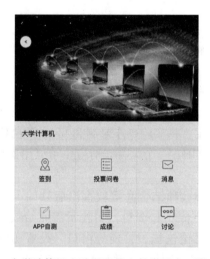

图 2　大学计算机实验课程线上教学平台（学生端）

教师在线上教学平台发布课程学习内容，设置成绩构成比例，包括学习内容百分比、登录次数及在线时长比例等，如图 3 所示。

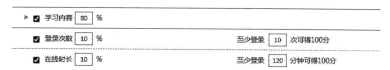

图 3　成绩构成比例设置

学生可以在自己的学习端查看学习情况，实时查看自己的当前成绩排名，逐渐形成争当第一、努力学习的良好学习氛围。在学期结束时，线上教学平台自动生成学生平时成绩，如图 4 所示。

学号	课程内容80%	课程访问次数10%		在线时长10%		综合100%	名次
		次数	得分	时长	得分		
2019141221073	92.3	12	100	5小时3分53秒	100	93.84	1
2019141221006	92.15	16	100	6小时46分53秒	100	93.72	2
2019141221082	92.08	11	100	5小时52分23秒	100	93.664	3
2019141221075	91.78	17	100	6小时30分57秒	100	93.424	4
2019141221050	91.63	6	60	3小时40分46秒	100	89.304	5

图 4　按比例生成学生平时成绩

3.2　新形态教材推动微课实验教学改革

新形态教材是在纸质教材的基础上利用多媒体技术和网络平台，在教材相应的地方植入二维码，学生利用自己的手机扫描二维码可以看到实验操作的微视频，如图 5 所示。65 个微视频配合实验教材的所有实验，都植入到教材的对应章节中。新形态教材的投入使用使得开放性实验课能顺利开展，很好地解决了学生计算机水平参差不齐的问题。同时，学生可以根据自身情况，选择性地完成计算机上机实验，充分发挥学生学习的主动性。

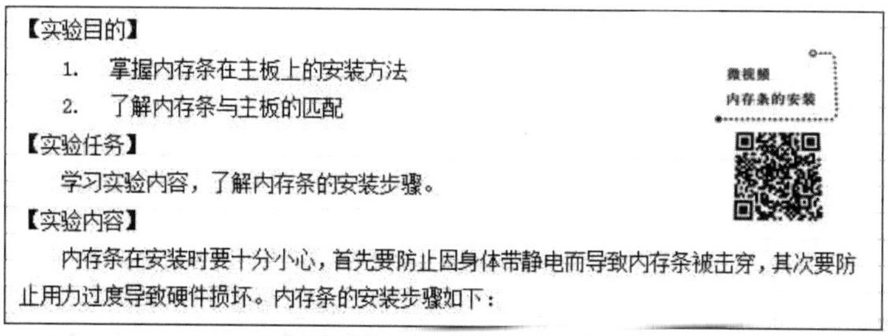
【实验目的】
1. 掌握内存条在主板上的安装方法
2. 了解内存条与主板的匹配
【实验任务】
学习实验内容，了解内存条的安装步骤。
【实验内容】
内存条在安装时要十分小心，首先要防止因身体带静电而导致内存条被击穿，其次要防止用力过度导致硬件损坏。内存条的安装步骤如下：

图 5　大学计算机新形态实验教材

3.3　BYOD 的实验教学模式发挥学生的能动性

BYOD（Bring Your Own Device）指携带自己的个人电脑、手机和平板等设备进行办公的模式。BYOD 最大的优势是利用碎片化时间，无缝衔接，灵活方便，从而提高效率。

BYOD 将移动设备与学习相连，丰富了信息化教学活动，有利于信息技术与课程的深度融合，便于开展自主探究、讨论协作等形式多样的学习活动，实现混合式教学[10]。

学生利用自己的移动设备随时可以连接网络观看微课视频，了解实验操作，充分利用碎片时间进行学习，提高学习的效率。

3.4 实验室的改造提供微课网络平台

实验室共 10 个机房，提供近 1000 台计算机供学生使用，开放性实验室的构建是个性化实验教学的前提。所谓开放性实验室，并不是简单地将实验室的门打开，将实验时间延长，而是要为个性化实验教学提供充分、必要的软硬件环境。

为了配合基于微课的大学计算机实验教学的改革，机房提供有线网络接口并且全面覆盖 Wi-Fi，供学生电子设备的接入。同时，构建了云平台实验室，自由切换计算机桌面，为学生提供各类软件，提供了友好的上机实验环境，云平台实验室的构建满足了各专业的大学计算机实验需要。

3.5 任务驱动型创新实验的开展

任务驱动型上机实验培养学生的综合素质和及时发现问题的能力，提高学生对事物的观察、判断、分析和解决的能力。学生在实验教学中巩固基础知识，增强自信心，激发不断学习、不断实践的求知欲望和创造潜能，全方位地提高自己的综合素质。

2017 年，大学计算机基础课程新增设 4 个创新性实验：微型计算机组装与维护，虚拟化技术应用实验，直方图的应用与回归分析的数据处理和基于云计算网络资源池的计算机网络实验改革。以任务驱动的模式开展上机实验活动，将验证性实验转变为综合性、设计性实验，实现全开放的实验教学管理模式。

如微型计算机组装与维护实验，课前要求学生自学相关微课，学生分组拟订装机方案，学生兴趣高，主动参与到实验教学中。实验课上，由实验室提供组成微型计算机的各种芯片，学生在微课的指导下，自己动手组装一台计算机并安装操作系统。

结语

基于微课的大学计算机基础课程实验教学改革很好地解决了学生计算机水平差异大，大班上课缺少一对一辅导，实验课时少的问题。学生根据自身的实际情况，结合实验微视频自主完成实验课程的学习。在当今"互联网+"的时代背景下，利用计算机网络的新技术、新方法构建全新的实验课程体系。构建特色化、个性化的开放性实验室是时代的需要，也是教师当前正在努力并为之奋斗的目标。在新冠肺炎疫情期间，基于微课的线上教学实验平台发挥了重要作用，开启了新的实验教学模式改革。

参考文献

[1] 蔡建华，胡文心，张凌立. 基于 SPOC 的计算机实验教学云平台设计与实践 [J]. 实验技术与管理，2019（12）：197-200.

[2] 朱伟. "互联网+"时代下高校实验室管理开放教学的几点思考 [J]. 现代职业教育，2016（4）：176-177.

[3] 蔺伟. 高校创新创业实验室建设路径探讨 [J]. 实验技术与管理，2017（2）：238-241.

[4] 董春桥，张延荣. "互联网+实验室"建设探讨 [J]. 实验技术与管理，2017（1）：240-243.

[5] 张方方. "微课"对高校教学改革的影响 [J]. 中国成人教育，2016（1）：111-113.

[6] 吕善国，曹义亲. 依托开放性实验室开展个性化实验教学 [J]. 实验技术与管理，2010，27（5）：

143−145.

［7］王来志，邓长春，袁亮，等. 基于云学习平台的翻转课堂教学模式改革与实践［J］. 实验室研究与探索，2018，37（8）：234−237，249.

［8］吴荻，周海芳，周丽涛，等. 基于 MOOC 平台打造大学计算机基础国家在线精品课程［J］. 计算机教育，2019，292（4）：57−59，64.

［9］王娜，张应辉. "互联网＋"背景下高等院校在线课程建设的探讨——以西北农林科技大学为例［J］. 中国林业教育，2020，38（1）：18−20.

［10］罗丽苹，李相勇，贾巍. 基于"SPOC＋微课＋BYOD"的翻转课堂设计与应用——以《大学计算机基础》公共课为例［J］. 西南师范大学学报（自然科学版），2017，42（8）：158−164.

院级实验中心建设的探索与实践

肖红艳*　周建飞　张金伟

四川大学轻工科学与工程学院

【摘　要】围绕探索功能集约、资源优化及高效运作的院级实验中心建设，四川大学轻工科学与工程学院以两项改革（院内公房制度改革、实验技术人员统一调配及纳入学院公共服务保障体系）为切入点，以两个基础（"环境·健康·安全"管理理念及信息化管理手段）为保障，以四个方向（轻化工程为班底的动物生物质方向、食品科学与工程与轻工生物技术融合的微生物生物质方向、纺织工程拓展建设的植物生物质方向及服装与服饰设计和革制品设计融合的"艺术＋工程"方向）为主导，逐步推进两个平台（实验教学平台及实验仪器设备开放共享平台）建设，现已取得阶段性成果。院级实验中心建设将对"双一流"建设、"双创"人才的培养及教学资源的优化整合提供更有力的支撑与保障，对其进行的探索与实践不仅具有现实意义，还将对提升相关学科的综合优势产生长远的影响。

【关键词】实验教学；仪器设备共享；信息化系统；实验平台

引言

在"双一流"建设中，四川大学轻工科学与工程学院围绕建设一流学科中心工作，大胆改革创新，发挥自身优势，走特色之路，力争在创新人才培养和科学研究成果方面尽快实现突破提升，实现跨越式发展。而实验室作为创新的起源，是竞争的主要战场，不仅是培养学生知识与应用、分析处理问题、实践操作和创新创业等能力的重要平台，也承担着国际交流中的平台和纽带作用。高校实验室一直是师生开展科学技术研究的重要场所，是高校基础理论研究和技术创新的源头，在解决国民经济重大科技问题和科技成果转化中作用突出[1]。促进我国高校实验室建设系统化、平台化全面提升，实现实验室的内涵式发展，正是为高等教育跨越式发展，建设世界"双一流"提供强有力的支撑与保障。

1　国内高校院级实验室现状

目前，国内高校多延用实验室的校、院、系三级管理模式，具体实验室的建、运、管是以系为主体[2]。在此管理模式下，实验以学科和专业主线设定，对应规建的实验室总体数量偏多、偏小，分布散落，类似功能的实验室出现重复设置，实验用公房利用率和效能

---

* 作者简介：肖红艳，硕士，实验师，主要从事纺织服装实验教学，实验室建设与管理。

不高。由于室内的实验仪器设备出现重复购置，致使对有限经费的支配与使用不系统、不合理，造成一定的教学资源浪费。另外，在系分管实验室模式下，实验人员也分散到系，学院不能实现统一调配使用，这与普遍存在的专职实验人员偏少，单位用人紧张的情况有矛盾。这些现状已严重制约学院内实验室的建设和发展，探索功能集约、资源优化及高效运作的综合实验中心建设与实践具有一定的现实意义。

2　院级平台基础条件建设

2.1　基础硬件

首先，对实验室配套的用房、室内外基础设施等进行标准化升级与改建，以满足实验和安全的双重需求。学校通过调研，加大投入，合理规划校园用地，综合治理校园环境，拟有效增加实验用房供给，从源头解决实验室用房紧张的现状。但由于土地规划、建设等时间周期都比较长，眼下在供给有限、供需矛盾不能平衡时，学校也鼓励二级单位启动公房制度改革。我院已积极着手推进院内公房制度改革，探索用房优化配置及有偿使用制度[3]，主要包括集约型实验教学平台的融合与搭建，将院内同类型的实验室进行集中规划、集中打造，改变原有小规模实验室零星分散的局面，不但极大提升了实验教学的硬件水平和基础条件，叠加后相对还节省了一定的公房资源。另外，教师科研用房分配，以科研团队为申请人，学院重点考查资源的投入产出比，进行面积核定划分，推进落实公房有偿使用制度。

其次，实验大楼的大型基础设施需要重新规划布局，做好公共和基础设施建设升级[4]。实验大楼原有设计的电路负荷与不断增加的用电需求的矛盾日益突出，带来极大的消防安全隐患，因此，我院统一对大楼重新梳理输电线路，建立三级配电用电管理网络，即大楼专用配电房分支后接入各楼层专用配电房，再由各楼层专用配电房分别接入用户实验室的配电箱。此外，实验大楼统一的通风换气系统已老旧甚至缺乏，无法承载实验室安全环保的基本通风换气需求。如由各实验室自行建设通风管路系统，一方面，单个成本偏高，涉及重复建设，造成有关资源浪费；另一方面，不便于规范统一有关标准，可能出现一间实验室的通风排气设施不规范，影响整个楼层甚至整个大楼的空气质量安全。因此，学院积极规划，拟建成实验大楼主体通风管路及屋顶废气集中回收处理装置，大楼内有需要的实验室直接通过预留的风道接口接入大楼主体通风管路，即可达标排放、通风换气，将切实改善实验大楼安全环保基本设施，提高实验环境空气质量，进一步保障师生的人身健康。

2.2　队伍建设

高校实验技术队伍建设需要转变观念意识并给予重视。一方面，学院将分散在各系所实验室的专职实验技术人员进行整合，整体纳入学院公共服务保障体系队伍，由原来的系管变为院管。建立以岗位与聘用为核心的聘用制度，以量化年度考核与聘期考核相结合的考核制度，以体现绩效为核心的分配制度，进一步强化实验技术人员的危机感与竞争意识，激发实验队伍更大的活力与创造力[5]。另一方面，学院也不断为实验技术人员提供多元化、多层次的进修和培训机会，开展多渠道、多形式的活动来加强和提高实验技术人员的创新能力及业务能力，满足个人成长和岗位发展的需要。同时鼓励实验技术人员进行自主科研和创新创业活动，开展实验技术、实验教学方面的改革与创新。

今后，首先，建设实验技术队伍还将考虑把人才队伍建设紧紧与一流学科、实验平台及实践基地等相结合，围绕明确的建设目标，通过引进、自聘等方式，引进不同层次不同专长的人员，培育创新实践团队。其次，创新用人机制。与校外专家深化合作，采用兼职和聘任相结合的方式，建立一支较稳定的校外导师队伍。充分利用他们的专业知识和丰富的实践经验，联合指导实践教学，特别是指导实训与实习工作，强化工程教育师资[6]。最后，重培养。强化职业发展指导，做好现有实验技术队伍及教师的"内培"和"培优"工作，鼓励学校教师积极参与实验平台建设并深入到实验教学中来。

2.3 信息化管理系统

实验室和实验仪器设备要加大开放，加大共享，需管理先行，解决好安全、控制好风险。以制定相应的实验室准入机制、实验操作规范及科学的应急预案为前提，结合信息化技术，我院进行了实验室智能化管理系统和实验仪器设备预约开放共享系统建设，在不增加人力成本的前提下，基本能实现实验室可控的全天候预约开放[7]。如图1所示，该系统是软件与硬件相结合的综合管理系统，除包含一般信息管理系统的基本功能以外，还要能实现预约系统、门禁系统、身份验证系统、监控系统及实验设备控制系统、使用计时系统、应急报警系统等功能。需要设备控制系统与预约、门禁刷卡连用，完成使用人识别。通过电脑端软件计时及高清视频监控系统对实验过程进行监控[8]。由于移动互联网技术及智能终端的发展与普及，可以同时设计基于移动终端和移动网络的智能化视频监控系统，在移动终端实时查看实验室监控画面，提高了视频监控的灵活性及实验室安全管理的智能化水平，对于实验室安全及管理、规范学生实验行为等方面具有一定的实际意义[9]。此外，智能化实验室管理系统有利于提高实验室管理系统的安全性，实时采集的数据更客观、准确，便于生成各种报表，减少重复性劳动。

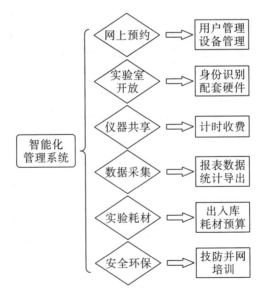

图1　智能化管理系统所含模块

2.4 环境、健康、安全（EHS）

在实验平台建设中，安全环保是基石，我院在实验平台规建、管理及使用的各个环节，充分考虑了 EHS 管理理念。具体体现在以下八个方面[10]：①科学规划实验室建设。实验室的规划和设计是一项系统的工程，必须在规划阶段进行针对性的环境影响评价，并确定基本设计要求，即应考虑将高风险区域与低风险区域分开，缩小危险区域；操作区和通道必须保持足够的空间；设置足够的逃生通道和安全出口，尽量不设台阶等障碍物。②建立严格的实验室准入制度，即严格按照学校规定，进入实验室前需完成安全环保培训并通过测验。③实验室应将大型仪器设备、特殊操作的操作培训常态化，操作规范、相关注意事项及必要的日常维护手册应公开化。④层层建立实验室应急处理预案。⑤建立符合我院实验平台管理要求的安全管理系统，成立了以分管院领导、安全秘书及实验室管理人的三级管理，按照安全工作制度，将安全自查、秘书巡查与安全检查相结合，落实并建立安全台账，管理动态化，强调相关人员的责任意识，并据实做出必要的调整和改进。⑥建立个人及科研团队在院级实验平台的 EHS 业绩评估体系，其评估结果同个人申请实验室、仪器设备使用的许可和使用优先级相关联，旨在鼓励自觉落实 EHS 有关要求。⑦加强 EHS 硬件资源配置。包括突发环境事件的应急处理设施，个人防护和急救设施，特殊危险品存储设施及自动监测与紧急情况报警系统等。⑧加强 EHS 培训，包括操作技能和 EHS 理念两个部分，主抓管理人员的培训、新进人员的培训、针对师生开设 EHS 相关讲座及建立持续改进的学院实验平台内部机制四个方面，真正实现 EHS 管理体系的持续改进。

3 院级实验教学平台建设实践

学院本科实验教学面向全学院 1300 余名本科生，实验课程所包含的实验项目中，新开实验项目占 65%，综合性实验项目占 42%，设计性实验和创新性实验项目占 40%。院级实验教学平台的建设是一项针对专业实验教学、覆盖面广的基础条件提升工程，是切实改善本科教学基本办学条件的重要建设。

在大力建设提升基础条件的基础上，我院整合院内现有资源，将位于四川大学望江校区的纺织、服装、食品、生物、皮革及革制品几个专业方向的实验室从实验实践教育教学出发，围绕目前学院正积极开展的"生物质科学与工程创新班"培养，围绕"生物质科学与工程"新专业建设探索，以轻化工程为班底的动物生物质方向、食品科学与工程与轻工生物技术融合的微生物生物质方向、纺织工程拓展建设的植物生物质方向，以及服装与服饰设计和革制品设计融合的"艺术+工程"方向为主导，按需将实验室规建进行分类融合，充分体现学院集中调度、集中统筹、集中规建。如图 2 所示，拟分期搭建面向全学院本科学生和硕博士研究生，以服装服饰设计教学平台、微生物技术实验教学平台、化学类实验教学平台和专业工程化实践平台为主，以物理检测类实验平台和仪器设备共享平台为补充的院级实验教学平台，进一步通过系统化、标准化建设，提升实验室硬件，改善实验条件，树立实验室新形象，力争在立德树人、学生创新创业能力培养方面创造更好的实验室条件。

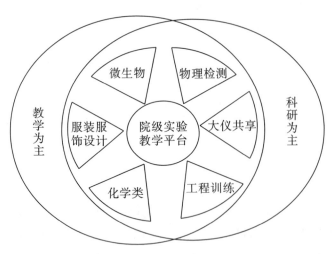

图 2　院级实验教学平台构建

　　一方面，平台建设使实验室原有的分散格局变得集中，老旧小实验室升级为现代、规范化实验室；另一方面，不断"腾笼换鸟"，资源叠加，既减少重复投入、重复建设，节省了公共资源，又进一步大幅度提高了教学实验室的开放使用率，使实验室各类资源得到高效利用。结合实验室管理信息系统，管理者可以直观了解各实验室相关教学信息和其他预约开放情况，对于实验室开放日志及量化的各项数据获取，将由系统直接生成导出，避免了人工登记、统计的二次劳动，管理效率得以极大提升。后续考虑可以将实验耗材管理与实体库房与信息系统管理相结合，直观地了解耗材出入库情况及具体实验课程和实验项目耗材支出使用情况等，这样可以实现便捷的统一统筹、统一管理，方便统计及核对预算，还能有效减少甚至避免重复购置、材料囤积过期等浪费现象的发生。

4　院级实验仪器设备开放共享平台建设实践

　　建设一流学科，需规划建设一流的实验平台，配置一流的实验仪器设备。实验仪器设备建设是实验室建设的重点和关键任务，需要围绕教学、科研确立中心目标，有计划有步骤地组织实施。在资源空缺大、难以一步到位的现实情况下，需集中力量，按照优先级别，建设一步即要建成一步，步步推进，最终建成硬件先进、开放共享、利用率高的院级实验仪器设备开放共享平台。

　　通过多期中央改善基本办学条件项目的投入建设，我院现有实验仪器设备已得到长足改善。整合现有资源，已分别在皮革、纺工两栋大楼初步搭建了大型高精实验仪器设备共享平台，主要集中了价值较高、科研和培养研究生使用率相对较高的仪器设备，集中摆放，集中面向校内外开放共享，集中管理。但该平台还存在以下几点问题：①部分仪器设备需求过热，预约排队等待时间较长；②仪器设备在本科实验教学与培养研究生过程中出现资源竞争的现象；③单台/套仪器设备使用率高，一旦损坏维修，便不能保障实验需求；④有的仪器设备一直缺乏，急需购置填补空白。总之，实验仪器设备资源短缺，需要进一步加大投入，将实验仪器设备共享平台加以巩固和提升，不断满足学生培养、科学研究等高校基本活动的需要。

此外，高精实验仪器设备的集中运维还需要考虑其成本和长效管理机制。对此，我院积极响应，加入学校设备管理部门统一搭建的实验仪器设备开放共享平台，不断加大设备的开放，覆盖院内服务、校内服务和社会服务，收取适当的费用，用于仪器设备的维修保养、实验耗材购置和开放测试人工报酬等支出，减轻自身运维该仪器设备开放共享平台的成本。

该共享平台内的仪器设备实体管理主要采用专职实验人员管理，要求平台管理人员需整体参与所有仪器设备的使用培训，便于必要时可随时顶替管理人员空缺。另有部分仪器设备还通过聘用研究生助教协助管理，在测试时间长、专职人员无法兼顾时由助教从旁协助。该共享平台的虚拟管理，则是基于设备共享预约系统来开展。学生通过注册登录系统，提交针对具体某台设备某个时间段的预约申请，管理人审核该学生是否符合预约使用的条件，获批通过后，学生即可按时到实验室，通过授权刷卡、面部识别、指纹识别及输入密码等多种验证形式之一进入实验室，按授权信息登录仪器配套的电脑系统后即开始实验，实验结束后退出系统即完成一次实验计时，依据计时时长或试样个数计算实验应收取的费用。其中，申请者是否符合预约使用条件，是基于实验室准入要求、具体仪器设备使用培训情况，以及申请者优先级别来综合判断的。学生需提前完成实验室准入培训并考核合格，提前通过定期开展的仪器设备使用培训。如果申请者表现出一贯良好的实验素养，在实验室遵守安全环保规定，爱护仪器设备，都将有助于获得更高的使用预约优先级别。

结语

至此，围绕院级实验中心建设，我院已于 2019 年底启动并逐步推进了专职实验人员管理改革，启动了院级公房改革，现已初步搭建完成了微生物、化学、服装实验教学平台，正在着力逐步完善大型仪器设备共享平台。院级实验教学平台建设从实际出发，围绕特色新专业培养目标，科学构建实验平台，突出和发挥院内学科优势，主要从硬件和软件规划建设着手，从培养拔尖创新人才的任务出发，着力启动、分期推进，打造学院直管、体现综合高效利用、规范化运行的实验教学平台，以及开放共享的实验仪器设备共享平台，后续的建设目标是形成合理布局、明确定位、科学管理、高效运行、多元化投入、动态调整、开放共享、协调发展的基础条件保障体系。

参考文献

[1] 宫亮，冯杰. 高校实验室管理与建设在科研中的地位和作用 [J]. 长春师范学院学报（自然科学版），2012，31（12）：112−114.

[2] 周建国，桑玉坤，庄苏. 高等学校院级实验教学中心平台建设探索 [J]. 中国现代教育装备，2011（3）：10−12.

[3] 祁妙怡，朱英明，何柏. 高校新建多学科交叉平台科研用房制度改革探索实践 [J]. 中国管理信息化，2018，21（1）：217−219.

[4] 范卫东，杨正宏. 院级实验工作平台管理与运行机制 [J]. 实验室研究与探索，2007，26（2）：126−128.

[5] 肖红艳，何国琼. 纺织工程实验技术队伍建设 [J]. 实验科学与技术，2017，15（5）：154−156.

[6] 肖红艳，何国琼. 构建实验实践一体化平台培养纺织创新创业人才 [J]. 实验室科学，2017，

20（5）：199－202.

[7] 肖红艳，张灵棋，郭荣辉，等. 高校智慧实验室建设的探索 [J]. 纺织服装教育，2019，34（2）：170－173.

[8] 肖红艳，任二辉，王巍，等. 服装专业全天候智能化双创实验室建设 [J]. 实验科学与技术，2019，17（1）：152－155.

[9] 郭剑. 高校大型仪器设备共享管理的探索与实践 [J]. 实验科学与技术，2017，15（3）：151－154.

[10] 肖红艳，任二辉，宋庆双，等. 高校实验室 EHS 文化建设 [J] 实验室科学，2020，23（1）：154－157.

实验教学改革

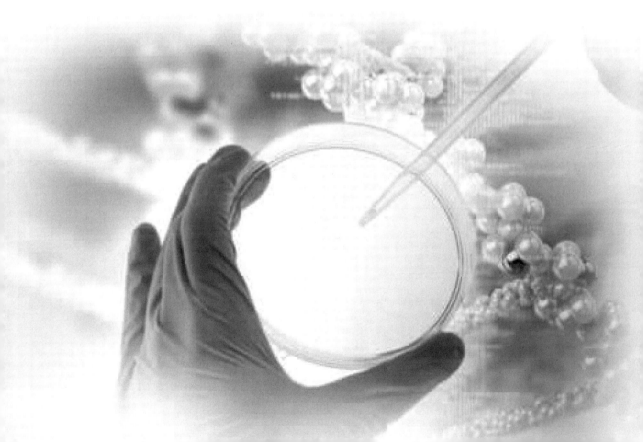

疫情防控下学生创新实践活动开展模式初探

曹晓燕[*] 梁 斌 涂国强 李 雷 李小根

四川大学电气工程学院

【摘 要】为了确保学校提出的疫情防控阶段停课不停学及探索在线实践教学新模式的要求顺利实施，四川大学电气工程学院创新实验室在原有创新活动基础上，通过定期开设线上讲座、线上竞赛、阶段性成果验收、实验套件快递到家及定期答疑等形式多样、灵活多变的疫情防控下的创新实践活动，为学生提供了创新能力锻炼、独立思考及自主学习的平台，使学生没有受疫情影响创新实践能力的培养，对于培养学生独立解决问题及科研思维的能力具有很好的效果，真正做到了停课不停学，停课不停创。

【关键词】疫情防控；线上创新实践活动；创新能力培养

引言

四川大学电气工程学院创新实验室[1]成立于 2007 年，位于四川大学江安校区第二基础实验楼 A510，其主要作用是：利用已有仪器设备、设施等资源，以开设跨学科、跨专业的创新性、研究性、综合性实验项目为主，邀请不同专业教师指导，面向学生开放，吸引大一、大二学生利用课余时间或假期到实验室参加创新实验、创新竞赛[2]、创新培训及创新活动等，为学生提供实践学习和科学研究的条件，提供参与实验竞赛及大学生创新创业活动的实践平台[3-4]，为毕业生增强社会竞争力、提高社会知名度创造优良的成长环境，培养学生的动手能力和创新实践能力，使实验室真正成为学生充分发挥想象力和创造性的舞台。一直以来，创新实验室坚持以竞赛为导向，以创新能力培养为目标[5-6]，定期举办讲座、竞赛、考核选拔及定期答疑等多种形式的创新活动，使学生积极参与其中，在大学创新活动中充分培养想象力和创造力的基础思维方式，切实地将理论与实际紧密结合。

2020 年初，一场突如其来的新冠肺炎疫情导致学生不能在开学时如期返校，创新活动也差点搁浅。在电工电子基础教学实验中心的实验教师及教导员的共同努力下，利用学生课余及周末时间开设线上讲座[7]、线上竞赛、阶段性成果验收、实验套件快递到家及定期答疑等形式多样、灵活多变的疫情防控下的创新实践活动，受到了学生的欢迎，大部分

---

* 作者简介：曹晓燕，中级职称，研究方向为单片机、检测技术，教授"电子系统设计与实践""电子实习""电子技术综合实践"等课程。

学生积极参与其中，使学生在家也可以参与各类竞赛基础培训，参与创新项目的制作，可以从电子技术的基本技能训练起步[8]，可以培养、锻炼学生的创新实践能力[9]。

1　开展创新实践活动面临的问题

由于新冠肺炎疫情的发生，导致开展创新实践活动存在以下三个方面的问题：

（1）学生不能返校，各种仪器设备无法使用。创新实验室配备了各种电源、信号源、示波器及万用表等仪器，定期为学生开展各项培训，使学生能熟练掌握实验仪器的使用。但是学生没有返校，所有的仪器设备都无法让学生远程操作。

（2）所有创新小实践因学生未返校不能开展。创新实验室一直以来定期利用学生课余时间开展创新小实践，如抢答器、光立方等的制作，教师负责指导答疑，旨在培养学生的兴趣及实践动手能力，并通过定期考核，使学生保持一定的积极性。但学生未返校，所有的实践动手环节由于设备、实践材料等原因，使创新小实践的开展成为一个难题。

（3）创新实践竞赛因新冠肺炎疫情影响不能举行。每年3月，创新实验室面向所有参加的学生举办创新实践竞赛，旨在培养学生实践动手、团结合作及分析问题解决问题的能力，同时选拔出优秀学生参加全国大学生电子设计竞赛、"飞思卡尔"杯智能汽车竞赛及"美新"杯MEMS传感器应用大赛等。但由于学生没有返校，创新实践竞赛因为场地及学生组队等原因使得开展成为一个难题。

2　疫情期间开展创新实践活动的新模式

2.1　定期开设线上讲座

目前，创新实验室拥有一支基础理论深厚、教学经验丰富、实践能力强、朝气蓬勃、开拓创新的教学实践队伍。他们主要由在职的教师及教辅人员组成，在本职工作外，为学生提供专业的辅导，另外还邀请了具有丰富比赛经验的高年级学长及研究生运用业余时间给予学生指导。根据往年的创新实践活动的开展经验，疫情期间教师将创新实验室所有仪器设备的使用录制成视频发送给学生，使学生快速掌握仪器设备的操作，同时教师将线下讲座快速地移到线上，通过腾讯课堂、腾讯会议等在线软件，先后为学生开设了包括软件设计、硬件设计及电路设计[10]等三个方面的线上讲座，讲座由简到难，由浅入深，使学生在家也不耽误参与创新活动。本学期开设的线上讲座部分内容展示截图如图1所示，线上讲座内容见表1。

图1　线上讲座部分内容展示

表1　线上讲座内容

讲座内容	方向	难易程度
实验室安全及创新实践注意事项	课程思政	学生参与创新实践必修课
C51 单片机的编程与应用入门	软件设计	简单，软件员入门课程
电子设计入门	电路设计	简单，电路设计入门课程
焊接及 AD 软件入门	硬件设计	简单，硬件员入门课程
单片机的 40 个实验	软件设计	较难，软件员进阶课程
电路设计细节分析及注意问题	电路设计	较难，电路设计进阶课程
电路设计运算放大器的应用	电路设计	较难，电路设计进阶课程
应用 AD 软件设计电路	硬件设计	较难，硬件员进阶课程

　　每次讲座后，为学生安排作业，定期进行考核。作业安排主要为：硬件员根据布置的作业要求用 AD 软件制作原理图和设计 PCB 图；电路设计员根据作业要求用 Multisim 软件绘制仿真原理图，并编写仿真结果分析报告书；软件员根据作业要求编写单片机程序流程图及完整程序并拍摄 C51 单片机运行小视频。

2.2　定期考核

　　为了激发学生参与创新活动的积极性，提升学生的兴趣，在前期的讲座和布置作业后，对学生的学习成果开展定期的考核检查，学生可以通过文档、图片及视频等方式提交自己的实践成果，教师通过直播的方式根据学生提交的作业分批进行点评，并将优秀的作品展示给学生，使学生能够在点评中提升自己的能力，增加参与创新活动的积极性。学生作业定期在线考核及点评如图2所示。

图 2 学生作业定期在线考核及点评

2.3 线上竞赛活动

创新实践竞赛一直是学生喜欢的创新活动，该竞赛为规定题目，主要是基于现有实验平台和条件，针对大二、大三学生分别开展的指定题目竞赛活动。参赛学生在规定时间内按要求完成竞赛作品、提交作品和设计报告书，参加竞赛评比。在省级、国家级大学生电子竞赛前[11]完成一次实战形式的系统训练，为大赛选拔和储备优秀人才。该竞赛已经顺利开展五年，2020 年由于新冠肺炎疫情的影响，创新实验室的教师将竞赛规则进行适当的调整，将线下竞赛搬到了线上，使创新竞赛可以顺利举办。创新竞赛时间及内容安排见表 2。

表 2 创新竞赛时间及内容安排

时间	内容
2020 年 3 月 7 日—2020 年 3 月 27 日	学生组队报名
2020 年 3 月 28 日开始	学生竞赛作品分析及制作指导
2020 年 5 月 23、24 日	学生竞赛作品中期检查及指导
2020 年 5 月 25 日—2020 年 6 月 20 日	提交竞赛作品元件清单、指导教师审核
2020 年 6 月 20 日开始	学生制作竞赛作品实物及作品验收

学生每三人自由组队参赛，选定一个题目报名，组队报名后可在家利用 Multisim 软件进行仿真设计、编制单片机程序及利用 AD 软件设计电路板等。在指导教师验收作品合格后，学生可以根据自身情况选择自行购买元件或联系指导教师邮寄，或是在正式返校后的一周内到创新实验室里领用材料、借用器材等开始实践制作。根据方案，使学生能够尽快地将线上仿真实验与线下实物制作结合起来，顺利过渡，尽量不受新冠肺炎疫情对创新

实践活动的影响。

2.4 实验套件快递到家

创新实践小项目设计与制作是对学生动手能力的培养，为了营造实验室的实践氛围，本着学生自愿的原则，指导教师根据学生选择的创新实践小项目，将需要使用到的元件、焊接工具及调试工具打包通过快递邮寄到家，使学生在家也能进行实践动手训练，提升自身的能力。为学生快递到家的部分实验套件如图 3 所示，学生利用收到的实验套件进行制作如图 4 所示。

图 3　为学生快递到家的部分实验套件　　图 4　学生在家制作创新实践项目

3 成果总结与分析

线上创新实践教学活动自 2020 年 3 月开始实施，经过几个月时间已经初见成效，参与的学生不仅提升了自身创新实践的能力，同时还有机会参加全国大学生电子设计竞赛、"飞思卡尔"杯智能汽车竞赛及"美新"杯 MEMS 传感器应用大赛等多个竞赛，申请如大学生创新训练计划、大学生创新创意实验等项目[12]。丰富多样的创新实践活动提升了学生的创新能力和思维水平，激发了学生的创新热情，增强了学生的创新兴趣。学生在家完成部分作品展示如图 5 所示。同时，创新实验室的指导教师及教导员也把抗疫融入创新实践活动中，培养学生的社会责任感，学生运用单片机设计制作的为武汉加油的作品如图 6 所示。

图 5　学生在家完成部分作品展示　　图 6　学生运用单片机设计制作的为武汉加油的作品

结语

　　培养创新型人才是一项系统工程，无论是对学校的管理者还是教师都是很大的挑战，需要不断地进行探索，使本科教育培养出更多的、适应社会发展需要的创新型人才。这次突如其来的新冠肺炎疫情对开展创新实践教学活动是一项重大的挑战，但是通过创新实验室指导教师及教导员的努力，使创新实践教学活动能够顺利开展，真正做到了停课不停学，停课不停创，使学生的创新能力、动手能力、合作沟通能力、独立思考能力、科研思维能力、自我约束和自我管理的能力及责任心等都得到了很好的锻炼和提高。目前，对于疫情防控下创新实践教学的开展模式没有可参考的模板，需要我们在以后的工作中不断努力总结经验，探索出一套适合学生创新能力培养的方法。

参考文献

[1] 邓开连，燕帅，刘浩，等. 电子设计创新实验室的建设与管理体系探索 [J]. 电气电子教学学报，2018，40（5）：118−120.

[2] 琚生根，陈润，师维，等. 计算机创新实践教学平台建设探索与实践 [J]. 实验技术与管理，2017，34（8）：7−10.

[3] 杨冰川，齐元峰，曹娜娜. 创新创业竞赛在高校创新创业教育实践中的应用 [J]. 教育现代化，2018，5（42）：22−23.

[4] 李翠英，苏盈盈，刘金晟. 以竞赛为平台培养大学生专业创新能力的实践 [J]. 科技资讯，2020，18（4）：235−236.

[5] 余艳丽. 个性化教育之以学术型社团促进创新型人才的培养 [J]. 当代教育实践与教学研究，2019（11）：188−189.

[6] 刘程子. 基于电子竞赛的大学生创新创业教育培养研究 [J]. 当代教育实践与教学研究，2020（4）：150−151.

[7] 丁兰，魏巍. 高职"电工电子技术"在线开放课程建设与实践 [J]. 无线互联科技，2019，16（22）：90−92.

[8] 徐航，黄仲平，沈烨. 将电路电工实验室建设成开放创新型实验基地的探索 [J]. 实验技术与管理，2015，32（12）：253−256.

[9] 印月，周群，马雪莲. 以考促赛——模拟电子技术实验改革新思路 [J]. 实验科学与技术，2015，13（5）：96−99.

[10] 施纪红. 电子设计竞赛视角下"电子线路板设计与制作"课程改革实践与研究 [J]. 无线互联科技，2019，16（19）：87−88.

[11] 史敬灼，宋潇，黄景涛，等. 转变学生电子设计创新实践活动方式的探索 [J]. 中国现代教育装备，2016（9）：93−95.

[12] 张丹，何杰，贾裕文. 学术型社团促进大学生创新实践能力研究——以四川大学数学学院为例 [J]. 中国多媒体与网络教学学报（上旬刊），2019（12）：103−104.

分层次、多维度的工程专业实验教学模式

曹植菁* 干志伟

四川大学建筑与环境学院

【摘 要】围绕"培养专业基础扎实、具有工程实践能力和创新精神"高素质专业应用型人才的教学目标，结合四川大学环境科学与工程实验室的多年实践经验，本文详细阐释了以分层次教学、多维度跨学科为特点的"3-5-5"（即 3 个目标、5 个平台、5 个教学模块）本科实验教学新模式，以案例分析取得的教学科研成果，进一步分析了"3-5-5"本科实验教学模式的优势及未来发展方向。通过将实验教学与环境教育、科学研究、社会实践服务及国际交流有机结合，"因材施教"实现"分层教学"，开启了本科生从公民素质提升、专业基础教育、工程实践能力培养、专业科研启蒙教育及多专业跨学科融合等方面创新探索多元化、多阶维度（5 个模块化）的实验教学新模式，对培养新时期大学（特别是研究型大学）的高素质本科生工程人才具有现实借鉴意义。

【关键词】分层次教学；多阶维度；实验实践教学模式；复合型工程人才

1 前言

随着信息网络化和全球化经济发展，知识的更新和融合速度正在加快，高等教育要重视教育面向世界的问题，要为培养出可引领世界新科技、多学科融合的高素质创新人才提供基础储备。同时，由于中国经济在全球一体化经济的地位提升，中国经济主体企业对大学毕业生（特别是工程专业类）的能力提出了更高的要求，大学毕业生"结构性失业"现象突出，从而出现了社会对人才的多样化要求和大学生发展的个性化要求不相适应的矛盾。

新时期全球需要高等教育提供"复合型"工程人才。"复合型"工程人才（简称"三明治"学生）是指学生以"双基（基础知识和基础技能）"为核心，既具有工程实践能力，又有创新精神（包括科研素养及能力拓展）。3 个目标是指以"双基（基础知识和基础技能）"为核心目标，工程实践能力培养、科研素养及能力拓展为双翼目标。这是符合国内研究型大学学生职业发展的多样化要求的。针对不同学生未来发展方向的差异及同一学生不同阶段的学习提升要求，通过"因材施教""分层次教学"的方法，以 5 个平台建设

---

* 作者简介：曹植菁，讲师、实验师，主要研究环境监测，教授"水污染控制工程实验""固体废弃物处理与处置实验""噪声控制实验"课程。

（包括专业实验教学平台、科研创新平台、校外实践教学基地平台、校企服务合作平台、国际交流平台）为基础，围绕5个教学模块（包括公共素质教育、专业基础教育、科研素养教育、工程实践能力培养、国际交流合作培养）为中心，即"3—5—5"（即3个目标、5个平台、5个教学模块）实验教学模式，探讨了"复合型"工程人才成长的多元化教育平台建设的内容及成果，并提出了深化这一实验教学模式的建议。

2016—2019年的教学评估表明，本专业学生对专业课程满意度、教学满意度、专业课教师的授课效果满意度和各项教学设施的满意度均大于85%，无一例教学事故。用人单位对本专业毕业生的政治表现、业务能力、创新能力、适应能力和综合素质等各方面评价满意度高，总体满意率达98%以上。具体反映在学生的基础知识扎实、工程实践能力突出、创新能力强并具有一定的国际化视野。2016—2019年，本科毕业生的就业率达98%以上，获科研奖4项，竞赛奖8项，40%考取研究生，15%出国深造，5%参与国际交流项目成为交换学生。实践证明，本文提出的"复合型"工程人才"3—5—5"实验教学模式具有分层次、多维度螺旋式上升的显著特征，既符合学生的认知发展规律，又满足学生的个性化发展需要，重视职业专业能力和创新创业能力的训练，体现了素质、知识和能力的统一，对培养新时期大学（特别是研究型大学）的高素质本科生工程人才具有现实借鉴意义。

2 教学平台建设及其成果

2.1 公共素质教育

目前，多数高校面向所有专业的学生开设了"环境保护与可持续发展"通识课程，以提高大学生的环境意识与公民素养[1]。

多年教学效果追踪研究发现，开设"环境保护与可持续发展"的理论课，不设置实验教学环节，不利于大学生深入理解有关环境污染防治与环境保护理论知识，也不能达到学以致用的效果。为让学生了解并掌握先进的环境监测技术，同时又深入认知生态系统的自净原理，我们选择了成都活水公园作为案例研究的实验点。

成都活水公园是由美国艺术家贝特蒙·达蒙创意、以"水保护"为主题的城市生态环保公园。它展示的人工湿地系统的处理污水工艺，是具有比传统二级生化处理更优越的污水处理新工艺。当学生走过景观雅致的厌氧池、兼氧池、植物塘床系统、养鱼塘和戏水池，陶醉在大自然的美妙和谐中时，便在不经意间阅读了大自然关于清水再生的"自述"。在成都活水公园4小时的实验教学中，学生通过拍照、录像和采集分析数据，不仅对国家环境监测数据的测定原理和指示意义有了切身体会，而且科学见证了水体自净的全过程，对湿地的生态功能感触颇深，深刻认识到保护湿地绿肺、保护地球家园的重要性。

2.2 专业基础教育

专业基础教育（本科专业实验课围绕"双基"目标分层次教学）紧跟科研创新和工程实践的最新发展趋势，配合硬件建设升级教学水平，为培养学生工程实践、科研创新能力打下基础。

　　根据学生的认知梯度进行分层次教学,在专业基础实验课程中设置不同难度的实验,具体分为 A 类、B 类、C 类。A 类实验以验证理论知识、掌握基本技能为重点,让学生学会实验设计方法,掌握多种实验技术(特别是大型仪器、常用仪器的使用原理及方法)。B 类实验以综合性工程实验为主,应用多种实验技术以掌握污染物处理技术的整合原理与方法。C 类实验以探索型的设计实验为主,提出问题及假设,通过实验解决问题,并在实验中验证理论设想[2]。

　　利用专业基础教育与工程实践平台和科研创新平台的充分融合,积极转化工程应用新成果为学生综合性工程实验(B 类实验),转化科研成果为学生探索型设计实验(C 类实验)。一方面,可以丰富更新实验教学内容,另一方面,可以及时发现学生的兴趣及潜力,及时引导学生的未来发展及分流走向,让每个学生发挥所长,调动学习的主动性,同时也为上一级的工程团队和科研梯队提供人才储备。

　　此外,两个新建省级重点实验室(四川省环境保护有机废弃物资源化利用重点实验室、四川省环境保护土壤环境保护工程技术中心)于 2018 年通过验收授牌。通过“双一流”经费支持,建立了环境系公共分析测试平台。这些都为专业基础教育提供了“高精尖”仪器的技术支持。

　　专业基础教育获得了丰硕的教学成果,2016—2019 年获得学校各类教学奖 25 项,包括全国大学生城市管理竞赛“优秀指导教师”(国家级)、四川省教学成果奖(一等奖)和多项校级优秀教学奖(校级通识模块“最受学生欢迎教师奖”、四川大学·五粮春青年教师优秀教学奖和“探究式—小班化”教学质量优秀奖等)。

2.3　科研素养教育

　　作为国内双一流大学的高素质大学生,不仅可为技术性人才,还期望在今后的科学技术发展中起到引领作用,这需要对学生的科研素养进行启蒙教育[3]。因此,我校很早就实行了本科生的“导师制”。

　　大多数学生进入大二、大三年级后,会根据导师的建议,结合自身兴趣和个人能力,自愿加入感兴趣的课题组,通过申报“本科生科研创新计划”“本科科研素质训练”等项目,进入学科承担科研项目的“小小”子课题,指导教师会引导学生自主选题,团队合作,深入培养学生的科学发现意识、科学思维方法和科学素养[4]。

　　在专业基础实验的开放型设计实验中,就给学生播下了科学的种子。在学校良好的科研创新平台培育下,种子开始萌芽。校内科研氛围浓郁,学生积极参加各类科研活动,创新意识不断增强,科研成绩斐然。本科生近四年发表论文 25 篇(含 11 篇 SCI)、申请专利 5 项。2018 届本科毕业生升学率为 56.41%(毕业生留学的比例为 15.38%,国内读研的比例为 41.03%)。在对环境专业的 171 份教学问卷调查中发现,超过 90% 的学生认为参与科研活动有力提高了其科研创新能力,包括文献阅读能力、方案设计能力、仪器操作能力、数据分析能力和逻辑思维能力等。

2.4　工程实践能力培养

　　学生通过以下多种方式和学科搭建的社会服务平台,与社会热点问题接触,进行工程实践能力的持续培养。

（1）大学生创新创业计划与互联网＋。

以"重实践、突特色"为原则，鼓励和引导学生结合自身专业特色，以团队形式进行自主创业活动。既可以由校企合作的方式进行双向指导，也可以由工程实践类课题组教师指导，充分发挥"产学研"融合优势。人工智能技术、大数据共享和虚拟仿真实验技术的快速发展，拓宽了学生全方位掌握专业实验技术的渠道，突破了传统实体实验技术的限制和缺陷[5]。

（2）学科竞赛。

鼓励学生走入实验室，积极参加国家级、省市级和校级大学生竞赛，使他们在教师的指导和团队的合作下，强化各种知识的综合运用，了解和熟悉相关领域的最新成果，开拓自身的视野。2016—2019年间，环境专业本科生获得科技类省级及以上竞赛奖17项。

（3）实习实训。

促进科技成果转化，加强校企合作、校地合作，企业实习单位多达10余家。如对低温脱硫脱硝催化剂在钢铁、焦化等非电力行业的烟气净化进行了工艺技术推广，与大型国有企业和民营企业建立了长期的合作关系。近4年，推广了133套装置，总投资10亿元左右。学生在实习、实训地点进行的实验工作，对于其工程实践能力的培养有着举足轻重的作用。

（4）项目助研。

我校立足西南，在与环境科学与工程专业相关的交叉学科起到引导作用，追踪地方发展重点建设了生态环境、环境健康、土壤污染与修复等多个综合科研实践平台，为学生提供参与重大项目的锻炼机会。在生态保护、扶贫、城市建设和前沿交叉学科等众多项目中，许多本科生申请项目助研，参与完成了项目研究的基础实验工作。

（5）社会实践活动。

学校鼓励学生以个人或社团形式定期开展课外社会实践活动。个人可以利用假期完成社会实践活动。环境专业社团追踪不同环境热点问题，在校内、校外定期进行环保主题教育。社会实践活动激发了学生对专业学习的兴趣，提高了学生发现问题、解决问题的能力。许多学生是带着家乡的环境问题进入了实验室。

2.5 国际交流合作培养

学科与国际上数十所高等院校建立了密切联系，平均每年来校交流的国际专家近30批次，举办各类学术交流会议12次。与亚琛工业大学联合申报并获得德国联邦教育与研究部的支持，建立了"中德水环境与健康研究中心"，"水污染控制工程实验"课全英文教学可供国际交流学生选修。

通过实验教学、科学研究及国际交流有机结合，拓宽了学生视野，提高了其英语水平和交流能力，培养与国际接轨的高水平创新人才[6]。

3 思考与建议

"3-5-5"本科实验教学模式，从"兴趣引导"入手，在"双基"学习中科学启蒙引领学生进入兴趣领域，学生自主选择创新实践方向，在科研素养和工程实践能力的培养上，学科提供了多维度、逐步延展、面向社会、面向世界的发展平台[7]。这一教学模式符合学生的个性化发展需要和认知创新规律，实践证明，这是有利于培养高质量、"复合型"拔尖创新人才的探索。但目前仍需要进一步深化完善，建议如下。

（1）给予公共素质教育实验足够的重视和资金支持。

"环境保护与可持续发展"通识课程每年选修人数可高达 500 人以上，但相关的实验经费为零，且对于参与实验讲解的多名实验教师不计其工作量。目前，该项工作处于暂停的状态。建议学校应从政策上支持这种"专业教育与绿色教育相结合，寓教于乐"的创新教学活动。

（2）应建立"复合型"工程人才成长相对应的评估机制。

"3−5−5"本科实验教学模式是一项多维交叉、复杂上升的系统工程，既要关注学生的天资能力，又要尊重学生职业发展的个性化诉求，同时要适应国内国际对人才在知识复合度和能力应用性方面的要求[8]。要培养素质、知识和能力相统一的高素质创新人才，就要有明确的、可量化参考的评估机制来指导本科实验教学体系。

（3）加强模块化教学间的融合机制，实现跨专业、跨学科的交叉融合创新。

"3−5−5"本科实验教学模式中，5 个模块化教育并非相互独立，而是相互依存、互为补充的。"复合型"工程人才需要掌握多个学科和专业，且还要在各学科和各专业知识间相互渗透和有机融合[9]。虽然我们进行了有益的尝试，如与四川大学公共管理学院进行环境健康方面的长期合作，但如何从制度上、管理上长期高效推进跨专业、跨学科的交叉融合创新，仍有待研究。

参考文献

［1］纪桂霞. 改进《环境保护与可持续发展》教学提高大学生环保素质［J］. 科技信息，2013（22）：102.

［2］曹植菁，王安，金燕. 环境专业实验探索型学习研究［J］. 青年科学，2012（11）：206−207.

［3］李翠莲. 本科教育与科学启蒙——范例1：多普勒效应［J］. 中国大学教学，2017（8）：28−33.

［4］鲁逸人，刘宪华，姜晓峰. QBT 实验教学模式的改革探索［J］. 高校实验室工作研究，2007，91（1）：4−7.

［5］WOOLF B P, REID J, STILLINGS N, et al. General platform for inquiry learning［J］. Lecture Notes in Computer Science，2002（2363）：681−697.

［6］徐竟成. 环境学科实验教学的创新与发展［M］. 北京：高等教育出版社，2016.

［7］方芙华，任占冬. 大学生科研创新活动"四阶段模式"探索与实践——以武汉轻工大学化学与环境工程学院为例［J］. 教育教学论坛，2020（15）：96−197.

［8］谢健. 地方本科高校复合应用型人才培养模式探讨［J］. 教育理论与实践，2017，37（36）：3−5.

［9］陈佩青，孟和，沈明泉，等. 科学方法论指导实验教学改革［J］. 实验室研究与探索，2008，27（4）：94−97.

疫情期间材料制备专业实验运行方式探索[*]

曾广根[**]　王文武　张静全　何知宇　陈宝军　乐　夕　李　卫　孙小松

四川大学材料科学与工程学院

【摘　要】 根据教育部印发指导意见《疫情防控期间做好高校在线教学组织与管理工作》、四川省教育厅关于《2020 年春季学期开学有关事项的通知》及四川大学《关于 2019—2020 学年春季学期开学阶段本科教学工作安排的通知》，为贯彻落实"标准不降低、学习不停顿、研究不中断"的实践课程学习指导精神，本文结合专业实验课程开设的实际情况及学生返校的具体情况，探索了疫情期间面向材料物理和材料化学专业的实验课程开展的新模式。专业实验室立足实验的专业性与拓展性，充分利用线下和线上资源，调动指导教师和学生的实验积极性、主动性与灵活性，积极组织实施了"8＋8"与"线下实验室＋线上实验空间"相结合的专业实验实践教学活动，有效地保证了在疫情防控期间专业实验教学保质保量地有序推进与顺利完成。

【关键词】 材料制备专业实验；材料类专业；线下/线上教学

1　前言

专业实验是材料类专业学生必修的实践教学环节，动手操作线下设备仪器一直是实践教学的主要形式与实践手段。2019 年底突如其来的新冠肺炎疫情使得 2020 年各类学校的春季所有课程教学均采用线上行课的方式进行，其中就包括高校的专业实验实践课。目前，国内开展的大规模在线教育实践已长达 4 个月，各类课程均在积极探索合适的模式，以应对新形势下教学方式的变化[1-3]。2020 年是实质性的在线教育元年，线上/线下融合的教学形式将是各级各类学校日常教学的新常态。教育也将从同质化的流水线作业方式走向个性化的定制式发展方式。如何更好地适应并融入新趋势，是所有教育工作者当下应当思考的使命问题[4]。

在教育管理部门的高度重视下，经过多年的信息化建设，所积累的成果为疫情期间开展大规模的在线教育提供了坚实的基础。以四川大学为例，学校管理部门通过资助立项，建设有专门的虚拟仿真实验教学共享平台，并开放运行（http://virtuallab. scu. edu. cn/

---

　* 基金项目：2020 年四川大学实验技术项目，四川大学新世纪高等教育教学改革工程研究项目，四川省人社厅留学回国人员科技活动项目，四川省 2018—2020 年高等教育人才培养质量和教学改革项目。

　** 作者简介：曾广根，副教授，主要从事太阳能电池与材料研究，讲授"材料制备/表征专业实验""电子封装材料"等课程。

virexp/)。对线上教育的态度，广大师生从最初的不适与尝试到很好地接受并积极投入，甚至有些教学会优先选择线上学习的方式。线上教育符合现代教育发展的趋势，尤其在 5G 网络建设下，互联网以其独特的优势，破除了学习时间与空间的限制，打破了原有的固定区域的隔离。这些优势对于扩大教育规模，促进教育公平，提高教育质量非常有效[5-6]。线上/线下教育融合的途径并不是固定不变的，尤其是实践类课程，应该根据各高校学科建设的需要、师生参与的实际情况及专业发展的层次进行多渠道的结合尝试[7-9]。而所有的探索工作，都应该先夯实线上教育开放资源，并遵循教学的基本规律。目前，许多公共性实验课已经开发了仿真实验项目，如物理、化学类等。而专门的材料类线上实验项目则相对较少，往往包含在其他大类里面。结合专业实验课程的特点，如何保障线上教学质量，是所有教师和学生共同面临的问题，这既和学生的线上课堂参与度有关，也和教师的调动有关[10]。

在这特殊时期，作者所在专业实验团队，在学校和学院领导的支持下，组织专业实验指导教师深入挖掘并研究适合材料物理与材料化学专业开展线上与线下专业实践教学的方式。采用"微信群+腾讯会议"的指导方式，依托线上/线下实验平台，积极推进专业实验有序开展并按期完成。

2　教学模式

2.1　调研线上资源

由于未返校学生分布在全国各地，寻找到具有高稳定性、操作界面友好、覆盖内容丰富、可拓展性良好、可在线检测学生学习效果的仿真实验平台非常重要。经过实验指导小组的调研发现，《实验空间——虚拟仿真实验教学课程共享平台》（http://www.ilab-x.com/）比较适合本专业的实验教学要求。该平台有超过 60 个门类，目前提供了 2079 个可用的虚拟仿真实验项目，在疫情期间面向全国用户免费开放。其中与本专业相关的门类有 5 个，接近 300 个虚拟实验。结合材料制备专业实验课程的特点，选定了其中的 8 个作为基础的线上模拟实验，如图 1 所示。所有线下实验指导教师均安排进行线上实验指导，同时进行事先的注册与仿真实验操作，形成建议的线上实验指导资料，规范学生线上实验操作。

图 1　推荐的 8 个线上专业实验及线上实验指导资料

2.2 动员讲课

在课程计划运行时，召集所有学生，采用线上授课的方式，进行统一动员讲课。讲课由专业实验负责教师及指导教师参与，覆盖所有线下与线上实验的学生。讲课内容包括线下实验及线上实验的安全事项、实验实施方案及安排、线上实验平台介绍、虚拟仿真实验操作流程及常见技术问题与注意事项等，如图2所示。

图2 开课前动员

2.3 线上实验

线上实验主要针对未返校或返校时间较晚的学生，在实验指导教师指导下，学生独立灵活地完成8个线上实验的操作，并获得相应的实验结果，同时对线上实验过程进行截屏记录，形成线上实验报告，其流程如图3（a）所示。

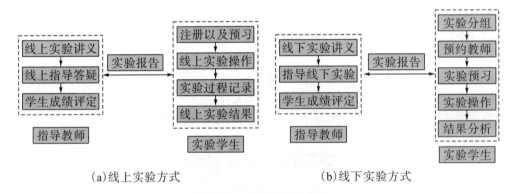

（a）线上实验方式　　　　　　　　　　（b）线下实验方式

图3 线上/线下实验流程

指导教师密切了解学生的线上实验进展，以教学周为时间节点，及时掌握学生的线上实验学习动态、学习质量及学习效果。同时安排责任心强的学生担任线上专业实验联络员，积极收集学生进行线上实验时遇到的各种问题，并组织实验指导教师有针对性地进行在线解答与讲解，切实把握并提升线上专业实验质量。

2.4 线下实验

线下实验沿用传统的教学方式进行，其流程如图3（b）所示。先了解学生返校的情况，并进行分组。由于学生返校时间不统一且比较晚，而线下专业实验包括了 8 个不同的材料制备实验，因此实验的运行采用预约制开展。首先，确定指导教师可预约的时间，然后学生结合其他课程具体学习情况，分组进行交叉预约，而不是采用原有的固定时间段实验的方式。通过调整该实验接入方式，极大地增加了学生实验的机动灵活性。

按照疫情防控的要求，参加线下实验的师生均需全程佩戴口罩，穿实验服，并保持一定的距离。通过指导教师的讲解，分解单个实验的操作内容，学生按照小组进行内部分工协作完成。

3　实验成效评价

无论线上实验还是线下实验，均设计了实验操作的基本流程。与线下实践操作不同，线上实验具有很大的时间与空间灵活性，实验报告是考查学生专业实验学习情况的重要依托。针对线上实验的特点，本研究小组设计了差异化的线上/线下实验报告模板，模板包括了对实验报告的基本要求，覆盖内容有实验名称、实验目的、实验原理、实验步骤及注意事项和实验结果分析及问题讨论与分析等。同时通过选择模块，对线下实验报告与线上实验报告进行区分。在设计线上实验报告时，特别添加了所用平台及实验开发的提供单位，并根据材料类专业特点，每位线上实验指导教师均设计了切合培养要求的专业实验问题，确保受训学生立足本专业要求进行差异化的线上仿真实验。同时对线上报告提出了附加学习照片的要求，照片包括学习时的实况、线上实验各个模块加载时情况及学生学习过程与学习结果等情况，如图 4 所示，进而实现对整个线上实验全覆盖的过程管理与考核。另外，组织指导教师与学生开展多途径交流，及时进行在线质量评价与反馈，并通过线下实验监督（图 5）和线上实验分享，对专业实验的运行效果进行评估。从实际运行的情况来看，本文采用的线下与线上并行的实践模式，都达到了实验课程大纲的要求，充分调动了教师与学生的实验积极性与主动性。

图 4　线上实验情况

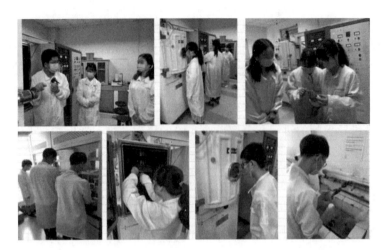

图 5　线下实验情况

4　总结

基于线下与线上并行的专业实验实践模式，教师通过采用多种途径，应用现代化通信技术，对学生学习情况进行监督和指导，掌握学生的学习进度，密切关注学生的参与度与完成度，调动了学生线下线上实验的积极性，培养了学生的自我管理、自主学习及自我评估的综合能力；通过教师在微信群及时发布线上实验情况，引导学生结合前置专业课程知识进行反馈思考并优化实验方法，培养了学生融合专业知识结构、开拓专业实验视野及线上深度系统学习的能力，最终实现了线下线上实验课程的预定目标，达到了在新形势下整合资源培养学生的目的。疫情期间专业实验的改革，既是非常手段，也是以后的常规手段。在未来的教学中，可以利用校内及校外的虚拟仿真平台，把需要拓展的专业实验部分放在线上进行，更好地融合各种资源，服务专业实验的建设。

参考文献

[1] 闫毅，颜静，姚东东，等．"高分子材料合成创新实验"线上教学探索与实践［J］．大学化学，2020（35）：249－255．

[2] 陈立，周金梅，胡菁，等．有机化学与实验课程在线"双练教学"模式的探索与实践［J］．大学化学，2020（35）：191－196．

[3] 张增明．64学时大学物理实验线上教学方案及其设计思路［J］．物理与工程，2020，30（2）：1－4．

[4] 教育部．疫情防控期间做好高校在线教学组织与管理工作[EB/OL]．[2020－03－15]．http://www.moe.gov.cn/jyb_xwfb/gzdt_gzdt/s5987/202002/t20200205_418131.html．

[5] 钟秉林．互联网教学与高校人才培养［J］．中国大学教学，2015（9）：4－8．

[6] 邬大光．教育技术演进的回顾与思考——基于新冠肺炎疫情背景下高校在线教学的视角［J］．中国高教研究，2020（4）：1－6．

[7] 马艺，张伟强，薛东旭，等．多维度构建和实施线上实验课堂的探索与实践［J］．大学化学，2020（35）：229－235．

[8] 薛成龙，李文．国外三所大学线上教学的经验与启示［J］．中国高教研究，2020（4）：12－16．

［9］欧阳建明，彭刚，何焰兰，等. 线上线下混合式大学物理实验教学设计——以示波器使用实验为例［J］. 物理实验，2020，40（4）：38-41.

［10］李克寒，刘瑶，谢蟋旭，等. 新冠肺炎疫情下线上教学模式的探讨［J］. 中国医学教育技术，2020，34（3）：264-266.

统一共享的计算机学科实践教学支撑平台建设探讨

陈 润* 周 刚 琚生根 邹 磊 师 维

四川大学计算机学院（软件学院）

【摘　要】实践教学是高校人才培养的重要组成部分，运用现代信息技术构建一个网络化、数字化和智能化有机结合的实践教育教学平台，能够为学科的教学和发展提供有力的支持。本文以四川大学计算机学院的计算机学科实践教学支撑平台的建设为例，探讨了现有业务系统的集成需求，设计了以 SOA 为架构的实践教学支撑平台，进行了平台架构的设计以及其核心能力层 ESB 中间件的设计和实现。统一共享的实践教学支撑平台能够打破系统间的壁垒，实现不同服务的通信和整合及资源的共享和信息的充分利用，从而为学院、学校的高素质人才的培养提供重要助力。

【关键词】实践教学；集成；SOA；ESB

引言

近二十年来，实践教学作为高校人才培养的重要组成部分，随着高校教育改革的逐步加深，其重要地位得到了肯定。如何运用现代信息技术构建一个网络化、数字化和智能化有机结合的实践教育教学环境，使所有实践教育资源能在开放的、互动的平台上得到共享[1]，为学科的教学和发展提供有力的支持，是一个值得研究和探讨的课题。

1　背景和意义

计算机学科是一门理论性和实践性都很强的学科，在全方位培养学生的过程中，实践教学担负了重要的责任。长期以来，计算机学院在计算机人才培养中一直重视实践教学的地位，并积极推进实践教学改革，但在实践教学业务与流程的整合、应用和数据的共享等方面仍然存在一些问题。

（1）缺乏系统的顶层设计。

在学院实验室的建设过程中，大多数系统都是逐步建设起来的，采用不同的编程语言、编程框架、通信协议、消息格式和存储方案，在全局上缺乏统一规划，每个系统的建设和业务基本都是独立的，技术架构不统一、功能交叉不覆盖、信息标准不一致。

---

* 作者简介：陈润，博士，高级实验师，研究方向为智能信息处理、高校实验室建设及实验教学。

（2）缺乏已有应用的有效集成和业务整合。

现有的各个应用系统之间缺乏统一的集成和整合的机制，无法保证数据的唯一性和准确性，无法进行多个系统之间的信息传递和数据交换，跨系统的业务无法开展。并且许多功能交叉重复的业务没有得到梳理，管理者需要进行很多重复的工作，效率低下，造成人力、财力、物力的浪费。

（3）缺乏数据的有效共享和分析利用。

软件系统之间缺乏统一的数据标准和格式，导致数据共享困难，形成信息孤岛[3]。也无法对系统中的众多数据进行有效的综合利用，如开展教学信息的统计分析、数据挖掘和决策支持等工作，从而无法发挥教学信息的作用。

因此，构建一个统一共享的计算机学科实践教学支撑平台能够将学院现有的建设成果和各种资源有机地集成整合，实现完整的业务流程[2]，形成全方位服务师生的实践教学和服务平台及各类资源的共享。还能实现数据的统计分析、深度挖掘和决策支持，健全实践教学质量监控与保障体系，从而更加科学、合理、全面地培养学生的动手能力和创新能力，促进人才培养目标的实现。

2 构建计算机实践教学支撑平台

2.1 系统集成需求分析

目前，学院已有的应用包括 Java/C 在线考试平台、网络工程实验平台、计算机网络虚拟实验平台、计算机组成原理虚拟实验平台、微机接口虚拟实验平台、透明云实验平台和实验室门户信息发布等，同时需要外接的应用主要是学校教务处的教务系统。各个系统间需要交换的业务数据内容、通信协议和数据格式见表 1。

表 1　现有系统集成需求

需要集成的系统	待交换的业务数据内容	通信协议	数据格式
Java/C 在线考试平台	Students Information Students Score	HTTP	SOAP(Web Services)
网络工程实验平台	Students Information Students Score Lab Arrangement	TCP/IP	XML
计算机网络/计算机组成原理/微机接口虚拟实验平台	Students Information Experimental Courses Students Score	HTTP	SOAP
透明云实验平台	Students Information	SPICE	SPICE 协议消息格式
实验室门户信息发布	Students Information Experimental Courses Lab Arrangement Students Score Query	HTTP	XML

需要集成的系统	待交换的业务数据内容	通信协议	数据格式
实验室综合管理	Students Information Teachers Information Experimental Courses Lab Arrangement	HTTP	XML
教务系统	Students Information Teachers Information Students Score	HTTP	JOSN

由表 1 可以看出，现有系统之间可以共享和传递的数据需求很大，但系统间数据格式的差异也很大，因此，一个统一的集成平台的建设很有必要。在系统集成的基础上还有更多的业务功能可以发掘和实现，如实验教学信息统计分析和深度挖掘、实践教学质量监控与保障等。

2.2　平台集成方法

基于面向服务架构（SOA）的企业应用集成提供了一个统一的、标准的、可配置的业务集成平台，可以解决不同类型的异构系统之间难以有效整合的问题[4]。面向服务架构（SOA）是一个组件模型，是一种粗粒度、开放式、松耦合的服务结构，它将应用程序的不同功能单元（称为服务）通过这些服务之间定义良好的接口和契约联系起来[5]，服务之间通过简单、精确定义接口进行通信，不涉及底层编程接口和通信模型。基于 SOA 的平台具有跨平台、松耦合、模块化和以业务过程为核心等特点，其参考架构如图 1 所示。

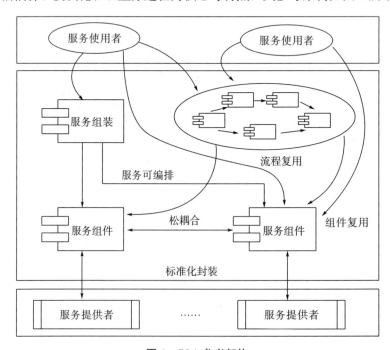

图 1　SOA 参考架构

2.3 支撑平台架构设计

SOA 的独特优势为构建统一的实践教学平台提供了解决方案，因此，本文研究以 SOA 为架构的实践教学支撑平台，其总体架构如图 2 所示。

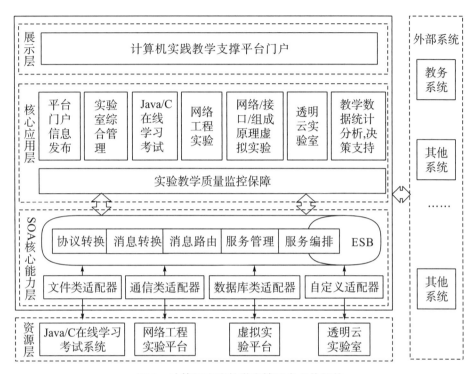

图 2 计算机实践教学支撑平台总体架构

实践教学支撑平台主要由展示层、核心应用层和 SOA 核心能力层组成。

（1）展示层：展示层中通过实践教学平台的门户实现统一的用户接入，该模块主要包括用户账户信息管理和存储、用户登录身份认证和访问请求负载均衡等部分。平台中，教师和学生使用唯一的用户账号即可统一登录进行各种操作，避免了以往系统中多个用户名和密码造成的操作不便。

（2）核心应用层：核心应用层中包括了平台门户信息发布、实验室综合管理、在线实验、在线考试和虚拟实验室等实践教学中的重要的业务系统。平台提供在线的实验和考试、在线的实验指导和智能阅卷等功能，提高了教学效率。虚拟的实验环境突破了传统实验教学中时间和空间的限制，使实践教学的深度和广度得到了延伸。同时，平台中记录了学生完成实验的各种数据，从时间和空间上涵盖了学生实践学习的状况，方便学生全面了解和把握自己的学习情况。平台能提供给教师各方面信息，有助于教师了解课程和每个学生的情况。此外，平台中统一的数据格式为数据的统计分析和深度挖掘提供了条件，其分析结果可以为学生学习、教师教学提供知识点分析，对教学情况进行诊断和改进；也为学院的教学改革提供了智能决策分析和教研指导；还能与教学评价管理融合，通过对基础数据的横向比较和纵向跟踪，实现对实验教学质量及时有效的监测、诊断和反馈。

（3）SOA 核心能力层：企业系统总线（ESB）是 SOA 核心能力层的中心组件，它是中间件技术与 Web Service 等技术结合的产物[5]，在技术层面解决了 SOA 的整合问题，是在 SOA 架构中实现服务间智能化集成与管理的中介。ESB 中间件耦合了应用与应用之间的集成逻辑[4]，可以消除不同应用之间的技术差异，能够实现不同服务之间的通信和整合[6]。因此，狭义地说，实践平台建设的核心工作就是设计 ESB 中间件来实现各业务系统之间的交互，由 ESB 中间件来实现消息路由、消息通信、信息协议和格式的转换、服务集成、服务监控管理等功能[7−8]。

2.4 ESB 中间件设计

ESB 中间件基本功能如图 3 所示。

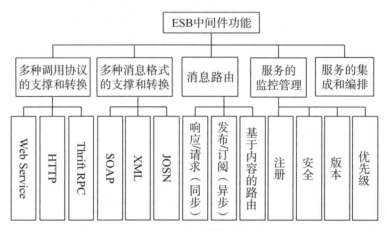

图 3 ESB 中间件基本功能

为了实现以上功能，从顶层设计上将 ESB 中间件分为客户端、流程编排/注册模块、主控服务模块、服务状态协调模块和服务运行模块五大模块，如图 4 所示。

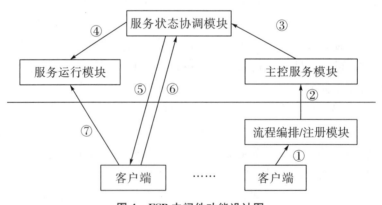

图 4 ESB 中间件功能设计图

图 4 中，客户端是需要接入核心层的各个业务系统，如虚拟实验系统、网络实验系统、Java/C 语言在线考试系统等，核心层提供不同语言版本的客户端组件，由需要集成的各个业务系统进行引用。为了保证处理性能，一个业务也可能包含多个客户端节点。流程编排/注册模块提供给客户端开发者新的服务流程的编排和已有服务流程新版本的发布，并能查询到服务端可用的原子服务。主控服务模块负责记录最新的原子服务、流程编排等

数据，并向服务状态协调模块发送这些数据编排的变化，还负责权限管理和服务运行模块的性能状态监控。

服务运行模块负责对流程编排进行执行，里面包含了多个执行流程编排的节点，这样可以保证当整个系统出现请求洪峰时，能够将这些请求平均分配到这些节点上，并使系统在某些节点出现异常时不会停止服务。服务状态协调模块负责向服务运行模块中处于运行状态的多个节点通知（如新的服务编排被发布等）数据变化的事件。

图 4 中对应的业务流程步骤如下：

（1）客户端系统开发者使用流程编排注册工具进行服务流程编排和发布。

（2）流程编排注册工具查询主控服务端的来自其他业务系统的可用的原子服务。

（3）主控服务模块向服务状态协调模块发送数据编排的变化，包括编译完成后的路由服务定义、处理器定义文件和其他数据信息等。

（4）服务状态协调模块向服务运行模块中处于运行状态的节点发送数据变化的事件通知。

（5）客户端请求执行服务编排时，请求取得正在运行的节点信息。

（6）客户端得到节点信息后通过算法决定访问哪个节点。第（5）、（6）步可以周期性进行以保证新的服务节点能够加入。

（7）客户端确定目标节点后，正式向该节点发起执行某个服务编排的请求。如果一个客户端不是第一次请求节点执行服务，可以在一定时间周期内跳过第（5）、（6）步，直接发请求到第一次请求的目标节点，直到这个节点不能再响应请求为止。

这样，平台已有的系统向外部公布的服务无论使用的是哪种调用协议，这些协议携带的是哪种消息描述格式，平台都可以通过 ESB 中间件进行转换，如 Java/C 在线考试平台的 SOAP 和实验室综合管理平台的 XML 消息格式的相互转换等。当外部系统提供的服务发生变化时，ESB 中间件能保证集成服务的正常工作，并保证服务集成的权限，确保集成后的新服务能够按照业务设计者的要求正常工作[9-10]。

3 结论

运用现代信息技术构建一个网络化、数字化和智能化有机结合的教育教学环境，使所有教育资源在开放的、互动的平台上得到共享是高校实现教育教学现代化的必由之路[1]。本文以四川大学计算机学院的实践教学支撑平台的建设为例，探讨了在已有的建设基础下，重新梳理业务流程，打破系统间的壁垒，进行系统集成，从而实现资源的共享和信息的充分利用的方法。在下一步研究中，还需要进一步完善平台功能，克服技术难题，积极吸取其他院校的经验成果，最终建成一个统一共享的计算机学科实践教学支撑平台，为学院、学校的高素质人才的动手能力、实践能力和创新能力的培养提供重要助力。

参考文献

[1] 宣华，郭大勇. 构建现代化教学支撑平台的探索 [J]. 高等工程教育研究，2009 (2)：76-79.

[2] 黄小兵，左保河，徐杨，等. 构建高质量软件工程实践教学支撑平台 [J]. 计算机教育，2013，3 (6)：5-7.

［3］ 黄强，王薇，倪少权. 基于 SOA 和 DDD 的铁水联运信息平台构架设计 ［J］. 计算机应用与软件，2013，30（6）：124－126，174.

［4］ 王晓明，牛立栋. 基于 SOA 的企业应用集成技术分析［EB/OL］.［2020－03－11］. http：//soft. chinabyte. com/180/12619180. shtml.

［5］ ESB 与 SOA 的关系［EB/OL］.［2020－03－11］. https：//www. cnblogs. com/Leo_wl/p/3417948. html.

［6］ ESB 案例解析和项目实施经验分享，第 1 部分：借助 ESB 整合航空公司商务体系，提升客户服务水平［EB/OL］.［2020－03－11］. https：//www. ibm. com/developerworks/cn/websphere/library/techarticles/0905_loulj_esb1/.

［7］ 吴高峰，丁君辉，徐远兵. 基于内容的 ESB 消息路由机制 ［J］. 计算机系统应用，2015，24（1）：139－142.

［8］ YIN J，CHEN H，DENG S，et al. A dependable ESB framework for service integration ［J］. IEEE Internet Computing，2009，13（3）：26－34.

［9］ 架构设计：系统间通信［EB/OL］.［2016－07－07］. https：//www. ibm. com/developerworks/cn/websphere/library/techarticles/0905_loulj_esb1/.

［10］ 服务注册和服务仓库在 SOA 中的角色 ［EB/OL］.［2013－07－03］. http：//www. uml. org. cn/soa/201307033. asp.

浅谈四川大学核专业实验课程体系的改革

【摘　要】为适应高等教育发展的新形势和新要求，提高核专业实验的教学质量，本文提出了四川大学核专业实验室课程体系改革的必要性及具体措施，包括梳理实验课程结构、提出分层次实验教学模式、修订本科教学计划及多元化的实验考核方式等。践行"加大实验教学比重，建设门类齐全、层次丰富、特色鲜明的课程体系，打造安全高效的现代化高水平智慧实验室"的建设理念与改革思路，培养具有扎实的专业知识与强烈创新意识的国家栋梁和社会精英。

【关键词】实验课程；分层次实验教学；教学计划

引言

核工程与核技术在生物医学、工业、农业、能源和航天等领域有广泛的应用。习近平总书记在我国核工业创建 60 周年之际作出了重要指示，指出核工业是高科技战略产业，是国家安全重要基石。随着核能和核技术应用产业的迅速发展，核工程类人才的需求也越来越大。据统计，截至 2019 年 6 月，全国开办核工程类专业的大学超过 70 家，每年招收的本科生人数约 3000 人[1]。四川大学地处我国核工业大省，周围有着国家重要的国防科技资源[2]，如中国核动力研究设计院、中国工程物理研究院、核工业西南物理研究院和中核 821 厂等涉核企事业单位。学生未来发展方向对核工业实验室发展定位提出了更高的要求。

此外，高等教育人才培养面临着新形势，如互联网的发展促进了学校课程的远程公开；MOOCs[4]网易公开课和虚拟仿真实验[3]等线上课程的流行，使学生足不出户且无须付费即可加入全球最优秀的教师课堂，高校传统课堂教学面临被替代的风险。在这种情况下，高校人才培养的重心必须向讨论教学[5]和实验教学转移，需更加重视实验教学。

---

* 作者简介：陈秀莲，实验师，主要研究核技术应用及实验室管理，教授"核与辐射认知实验""辐射探测实验""辐射剂量与防护实验""核技术专题实验"课程。

1　原实验课程开设情况及存在的问题

四川大学核工程与核技术实验室原开设实验课程共5门，分别是核电子学实验、辐射探测实验、核技术专题实验、核物理实验和核反应堆物理实验。实验课程教学存在的主要问题有：①实验课程开课时间安排不够科学，学生学习完理论课程后，下学期才开设相关实验，实验课与配套理论课衔接不够紧密；②实验课程层次不够丰富，如辐射探测与测量理论课程较抽象，缺少相应的认知类实验，使理论与实验相结合的人才培养效果大打折扣；③由于核科技在实验仪器、技术与方法上飞速发展，日新月异，目前开设的部分实验项目跟不上时代的发展。

为解决以上问题，针对核工程与核技术实验，我们提出了总体建设理念和改革思路：加大实验教学比重，建设门类齐全、层次丰富、特色鲜明的课程体系，打造安全高效的现代化高水平智慧实验室。在本科实验教学体系上，主要措施包括分层次实验教学模式、教学计划修订、多元化实验考核方式等。

2　核专业实验教学体系改革

2.1　分层次实验教学模式

在2015年中央高校改善基本办学条件专项资金项目的基础上，将实验课程内容由简到深地建设为科普、认知、基础、综合及创新五个层次的实验课程体系（图1），其涵盖了核物理、核工程、核技术、核仪器及辐射防护五类实验项目[6]。

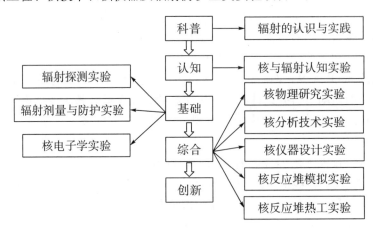

图1　四川大学核专业实验课程体系

核辐射科普实验，即"辐射的认识与实践"。该课程开设在本科二年级国际实践与交流周期间，主要是针对学生在未进行专业课学习前，通过对涉核工业产品（地铁安检仪）、医院和人类居住环境的辐射测量，使其初步认识辐射的广泛来源和基本特性。

"核与辐射认知实验"课程与理论课程"原子核物理基础"和"辐射探测与测量"同步开设，根据理论课程进度开展实验。如"辐射探测与测量"课程，在完成对气体探测器知识的学习后，紧接着可安排相关气体探测器的认识实验。通过教师演示和学生观察、亲手操作放射源和各类辐射探测仪器，使学生对抽象的理论知识有更深刻的认识。学生通过对数据处理与分析，撰写实验报告作为考核内容。

"核与辐射基础实验"包括"辐射探测实验""核电子学实验"和"辐射剂量与防护实验"三门实验课程。"辐射探测实验"使学生掌握不同探测器的使用方法、不同射线的探测方法、不同辐射参数的基本测量方法和不同实验系统的基本构建方法，培养学生对辐射测量的基本动手能力和实验技能。"核电子学实验"主要是使学生掌握核信号处理的各个基本电路单元的工作原理、使用方法和主要特性参数，培养学生理解、使用、设计、调试和维修核仪器的基础技能。"辐射剂量与防护实验"使学生认识辐射剂量与辐射源强度、距离和种类的物理关系，掌握不同种类辐射剂量的测量方法。

"核与辐射综合实验"包括"核物理研究实验""核技术分析实验""核仪器设计实验""核反应堆物理实验""核反应堆工程实验"五门课程。"核物理研究实验"课程使学生掌握复杂核物理实验的设计、操作和复杂实验数据的处理和结果的分析方法，培养独立进行核物理实验研究的思维方式和动手能力。"核技术分析实验"课程使学生掌握复杂样品的测试分析方法和复杂数据结果的分析处理方法，培养独立进行核技术分析研究的思维方法和动手能力。"核仪器设计实验"课程使学生掌握核仪器的设计、加工、安装、调试和维修方法，具备独立设计研制核仪器的能力。"核反应堆物理实验"课程使学生掌握反应堆工程物理参数的计算、设计和评价方法，为从事反应堆设计工作打下基础。"核反应堆工程实验"课程使学生对核反应堆热力学系统运行建立初步的直观认识，了解热工系统参数测量技术和控制方法，提升学生的设计和实践能力。

创新实验主要以大学生创新创业训练计划为载体，实验室有计划、有组织地动员学生、征集项目，提供指导咨询及各类实验测试分析平台和条件等。

2.2 教学计划的修订

通过调研发现，多数学生毕业后去核电站工作，几乎不会用到核电子学相关知识；从事核仪器开发行业，几乎不会涉及核反应堆、传热等知识。因此，四川大学核工系修订了教学计划并从 2018 级本科生正式执行。修订内容包括在本科三年级将核专业分为核信息获取与处理、核反应堆工程和核技术应用三个方向，学生根据兴趣选择一个方向，且必须修满该方向的理论和实验课程，若对其他方向感兴趣，也可以选修。这样既减少了学生的课程量，又增加了学生学习的自主权和选择权，更好地实现学生的个性化培养[7]。

在专业实验课程教学上，三个专业方向的学生都需必修"核与辐射认知实验""辐射探测实验"和"辐射剂量与防护实验"。此外，核信息获取与处理方向的必修实验课程有"核电子学实验"和"核仪器设计实验"；核反应堆工程方向的必修实验课程有"核反应堆工程实验"和"核反应模拟实验"；核技术应用方向的必修实验课程有"核电子学实验"和"核分析技术实验"。其余实验课程为选修实验。

2.3 多元化实验考核方式

对于学生实验项目的考评，传统的评价方式主要是通过实验报告为主，重视实验数据及误差等实验结果，忽略学生在实验过程中的表现[9]，容易导致学生抄袭现象的发生。实验室采取分层次进行实验教学，其实验的考核方式应结合课程特色及实验条件，采取多元化的评价方式。对于科普性实验，学生需通过提交标准格式的监测分析报告并附上原始数据清单作为考核内容。对于基础实验，如"核电子学实验"采用"平时成绩＋实验操作"的形式，平时成绩占比 80％，包括各实验预习和实验报告，实验操作占比 20％，学生在期末时随机抽取实验在现场独立完成并给出评分。"辐射探测实验"采用"实验预习（30％）＋实验过程（30％）＋实验数据处理及报告（40％）"的评分方式。对于综合实验，如"核技术分析实验"采用开放互动性实验教学模式[6]，成绩评定采取"个人＋集体"的评分方式，即学生最终成绩＝研究实验阶段（40％）＋互教互助实验阶段（60％），考查了学生在方案讲解、实验操作过程、实验报告撰写、PPT 答辩等方面的表现，以及学生在团队实验过程中的贡献情况。

学院教学督导组对"核技术分析实验"考核方式进行了跟踪，并与学生进行座谈。学生反映如："以前我们是实验方案的执行者，现在变成了设计者，锻炼了能力。""能得到全方位锻炼。""这次终于不用无聊地抄报告。""要求按论文格式提交实验报告，很正式，为以后科研作铺垫，很好！""当教员的感觉与学员不一样，责任更大。""对实验的想法要多一点。"也有学生提出了很多宝贵的意见，如"老师除了技术指导外，还应多发挥监督作用。""在大四开这门课，由于有的同学找工作、考研，不能集中精力参与，建议改在大三下学期开。""由于仪器少，选题不够多，有的同学参与少。""有的在组内混。"对于考核方式学生整体评价很好，针对学生提出的意见，我们也将积极采取措施进行完善。

2.4　实验教材的编写

我国大多数高校核专业实验教材沿用的 1984 年出版的《核物理实验》教材，该教材包括很多经典的核物理实验项目。但在这几十年的发展中，科学技术使得核辐射探测技术发生巨大变化[8]，包括新型探测器的发展，如钝化注入平面硅探测器、硅锂探测器及碲锌镉探测器等。此外，该教材属于综合性实验教材，缺少认知类实验及辐射防护实验的指导。因此，我们在汲取前人精华基础上，结合多年的实验教学经验及科技的进步，针对学科的发展，编写并出版了《辐射探测与防护实验》和《核电子学实验》教材，其内容涵盖了"核辐射科普实验""核与辐射认知实验""辐射探测实验"和"辐射剂量与防护实验"，以及"核电子学实验"。学生利用教材可详细了解实验内容及整个实验课程体系，为实验开展提供参考。

3　小结

本文首先介绍了四川大学核专业原实验课程的开设情况，说明了原实验课程所存在的问题，然后详细阐述了核专业实验教学体系改革的主要内容，包括分层次实验教学模式、教学计划的修订、多元化实验考核方式和实验教材的编写。实验课程是高校核专业人才培养的重要环节，对学生知识、能力及个人素质的培养有着重要的作用。虽然四川大学核工业实验课程体系在实验课程分类、教学计划、教材及实验考核方式上进行了一些改革，但具体开展运行仍是一个不断完善的过程，只有在实践过程中不断地探索思考，才能寻求核专业更好的发展，培养出具有扎实的专业知识与强烈创新意识的国家栋梁和社会精英[10]。

参考文献

[1] 龚频. 高校《核辐射探测实验》课程实验教学条件建设探析 [J]. 文化创新比较研究, 2019 (34): 129−130.

[2] 李江波. 核类专业实验教学中心的建设与实践 [J]. 吉林省教育学院学报, 2017, 3 (33): 119−121.

[3] 吴攀, 单建强, 张博. 虚拟仿真实验在核工程与核技术专业中的应用 [J]. 实验室研究与探索, 2018, 37 (4): 102−106.

[4] 刘杨, 黄振中, 张羽, 等. 中国学习者参与情况调查报告 [J]. 清华大学教育研究, 2013, 34 (4): 27−34.

[5] 王婧姝. 讨论式教学法在高校物理教学中的运用分析 [J]. 课程教育研究, 2014 (12): 147.

[6] 陈秀莲, 刘军, 覃雪, 等. 四川大学核工程与核技术实验室的建设与规划 [J]. 实验科学与技术, 2017 (12): 15.

[7] 陈凌懿, 王坚, 刘芳, 等. 南开大学生物学科拔尖人才培养课程体系的设置及分析 [J]. 教学管理, 2018, 8 (6): 45−48.

[8] 张雪梅, 黄敏, 陈建新. 复旦大学核技术专业实验教学体系创建与运行 [J]. 中国大学教学, 2013 (1): 88−90.

[9] 黄凯. 高校本科实验教育比较 [J]. 实验室研究与探索, 2020, 39 (2): 220−232.

[10] 谢和平. 川大的教育 [J]. 高等理科教育, 2012 (2): 1−13.

外语语言训练虚拟场景应用初探*

崔弘扬**

四川大学外国语学院

【摘　要】本文阐述了外语语言训练特点及虚拟仿真技术应用在外语语言训练中的意义，结合四川大学将虚拟场景应用于外语语言训练的实践进行了探索。包括前期对外语语言训练的脚本编写和虚拟场景的搭建，外语虚拟场景训练及后期编辑的应用过程。对应用虚拟场景前后给外语语言训练带来的变化及今后仍需努力的方向提出了自己的见解。还对虚拟场景实际应用中存在的问题给出了初步解决方案，通过虚拟场景训练师生能够得到更好的教学思考和学习体验。

【关键词】外语教学；虚拟场景；虚拟仿真

1　目的及意义

虚拟仿真，又称虚拟现实（Virtual Reality，VR），是一种可创建和体验虚拟世界（Virtual World）的计算机系统。在看似真实的模拟环境里，用户通过多种传感设备提供视觉、听觉和触觉等多通道的信息，仿真自身的感觉进行观察和操作，实现视、听、摸等直观而又自然的实时感知，并使参与者沉浸于模拟环境中。VR 的三个突出特征，即它的 3 "I" 特性是交互性（Interactivity）、沉浸感（Illusion of immersion）、想象（Imagination）[1]。

近几年，《地平线报告（高等教育版）》（地平线报告是由美国新媒体联盟和美国高校教育信息化协会学习项目合作完成，报告并且预测未来五年内影响高等教育变革的各项关键技术及发展趋势）多次提到虚拟现实、增强现实等技术将对教育教学及生活带来巨大的影响。纵观我国虚拟仿真技术在实验教学中的应用，涵盖了文、史、理、工、农、医等多个学科领域，尤其是工科和医学等学科的仿真实验已经部分取代了传统的实验操作，大大提高了一些危险实验的安全性。而对于文科来说，文科实验具有抽象性、个体性等特点，尤其是外语等语言实验教学，特别强调语境的影响，通过虚拟仿真技术创建特定的场景，可以让师生如临其境地开展语言技能教与学，通过虚拟场景更好地达到外语语言训练的目的。

---

　* 基金项目：四川大学实验技术立项项目（SCU201014）。

　** 作者简介：崔弘扬，中级实验师，研究方向为外语教育技术应用。

1.1 语言训练特点

众所周知，外语语言训练分为听、说、读、写、译，大学外语语言训练主要是为了提高学生听说读写译的能力[2]。而语言训练是通过一定主题或语言情境的交际训练，从而具备熟练掌握语言的能力[3]。外语是最早将信息技术应用于教学中的学科之一，从最初的留声机、磁带及光盘等音视频载体到情景教学、智慧课堂及虚拟仿真课堂等，外语教学已将信息技术、互联网及人工智能等多种信息技术深度融入课堂教学之中[4]。

1.2 虚拟场景

虚拟仿真通过创建一种虚拟情景来模拟客观世界，给人带来相似的感觉。虚拟仿真技术在外语语言训练中的应用，采用沉浸式虚拟现实技术，仿真语言情境，以达到更好的共情和语言训练的目的[5]。虚拟场景在外语语言训练中的应用，是信息技术与外语教学深度融合的趋势，是利用技术获取更丰富资源的手段，是用技术支撑教学的体现[4]。

四川大学外语语言训练中心承担本校所有非英语专业本科生的外语教学实验课及外语专业英、日、俄、法、西班牙、波兰等多语种的教学实验课。中心一直将情景互动、互联网＋、虚拟仿真技术等现代教育技术引入外语实验教学中。为了改进当前实验教学，开发适用于英、日、俄、法、西班牙、波兰等多国家文化的虚拟场景，应用于虚拟仿真实验训练系统中，对于开展虚拟仿真实训外语实验教学具有重要的意义。

2 外语虚拟场景应用

教师准备好课程需要的场景图片、音频、视频等素材和相关教学设计文稿，在技术支持下，进行虚拟仿真教学的脚本编写和场景配置。首先，在课堂教学使用过程中，将准备好的素材通过添加、删除、编辑等形成文件载入虚拟仿真系统中，随时调用，配置好外语训练虚拟场景[6]。其次，训练的师生按照需要对编号的脚本进行分角色拍摄，包括虚拟摄像机位，生成虚拟场景训练初始文件。随后可通过非线性编辑对虚拟场景训练初始文件进行再次编辑，形成最终教学训练成果文件。最后，师生针对训练效果进行反思与评价。具体虚拟场景训练教学过程如图 1 所示。

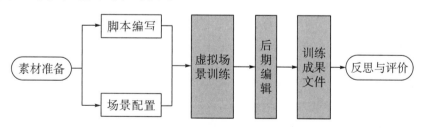

图 1　虚拟场景训练教学过程

2.1 素材的准备

素材分为语言训练对话文本、虚拟场景所需图片和音视频等资源，本文中各语种语言训练所用素材应体现各国文化特征，如日本榻榻米卧室、英国的游行等。其中，系统场景库包括室内、室外两种，室内主要是学校、医院、演播室等功能室，室外主要是街道、广场、郊外等空旷场景。另外，还需准备在课堂教学使用过程中要更换的视频和图像素材，以及字幕、背景音乐素材等，这些素材通过添加、删除、编辑等形成模块文件，进而加载到虚拟仿真系统中，随时可调用。每一个场景模块包括虚拟场景、背景图像、人物视频（有部分场景带有虚拟角色）、字幕、背景音乐及各个虚拟摄像机位。

通过与技术教师及学生沟通，根据国别进行分类，列出所需的设计场景以及需要准备的文字、图片、音频及视频素材，为下一步场景的配置做好充分的素材准备。

2.2 脚本编写

教学设计脚本编写有利于提高媒体素材的利用质量，更有利于教学工作的系统化管理，是一种科学运用教学理念和教育技术的有效途径，同时也可以对后期教学反思提供有力支撑。教师通过教学目的、教学内容、教学重难点、教学过程的设计及教学策略进行有效梳理，尤其是教学过程分镜头脚本，具有非常强的可操作性，是教学理论与教学实践的重要沟通途径[7]。我校在虚拟场景训练实践中，通过与授课教师、实验教师及学生沟通，分景别、拍摄技巧、解说、背景音乐等几个方面编写脚本。将准备的文字、图片、音频及视频素材，进行精确编排。

2.3 场景配置

虚拟场景作为一种特殊技术，经常应用在虚拟演播室和影视制作中，通过现实人物演绎和虚拟场景合成录制影像，使人物景别与虚拟背景同步变化，实现两者融合，达到人物在虚拟场景合成画面的效果[8]。根据需求将准备好的素材配置场景模块，该环节是进行外语虚拟场景训练的关键一步，在使用虚拟仿真系统的过程中，我校教师发现原有系统场景多为通用场景，如教室、机场、酒店等，但学习语言强调各国的语言文化背景，而很多体现各国文化特征的场景却没有涉及，或者与现实场景差距较大，由于实际开发一个虚拟场景需要高昂的费用，因此，我校教师在场景配置应用中将前期准备的图片、音视频等素材融入现有场景库中，可以更好地满足师生外语训练需求。依据脚本中景别和虚拟摄像机推拉摇移技巧变换机位的多种特效，最终生成场景模块文件。特别值得注意的是，由于虚拟场景涉及大量的计算机运算，因此，对于计算机的运算能力和显卡性能有较高的要求，尤其是在渲染场景阶段，需要计算机长时间不间断运行，才能得到好的场景模块文件。

2.4 虚拟场景训练

在虚拟仿真实验训练系统实验课程开展过程中，采用了视频抠像处理技术，系统将对话的人物影像进行抠像，再与系统中的虚拟场景进行融合[9]。如外语虚拟场景训练流程所述，需要训练的师生，按照设计好的脚本，进行外语语言训练，而虚拟仿真系统按照配置好的场景，与人物影像互相融合。让训练过程中的人物有身临其境的沉浸感。我校部分外语虚拟室内、室外场景训练效果图如图2、图3所示。

图 2 外语虚拟室内场景训练效果图

图 3 外语虚拟室外场景训练效果图

目前，系统所带的蓝布与专业的蓝箱摄影棚环境还有一定的差距，在采光、拾音等方面亟须进一步改进，如能在后期工作中改善系统软硬件条件，将会更加有利于本项目的开展和应用。如对在蓝箱中的人物进行抠像时，对周边环境尤其是光照效果有很高的要求，因此，后期改善场景环境时，可考虑增加主播灯及补光灯等光照效果，以便提高抠像质量，进而改善视频融合的效果。在人物对话与场景音、背景音乐等多音源进行融合时，偶有杂音大、易啸叫等问题发生，后期增加高保真拾音话筒，通过效果器、防啸叫抑制器及功放调音台等设备改善音源效果，可有效提高音频融合的效果，进而提升外语实验教学中的虚拟场景的整体训练效果。

2.5 后期编辑

后期编辑主要是对前期生成的虚拟场景训练文件进行非线性编辑，通过添加特效与字幕、背景音、场景切换及景别变化等，再次修改训练过程中的影像，增加影片整体的流畅性[10]。编辑可以通过声音切入、镜头切换等手法实现蒙太奇效果，编辑后的影片能够促进教学内容的情节发展，增强观感。

3 外语虚拟场景训练带来的变化

3.1 提高了师生训练积极性

外语虚拟场景训练以其新颖、独特的方式吸引了师生，通过这种人工智能方式来达到外语语言训练的目的[11]。不同于传统课堂外语语言训练模式，虚拟场景训练由原来的以教师讲授为主、学生练习为辅的方式，转变为以学生为主体，直接通过外语语言、肢体语言进行演绎，让学生主动参与的方式，极大地调动了学生的积极性，并且在训练过程中更加符合语境，能加强学生语感的练习。在我校实践中，由于虚拟仿真技术的引入，增加了语言训练的趣味性和代入感，加上虚拟场景带来的沉浸感和科技感，给参与训练的师生充分的视觉冲击和想象空间[12]，改变了传统教学课堂训练模式，是对外语教学与外语训练的创新与革命。

3.2 对教学设计提出更高要求

近年来，信息技术飞速发展，虚拟仿真等技术应用于外语语言训练中，也对教师提出了更高的要求。在本文虚拟场景训练时，需要将教学设计中的对话互动与镜头切换、景别转换等结合，只有良好的可执行脚本在虚拟场景训练中才具有可操作性，进而保证训练的有效开展。教师不仅要将教学理念融入教学每个环节中，而且还需要对虚拟场景应用技术有所了解，或需要技术教师参与教学设计中。

由"教为主体"向"以教为主导，学为主体"的教学模式转变的过程中，教师不能以逸待劳，而是需要在课前做大量工作，来完成教学设计。如果没有好的教学设计，教师主导作用没有得到发挥，学生极易在训练中迷失，从而无法达到教学目标。只有充分调动授课教师的创作积极性，才能真正提高虚拟场景训练的质量。

3.3 外语教学与技术深度融合

采用虚拟场景进行外语语言训练，打破了以往的信息技术与外语教学简单整合的方式，不再是简单地将技术应用于改变教学手段、教学方式上，而是将教学理念融入训练过程中，让技术服务教学，技术促进教育结构性变革，实现教师主导、学生主体相结合的教学结构。教师不再是被动地接受技术应用，生硬地将技术应用搬到课堂教学中，而是系统地进行教学设计，使教学设计的每个环节都与教学理念和教育技术密不可分。

将虚拟场景应用于外语语言训练的过程中，不是简单地将虚拟现实技术和语言训练叠加在一起，而是通过素材准备，打破教室时间和空间的局限，配置学科特定的训练场景，让参与训练的师生有足够的情境沉浸感，通过视觉、听觉等多感官吸收知识，充分调动学生的学习动机，更好地实现教学目的。本校师生在虚拟场景训练过程中，不断改进训练方案，不仅在学习过程中应用了先进的虚拟仿真技术，而且加深了对课程训练内容的认识。

4 仍需努力的方向

4.1 虚拟场景还有改进空间

目前，市场上开发的虚拟场景多为通用的场景，而结合学科特点创设的虚拟场景，因其开发费用高昂，不能普遍推广，故这类资源非常少。加之，目前 VR 开发工具不统一，导致在虚拟仿真系统之间虚拟场景无法相互调用，更鲜有符合学科特征的个性化定制虚拟场景产品。文中提到的外语各语种根据国别文化差异，含有各国元素的场景，目前在训练所用的虚拟仿真系统中还没有符合外语训练特征的个性化实用场景，但可以通过两种方式来进行改进：一是搜集大量素材，通过场景配置，将含有外国语言文化元素的素材添加到现有场景中；二是通过专业的技术团队开发具有外国语言文化元素的实用场景。

4.2 现场环境可改善

在实际的外语虚拟场景训练过程中，除虚拟场景对最终的训练影像产生影响外，现场拍摄环境也会影响虚拟场景与人物训练场景的融合效果。如文中提到的现场灯光效果会影响现场人物的图像抠像。在虚拟场景中可以通过创建虚拟灯光、摄像机等方式来改善场景，但是人物在现场灯光下可能出现光线不足或高光、曝光过度等问题。对于拾音设备，可以通过后期配音，非线性编辑的方式来改进，但要达到较好的教学效果，仍然对录音设备有较高要求。通过升级灯光、声音等软硬件配套设施，实现现场环境改善，可以提高虚拟场景训练效果。

4.3 技术培训不足

对外语虚拟场景训练，师生表现出空前的热情和积极性，但由于技术培训不足，在使用虚拟仿真系统操作时，所需调试时间较长，需要多次演练，才能完成虚拟场景训练。一方面，授课教师对于虚拟仿真技术的功能及效果了解不够，与技术教师多次沟通，才能准确地运用素材搭建好所需的虚拟场景；另一方面，参与训练的学生镜头感不足，在镜头中无法发挥应有的语言能力，仍需加强相关培训力度。

参考文献

[1] 何夏. 虚拟环境与外语课程的整合研究 [D]. 保定：河北大学，2014.

[2] 蔡基刚. 高校英语教学范式新转移：从语言技能训练到科研能力培养 [J]. 外语研究，2019，175 (3)：55—60.

[3] 詹成. 口译专业教学体系中的语言技能强化——广外口译专业教学体系理论与实践之四 [J]. 中国翻译，2017 (3)：47—50.

[4] 胡杰辉，胡加圣. 大学外语教育信息化 70 年的理论与范式演进 [J]. 外语电化教学，2020，191 (2)：17—23.

[5] 张璐妮，唐守廉，刘宇泓. 语言虚拟仿真实验教学的探索、实践与评述——以"大学英语虚拟仿真实验"公共选修课为例 [J]. 现代教育技术，2018，28 (5)：75—81.

[6] 方昱琨. 虚拟现实中人物设计及场景实现 [D]. 北京：中国地质大学，2018.

［7］周汉，任家鑫. 虚拟场景线上课程的制作、应用与努力方向［J］. 现代教育技术，2019，29（3）：107－111.

［8］兰潇，王智超. 采用摄像机追踪技术实现虚拟场景［J］. 影视制作，2013，26（4）：64－66.

［9］杨冉. 幕布后的表演——场景理论视角下的网络直播［D］. 合肥：安徽大学，2017.

［10］赵起. 虚拟现实剧情片教学流程建构［J］. 大众文艺，2019（5）：208.

［11］葛磊. 虚拟现实场景交互系统的设计与实现［D］. 北京：北京邮电大学，2018.

［12］朱喜基，杨洁. 实现虚拟校园三维场景关键技术研究［J］. 科技经济导刊，2018，26（9）：25－26.

课程思政环境下实验课程评价体系的改革

房川琳* 李俊玲 衣晓凤 邹 清 熊 庆

四川大学化学学院化学实验教学中心

【摘要】 在课程思政环境下，通过在实验课程中新建学生评价体系，实现了过程性评价与终结性评价相结合，多元化评价与标准化评价相协调，教师评价与学生自评、学生互评相统一的综合评价过程。此外，对学生进入工作岗位后的延续性评价，能更全面地反映出目前教学体系所培养的人才是否适合当代社会，从而进一步指导教学的创新与改进。与此同时，从教师的专业技术、思政能力及教学效果等方面对教师的评价体系进行建设与完善。通过对教师与学生的评价和反馈，从根本上实现教学相长，教师育人于心，学生学业以诚。

【关键词】 课程思政；实验课程；评价体系

引言

教育兴则人才兴，教育强则国家强。在习近平总书记的重要讲话中强调"要坚持把立德树人作为中心环节，把思想政治工作贯穿教育教学全过程，实现全程育人、全方位育人，努力开创我国高等教育事业发展新局面"[1]。在大的思政环境下，随着课程思政的全面展开，化学实验课程将课程中潜藏的思政内容全面融入课程体系和教学内容中，并对教学方式等多方面进行了全面的革新[2-3]。与此同时，作为实验教学改革的瓶颈——教学评价体系的改革也提上日程。只有建立良好的教学评价体系，才能促进学生的学习兴趣，提高教师的教学质量。

在教学评价中，从评价对象出发，包含对教师教授效果的评价与学生学习成效的评价；从评价内容出发，包含对师生思政素养的评价与师生专业技能的评价；从评价方式出发，包含多种公平公正且有效的评价方式，如形成性评价、终结性评价等；从评价途径出发，笔试、面试、操作考试、成果汇报、项目论文或课程论文及调查问卷等多种途径可应用于不同的评价环节与评价对象。在实验教学中，只有通过对各项指标进行客观、细致的量化，在评价体系中才能做到灵活而不失标准地给予师生具有说服力与引导性的评价。

在实验教学课程评价体系改革中，我们遵从公平公正的原则，充分考虑教师教与学生学的各个环节，结合终结性评价与形成性评价，通过考试与论文等多种途径，量化实验教学中的各项评价指标，新建学生及教师的评价体系。

＊ 作者简介：房川琳，实验师，主要研究方向为无机化学实验教学与管理，教授"无机化学实验"课程。

1 课程思政中学生评价体系的改建

化学实验作为一门实践型课程,对学生知识结构的建立与操作技能的培训起着至关重要的作用。同时,化学作为一门自然科学,将思政元素融入其中,不仅能培养学生坚韧不拔的科学精神和忠贞不渝的爱国情怀,还能帮助学生树立崇高的人生信念与理想。为了有效评价现行课程及教学方法对学生知识与技能的习得及思政素养的提升成果,我们构建了一个标准且灵活的学生评价体系,如图 1 所示。

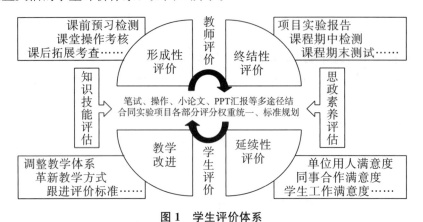

图 1　学生评价体系

此外,在实验课程评价体系中将知识技能与思政内容进行有机整合,形成了与图 1 相对应的评分细则,详见表 1。

表 1　学生各评价方式评分细则

评价方式	知识技能评估（80 分）				思政素养评估（20 分）			
形成性评价 （100 分）	预习报告	操作技能	数据记录	实验报告	课前学习自主性	实验素养与态度	小组合作与互助	课后拓展自主性
	10 分	20 分	10 分	40 分	5 分	5 分	5 分	5 分
终结性评价 （100 分）	理论笔试	方案设计	实践操作	实验报告	实验素养与态度	自主探索与改进	合作互助	资源共享
	20 分	10 分	20 分	30 分	5 分	5 分	5 分	5 分
延续性评价	主要通过辅导员向用人单位获取对学生的工作评价,进而指导教学的改进							

1.1　多方式评价

在传统的教学评价体系中,一般采用终结性评价,如半期考试与期末考试成绩按照一定比例合成为学生的学期综合成绩。然而,随着时代的发展与科技的进步,线上教学日益彰显出其重要性,特别是在受疫情影响的特殊时期,线上学习起到了主导的作用[4-5]。它包含了学生线上网络资源自学、老师视频同步教学或课程录播教学、线上课后拓展学习等多个环节。在线上教学环节的评价中,我们引入了形成性评价方式,对学生线上学习各个环节制定评价方案进行评价。同时，在实验教学的整个过程中，对重要的实验节点设置终结性评价，主要包括在课程中期设置半期考试与在课程结束设置期末或课程总结汇报等。最后，按照课程组拟定的课程各环节评价分值权重，对教学中各环节的形成性评价与各节点的终结性评价进行整合，得出学生实验课程的综合评价结果。

1.2 多途径评价

无论是形成性评价还是终结性评价，均需要通过一定的评价途径才能得以实施。是否通过笔试、实验操作、小论文对学生实验课程各环节进行评定，需要根据实验项目的性质进行选择与规定，并非一概而论。

在终结性评价中，对于必修类实验项目，需要学生掌握实验的操作技能。因此，对学生的评价不能只停留于笔试上，也不能仅限于操作面试，而是需要将笔试与操作面试相结合，才能将理论与实践统一，给学生一个较为全面的评价。非选修类实验项目，则相对灵活，除了考试，可更多地通过小论文或小组汇报的评价途径，考查学生对项目的掌握情况、总结分析的能力及小组合作的能力等。

另外，形成性评价相对终结性评价而言，具有更多的灵活性，也更容易将课程中的隐性思政内容的考核融入其中。通过课堂表现、课后作业等多种途径在课程的不同节点给予学生的学习状态及时的评价，在评价形成的过程中，增设对学生遇到问题的专研精神、实验习惯、科学素养及待人处事等多方面的评价。

1.3 多主体评价

在常规评价中，教师作为主体对学生做出评价，教师给出学生各阶段的评价结果（分数或等级），对学生的学习效果进行反馈，促进学生进一步完善与改进。然而，在实验课程中，特别是在课堂实验操作环节，教师的关注度有限，不可能将每位学生的每个操作都了如指掌，而只能选择性地检查学生的部分操作，进而对学生分别做出整体性的评价。因此，教师对学生实验操作环节的评价，容易出现片面性的结果[6]。

为了避免教师的单一评价导致学生的最终评定受影响，可以采用小班化教学与助教辅助教学等方式进行缓解。此外，增加评价过程的主体，引入学生自评与实验小组同学互评，更能弥补在实验操作环节教师可能存在的非全面性评价，同时，还能让学生通过自评在实验中自省，通过小组同学互评而明确自身的不足与改进的方向。另外，在学生自评与学生互评中更容易将课程思政的元素设置为评价项目，如学生自身的研究态度、专研精神、学生在团队中的角色责任、团队合作等，通过增设评价主体，更能多视角全方位地评价学生对知识技能的掌握与思政能力的提升。

1.4 延续性评价

人才的培养不在一朝一夕，而是长期的持久战，需要与时代特色相呼应，才能让学生适应社会、服务社会。当下实验课程体系、教学方式培养出的学生是否能够胜任毕业后的工作岗位，能否在工作中做到善于律己、诚以待人、踏实进取，都是我们教育工作者应该跟进的信息。对学生设立学业期到工作期的延续性评价，通过用人单位的信息反馈与跟进了解等方式，更能对融入思政元素的实验课程新体系培养出的人才的能力形成持续性反馈[7]，进而促进实验课程与教学的持续性改进，切实推进习近平总书记提出的全员、全程、全方位的"三全育人"。

2 课程思政中教师评价体系的改建

"学高为师，身正为范"，教师在向学生传授专业技能的同时，其思政觉悟对学生也具有很强的示范作用。在课程思政的环境下，实验课程评价体系的建设不仅应面向学生的学习，教师在课程中的教授水准与效果同样需要通过评价进行反馈与提升[8-9]。

2.1 专业技能评价

在全球化大背景下，随着互联网的日益发展，知识处于一个大爆炸的时代。教师只有通过不断的学习与研究，才能让自己现有的知识体系与时俱进，不断扩充与重建。在教师学习与研究过程中，建立合理的评价机制，对教师的专业技能水平进行分级定位，能够有效地激发教师不断进取，将最好的自己展现在学生面前。

对教师专业技能分级定位评价最直接的方式是聘期考核及职称评定。在3~5年的聘期内，达到相应的考核标准，晋升为更高一级的专业职称。该项评价是一项静态的评价，重视最后的结果考核。在教师评价体系的改革中，我们从静态评价向动态评价转变，更注重对教师平时的专业技能学习的评价与肯定。主要通过教师对教学教改项目的申报与实施、科研项目的主持与研究及会议培训的参加与学习等方面进行评价，将教师平时的培训学习与研究成果以座谈会的形式进行经验分享与学习，并将每年的教学科研项目成果及培训学习等纳入年终考核，形成动静结合、近期与长期的综合评价机制，激发教师提升专业技能的主观能动性。

2.2 思政能力评价

实验教师能够将思政元素自然融入实验教学中，达到"润物细无声"的效果，需要具备习近平总书记提出的"政治要强、情怀要深、思维要新、视野要广、自律要严、人格要正"六个要点。如何评价新时代下专业教师的思政能力是教师评价体系建设的改革重点[10-11]。

目前，学院按照二级学科的属性，根据教师的不同专业化分为不同的教研室。教师平时以书籍、网络（如学习强国）自学为主，辅以教研室或党支部的集中思政学习。为了能加强思政学习的效果，提升教师的思政能力，我们采取了学习打卡、学习总结及试卷答题等多种形式对教师进行评价，并将评价结果纳入年终考核及聘期考核。通过评价的正式化与标准化，让非专业的思政教师能意识到课程思政的重要性与必要性，形成开展课程思政长期的内在驱动力，积极提升自身的思政能力，培养良好的思政素养。

2.3 教学效果评价

教师具有扎实的专业技能与思政能力是上课的基础。要能够真正做到"传道受业解惑"，还需要教师上好课。因此，对教师课堂教学效果的评价体系的建设不可或缺。

作为育人的第一现场，学校与学院都非常重视教师的课堂教学效果。学校督导委员会联合学院督导委员会对平时的课堂进行随机随堂抽查，课后对教师的课堂教学从实验准备、实验教学过程、实验教学质量、亮点及特色、问题与建议等多方面进行标准化评价（详见表2），并通过与教师课后沟通，对课堂教学形成实时的动态反馈，对教师的教学起到了极大的促进作用。另外，学校及学院的优质课、微课等比赛活动，通过评委的点评，将课堂的优缺点直观呈现在教师面前，让教师在今后的教学中能够扬长避短。最后，与学校学院的评课活动相结合，同组教研室定期开展组内听课与评课活动。通过活动的开展，教师间能够互通有无、取长补短。在学期末，学生可通过教务系统对每门课程进行评教，主要从教师的开课平台、教师是否向学生明确教学目标和教学计划、学生是否明确教师的成绩评定标准、教师的教学是否能够达到教学目标、教师与学生的互动方式及学生能否配合教师的教学节奏进行有效学习等方面进行常规评价。教师也可根据课程定制调查问卷，收集学生对自己课堂教学的意见及建议。

表 2　校督导委员会实验课教学评价表

检查要点		实验教学优秀的基本要求	等级（ABCD）
实验准备		有课程进度表，课程任务及目的明确，准备充分，实验前进行预实验	
		学生按要求预习，指导教师进行检查和记录	
		按要求使用优质实验教材和指导书，或使用近三年内自编的讲义	
		仪器设备、器材、实验材料等准备完备，处于可用状态	
实验教学过程	教师	注重培养学生求实严谨的科学精神，教书育人	
		教师讲述关键点突出，有必要的示范	
		注重培养学生正确规范使用仪器、仪表和器具	
		坚持巡回个别指导，解答问题，检查和记录学生实验结果	
		按实验进度表的时间和内容进行实验，不随意变更	
		努力调动学生学习积极性，对课堂秩序进行有效管理	
	学生	参与度高，基本操作规范，认真实验，做好原始记录和数据处理	
		遵守实验纪律，按时到课，经教师允许才结束实验	
实验教学质量掌控		认真批改实验报告，并对实验报告情况及时评讲和反馈	
		实验成绩的评定有标准，有过程考核记录，并告知学生	
亮点及特色			
问题与建议			

3　评价体系实施成效

通过对学生评价体系的改革及在线上、线下实践教学中的贯彻使用，学生学习的主动性与持续性有了本质的提升。如形成性评价与终结性评价相结合，学生成绩的组成更侧重于平时课堂或课后的学习过程和学习态度等，避免了学生仅靠期末临时突击而获得高分的现象。另外，教师的教学技能与教学能力也在多维度的评价中不断提升。如通过听课、被听课及评价表反馈等途径，教师不仅能够借鉴其他教师的优点、明确自身的缺点，还能够保持不断进取、逐步成长的激情与动力。

4 总结

只有从学生日常学习与操作实践出发，通过对学生学习全过程的持续观察与记录，进而对学生在整个学习过程中反映出的情感、态度和决策能力等做出全面的形成性评价，再结合各学习节点的终结性评价，才能控制好实验教学的各个阶段，使得学生的学朝着人才培养的目标前行。同时，教师也需要不断地充实自身专业技术、社会动态与时事热点等方面的知识，并将此作为一项长期的任务，努力提升课堂教学水平与效果，积极从各级各项评价中吸取意见与建议，才能真正在课程思政改革中培育出优秀的人才。

参考文献

[1] 朱丽丽，杨振兴，曹静."无机及分析化学"教学中"课程思政"的探索 [J]. 云南化工，2019，46 (3)：194－196.

[2] 焉炳飞，李文佐."课程思政"融入物理化学实验教学模式的初步探索 [J]. 云南化工，2020，47 (2)：182－184.

[3] 肖新生，唐珊珊. 基于课程中心平台的《仪器分析》课程思政研究与实践 [J]. 广州化工，2020，48 (6)：184－185.

[4] 郑东华，赵冬冬，白万富，等. 基于"雨课堂"新型教学方式在有机化学实验中的应用 [J]. 广州化工，2019，47 (20)：163－165.

[5] 李俊玲，房川琳，邹清. 无机化学实验课程改革探索 [J]. 实验科学与技术，2018，16 (3)：61－63.

[6] 蒋疆，孔德贤，李清禄，等. 基础化学实验课程考核评价体系的研究与实践 [J]. 化学工程与装备，2015 (11)：235－238.

[7] 房川琳，熊庆，苏燕. 本科化学基地人才培养策略与成效 [J]. 实验室研究与探索，2019，38 (7)：155－158.

[8] 于剑，韩雁，梁志星. 高校教师发展性评价机制研究 [J]. 高教发展与评估，2020，36 (2)：59－68.

[9] 张聪，张梦培，张皓翔，等. 教师教学质量评价体系构建研究 [J]. 中医教育，2020，39 (3)：47－50.

[10] 吴晨映. 专业课教师"课程思政"能力问题探讨 [J]. 河南教育学院学报（哲学社会科学版），2020，39 (1)：56－59.

[11] 刘清生. 新时代高校教师"课程思政"能力的理性审视 [J]. 江苏高教，2018 (12)：91－93.

浅谈疫情下电气类实验教学运行的尝试与创新

郭颖奇* 肖 勇

四川大学电气工程学院

【摘 要】从应对突发疫情到防控进入常态化，要全面完成 2020 年春季学期的实验教学任务，变得尤为重要。四川大学电气工程学院专业实验中心全力克服由于场地、设备、资源等诸多因素带来的困难，在共同努力和不懈付出下，进行了线上线下混合实验教学的大胆尝试和创新。并按照"一课一方案"的思想探索出针对不同疫情防控阶段的实验教学解决方案，力求呈现现场实验的效果，最大限度地保障了实验教学的秩序和质量。

【关键词】疫情实验教学；一课一方案；尝试和创新

引言

一场突如其来的新型冠状病毒肺炎疫情打破了全国乃至全球的正常秩序[1]，同时也给各级学校的教学带来了前所未有的挑战。全国大多数高校在开学不返校的原则下坚持网络教学，尽一切力量保障和维护正常的教学秩序。但在实际运行中遇到了不少的困难和挑战。

电气工程学院专业实验中心（以下简称中心）是四川大学电气工程学院面向本科教学为主的专业实验教学基地，面向本院所有专业约 2000 名本科生开展本科课程实验、课程设计及综合实践等教学，可以为毕业设计、双创、科研及各类竞赛活动提供开放实验条件。疫情发生以来，中心坚持"停课不停教、停课不停学"的总体要求[2]，积极探索疫情新常态下实验教学新模式。借助现场直播授课、虚拟实验和视频远程指导等多种形式，采取"实验理论教学＋线卜自主实验＋虚拟仿真实验"等多样化教学形式，按照原有教学计划准时向全院千余本科生开展 17 门专业实验课的实验教学工作。所有的实验技术人员都主动应对，以力求呈现贴近现场实验的效果和最大限度地保障实验教学的秩序和质量为目标，依靠集体智慧和力量积极探索出一条针对不同疫情防控阶段的实验教学解决方案，并进行了大胆尝试。

---

* 作者简介：郭颖奇，硕士，高级实验师，主要从事计算机网络实验教学、设备管理及实验室建设工作，主要负责"电力系统继电保护原理""计算机应用（单片机）"等实验课程。

1 疫情下电气类实验教学面临的困难

众所周知，工科课程大多以教师课堂讲授理论知识，由实验技术人员现场指导学生进行实践操作的方式为主。受疫情影响，理论课大多是在网络上以视频 PPT＋语音的方式进行，学生根据教材自行在家学习，基本还能保证学习的质量和进度。但留给学校开展线上实验教学的准备时间非常有限，且以往电气类实验教学基本依靠线下课堂教学，线上教学资源匮乏，因此，开展全程在线实验教学成为一个巨大挑战[3]。在当时的特殊形势下，电气类实验教学面临的困难归纳如下。

1.1 实验多依赖实物操作，虚拟仿真实验资源有限

中心全年承担六十余门专业实验课，按实验所需的设备来看，实验大致可分为"微机类"和"专业设备仪器类"。"微机类"的实验方式为计算机上机实践，主要内容有仿真、计算和设计等。"专业设备仪器类"的实验方式则为单人或多人协同操作电气装置或仪器仪表，实验内容多以调试、验证和运行为主。通过分析 2019—2020 学年春季学期实验工作量表（表1），发现"微机类"的实验仅涉及本科二、三年级的 8 门课程，实验学时分别为 408 学时和 574 学时。然而，仅三年级开出的"专业设备仪器类"的实验课程为 18 门，多批次共计 1088 学时。由此可知，我院电气专业实验课程注重对学生动手能力的培养，重视实操过程的教学效果。疫情情况下，如何继续坚持这样的教学理念，做到内容不减、标准不降，是我们必须面对的难题，也是对实验教学的巨大考验[4]。

表 1　2019—2020 学年春季学期实验工作量表

	课程名	实验课时	课程名	实验课时	课程名	实验课时
微机类	计算机应用设计（单片机）	48	电子商务技术	10	网络安全	12
	控制系统 CAD−2	12	计算机网络实践	20	信号与系统	8
	现代电力系统的计算机辅助分析	48	微机原理与接口技术	16	—	—
专业设备仪器类	电力系统继电保护原理	8	配电网自动化及管理信息系统	8	课程设计（Ⅰ）	16
	调度自动化及信息管理系统	10	微机保护	8	课程设计（Ⅱ）	16
	高电压技术实验	16	移动通信	14	课程设计（Ⅲ）	16
	光纤通信	8	运动控制系统	12	课程设计（Ⅳ）	16
	过程控制及仪表	8	自动控制原理−2	8	电机学综合实验	12
	计算机控制技术	8	计算机应用设计（嵌入式）	48	高压直流与灵活交流输电	10

1.2 现有部分实验项目难于在互联网和远程条件下实施

理论课程借助多种信息技术手段，基本能保持教学进度[4]。但实验操作需要使用仪器

设备，甚至是大型设备和贵重仪器。显然，居家学习的学生不可能具备在校实物操作实验的条件。如何保质保量地开展实验操作，需要课程组和实验技术人员共同将表1的每门实验课进行逐一分析，根据不同情况不同处理，力争做到一课一方案。但由于之前相关资源和成果积累较少，教授专业实验的教师面临不小的困难。

1.3 返校后线下实验和实验资源分配的矛盾

按照学校统一安排，预计2020年5月6号后部分学生在自愿原则下会陆续返校继续学习。通过任课教师的线上调查，自动化专业有44％、电气专业有35％的学生有意愿返校学习。为让返校学生顺利参加线下实验，中心应提前着手准备工作。其中一项重要工作是分析返校学生的实际实验需求（返校学生实验课量预估见表2）与满足防疫要求条件下的实验资源的匹配问题。中心不仅要求配置测温仪、洗手液和纸巾等，而且严格控制每一间实验室的座位和人数。人间距增大，直接导致原有空间可容纳的人数减少。疫情时期，实验室的课容量理论上只有平时的50％，这还要根据每间实验室的情况具体分析。出现的问题是：课容量的减少就会增多实验批次数，同一实验课消耗的实际课时会与课容量减少成反比增加。学生返校后剩余的学习时间本就不多，如再增加实际学时实验频次，对二次排课工作带来了不小的挑战。

表2 返校学生实验课量预估表

年级	返校日期	预计复课日期	剩余时间	实验课量情况
大四	2020年5月6日	2020年5月20日（第13周）	42天	少量实验
大三	2020年5月11日	2020年5月25日（第14周）	37天	13~26.5天（按每天完成4个学时实验，且不计"微机类"实验）
大二	2020年5月18日	2020年6月1日（第15周）	30天	15.5天（按每天完成4个学时实验，不含"电工电子类"实验）
大一	2020年5月25日	2020年6月8日（第16周）	23天	少量实验

1.4 缺乏在特殊情况下的学生实验评价机制

正常状态下，实验教学的评价是由考勤、课堂成绩及实验报告等组成。在学生居家学习的情况下，以前的实验评价方法显然无法再继续使用，但又不能因特殊情况而忽略对学生实操能力的培养。因此，必须建立新的评价机制，需同时考核疫情下的线上学习效果和线下的实操能力。那么，如何判定学生的实验结果、团队合作和协同能力，是改进评价机制和方法的考虑重点。

2 应对疫情，实验教学创新与实践

面对上述问题和难题，电气工程学院专业实验中心广大实验技术人员主动应对、积极研讨，化"危"为"机"。针对实验教学的新形态深化改革，在实验项目、方式和内容上求新求变，并趁此机会补齐实践教学的短板，由此探索出一套针对不同疫情防控阶段的实验教学解决方案，力求呈现贴近现场实验的效率和效果，最大限度地保障实验教学的秩序和质量。

下面列举三个具有代表性的案例，以展现中心在应对疫情开展实验教学中的实践创新。

2.1 居家的"饭盒实验室"

"单片机原理及应用"课程实验采用硬件＋仿真模式，以"口袋"实验室为概念设计的 Innovation Box 嵌入式教学系统，整个系统简化为运算模块、输入输出模块和交互接口 3 个硬件模块[5]，所有模块封装在一个饭盒大小的塑料容器里。该实验在硬件＋仿真的模式下已经成功实施了多年，因其便携性、模块化和集成化受到了学生的喜爱，并给它取了一个亲切的名字——"饭盒实验室"（图 1）。基于"饭盒实验室"的便携性和扩展性强的特点，再考虑到疫情下已逐步恢复的物流服务，实验技术人员提出了将单片机硬件寄给每一位学生的大胆想法。我们第一时间发起了网络调查，调查结果表明，87％的学生具备开展居家实验的条件（网络调查图如图 2 所示）。一周内，我们从提出设想到调研、计划、实施一气呵成，使大部分学生能使用"饭盒实验室"开展实验。

图 1　"饭盒实验室"

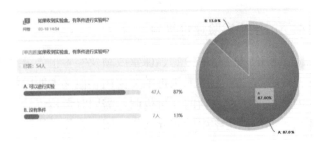

图 2　网络调查图

Innovation Box 嵌入式教学系统具体可分为 MK20DN512 实验开发板（包含开发板和扩展板）、5&1 BDM/SWD 调试器、USB 串口下载器和仿真软件系统。学生在家自行下载仿真程序后，按实验步骤连接硬件部分，并按照实验大纲设计和制作能实现一定功能的电路，然后编写程序实现功能，完成了与在校期间相同的实验项目。通过"饭盒实验室"＋

网络的方式，学生可以居家进行应用、提交、修改和返回等操作，实现了实验内容不减、激发学生学习热情、巩固知识、利于学生创新和实践能力的培养等目标。应该说居家的"饭盒实验室"收到了良好的教学效果。

2.2 一课一方案，一课一视频

在表1中属于"微机类"的实验课程多采用计算机仿真软件进行编程或运算，学生在家基本都能按照教学大纲的进度完成。但属于"专业设备仪器类"的实验如何能让学生在线上最大限度地体验实验教学的现场感成了亟待解决的问题。为此，中心的教师经过反复研究探讨，探索出网络直播授课＋实验过程视频＋线下数据分析＋线上报告提交这一特有的实验教学模式。为了让学生更有现场感，录制实验教学视频是其中的关键环节。首先，教师要为每一门实验课制作录制脚本，根据脚本分阶段完成实验操作和指导流程。视频展示的实验设备和教学内容突出了重点，提供关键实验数据，呈现关键实验结果和现象。实验过程中，教师对实验原理、实验步骤及实验注意事项等实验内容进行讲解[6]。为了引导学生思考，视频演示讲解中还适时嵌入问题，激发教学互动。

按照上述方法，对包括电力系统继电保护原理、调度自动化及信息管理系统、高电压技术实验、光纤通信、过程控制及仪表、运动控制系统、电机学综合实验和移动通信在内的十余门专业实验课都完成了实验视频制作。同时，数电、模电、电工、电子系统设计与实践等课程开设了远程实物实验，学生可以连接远端真实器件，在线操作并获取实验数据。上述课程都制订了相应的教学方案[7]，实现了"专业设备仪器类"实验课的"一课一方案，一课一视频"的预期。

2.3 团队远程协作完成线上实验

为了保证教学质量及教学效果，对于部分实验要求学生自由组队，共同线上视频上课，线下分布完成实验内容。新方案的具体思路是：实验前完成学生组队并明确分工，分工内容包括预习、视频观看、记录数据、分析计算和实验报告撰写等部分。在分组实验时，人数不宜过多，一般控制在5～6名学生一组，这样基本实现每位学生都能负责一项工作。

"运动控制系统"和"电机学"综合实验课是团队远程协作完成线上实验的比较典型的两个案例。首先，在预习阶段指定一名学生完成预习并形成报告，为后续开展实验做好准备。其次，大家在线上观看实验视频，分别同步完成关键信息记录，包括操作步骤记录、中间数据记录、实验现象记录及波形图或图标要素记录等，用于后期实验分析和报告编写。然后，每个学生各司其职，完成实验数据分析、计算，绘制各种曲线图形等（学生实验报告截图如图3所示）。最后，进入撰写实验报告阶段，学生充分发挥善于网络交流的优点，网络视频会议、在线图文讨论已是学生使用最频繁的沟通手段。学生使用着最熟悉的网络社交工具，交流讨论过程气氛活泼、热烈而富有成效，大家都乐享其中。

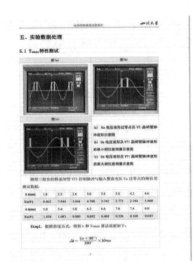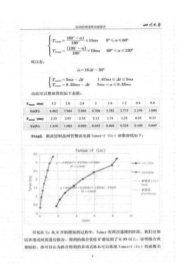

图 3　学生实验报告截图

这样的实验课如同一项远程共建项目，大家协同工作，信息交流共享。在最后的实验评价中，根据分工和各段工作的结果，教师也能容易地制订考评机制，分项打分。但无论实验结果如何，参与实验的每个学生都充分享受过程，虽然仅完成了规定的学习内容，个人能力和团队合作力也得到了锻炼和提升。

3　特殊时期下的思考

3.1　积极发展和利用虚拟仿真实验资源

传统的电气类实验教学课程基本是采用固定方式的验证式实验。针对电气类实验课程教学的特点，封闭式教学的弊病和开放式教学的风险两者相互矛盾，多所高校提出"互联网＋教育＋仿真"的实验教学模式能够从根本上缓解电气类实验教学的尴尬局面[8]。

当前的疫情既是挑战，也是机遇，应考虑必要的专业实验至少能有一门线上课程，保障特殊情况下的基础实验教学[4]。在受到疫情影响而无法进行现场教学实践的情况下，教学应充分发挥现有在线课程的远程教学作用，有效利用丰富的在线资源[9]，引导学生在线学习实验原理及实验操作示范等，分层完善实验教学建设[10]，以丰富实验教学形式，为学生提供更多的学习选择和虚拟实操。同时，在全国高校虚拟仿真如火如荼的建设背景下，我们更应加快电气类虚拟仿真实验项目的开发工作，将"互联网＋教育＋仿真"的理念融入电气类专业的实验教学。在"虚实结合，能实不虚"的大原则下，建成一批典型性的虚拟仿真实验[11]，实现以互联网为传播交流媒介，利用计算机仿真技术教学的教学实验[12]。根据以上所述，这不仅能保障应急情况下的实验教学，也是未来实验教学发展中资源共享和教学交流的必然方向。

3.2　制订和完善特殊情况下的实验教学预案

制订和完善特殊情况下实验教学预案的原则是：切实做好疫情防控期间的教学工作，

保证原定教育教学计划不受影响，实现预期教学效果。疫情的防控已进入常态化管理，从长期来看，实验教学预案应从制度上系统地规划和制定。首先，建立以主管院领导负责制的组织机构，包括实验教书和全体实验技术人员。其次，制订具体工作方案，方案按特殊时期的先后顺序分为准备阶段、网络授课阶段和返校复课阶段。

（1）准备阶段：制定线上教学计划，提前做好课程筛选，指定任课教师，完成直播教师培训，制订课程表，指导学生完成直播平台注册登录、线上班级组建等工作，组织开展网络直播教学。

（2）网络授课阶段：①做好在线授课工作，过程中加强对学习过程的监控，通过设置问题及讨论等方式，加大教学互动力度，调动学生学习的积极性和主动性，提升学生线上参与度。②遴选线上教育资源，摸清资源现状和需求情况，统筹整合校内外课程资源，充分利用各级教育资源公共服务平台和虚拟仿真实验教学资源。

（3）返校复课阶段：学生返校后，在保证疫情可控的前提下，通过调研调查、专题汇报、作业检查及考试分析等途径，充分了解、掌握学生的学习成效，统筹调整新学期课程教学任务。同时，加强信息技术与教育教学的深度融合，不断提高课堂教学质量。

结语

要"穷其理"，更要"践其实"。面对此次疫情，电气工程学院专业实验中心的教师克服了场地、设备、资源等诸多困难，与理论课教师共同努力，顺利进行了线上线下多样混合实验的大胆尝试和创新教学。教学相长，我们不仅向学生传授着专业的知识和传达共克时艰的勇气，更是用实际行动塑造出新常态下实验教学的新模式和新态势。并且，以此次创新尝试为教改契机，积极分析探讨，认真回顾总结，努力探索能广泛适用于各种情况和场景的实验教学新方案，力争为适应未来的新形态教育教学打下良好基础。

参考文献

[1] 熊永红，肖利霞，谢柏林，等. 新冠肺炎疫情下教书育人的探索与实践 [J]. 物理实验，2020，40（4）：28-30.

[2] 教育部. 教育部应对新型冠状病毒感染肺炎疫情工作领导小组办公室关于在疫情防控期间做好普通高等学校在线教学组织与管理工作的指导意见 [EB/OL]. [2020-03-25]. http://www.moe.gov.cn/srcsite/A08/s7056/202002/t20200205_418138.html.

[3] 李辉，李聪，张梦娇，等. 大学物理与思政元素融合教育的创新思考 [J]. 教育教学论坛，2020（8）：284-285.

[4] 邵冰莓，刘展. "新冠肺炎"疫情环境下实验教学形式多样化的运用 [J]. 力学与实践，2020，1（42）：80-84.

[5] 漆强，刘爽. 基于嵌入式系统的"口袋实验室"设计 [J]. 实验技术与管理，2015，32（12）：97-102.

[6] 林碧霞. 新冠状病毒疫情期间化学实验线上教学探索 [J]. 广东化学，2020，47（10）：164-171.

[7] 王子涵. 关于高校开展专业课程双语教学的实践与思考 [J]. 中国科教创新导刊，2014（7）：14-15.

[8] 李明，王润涛，刘瑶，等. 浅谈电气类"互联网＋教育＋仿真平台"的实验教学模式 [J]. 教育现

代化，2019，6（36）：145—147.

[9] 王玉枝，李颖，杨屹，等. 分析化学在线开放课程群建设的创新与实践 [J]. 大学化学，2019，4（34）：39—44.

[10] 叶能胜，林雨青，张璐，等. 疫情时期在线教学的探索与实践 [J]. 中国现代教育装备，2020（37）：6—9.

[11] 郭婷，杨树国，江永亨，等. 虚拟仿真实验教学项目建设与应用研究 [J]. 实验技术与管理，2019，36（10），215—217.

[12] 郑伟南，程凤芹，刘旭，等. 电气类实验课程虚拟仿真教学项目建设及教学方法改革探索 [J]. 低碳世界，2019（11）：276—277.

新型冠状病毒肺炎疫情下医院职工
防护技能培训模式的探索

贺漫青*　曾　多　龚　姝　周　舟　张　超　何　霄　熊茂琦
马俊荣　韩　英　赵　蓉　肖　然　蒋　艳　李为民　蒲　丹
四川大学华西临床医学院临床技能中心

【摘　要】新型冠状病毒肺炎疫情下，医务人员身处抗疫一线，感染风险相对较高。各级医院有必要加强职工对新型冠状病毒肺炎的认识水平，增强员工的自我防护能力，双向保障医患安全。但在疫情下开展人员聚集性培训存在诸多风险，如何有效且安全地开展防控技能培训值得医务人员关注和探讨。本文以四川大学华西医院的职工防护技能培训为例，探讨了职工防护技能"线上＋线下翻转课堂"培训模式，总结了疫情之下临床技能教学的经验，为同行提供参考。

【关键词】新型冠状病毒肺炎；职业防护；职工培训；经验总结

1　前言

2019 年 12 月以来，湖北省武汉市陆续发现了多例新型冠状病毒感染的肺炎患者。此病毒主要经呼吸道飞沫和接触传播，人群普遍易感。短时间内疫情迅速蔓延，我国多地相继启动重大突发公共卫生事件一级响应。如何做好应对和防控，成了医疗卫生界共同面临的挑战。而医务人员身处抗疫一线，感染风险相对较高。据报道，截至 2020 年 2 月 11 日，共有 3019 名医务人员感染了新型冠状病毒（1716 名确诊病例），5 人死亡[1]。我国早在 2000 年就颁布了《医院感染管理规范》，将医护人员的职业防护称为"标准预防"，明确了"标准预防"的定义，并明文规定医院各类人员均应接受医院感染管理和预防知识的培训，并将其作为在职教育的重要组成部分[2]。提高医务工作者的职业防护能力，一方面，有助于减少其职业暴露危险性，预防医院感染，充分保障医务工作者的健康和安全，有利于医务工作者将精力投入患者救治中；另一方面，也是阻断传染性疾病在院内交叉感染的有效途径，有效保障患者安全，有利于医院积极应对突发公共卫生事件[3-5]。

因此，在新型冠状病毒肺炎疫情下，各级医院既要有序、有效、快速和安全地开展医疗救治工作，也要加强职工对新型冠状病毒肺炎的认识，增强职工自我防护能力[6]。职工培训以往多以集中讲座为主，一方面，重知识传授，轻技能实践；另一方面，在疫情之下

---

　　* 作者简介：贺漫青，助理研究员，主要研究医学教育，教授"临床技能类"课程。

也不允许大量人员聚集。因此，如何高效安全地开展防控技能培训，值得进一步探讨。本文介绍了四川大学华西医院职工防护技能"线上＋线下翻转课堂"培训模式，为同行提供参考。

2 培训模式

2.1 培训对象和培训目标

医院职工防护技能培训目标分层见表1。

表 1　医院职工防护技能培训目标分层

培训对象	培训目标				
	知识层面		技能层面		
	疾病知识	职业防护知识	一级防护技能	二级防护技能	三级防护技能
高风险科室的医护技人员	√	√	√	√	√
全院医护技人员	√	√	√	√	
行政和后勤工作人员	√	√	√		

2.2 培训内容

培训内容主要有以下五点：

（1）疾病知识：包括但不限于《新型冠状病毒肺炎诊疗方案（试行第六版）》[7]。

（2）职业防护知识：包括但不限于《医疗机构内新型冠状病毒感染预防与控制技术指南（第一版）》[8]和《新型冠状病毒感染的肺炎防控方案（第三版）》[9]。

（3）一级防护技能：包括但不限于防护用品的准备，七步洗手法，一次性医用外科口罩的穿脱，一次性工作帽的穿脱，护目镜的穿脱，一次性隔离衣的穿脱，一次性医用乳胶手套的穿脱，防护面屏的穿脱，一级防护中所有防护用具的穿脱流程。

（4）二级防护技能：包括但不限于一次性医用防护口罩的穿脱，一次性医用防护服的穿脱，二级防护中所有防护用具的穿脱流程。

（5）三级防护技能：包括但不限于全面性自吸过滤式呼吸器的穿脱，三级防护中所有防护用具的穿脱流程。

2.3 培训方式和培训流程

（1）培训方式。

本次培训采用线上＋线下3站式培训。第一站为线上理论培训，第二站为线上标准视频观摩，第三站为线下现场模拟培训。

（2）培训流程。

本次培训学员需要依序完成培训环节，必须通过前两站线上学习才能进入线下现场模拟培训。培训流程如图1所示。

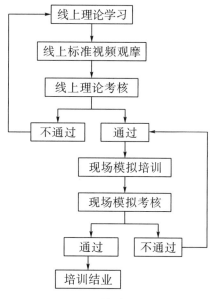

图1　培训流程

（3）考核方式。

学员需要通过2次考核方视作培训合格。第一次为线上理论考核，主要为对知识点的考查，考卷由10道不定项选择题组成，满分100分，80分视为合格。第二次为线下现场模拟考核，主要是考查防护技能操作能力，采用自制评分量表，评分内容包括：①防护用品穿戴和脱取过程中的先后顺序；②防护用品正确的穿脱区域；③防护用品穿脱的标准操作过程和注意事项；④防护用品正确穿戴的判定方法；⑤防护用品穿脱的熟练度；⑥无菌原则和消毒隔离原则的执行情况等指标。每级防护技能1个评分量表，每个评分量表满分为100分，80分视为合格。

3　培训成效

（1）培训成效的情况如下：

2020年2月11日至2020年4月30日，累积培训合格1789人，其中线上理论学习3242人次，线上视频观摩2786人次，线上理论考核1917人次。

现场模拟培训和考核1789人次，其中医师287人次（16.04%），护理人员1197人次（66.91%），医技人员142人次（7.94%），行政后勤163人次（9.11%）。

（2）现场模拟考核通过率100%。

（3）学员结束全部培训后进行问卷调查，线上理论学习满意度为97.66%（3166/3242），线上视频观摩满意度为98.17%（2735/2786），线下模拟培训满意度为100%。

（4）院内无医务工作者感染新型冠状病毒，无患者发生新型冠状病毒院内感染。

4 讨论

4.1 明确培训对象和目标，分层分级培训

本次线上线下培训能取得极高满意度，与分层分级培训策略密切相关。医院职工众多，工作岗位和职责各不相同。医师、护士、医技人员身处临床工作一线，面临较大的新型冠状病毒暴露风险，是最需要提高疾病认识、掌握诊疗原则、增强职业防护能力的人群。尤其是高风险科室，如发热门诊、内科门诊、儿科门诊、急诊、ICU 和呼吸病房，更需要熟练掌握防控新型冠状病毒感染的知识、方法与技能[8]。大量的行政和后勤工作人员是保障医院平稳运行的支撑力量，虽然他们不一定直接接触病人，但同样需要增强对疾病的认知水平，掌握最基本的职业防护原则。因此，医院职工防护技能培训既需要尽可能覆盖全院职工，不留盲区，又不能一刀切，需要明确培训对象和培训目标，分层分级逐步完成培训。

4.2 多学科多部门联动，合理制订培训内容

为了取得良好的培训效果，杜绝新型冠状病毒院内感染，需要慎重选取培训内容。新型冠状病毒实属新型事物，医疗卫生界在疫情早期对其知之甚少，早期对此病毒的防范主要依靠防控和治疗严重急性呼吸综合征时累积经验和教训，而这样的经验多来自医院感染管理部及感染性疾病中心等部门。因此，培训内容建议由医院感染管理部、感染性疾病中心、呼吸与危重症医学科和急诊科等多学科团队协作制订，以确保培训内容的科学性和可行性。此外，随着人们对新型冠状病毒认识的深入，培训内容也需根据最新研究数据和疫情发展形势及时更新和完善。

4.3 线上线下翻转课堂培训，多途径确保培训质量

本次培训创新性引入翻转课堂的概念。翻转课堂实现了以学生为中心的课前学习，以教师为引导的课中实践，已被认为是一种有效的教学模式，并在医学教育中广泛应用[10]。在本次职工培训中，翻转课堂培训模式同样收到学员欢迎。学员在线上学习平台自学理论知识，观摩示教短片，初步了解防护技能的操作流程，之后再进入现场模拟培训，学员获得了更多亲身实践的机会，配合带教老师有针对性地一对一实时反馈指导，更有利于学员掌握操作细节，内化吸收操作关键要点，彻底掌握防护技能。

此外，本次培训还运用多种手段把控培训质量：

（1）在线学习平台自动记录和监控学员的学习进度。学员被要求实名制登录在线学习平台，培训教师可随时后台查看任一学员的学习进度，以便随时督促学员完成在线自学。

（2）在线理论考核检验学习效果。在线理论考核的命题紧扣学习目标和在线培训内容，学员只有通过此考核，才能进入下一步培训。

（3）现场模拟考核检验技能掌握度。三级防护技能涉及大量操作技巧，其考核不能通过笔试实现，只有学员步步考核过关，才能证实其真正掌握了该项防控技能，从而保证在实际临床工作中医患双方的安全。

4.4 合理安排现场模拟培训各个环节，严控院内感染风险

疫情期间不适合聚集式培训，但是若只有线上学习，不进行模拟操作，则难以保障培训质量。若能妥善控制现场培训和考核的各个环节，则既能严控疫情扩散风险，又能将技能培训落到实处，还可获得学员更高的满意度。其中应引起高度重视的环节如下：

（1）分批次滚动培训，控制每批次培训人数。由临床技能中心统筹规划，提前制订培训计划和课表，并进行公示，由学员根据自己的时间预约培训轮次，并参与培训。

（2）每个教师进行独立空间小班化培训。每个培训教师在独立空间内每次现场培训学员不超过 5 人，一方面，真正做到精细入微的反馈指导，保障培训效果；另一方面，也避免因人群聚集带来的感染风险。

（3）多教师多场地同时培训。华西医院在职员工多达 8000 余人，单次现场模拟培训和考核耗时约 1.5 小时，培训工作量异常庞大。为保证培训效率，临床技能中心需尽量协调培训师资和场地，力争在同一时段内，多个导师分别在独立空间内同时培训，尽量在短时间内将培训覆盖医院全体职工。

（4）培训场地做好内环境消毒和通风。每次培训之间间隔 30 分钟，请专人完成培训教室的消毒和通风，贯彻国家和医院各级防控要求。

4.5 问题与不足

本次培训在线上理论学习、线上视频观摩和线下模拟培训均取得了较高满意度，分别为 97.66%、98.17% 和 100%，但我们仍然发现线上和线下学习满意度存在细微差距，分析可能与以下因素有关：①线上采用录播方式学习，教师和学员的时间不同步，降低了师生交互感；②录播视频时长较短，拍摄角度比较单一，重点示教了操作步骤和流程，不利于操作细节的教学，需要线下模拟培训补充和完善；③线上培训容易大规模铺开，但线下模拟培训规模有限，虽已尽力提高效率，但培训人数仍然无法与线上培训人数保持同步。因此，如何从提高线上教学师生交互感、丰富线上教学细节、进一步提升线下模拟培训效率等角度提高学员的学习满意度，仍然值得我们不断探索和实践。

综上所述，在新型冠状病毒肺炎疫情之下，甚至是以后可能会面临的其他呼吸道传播疾病疫情之下，医院均有必要加强职工防护技能培训，而这样的培训应该慎选培训模式，在培训过程中应考虑到：①明确培训对象和目标，分层分级培训；②多部门多学科合作，科学制订培训内容；③可考虑采用线上线下相结合的翻转课堂培训模式，多途径确保培训质量；④合理安排现场模拟培训各个环节，严控院内感染风险。

参考文献

［1］中国疾病预防控制中心新型冠状病毒肺炎应急响应机制流行病学组. 新型冠状病毒肺炎流行病学特征分析［J］. 中华流行病学杂志，2020，41（2）：145−151.

［2］国家卫生健康委员会. 医院感染管理规范（试行）［EB/OL］.［2020−03−15］. http://www.nhc.gov.cn/cms−search/xxgk/getManuscriptXxgk.htm?id=18626.

［3］朱士俊，郭燕红，韩黎，等. 对我国医院感染管理现状及发展趋势分析［J］. 中华医院管理杂志，2005，21（12）：819−822.

［4］李春辉，刘思娣，李六亿，等. 中国医院感染管理部门在抗菌药物合理应用与管理工作中的发展状况［J］. 中国感染控制杂志，2016，15（9）：665－670.

［5］韩黎，朱士俊，魏华. 医院感染管理在应对突发公共卫生事件中的作用［J］. 中华医院感染学杂志，2003，13（11）：1001－1004.

［6］李舍予，黄文治，廖雪莲，等. 新型冠状病毒感染医院内防控的华西紧急推荐［J/OL］. ［2020－02－19］. http：//kns. cnki. net/kcms/detail/51. 1656. r. 20200204. 1640. 004. html.

［7］国家卫生健康委，国家中医药管理局. 新型冠状病毒感染的肺炎诊疗方案（试行第六版）［EB/OL］. ［2020－02－19］. http：//www. nhc. gov. cn/yzygj/s7653p/202002/8334a8326dd94d329df351 d7da8aefc2. shtml.

［8］国家卫生健康委. 医疗机构内新型冠状病毒感染预防与控制技术指南（第一版）［EB/OL］. ［2020－02－19］. http：//www. gov. cn/zhengce/zhengceku/2020－01/23/content _ 5471857. htm.

［9］国家卫生健康委员会，国家中医药管理局. 新型冠状病毒肺炎防控方案（第三版）［EB/OL］. ［2020－02－19］. http：//www. gov. cn/zhengce/zhengceku/2020－01/29/content _ 5472893. htm.

［10］HEW K F，LO C K. Flipped classroom improves student learning in health professions education：a meta－analysis［J］. BMC Medical Education，2018，18（1）：38.

功能受限大学生融合式实验教学模式的实践与探索

李　浩* 　田兵伟　侯永振

四川大学灾后重建与管理学院安全应急技能训练中心

【摘　要】 四川大学提倡"323＋X"创新人才培养体系，强调通识课的重要性。"探究式—小班化"课堂教学在高校教学创新中引领改革新风，针对高校弱势群体大学生存在身体功能受限和个性化健康需求的现状，传统健康教育的体育课教学改革需有新举措，开设"安全运动与健康管理"课程，采用理论＋实验的教学模式，功能受限和非功能受限的学生共同参与融合模式的教学思路，运用线上线下相结合的教学平台，提升了弱势群体大学生参与学习安全运动和管理健康的兴趣和参与度，收获了较高的满意度。

【关键词】 安全运动；融合教育；实验教学；健康管理

引言

《"健康中国2030"规划纲要》明确提出，要求将健康教育纳入国民教育体系，构建学科和教育活动相结合，课堂教学与课外结合的教育体系[1]。近年来，健康管理在高校培养人才体系中越来越受到重视，以人为本，崇尚个性化教育和全面发展，培养社会和市场所需要的人才是四川大学倡导的"323＋X"创新人才培养体系的特点[2]。突出并重视阶段性的培养包括创新人才的学习过程，强调课程体系中通识课教育的重要性。以预防为主的全民健身是大健康时代的特点，倡议运动是良医[3]。高校大学生对身体健康更加重视，积极参加运动和锻炼的大学生在校园到处可见，其中部分大学生因缺乏安全运动的意识和科学的锻炼方法，在运动中造成意外损伤和已存在功能受限的学生群体人数也在增加。但在高校健康教育中缺乏针对功能受限大学生群体需求的课程，从发表的高校大学生健康问题的文章中提出，高校大学生群体因其特殊的身体和生理特征，一直是高校体育教育的"短板"[4]。同时，与安全运动和健康管理相关的教学研究的文献资料也十分有限。因此，亟待探索一种教学模式能引导师生开展课中个性化教学和训练，协助课后的运动健康管理。赵东平等发表的文章明确指出，运动有效改善体质弱势大学生群体的身心健康[5]。因此，本实验教学研究旨在满足这类大学生运动和健康的学习需求，采用融合教育，通过实验教学模式和线上线下的在线课程平台，强化预防运动损伤和提升安全运动意识，实验教

---

* 作者简介：李浩，高级实验师，研究方向为康复治疗、实验室安全与管理，教授"安全运动与健康管理"课程。

学课上（线下）实现了个性化运动处方的理论和练习，以及课后（线上）对运动练习的健康管理，探索大学生融合式实验教学的新模式。

1 融合实验教学模式

1.1 调查学生的学习动机

2019 年秋季，在四川大学开设了"安全运动与健康管理"选修课，采用理论教学与实验相结合的教学形式，两学期共有 50 名本科生选修学习。在开课前，对参加选课学生的选课动机进行了问卷调查，发放问卷 50 份，有效回收 45 份。调查结果显示（图 1），学生对安全运动感兴趣大约占 51%，而针对健康管理感兴趣大约占 27%，需要本课程学分大约占 16%，其他目的大约占 6%。这说明学生在安全运动与健康管理方面有明显的需求。

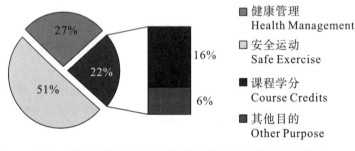

图 1　学生选修"安全运动与健康管理"课程的目的占比

1.2 紧扣学生健康和功能水平设计教学内容

在课程教学开始前，对选课学生的身体健康和运动的功能情况进行了摸底调查，50 名学生中，18 名学生有不同程度的健康状况和功能受限，占比 36%，其余的学生（32 人）表示暂无身体健康和运动功能受限问题（表 1）。在设计教学内容方面，为了预防运动损伤，以解决问题为导向，相应对课程内容进行调整。在线下课堂练习中，从正确运动训练开始阶段加强培养学生在运动练习中的安全意识，强调要以预防运动损伤为主的理念；在课后训练中，强调通过学习制订个性化的科学的运动处方来合理训练；熟悉了解16 种常见的运动误区，了解运动损伤后导致身体功能受限的原因，加强学生对运动与康复治疗学的理论知识学习，学习通过运动方法逐步帮助身体功能；在了解人体解剖和生理的基础知识后，认识运动学与人体运动功能特点，如四肢、躯干，有氧运动到运动心理，还有自救和互救应急救援医学知识和技能及本次新型冠状病毒肺炎流行病学知识；再通过线下实验的练习和指导，学生能够更快地掌握运动处方知识和技巧，使线上课后开展个性化运动训练有保证，"安全运动与健康管理"课程"线上线下"教学模式如图 2 所示。

表 1　学生参与"安全运动与健康管理"课程的身体和功能受限原因情况汇总

身体和功能状况	人数	身体和功能受限原因
功能正常	32	无伤和无基础疾病，功能正常
功能受限	18	①左髌骨脱位；②肩脱臼；③无病原性胸痛；④肌腱伤；⑤膝关节髌骨软骨退变；⑥骨折术后康复；⑦肩周炎；⑧超重；⑨脊柱侧弯术后康复；⑩骨瘤术后康复
合计	50	

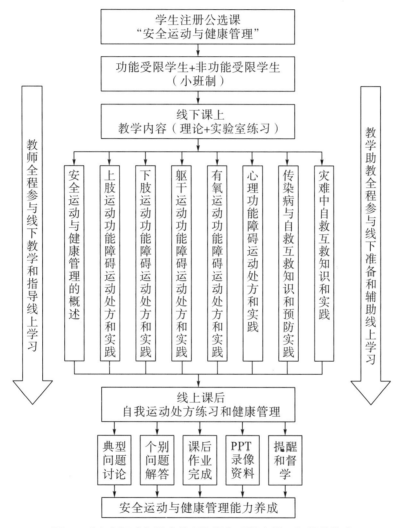

图 2　"安全运动与健康管理"课程"线上线下"教学模式

1.3　以学生为中心，助教团队辅助课后线上练习

本课程让功能受限学生和非功能受限学生共同参与融合式小组学习活动，首先，通过线下在康复实验室中进行教学，利用实验室提供的康复设备进行训练（图 3）。为实施创建个性化运动处方，针对不同学生的功能需求，开展小班教学。在线上课后的学习和训练

中，每 6 名同学配备 1 名助教。助教的任务是通过在线课程平台了解小组中每个学生的相关情况，协助实施课后运动训练的运动处方，激发学生参加运动训练的信心和兴趣。

（a）学生在实验室练习　　　　　　　　　（b）一对一教学指导

图 3　学生参与"安全运动与健康管理"课程在康复实验室的教学训练场景

2　结果和讨论

高校中主要是通过传统必修体育课方式对大学生进行健康教育，课程内容和训练方法是针对健康的大学生群体，显然这种课程内容和教学模式不适合因运动损伤后需要时间进行康复的大学生和因基础疾病导致功能受限的大学生群体。事实上，针对弱势大学生群体，开设安全运动促进健康管理的课程十分必要，满足大学生的健康需求，探索适合的教学课程和新教学模式有十分重要的现实意义。基于学生的不同需求，开展实验室里的线下课上的个性化指导练习，线上课后再讨论和互动，以及通过课后运动训练在线课程平台管理工具完成学习任务发放、督学、提交和检查。在通识理论＋实验室课程教学活动中，运用课上课下、线上线下的教学模式提升学生的学习兴趣和效率，作用明显，取得了较好的教学效果。

2.1　利用线上线下在线课程平台，激发学生学习的自主性

通过在线课程平台发布学习内容和任务，实现课前预习、课中学习和课后讨论三个环节。通过课前上传每次课的教学资料，包括每次课的教学 PPT、学习参考视频和课后的运动训练任务及任务学习 PBL（Problem Based Learning）主题等，促使学生进行自我学习并完成预习任务，强调了学生学习的主体性，有效实现了碎片化学习时间问题。这与陈剑波等[7]的线上线下混合式教学模式研究结论一致。这种教学方式很大程度地激发了不同功能水平的学生的学习积极性和主动性。

2.2　不同功能水平的学生共同参与融合式小组学习，培养团队学习和能力

以学生为中心，分组完成任务学习 PBL 方式，让不同功能水平的学生共同组成小组，一起完成大家关心的问题：①膝关节滑膜炎；②篮球运动常见伤，以踝关节损伤和篮球膝为例；③自发性气胸；④踝关节扭伤；⑤跟腱损伤；⑥腰椎间盘突出。在 PBL 任务化学习和解决问题的过程中，明显增进学生之间的协助能力和提升问题探索和解决的能力。本研究的结果与郑继超等的结论一致，即在健康中国背景下，大学生体质弱势群体公共体育

教育模式创新研究中提出，大学生体质弱势群体公共体育教育"互联网＋翻转课堂"模式的出现是应时顺势，并将一改传统公共体育教育教学的沉闷，实现增强体质弱势大学生体育参与的主观能动性[8]。

2.3　创建个性化运动处方，激发学生进行日常运动以促进健康管理

通过线上线下结合的教学模式，利用个性化的运动处方，学生自由选择非同一的运动量、运动时间、运动形式和频次及强度，也可以自由地选择在室内室外进行日常的运动训练，提高学生自我参与度。通过线上监督发现，学生都能够自觉完成课后训练内容并取得良好的效果。本研究主张创新的公选课教学模式，运用互联网科技，不断提升大学生安全运动意识和自主健康管理的主观能动性，与徐划萍等的观点一致[9]。

3　总结和反思

大健康时代，以体育运动的方式代替医疗，促进健康的教学模式对大学生健康行为和健康状况有积极的影响[10-11]。本实验教学实践研究主要针对大学生身体功能受限和健康的需求，采用个性化的线上线下融合教学模式，使实验教学的训练方法向线上课后的持续运动训练方向转移，能最大限度地满足这些大学生群体的不同需求，有利于促进这些大学生巩固实验室教学效果和养成自主健康管理的习惯。

"安全运动与健康管理"课程为体质弱势大学生和功能受限大学生引进了新的健康理念，并且为这些大学生提供了预防运动损伤和恢复身心健康的实践方法。通过两学期的实验教学实践，收获了积极的教学反馈，学生满意度达 95%（4.75/5.00）（表 2）。

表 2　学生对课程教学情况的反馈调查

评价条目	评分范围*					平均分/满分（5）
	非常不同意	不同意	没有意见	同意	非常同意	
该课程包含了期待的所有内容	1	2	3	4	5	4.64
该课程促进了对安全运动与健康的理解	1	2	3	4	5	4.75
该课程让我以一个全新的方式探索健康管理	1	2	3	4	5	4.61
该课程规划和设计非常合理	1	2	3	4	5	4.61
我会向其他同学推荐这门课程	1	2	3	4	5	4.68
总体来说，我对这门课程非常满意	1	2	3	4	5	4.75

*评分范围：从 1~5 分对应非常不同意到非常同意。

通过总结和反思，发现本教学模式也存在一定的问题与不足，主要体现在以下三个方面。首先，因对功能受限和非受限大学生教学内容是相同的，尚需建立不同的考核评分标准，更能体现个体差异；其次，在实验室的课堂和线上讨论中，身体功能良好的学生表现

更加积极，未来将建立针对不同功能水平的学生参与讨论问题的激励机制；最后，从运动中加强心理健康管理教学，虽然实施了根据不同学生需求运用心理运动处方指导训练和心理健康管理方法，但还需要制订一套能够客观评价学生对自我生理和心理健康管理能力的标准，进一步增加对受限学生群体的心理健康的关注。

参考文献

［1］中共中央，国务院．《"健康中国2030"规划纲要》［EB/OL］．［2020－03－16］．http：//www.gov.cn/zhengce/2016－10/25/content_5124174.htm.

［2］精英教育个性化教育自由全面发展教育——四川大学本科"323＋X"创新人才培养体系［J］．高校招生，2017（9）：3.

［3］王正珍，罗曦娟，王娟．运动是良医：从理论到实践：第62届美国运动医学会年会综述［J］．北京体育大学学报，2015，38（8）：42－49.

［4］文海，王华倬，周坤．教育公平视域下高校体育弱势群体体育教育权利保障研究［J］．体育文化导刊，2018（11）：131－135.

［5］赵东平，周文芳．大学生体质弱势群体隐性体育行为的教师干预策略研究［J］．西南师范大学学报（自然科学版），2019，44（10）：71－73.

［6］程旺开，李囡囡．基于云班课的线上线下混合式教学模式在高职微生物学教学中的探索与实践［J］．微生物学通报，2018（4）：927－933.

［7］陈剑波，祁顺彬．基于云课堂线上线下混合式教学模式实践与研究［J］．职业技术，2020，2（19）：65－68.

［8］郑继超，常继斋．健康中国背景下大学生体质弱势群体公共体育教育模式创新研究［J］．南京体育学院学报，2018（10）：63－66.

［9］徐划萍，邱慧，汪东．E时代下生活方式的远程管理对高校肥胖女生身体成分及体质健康的影响［J］．中国医药导报，2018（8）：167－169.

［10］韩文华，苏煜，高嵘．体医融合健康促进教学模式对大学生健康行为和健康状况的影响［J］．中国健康教育，2019（10）：881－884.

［11］黄越，吴亚婷．高校健康教育路径选择［J］．中国健康教育，2019（3）：279－281.

基于 OpenStack 框架的创新教学云平台建设与应用 *

李　勤** 周　刚 师　维 邹　磊

四川大学计算机学院（软件学院）

【摘　要】鉴于开源云计算框架 OpenStack 具有实施便捷、功能可定制、规模可扩展的优势，利用 OpenStack 框架搭建了适用于计算机专业创新实践教学活动的云平台。该平台采用典型的基础拓扑结构，由控制节点和计算节点构成，同时通过合理配置软硬件使系统顺畅，并且具有较高的使用率和稳定性。在教学实践过程中，该平台针对课程设计、竞赛活动、企业实训和学术研究等各项创新实践活动分别进行管理，破除了传统计算机实验教学环境的局限，是云平台应用于创新实践教学的良好尝试。

【关键词】OpenStack；云平台；创新实践教学

引言

目前，我国经济正处于由高速增长到高质量发展转型的重要时期，创新位列"五大发展理念"之首，创新型人才的培养对实现经济社会可持续发展具有重要意义。作为人才培养的重要基地，高校大力开展创新教育课程和实践项目，鼓励学生参与各类竞赛、企业实训和科学研究等一系列活动，旨在推动学生能力和素质的双重培养[1-4]。

在各级活动中，学生需要对多门课程的知识综合应用，并进行大量的探索式尝试。传统的计算机实验教学环境已无法满足教学活动的变化，主要体现在如下五个方面：①主机通常安装有还原保护卡，限制了学生自主安装软件；②设备采购时间跨度大，机器性能差异大，不能完全满足需求；③教学空间的集中和一人一机的实验机位管理模式限制了学生自主组织和参加实践活动的可能性；④按课程设置情况将实验室分为软件类和硬件类，无法满足软硬件综合应用需要；⑤实验室开放时间有限，且教学时间和自由使用时间存在冲突，通常为优先保证教学而打击了学生的积极性。

1　OpenStack 框架介绍

OpenStack 支持 KVM、Hyper－V、VMware 等主流虚拟机软件。在实现对计算、储

---

　* 基金项目：2020 年四川大学实验技术立项资助项目（SCU201057）。

　** 作者简介：李勤，硕士，实验师，研究方向为智能信息系统，实验室建设与实验教学。

存、网络及硬件接口等资源虚拟化的基础上，它通过提供各类组件，由用户灵活选择安装，从而构建起一个实施便捷、功能可定制、规模可扩展的云服务管理平台。它主要由 Nova 计算、Glance 镜像、Cinder 块存储、Neutron 网络、Keystone 身份认证及 Horizon 界面等核心组件组成[5]。

其中，Nova 计算是虚拟机生命周期的控制器，负责执行虚拟机实例的创建、开关机、调整、迁移及销毁等任务。Glance 镜像是虚拟机的镜像管理及检索系统，支持各种镜像格式。Cinder 块存储为虚拟机提供数据存储，实现虚拟磁盘块的挂载、卸载、格式化和转换文件系统。Neutron 网络提供网络连接服务。Keystone 身份认证为其他组件提供认证和权限管理。Horizon 界面为管理门户提供 Web 网页的接口。

2 云平台的建设

OpenStack 作为开源的云平台框架已经被越来越广泛应用，一些高校也逐步构建了课程教学私有云[6-9]。针对创新实践教学活动的要求，基于 OpenStack 框架建立的创新教学云平台为学生提供多样化、可定制的实验环境，解决学生在创新项目开题前的自我探索和在项目进行时资源利用的问题。

2.1 平台部署

OpenStack 框架下的云平台既可以在单机上部署，也可以根据用户需求在多主机上部署[10]。考虑创新实践云平台的运行规模，保障系统的稳定和性能的满足，创新教学云平台采用典型的基础拓扑——使用一台物理机作为控制节点，四台物理机作为计算节点，无单独设置的网络节点和存储节点，使用 Nova-Network 建立网络（适用于网络拓扑简单的小型应用场景），本地硬盘作为存储，整体结构如图 1 所示。控制节点运行所有的控制服务，如 Keystone 身份认证、Glance 镜像、Nova-Manage 计算服务管理部分进程等。计算节点采用 KVM 虚拟化，运行 Nova-Compute 实现虚拟机的创建和运行。

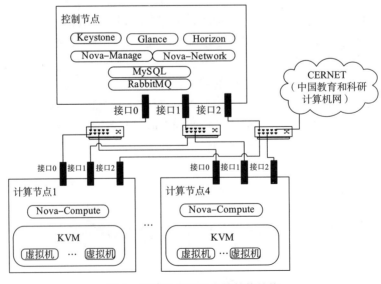

图 1　创新教学云平台的整体结构

网络规划为管理网络、内部网络和校园网络。管理网络负责发送各个服务组件之间的控制、备份等数据。内部网络规划为与教学实验室的连通，确保虚拟机实例通过该网络口与其他的实验机器和平台连通。校园网络接入 CERNET（中国教育和科研计算机网）。控制节点和计算节点按照表 1 所示的 IP 规划配置。

表 1 云平台网络 IP 规划配置

	网络接口	网络划分	网关地址
管理网络	接口 0	10.10.10.0/24	N/A
内部网络	接口 1	10.0.0.0/8	10.0.0.1
校园网络	接口 2	121.48.227.0/24	121.48.227.1

控制节点安装操作系统 CentOS 6.6。OpenStack 相关组件的安装和配置主要过程如下：

（1）依赖软件安装：设置 NTP 同步计算机节点时间，安装 MySQL 数据库并启动服务，安装 RabbitMQ 协调通信服务。

（2）OpenStack 组件安装：安装 Keystone 并创建数据库启动访问授权，安装 Glance 并初始化数据，安装 Nova 并创建服务。

计算节点安装操作系统 CentOS 7，并确认安装 KVM，安装配置 NTP、Nova－Compute。

平台设计考虑使用时环境的创建和清理、虚拟机的切换及资源的回收利用等功能，在控制节点上安装 Horizon 组件提供的 Dashboard 服务，实现以 Web 界面的 GUI 呈现方式管理用户账号、虚拟机、镜像及服务器状态等项目。客户端采用远程桌面协议 Spice 开发，通过不同通道处理虚拟化图形控制台的显示、鼠标键盘的输入及声音输出等。考虑支持 U 盘和大多数实践教学中的开发板与远程系统的交互问题，通过 Usbredir 协议添加 4 个通道，实现 USB 重定向。

2.2 功能模块

用户从客户端启动云平台中的一台虚拟机时，该虚拟机将 Glance 镜像服务中指定的系统镜像文件运行到 Nova 计算服务的物理主机上。平台中每个用户可使用多个虚拟机，不同虚拟机可运行在不同服务器上。基于 OpenStack 框架及其组件，云平台实现了以下四个主要的功能模块。创新教学云平台的管理界面如图 2 所示。

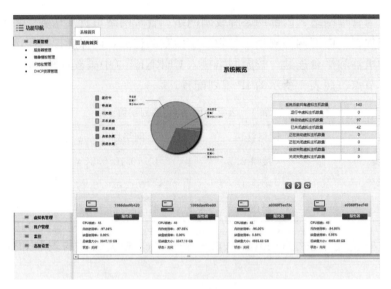

图2 创新教学云平台的管理界面

（1）镜像管理。

镜像管理模块实现 ISO 类型镜像的创建、导入、查找、修改。为了满足创新实践活动，管理员将镜像模板分为三类管理，即基础镜像、定制镜像和专属镜像。基础镜像安装了各类操作系统和基本办公软件；定制镜像在基础镜像上，根据用户特殊需求安装相应的应用软件；专属镜像是对基础镜像和定制镜像的引用，可以开放使用。

（2）虚拟机管理。

虚拟机管理模块实现虚拟机的创建、删除、虚拟机与镜像之间的绑定等功能。创建虚拟机时，可根据该虚拟机是否作为镜像模板修改、是否带有系统还原功能等不同需求制作不同的虚拟机。如创建 raw 磁盘格式的虚拟机将不支持快照，实现固定桌面；创建 qcow2 和 vhd 磁盘格式的虚拟机则可生成系统快照，将实现浮动桌面。

（3）用户管理。

用户管理模块实现管理员、组织管理员和普通用户三种角色的用户权限管理。管理员具有对所有账号的增添和删除及用户群管理的权限。用户群是一组具有相同需求的用户集合，通过用户群管理可以对群内用户所有虚拟机进行批量操作。组织管理员可以引用镜像、上传镜像、建立虚拟机、绑定虚拟机到普通用户、使用 IP 资源池、制订定时任务、管理公共云存储。普通用户只能对拥有的虚拟机开启、使用和关闭，并且使用账号下的云存储空间。

（4）资源管理。

资源管理模块实现对物理主机的创建和添加、IP 池的扩容和更改、DHCP 的配置和管理、服务器和虚拟机的运行监控。

2.3 规模和性能效果

控制节点的硬件选择考虑以下五点：同时运行的虚拟机数量、同时运行的计算机节点数量、需要访问 API 的用户量、需要访问 Dashboard 界面的用户量、单个虚拟机运行时长等[11]。计算节点 CPU 必须支持虚拟化，其内核和线程是需要考虑的重要参数[12]。创新教学云平台的计算节点选用 CPU 型号为 Intel XeonE5－2650 V2，八核 16 线程，内存 160 GB，本地配置 10 块 6 GB/s 的 SAS 硬盘，三个千兆以太网接口。一台 H3C S5120 Series 交换机划分为三个 VLAN（虚拟局域网），分别连接 eth0、eth1 和 eth2。平台在支持 100 个 Windows 7 虚拟机实例时，同时运行 Office 办公软件、Visual Studio 2013 等 IDE 工具，达到基本流畅而不卡顿的程度。通过控制节点查看资源使用情况，服务器 CPU 占用率达 60%～80%。

但当虚拟机实例并发播放网络视频时，接入校园网的出口带宽占用较大。当 100 个虚拟机实例同时播放网络视频，占用带宽约为 1 Gbps。该平台在实验室内部容量设置限制为 100 个虚拟机实例，配置华为 S5720－36C－EI－28S 交换机。校园网内的用户使用量根据接入校园网带宽进行限制。考虑到实际情况中并非所有虚拟机同时启动并占用高网络带宽，虚拟机实例的上限数量可上浮 30%左右。

3 云平台在创新人才培养中的应用与管理

根据学习和能力发展的规律，创新能力的提升需要经过三个阶段，即知识认知、模仿练习和自主发散。依托计算机本科教学的人才培养体系，云平台通过定制功能及优化管理模式，从课程设计、竞赛活动、企业实训、毕业设计及学术研究等方面[13]支撑"基础—进阶—发散"各个阶段的创新实践教学活动。

（1）夯实基础。

夯实基础的实践教学主要面向实验和课程设计。此类实践活动相对基础、需求较为单一、参与人数较多，将其整体转移到云平台存在困难。针对此类活动，云平台作为传统实验室的补充手段。管理员为各个主要的实验和课程设计定制镜像，并按课程所需分配适用于该课程的虚拟机。分配虚拟机时，将考虑不同课程对计算资源、网络资源和存储资源的需求，如图像处理类课程增加内存划分空间，网络通信类课程为每个终端划分 3～5 个虚拟机等。管理员提供少量的普通用户账号，账号由每门课程的教师统一管理，由学生申请添加，旨在鼓励拔尖生在课后探索拓展实验，破除一人一机和开放时间、地点的限制。

（2）能力进阶。

能力进阶的实践活动主要鼓励学生融会应用基础知识、强化系统级认识、接触新兴技术和培养兴趣，为职业发展开阔眼界。此类活动多为各级程序编程比赛、认证考试、系统设计大赛、算法建模大赛和各类科技社团活动。管理员为活动定制镜像模板，并由该模板生成日常使用和竞赛活动两类虚拟机。日常使用的虚拟机不设置快照还原，开放安装软件。竞赛活动的虚拟机设置数据恢复时间点，保证每次活动的环境一致。日常使用的虚拟机关联普通用户账号，竞赛活动的虚拟机关联组织管理员账号。组织管理员账号由教师和社团干部使用，可以管理其所属的普通用户账号。普通用户账号由学生自由使用。竞赛活动期间，组织管理员账号可以将竞赛活动的虚拟机适时关联到学生使用的普通用户账号，并且通过 Web 管理界面平台实时监控服务器和虚拟机的运行情况。同时，管理员针对各项活动建立用户群，便于相同需求的用户进行批量的部署操作。

（3）发散创新。

发散创新的培养主要涉及大学生创新创业项目、企业实践等工程项目及毕业论文、科研项目等学术研究。这需要为学生提供更具灵活性的实验环境。在管理中，学生向管理员申请使用云平台，在项目结束后管理员回收资源。管理员为学生创建组织管理员账号，提供基础镜像。可以引用基础镜像制作专属镜像，创建虚拟机并关联到普通用户账号。由此，可以组建多人团队，提供搭建仿真的企业工作环境；可以借助高于传统 PC 机性能的云平台服务器，解决科研初期资源不易获得的问题。除此以外，管理员在公共的云存储空间中存放各类应用软件安装包和说明文档、真实的商业案例资料、软件服务的企业标准、前沿科学研究的相关综述及其他资源获取渠道等。学生可访问公共的云存储空间，也拥有一定容量的私有云存储空间。学生利用网络接入云平台，平台也从时间和空间上保障了发散性创新项目的实施。

结语

基于 OpenStack 框架，合理利用各个核心组件搭建计算机创新实践教学云平台，为各项创新实践课程、项目和活动提供了实验教学环境，突破了传统机房的上机开放模式。学生可根据需求占用多台虚拟机，并参与制作镜像模板，定制实验环境。管理员通过控制节点管理各项资源，并可批量处理虚拟机、设置不同时间点的快照，提高管理便捷性。同时，平台还利用网络扩大开放时间和空间，实现创新教育课程的课后延续性和实验环境的连续性，培养学生自主探索的能力。

今后，通过增加计算节点的数量，平台还可以进一步扩展规模，支持"计算金融""计算生物""计算医学"等跨学院的交叉专业创新实践活动，从而加大开放力度。与此同时，需考虑网络带宽的占用情况，适时升级网络设备。

参考文献

[1] 刘丹. 计算机专业本科生创新能力培养模式研究 [J]. 计算机教育，2019（3）：62—65.

[2] 张乐君，夏松竹，国林，等. 中外计算机专业学生创新能力培养模式比较研究 [J]. 考试周刊，2015（3）：107—109.

[3] 陈付龙，郑孝遥. "互联网＋"时代计算机学科大学生专业实践能力培养路径研究 [J]. 软件工程，2017，20（7）：35—38.

[4] 贾澎涛，罗晓霞，史晓楠. 计算机专业大学生实践创新能力培养研究 [J]. 教育教学论坛，2017（7）：118—119.

[5] ELIZABETH K J, MATTHEW F. OpenStack 常用部署 [M]. 北京：人民邮电出版社，2018.

[6] 杨泽平，顾春华，万锋，等. 基于 OpenStack 的创新实验云平台的研究 [J]. 实验技术与管理，2016，33（5）：147—150.

[7] 李磊，李小宁，金连文. 基于 OpenStack 的科研教学云计算平台的构建与运用 [J]. 实验技术与管理，2014（31）：127—133，174.

[8] 金永霞，孙宁. 基于 OpenStack 的云计算实验平台建设与应用 [J]. 实验技术与管理，2016（33）：145—149.

[9] 叶建锋，张平安，高月芳. 基于 OpenStack 的网络攻防实训平台设计与构建 [J]. 实验技术与管理，

2016 (33)：86−89，85.

[10] CODY B V K. OpenStack 实战 [M]. 北京：人民邮电出版社，2017.

[11] 张小斌. OpenStack 企业云平台架构与实践 [M]. 北京：电子工业出版社，2015.

[12] 李桂林，崔广章，李永宝. OpenStack 云环境中 KVM 虚拟机性能测试与优化 [J]. 物联网技术，2016 (2)：43−49.

[13] 琚生根，陈润，师维，等. 计算机创新实践教学平台建设探索与实践 [J]. 实验技术与管理，2017 (34)：7−10.

高校单晶衍射仪器教学新方法探索

罗代兵[*]　马代川

四川大学分析测试中心

【摘　要】 本文简要阐述了在新形势下，针对高校学生的仪器教学进行的一些思考和建议。作者根据长期从事单晶衍射测试实验的经验，阐述了在网络信息时代，如何利用仪器所带程序和其他软件进行理论教学和实验操作展示，并附带相关教学案例的介绍。随着X射线单晶衍射仪的日益普及和结构解析软件功能的日趋完善，单晶结构分析已经和其他波谱技术一样，成为常用的结构分析工具。通过实验课程的图形图像化远程教学，可加深学生对理论的认知和实际操作的体验，有助于提升其思考和动手的能力。借助信息时代网络和宽带通信的优势及多媒体技术的发展，开展新的仪器教学具有一定的可行性。

【关键词】 仪器教学；单晶衍射；远程

1　前言

学科的发展和仪器水平的提升，给高校的实验教学提出了新的问题和要求。随着单晶衍射仪在高校和研究机构使用的增加，开展单晶结构测试和分析仪器的新型教学方法具备了较好实施的基础和条件。另外，随着实验室技术的进步和新材料研发的需求，每年有大量的新晶体样品需要测试，这也为仪器教学的开展提供了大量的样品来源和样本案例。目前，单晶结构分析是诸多固态物质结构分析方法中可以提供信息最多，最常用的研究方法[1-3]。越来越多的研究人员希望能够掌握X射线单晶衍射结构分析法的基本知识和使用技巧。单晶衍射技术可确定晶体结构在三维空间中的重复周期（即晶胞参数）和晶胞中每个原子的三维坐标，可准确地测定样品的分子和晶体结构。其在化学、物理学、生物学、材料科学及矿物学等领域都有广泛而重要的应用，是认识物质微观结构的重要工具。相比其他类型的大型仪器，X射线单晶衍射仪的样品外观、数据搜集过程、结果表达等全部可以通过图形化软件进行直观展示，非常利于开发新的教学方案[4-5]。

目前对未知物而言，单晶结构测定是最权威的检测手段。X射线单晶衍射结构分析法是一个知识密集型、技术密集型的领域，也是一个边缘学科，有其严格的理论模型[1,6-7]。掌握这种方法要有物理学、数学和化学等学科的理论知识及实验技术，学习这一研究方法和分析手段使学生在研究领域多了一个有力的工具，帮助他们取得丰硕的研究成果。由于

---

[*] 作者简介：罗代兵，副高职称，主要从事单晶衍射仪的测试和晶体结构分析及相关实验教学工作。

晶体结构是一个相对抽象的概念，有必要通过丰富的多媒体展示和网络资源来帮助学生加深对这个概念的理解。幸而，当前普及的电脑、平板和手机等移动设备，以及大幅提升的网络带宽和网速，可有效保障这些课程和展示实验的运行[8-9]。仪器工作站自带的软件可将各类参数图形图像化，如功率值、Device Log、倒易空间球（Ewald 球）、晶格类型及电压变化等，非常有助于做成网络课件向学生进行展示。

2 晶体衍射仪器方法教学创新

2.1 软件辅助教学

X 射线单晶衍射结构分析涉及复杂的过程，从单晶的培养开始，到晶体的挑选与上样，进而使用衍射仪测量衍射数据，再利用各种结构分析与数据拟合方法，进行晶体结构的解析和精修，最后得到晶体结构的几何数据与结构图形等结果。利用仪器设备、计算机和软件，全部过程均可在网络上进行教学展示。

2020 年，在特殊环境中，学校的大部分课程已经实现了网络远程教学。在这种形势下，采用远程直播教学的方法，是仪器教学新的尝试。前期，仪器理论课程可通过 PPT 的方式向学生讲解仪器工作的基本原理和相关基础理论。进阶阶段，向学生演示仪器的软件操作，使其加深对基本原理的理解。仪器的操作界面基于 Windows 系统，工作站软件为 CrysAlis Pro，可通过 QQ、GoToMyPC 及 TeamViewer 等软件实施远程操作（图 1）。经 PC 或手机界面，可向学生演示晶体测试软件操作的基本流程、选项的判断、条件的优化和样品质量的初步分析。此外，远程教学有利于建立多元化的协同培养机制，加强与其他教学单位的协助交流能力。

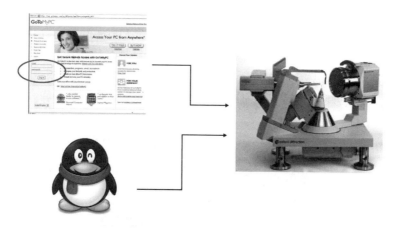

图 1 仪器远程操控示意图

2.2 仪器操作效果远程展示

教学后期，可辅助仪器实际操作过程和实际样本的测试，来深化对理论的理解。通常，教师会组织学生到实验室进行观摩。但由于衍射实验室面积较窄，且有多种敏感设备分布，实地展示窗口狭窄，不适合大批学生在现场进行观察。因此，可借助仪器工作站附带的显示和通信设备进行实验展示[10]。仪器操控软件可通过网络软件实现远程监控和遥控，其设计初衷是利于仪器工程师远程排除软件运行故障。晶体样品在测试过程中，被俗称为四圆（或三圆）的机械"圆"带动，绕着中心在空间转动，以使不同的晶面暴露在 X 射线下。这个过程由仪器上的摄像头放大显示到自带的 CMOS 相机显示屏中（图 2）。通过仪器远程通信，可向学生直观展示各种类型的晶体质感、颜色、棱角及透明度，使学生对晶体物质有更多的感性认知，并对晶体在测试中的运行方式获得动态的感受。另外，在仪器收集完衍射数据之前，软件将自动记录晶体的转动视频，该视频也可通过网络向学生进行展示。通过视频可建立晶体晶面，此图像可在数据后处理过程中建立模型，进行晶面指标化吸收校正。

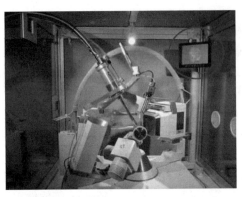

图 2　晶体样品在仪器中的运行轨迹可由显示器展现

2.3　利用丰富的网络资源

新课程可向学生提供网络资源信息，可极大丰富仪器教学的展示课件。网络资源的一大特点是内容与形式的多样性。网络上有丰富的晶体数据库和看图软件，以及许多晶体样品的图片和晶体生长分析技术论坛，可用生动的多媒体形式展现晶体结构的奇妙和美感（图 3）。此外，还有种类繁多的晶体生长方法供科研工作者参考。通过网络学习，建立多元化、网络化的协同培养机制，鼓励不同学科的研究生参与晶体学习和创新活动指导。

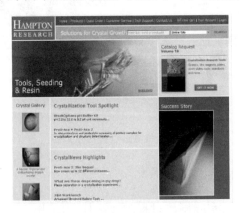

图 3　丰富的网络晶体工具资源

值得一提的是，晶体学权威数据库——剑桥结构数据库位于剑桥晶体数据中心

（CCDC），可为研究人员免费提供数据库中 cif 格式的晶体数据结构。若学生在以后的科研中要发布新的晶体结构，可以通过 CCDC 进行申请，这对他们以后的科研工作有很大的帮助。

2.4 作图软件使用

晶体数据除可给出分子结构外，还可展示其在空间的三维堆积状态，形成多种拓扑结构（图 4）。所谓拓扑结构，是指忽略分子或原子的具体构型，只考虑其相互连接关系的空间结构。很多学生在获得晶体数据后，不太会做堆积图以观察其高维结构。新课程可考虑安排软件作图教学课，使学生学会一些晶体图形的常用软件的基础操作，如 Diamond、Mercury、Platon 等。新课程拟通过丰富的高维结构展示，进一步认识其深层次的结构特性。因为物质的结构决定其物理化学性质和性能，只有充分了解物质的结构，才能深入认识和理解物质的性能，更好地改进化合物和材料的性质与功能，设计出性能优良的新化合物和新材料。如新型的催化剂、储氢材料、光学材料及生物材料等，都需建立在新颖的三维结构之上。

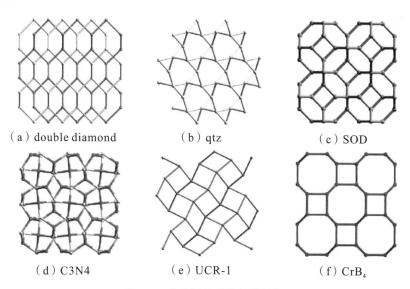

（a）double diamond　　　　（b）qtz　　　　（c）SOD

（d）C3N4　　　　（e）UCR-1　　　　（f）CrB$_4$

图 4　一些常见的晶体拓扑结构

2.5 无序结构分析

很多学生较难理解晶体结构中的无序现象。其特点在于从分子结构图上看，同一个空间位置出现两个或多个原子。这是由于某些原子在空间中热振动剧烈，会占有多个空间位置，或不同类型的原子占据同一个空间位置所导致，因此，在图像表达中必须对单个原子进行裂分处理和拆分表达。针对这种情况，我们拟从大量的晶体测试数据和图片中抽取有代表性的案例为学生进行针对性展示和讲解（三氯甲烷分子的无序结构如图 5 所示）。原子在空间的位置变化可通过多媒体视频进行形象的展示。

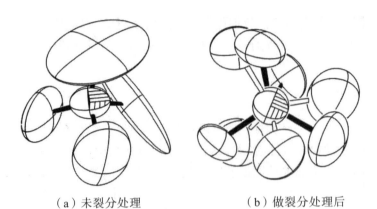

（a）未裂分处理　　　　　　　　（b）做裂分处理后

图 5　三氯甲烷分子的无序结构

　　以药物分子晶体为例，加深学生对无序结构对整个晶体结构的影响的了解。晶体解析对药物分子的结构鉴定非常重要[11-12]。对于一些有机分子或药物分子来说，无序结构可能意味着手性的消失，即内消旋化。如图 6 所示，当其中的一个手性碳原子所连接的氧原子出现无序连接时，意味着该碳原子手性的消失。通过对这类实际样品案例的分析，有助于学生加深对理论课程中相关内容的理解，并向实际应用延伸。

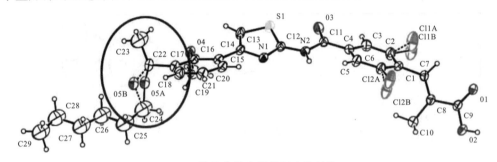

图 6　某种药物分子的无序化结构

2.6　课程案例介绍

　　2020 年上学期，分析测试中心面向四川大学研究生开办的"现代仪器分析方法"课程，采用网络直播的在线教学形式，由多位教师分别讲授。作者在"单晶衍射仪的应用"课上，尝试了对上述内容进行讲解，并针对学生所学专业进行了一些内容的调整，突出了仪器分析方法的共性和差异性。该课程获得了学生的热烈反响，取得了较好的教学效果。

　　2020 年 2 月，由"爱仪问"科学仪器知识共享平台发起的"举国同心，共同战疫"网络课程，其中一期专题即为"爱仪问 XRD 专题公益课程"，聘请业内知名学者举办了"单晶 X 射线衍射分析在有机分子结构分析中的应用"的课程讲座。课程讲座时间为 2 小时，涵盖理论介绍（空间群、对称性、有机物晶体、有机金属配合物等）和实际操作，在线听众约 120 余人。课后，听众积极提问，与主讲人远程交流互动，对课程的开办给予了高度的评价。

结语

综上所述，开展新的晶体衍射仪器教学课程具备了基础条件和课件积累，其对物质微观结构的直观展示有利于提高远程教学的效果[13-14]。同时，结合其他学院和高校的经验，不断发展、提升。当前，我校已形成具有综合性、研究型大学特色的创新教育体系，除理论课程外，仪器和实验教学课程也应采用新理念、新方法，不断提升教学质量，为学校的"双一流"学科建设助力。

参考文献

[1] 李鹏鸽，赵艺，左玉，等. 基于学科本质视角的《物质结构与性质》模块内容功能分析 [J]. 教学与管理，2020（3）：81-84.

[2] 朱志江. 核心素养视域下教学衔接的思考与实践——科学素养培育："化学是认识和创造物质的科学"教学为例 [J]. 化学教学，2020（8）：48-52.

[3] 周公度，郭可信. 晶体和准晶的衍射 [M]. 北京：北京大学出版社，1999.

[4] 邓孟红. 基于物联网的开发大学云教室建设与应用研究 [J]. 物联网技术，2020（10）：115-118.

[5] 马代川，任雁，罗代兵. X射线单晶衍射仪实验教学方法探讨 [J]. 教育教学论坛，2017（37）：276-278.

[6] 陈小明，蔡继文. 单晶结构分析原理与实践 [M]. 北京：科学出版社，2007.

[7] MÜLLER P，HERBST I R，SPEK A L，et al. 晶体结构精修——晶体学者的SHELXL软件指南 [M]. 北京：高等教育出版社，2010.

[8] 谭清立，关颖妍，李煜. 新型冠状病毒肺炎疫情下大规模在线视频教学存在问题及对策 [J]. 学周刊，2020（1）：173-174.

[9] 蒋蕙竹. 5G视域下远程教学创新研究 [J]. 新闻研究导刊，2020，11（19）：21-23.

[10] 李俊红. 基于化学学科理解的"换个角度看世界"教学设计 [J]. 化学教学，2020（5）：46-50.

[11] 潘晴晴，郭萍，段炯，等. 粉末与单晶X射线衍射解析灰黄霉素晶体结构 [J]. 科学通报，2012，57（23）：22-37.

[12] 李雪莹，王静，朱伟. 药物晶型类专利申请及其创造性审查 [J]. 中国新药杂志，2020（29）：978-982.

[13] 周加贝，鲁厚芳，赖雪飞，等. 轻度混合式教学在工科基础化学课中的应用 [J]. 大学化学，2020，36（5）：85-87.

[14] 汪红，刘科，唐宛. 开放融合式实验教学方法初探 [J]. 高教学刊，2020（1）：119-121.

拓展实验条件提升物理化学实验教学效果

任成军* 王健礼 游劲松 杨 成 郑成斌 赵 明 李宏刚

四川大学化学学院化学实验教学中心

【摘 要】 以物理化学实验中甲醇分解和差热分析两个实验为例，在基础物理化学实验教学中融入科研训练。在课时、实验方法和实验装置不变的情况下，通过适当拓展实验条件参数使单一实验结果演变成一系列的实验结果。引导学生从系列实验结果的规律中领悟实验涉及的物理化学理论知识，引入新知识点。将知识点拓宽为知识面，使学生获得的知识更加深入和系统，学生的科研思维和创新能力也得以培养。本文起着抛砖引玉的作用，共同探讨基础实验教学方法。

【关键词】 甲醇分解；差热分析；拓展实验条件

引言

大多数物理化学实验教材[1-2]都是针对某一实验着重阐述该实验所涉及的基本概念和基本原理，并陈述实验方法和实验操作及注意事项。学生通过预习、动手操作和撰写实验报告，可以加深对基本概念和原理的理解及对实验方法的掌握。由于多名学生在相同条件下进行实验，得到的实验结果相同，学生获得的知识较单一。因此，一些物理化学实验教材[3-6]对某些实验设计了多个实验条件，也进行了有益的探索。李田等[7]在表面张力实验中将正丁醇拓展为丁醇的同分异构体。孙德军等[8]对蔗糖水解实验进行了多条件设计。田福平等[9]在实验教学中重视学生创新能力的培养等。

本文作者主讲物理化学实验课程15年，近三年尝试了在课时、实验方法及实验装置不变的前提下，通过拓宽实验条件将唯一的实验结果演变成系列的实验结果。而后组织课堂讨论引导学生分析实验结果，在分析过程中引入新知识点。这种拓展性教学拓宽了学生的视野，培养了学生的创新意识，取得了良好效果。下面以多相催化和差热分析两个实验为例进行说明。

1 多相催化拓展

多相催化反应实验是物理化学实验动力学部分的重要实验，不同教材选用不同的反

---

* 作者简介：任成军，副教授，主要从事多相催化研究，教授"物理化学实验"课程。

应[1-5]。教材[4]中的甲醇分解实验在 350℃～550℃ 之间选取 4～5 个温度点，提到了甲醇饱和器温度控制和空速的概念。教材[5]中的甲醇分解实验选用了两个载气（N_2）流速（50 mL·min^{-1} 和 70 mL·min^{-1}），提到了"时间允许可改变氮气流速或温度"。本文系统地设计了甲醇分解实验参数（如 N_2 流量、反应温度和饱和器温度），让大二学生在物理化学基础实验课中研究这些参数对甲醇转化率和反应速率的影响，并对实验结果进行了分析。

甲醇分解转化率和分解速率随载气（N_2）流量的变化见表 1。

表 1　甲醇分解转化率和分解速率随 N_2 流量的变化

N_2 流量 (mL·min^{-1})	转化率（%）		分解速率（mol·L^{-1}·h^{-1}）		活化能 (kJ·mol^{-1})
	320℃	350℃	320℃	350℃	
50	7.79	15.90	0.00728	0.0148	
60	6.29	13.60	0.00712	0.0154	
70	5.70	11.90	0.00754	0.0157	74.7
80	4.29	8.76	0.00648	0.0132	
90	3.19	6.50	0.00542	0.0110	

注：甲醇饱和器温度为 35℃。

实验结果表明，在 N_2 流量为 50～90 mL·min^{-1} 范围内，随着 N_2 流量加大，甲醇转化率和甲醇分解速率缓慢降低，而 N_2 流量为 70 mL·min^{-1} 时甲醇分解速率最快。

甲醇分解转化率和分解速率随反应温度的变化见表 2。

表 2　甲醇分解转化率和分解速率随反应温度的变化

反应温度（℃）	转化率（%）	分解速率（mol·L^{-1}·h^{-1}）	活化能（kJ·mol^{-1}）
320	6.29	0.00712	
350	13.60	0.01540	74.4
380	29.50	0.03340	
410	43.80	0.04960	

注：N_2 流量为 60 mL·min^{-1}，甲醇饱和器温度为 35℃。

实验结果表明，随着反应温度升高，甲醇转化率明显增加，分解速率明显增大。

甲醇分解转化率和分解速率随甲醇饱和器温度的变化见表 3。

表3　甲醇分解转化率和分解速率随甲醇饱和器温度的变化

饱和器温度 (℃)	转化率（%）		分解速率（mol·L⁻¹·h⁻¹）		活化能 (kJ·mol⁻¹)
	320℃	350℃	320℃	350℃	
35	6.29	13.60	0.00712	0.0154	
40	5.23	10.80	0.00850	0.0175	
45	4.10	8.30	0.00986	0.0200	75.5
50	3.10	6.70	0.01170	0.0254	
55	2.20	4.50	0.01550	0.0316	

注：N_2 流量为 $60\ mL·min^{-1}$。

实验结果表明，在甲醇饱和器温度为35℃～55℃的范围内，随着甲醇饱和器温度升高，甲醇转化率缓慢降低，分解速率缓慢增加。

甲醇分解产物气相色谱检测谱图如图1所示。

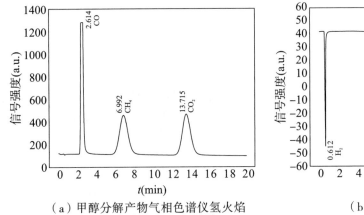

（a）甲醇分解产物气相色谱仪氢火焰　　　（b）甲醇分解产物气相色谱仪
离子化检测器（FID）图谱　　　　　　　热导检测器（TCD）图谱

图1　甲醇分解产物气相色谱检测谱图

由图1（a）可以看出，甲醇分解产物有CO、CH_4和CO_2。由图1（b）可以看出，甲醇分解产物有H_2。这表明，甲醇分解产物除CO、H_2外，还有副产物CH_4和CO_2。

根据表1～表3的实验结果，计算出甲醇分解的活化能为74.9 $kJ·mol^{-1}$。

对表1～表3和图1的实验结果进行分析：

（1）拓展了 N_2 流量为 50 mL·min^{-1}、60 mL·min^{-1}、70 mL·min^{-1} 和 80 mL·min^{-1} 的4个实验。实验结果表明，N_2 流量减小，甲醇转化率增加，这是因为甲醇在反应炉中的停留时间延长有助于甲醇转化。而甲醇分解速率存在最佳值，即在 N_2 流量为70 mL·min^{-1}时甲醇分解速率最大。学生讨论认为，随着氮气流量增加，进入反应器的甲醇随之增加，有利于反应加速，但是甲醇在反应器中的停留时间随之减少，使得部分甲醇分子还没反应便流出反应器，N_2 流量对反应速率的影响同时受到这两方面因素制约，因而存在最佳值。N_2 流量的改变实际上是单位时间、单位体积处理的气体量（空速）的改变。甲醇在 ZnO/Al_2O_3 催化剂上进行气固相催化反应通常包含如下步骤：甲醇分子从气流主体扩散到 Al_2O_3 外表面，再由 Al_2O_3 外表面扩散至内表面，然后在 ZnO 表面活性位上进行化学吸附，吸附态的甲醇分解成 CO 和 H_2，产物 CO 和 H_2 等从 ZnO 表面活性位上脱附，再经内扩散和外扩散流出反应器。甲醇分解速率是上述步骤速率的宏观表现，实际是步骤中最慢一步的速率。通常加大载气流量可以一定程度地消除外扩散的影响。由表 1 结果可知，N_2 流量在 $50\sim90$ mL·min^{-1} 的范围内，外扩散的影响已消除。通过拓宽 N_2 流量实验，学生了解到气固相催化反应进行的过程和空速对气固相催化反应的影响。

（2）延伸了甲醇分解温度为 380℃ 和 410℃ 的 2 个实验，强化了甲醇分解温度对转化率和分解速率的影响。结果表明，温度越高，甲醇转化率和分解速率越大，但是副产物也随之增加。

（3）增加了甲醇饱和器温度为 40℃、45℃、50℃ 和 55℃ 的 4 个实验。实验结果显示，甲醇饱和器温度升高，进入反应器的甲醇浓度增加，甲醇转化率反而下降。学生讨论提出，催化剂的活性位点有限，过量的甲醇不能吸附在 ZnO 催化剂的活性中心，未能参与反应。拓展的实验结果还显示，随着甲醇饱和器温度升高，甲醇分解速率增大。学生讨论还提出，饱和器温度升高后，甲醇量增加了，吸附在 ZnO 活性中心的甲醇也增加了，甲醇多相催化分解速率便提高了。通过拓宽甲醇饱和器温度实验，学生较好地理解了化学吸附在多相催化反应中的重要性。

（4）在原甲醇分解装置末端连接一台气相色谱仪，观察到甲醇分解产物除 CO 和 H_2 外，还有副产物 CH_4 和 CO_2。学生讨论认为，甲醇在不同催化剂上反应机理不同。甲醇在 ZnO 表面可能先形成甲氧基吸附态，然后变成甲酸根吸附态，吸附态甲酸根离子在甲醇气氛下易分解为 CO 和 H_2。吸附态甲氧基分别与产物 H_2 和 CO 反应生成了 CH_4 和 CO_2。甲氧基在低温下不稳定[10]，因而生成的副产物 CH_4 和 CO_2 的量较少。副产物 CH_4 也可能是由甲基与 H_2 反应形成的[10-11]，还可能是由甲醇分解一步形成的[11]。检测到副产物后，促使学生深入思考"如何消除副产物 CH_4 和 CO_2"。通过拓宽甲醇产物定性分析，学生对多相催化甲醇分解反应机理有了更深的认识。

（5）通过甲醇分解拓展实验，学生了解到科研中进行最佳条件探索的方法和用空白实验作对比的研究方法，以及化学反应产物的定性检测方法。

通过改变实验参数，引入化学吸附、空速、速率控制步骤及反应机理等概念，学生更深刻地理解了化学吸附在多相催化反应中的作用和重要性，了解到气固相催化反应进行的过程和空速的影响，并学会从多相催化反应机理去分析副产物的形成原因。多参数实验启发了学生的创新思维，培养了学生的科研能力。

2　差热分析拓展

差热分析是物理化学与仪器分析相结合的一个实验，可以测定物质的热稳定性[1-4]和化学反应的动力学参数[6]，也是一种鉴定物质的方法[12]。本文将不同来源但组成（乙酰水杨酸）相同的三种样品，让大二学生在物理化学基础实验课中通过差热分析图谱进行比较。

乙酰水杨酸试剂、合成样品及阿司匹林肠溶片差热分析图谱如图 2 所示，对应的差热分析峰温和峰面积见表 4。

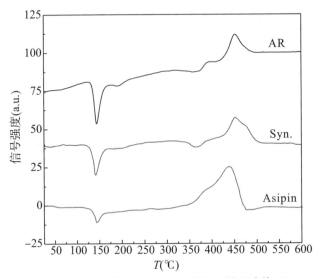

图 2 乙酰水杨酸试剂（**AR**）、合成样品（**Syn.**）及阿司匹林肠溶片（**Asipin**）差热分析图谱

表 4 乙酰水杨酸试剂、合成样品及阿司匹林肠溶片差热分析峰温和峰面积

样品	第一个峰			第三个峰			第四个峰		
	T_e（℃）	T_{op}（℃）	S	T_e（℃）	T_{op}（℃）	S	T_e（℃）	T_{op}（℃）	S
AR	134	147	−48	377	410	21	424	455	36
Syn.	130	143	−41	368	421	23	423	453	49
Asipin	130	145	−52	357	400	37	407	436	55

注：AR 为乙酰水杨酸试剂，Syn. 为合成样品，Asipin 为阿司匹林肠溶片，T_e 为起始峰温，T_{op} 为峰谷温度或峰温，S 为峰面积（"−"为吸热峰）。

对图 2 和表 4 中三个样品的差热分析图谱和数据进行比较可知：将分析纯试剂乙酰水杨酸与大二学生在有机化学基础实验课中自己合成的乙酰水杨酸样品（合成样品）相比，其峰形、峰温相似度很高，峰面积相近。阿司匹林肠溶片与乙酰水杨酸试剂和合成的乙酰水杨酸样品（合成样品）相比，第三个峰和第四个峰相似，只是没有出现第二个扁平峰，第一个吸热峰较宽可能是由于乙酰水杨酸分散在适量的淀粉中，刚分解的醋酸和水杨酸快速蒸发，蒸发吸热量大于分解放热量所致。

Asakura Ribeiro 等[13]用热重—差热分析、差式扫描量热分析及核磁共振研究了乙酰水杨酸的热分解过程。Emda 等[14]用热重、差式扫描量热分析、红外光谱及 X 射线衍射技术对乙酰水杨酸的热分解产物进行了分析。结合文献［13－14］报道，对在实验条件下获得的乙酰水杨酸系列样品的差热分析谱图（图 2）进行分析：在 130℃～170℃时，乙酰水杨酸固体样品融化并伴随蒸发而吸热（对应第一个倒峰）；在 180℃～340℃时，乙酰水杨酸缓慢分解成醋酸和水杨酸放热（对应第二个扁平峰）；随着温度持续升高，在 350℃～400℃时，部分醋酸和水杨酸蒸发，和残余醋酸生成了 2－2 双（醋酸）联苯酯中间物放热（对应第三个平台峰）；当温度继续升高至 400℃～500℃时，一些热分解产物由于发生氧化反应放热（对应第四个峰）。

本拓展实验与原实验 $CuSO_4 \cdot 5H_2O$ 的差热图谱相比，增加了乙酰水杨酸试剂、合成乙酰水杨酸样品（合成样品）和阿司匹林肠溶片三个样品的差热分析图谱制作与分析。形成以下三个特点：

（1）与基础有机实验相结合。将分析纯试剂乙酰水杨酸和阿司匹林肠溶片与学生自己合成的乙酰水杨酸样品（合成样品）的差热图谱进行对比，明确了产物，增强了学生的自信心，从中也了解到差热分析可以作为一种物质鉴定方法。

（2）与文献检索和专业英语相结合。乙酰水杨酸差热分析在国内文献中极少报道，可以引导学生用刚学习的文献检索方法查找外文文献并仔细阅读。且在乙酰水杨酸加热过程中发生的物理化学过程较 $CuSO_4 \cdot 5H_2O$ 更加复杂，解读图谱过程会提升学生的数据分析能力。

（3）有一定的探索性。原教材 $CuSO_4 \cdot 5H_2O$ 差热分析图谱缺乏新意，而乙酰水杨酸等样品差热分析带有一定的探索性，激发了学生的科研兴趣。

3 教学效果

虽然使用同样的实验装置和相同的实验方法，但是实验条件不同。学生在实验数据逐渐产生的过程中相互对比，自觉地进行数据分析，课堂学习讨论的氛围活跃。这次的实验教改除增强实验课堂教学互动，学生接触到一些实验研究方法外，也感受到了做实验的乐趣，对化学实验更加热爱。对 2015 级、2016 级和 2017 级加入游劲松教授课题组[15−22]和杨成教授课题组[23−24]的学生进行回访，了解到他们本科期间积极参与教师的科研，差热分析技术和气相色谱分析技术在专业实验室也得到了进一步的实践和应用。在导师的精心指导和科研团队浓厚的学术气氛熏陶下，已对自己参与的课题感兴趣，一棵棵科研幼苗正在茁壮成长。

4 结论

以基础物理化学实验中的两个实验为例，在基础实验教学中融入科研训练，阐述了拓展多参数实验条件的实验教学方法。通过三年的物理化学实验教学内容拓展探索，作者发现，改变实验条件的探索激发了学生的好奇心，对新条件实验（甲醇分解时不同氮气流量、不同甲醇饱和器温度及延伸分解温度等）和新样品实验（乙酰水杨酸试剂、阿司匹林肠溶片等），学生充满期待。这种实验教学方法将知识点拓宽为知识面，开阔了学生视野，培养了学生的创新意识，增强了基础物理化学实验的教学效果。拓展实验除培养学生的实验操作技能外，学生易于理解基本概念和实验原理，领悟更多的化学专业知识，更好地培养了学生的实验素养和科研能力。

参考文献

[1] 罗鸣，石士考，张雪英. 物理化学实验 [M]. 北京：化学工业出版社，2012：76−80，109−112，164−166.

[2] 王健礼，赵明. 物理化学实验 [M]. 2 版. 北京：化学工业出版社，2015：115−118，162−167.

[3] 邱金恒，孙尔康，吴强. 物理化学实验 [M]. 北京：高等教育出版社，2010：52−54，78−83，120−130.

［4］ 复旦大学. 庄继华修订. 物理化学实验 ［M］. 3 版. 北京：高等教育出版社，2004：55－56，113－114，148－153.

［5］ 韩喜江，张天云，吕祖舜，等. 物理化学实验 ［M］. 哈尔滨：哈尔滨工业大学出版社，2004：59－62，76－80.

［6］ 杨宇. 物理化学实验 ［M］. 郑州：黄河水利出版社，2009：123－127，141－144，157－161.

［7］ 李田，杨玲，徐金荣，等. 溶液表面吸附实验拓展 ［J］. 实验技术与管理，2016，33 （4）：43－45.

［8］ 孙德军，张秀华. 旋光法测蔗糖水解反应 k 实验类型的教学设计 ［J］. 广东化工，2014，41 （19）：261－262.

［9］ 田福平，张艳娟，贺民，等. 加强实验教学过程管理 促进实验教学目标达成 ［J］. 大学化学，2018，33 （2）：29－35.

［10］ OU L H, HUANG J X. DFT－based study on the optimal CH_3OH decomposition pathways in aqueous－phase：Homolysis versus heterolysis ［J］. Chemical Physics Letters，2017 （679）：66－70.

［11］ MENG J H, MENNING C A, ZELLNER M B, et al. Effects of bimetallic modification on the decomposition of CH_3OH and H_2O on Pt/W （110） bimetallic surfaces ［J］. Surface Science，2010 （604）：1845－1853.

［12］ 杨丽，李雪莲，赵梓辰，等. 差热分析法鉴别碳酸钙类矿物药的研究 ［J］. 时珍国医国药，2014，25 （10）：2412－2414.

［13］ ASAKURA R Y, CAIRES A C F, BORALLE N, et al. Thermal decomposition of acetylsalicylic acid（aspirin） ［J］. Thermochim Acta，1996 （279）：177－181.

［14］ EMDA S, DMDA M, MDFVD M, et al. An investigation about the solid state thermal degradation of acetylsalicylic acid：polymer formation ［J］. Thermochim Acta，2004 （414）：101－104.

［15］ LIAO X R, WANG D P, HUANG Y Y, et al. Highly chemo－，regio－ and E/Z－selective intermolecular heck－type dearomative ［2＋2＋1］ spiroannulation of alkyl bromoarenes with internal alkynes ［J］. Org Lett，2019，21 （4）：1152－1155.

［16］ WANG Z G, YANG M F, YANG Y D. Ir（III）－catalyzed oxidative annulation of phenylglyoxylic acids with benzo ［b］ thiophenes ［J］. Org Lett，2018，20 （10）：3001－3005.

［17］ YANG X G, JIANG L F, YANG M F, et al. Pd－catalyzed direct C—H functionalization/annulation of bodipys with alkynes to access unsymmetrical benzo ［b］－fused bodipys：Discovery of lysosome－targeted turn－on fluorescent probes ［J］. The Journal of Organic Chemistry，2018，83 （16）：9538－9546.

［18］ YIN J L, ZHOU F L, ZHU L, et al. Annulation cascade of arylnitriles with alkynes to stable delocalized PAH carbocations via intramolecular rhodium migration ［J］. Chemical Science，2018，9 （24）：5488－5493.

［19］ SHI Y, LIU J H, YANG Y D, et al. General rhodium－catalyzed oxidative cross－coupling reactions between anilines：synthesis of unsymmetrical 2，2－diaminobiaryls ［J］. Chemical Communications，2019，55 （38）：5475－5478.

［20］ ZHANG L Q, WANG Y B, SHI Y, et al. Highly regio－and chemoselective oxidative－H/C—H cross－couplings of anilines and phenols enabled by a co－oxidant－free Rh（I）/Zn（NTf2）2/air catalytic system ［J］. ACS Catalysis，2019，9 （6）：5358－5364.

［21］ YU Z Q, ZHANG Y, TANG J B, et al. Ir－catalyzed cascade C—bH fusion of aldoxime ethers and heteroarenes：Scope and mechanisms ［J］. ACS Catalysis，2020，10 （1）：203－209.

［22］ ZHOU F L, ZHOU F J, SU R C, et al. Build－up of double carbohelicenes using nitroarenes：Dual role of the nitro functionality as an activating and leaving group ［J］. Chemical Science，2020 （11）：

7424－7428.

［23］ FAN C Y，WEI L L，NIU T，et al. Efficient triplet－triplet annihilation upconversion with an anti－stokes shift of 1.08 eV achieved by chemically tuning sensitizers ［J］. Journal of the American Chemical Society，2019，141（38）：15070－15077.

［24］ MI Y，YAO J B，MA J Y，et al. Fulleropillar［4］arene：The synthesis and complexation properties ［J］. Org Lett，2020，22（6）：2118－2123.

新工科背景下通信信息类专业创新实验项目群的建设与思考

任瑞玲* 卫武迪 吕红霞 肖 勇

四川大学电气工程学院

【摘 要】本文研究在新工科背景下，通信信息类专业实践课程以现有实验平台为依托，利用四川大学电气工程学院"强弱电"学科优势，整合资源，不断拓展和融合专业空间，从理论、实践、课程设计及科研各个环节，构建"基础＋虚拟＋综合＋创新"四位一体的实践育人新培养体系，突出创新性实验项目群建设。当前新技术不断涌现，如何在实验教学中做好专业内容的交叉与融合、学科间的协调与共享、课程的继承与创新、教师队伍的多元化建设等进行了有益的探索。

【关键词】新工科；通信信息类专业创新；实验项目群

引言

当今社会发展从工业革命到互联网时代，再到移动互联网，进入了人工智能的新阶段。在科学技术日新月异的今天，原有的工业与信息技术和传统发展路径已不能满足新的社会发展需求，亟须调整产业结构[1]。

为抓住机遇，引领国家成为新技术强国，2017 年 2 月，教育部在复旦大学第一次举办了关于新工科的建设研讨会，形成"复旦共识"[2]，明确新工科建设需要社会力量积极参与，加强研究和实践。2017 年 6 月，教育部在北京召开新工科研究与实践专家组成立会议，全面启动、系统部署新工科建设[3]，提出新工科建设应注重理念引领、结构优化、模式创新的指导意见。2018 年 3 月，教育部办公厅认定了 612 个项目为首批"新工科"研究与实践项目，"智能电网信息工程"专业位列其中。

四川大学电气工程学院为更好地满足这一新兴产业需要，实现与行业企业对接，利用学院"强弱电专业"相结合的优势，在"智能电网信息工程"这一新工科专业构建下，加强自身资源整合力度，不断推动专业转型发展，将我院通信信息类专业创新实验项目群建设与国内先进通信设备企业及综合能源系统学科发展相关联，独辟蹊径，提高办学能力，服务于区域经济发展，以满足社会对通信信息类专业人才的需求。

---

* 作者简介：任瑞玲，高级实验师，主要研究方向为通信信息类、计算机应用，主要负责通信工程专业"光纤通信""数据通信""移动通信""物联网技术"等实验课程。

1 通信信息类专业实践教学现状

一直以来，我校通信信息类专业实践教学方法单一，实验基本停留在利用实验箱演示验证课堂内容的初级阶段。每年的生产实习和毕业实习又由于通信设备更新速度快，受时间和安全措施的限制，教师不熟悉现场设备，现场工程师不熟悉理论教学内容而处于"走马观花"的状态。

最近几年，各专业的虚拟仿真实验项目建设以稳定、安全、开放的运行模式，弥补了部分现场实践教学内容集成度过高，不便开展实验项目的问题，同时也拓展了实验教学内容的广度和深度，延伸了实验教学的时间和空间。但虚拟实验只能作为传统实验的有力补充，不能完全替代传统实验。在有条件的情况下，还是要尽量安排学生接触实物进行操作，这样才能让学生更好地掌握实际操作技能，处理各种复杂工程问题[4]。

2 新工科背景下的通信信息创新实验项目群建设理念及目标

随着科学技术的发展，各个学科单一发展的模式正悄然发生改变，专业之间的知识壁垒日益模糊[5]。而现行的通信信息类专业设置及课程架构划分过细，课程设置缺乏灵活性。教学内容与日益更新的工程技术、未来的社会需求严重脱节。高等学校工程教育培养目标和企业实际需求存在较大差距，新工科的提出为这一问题的解决提供了可行性[6]。

新工科的内涵与特征表现为：新理念——应对变化，塑造未来；新要求——培养多元化、创新型卓越工程人才；新途径——继承与创新，交叉与融合，协调与共享。"新工科"的目的是培养能够适应、甚至引领未来工程需求的人才[7]。

因此，新工科建设能主动应对新一轮科技革命和产业变革，同时发展新经济、应对未来战略竞争、推动高等教育的改革创新。高等教育改革创新涉及专业的交叉与融合建设、学科的协调与共享建设、课程的继承与创新建设及教师队伍的多元化建设等。

通信信息类专业始终处于科学技术的前沿，是活力强、应用面广的高新技术领域。各行各业信息化、自动化程度要求越高，越急需新一代信息技术产业从业人员，专业的交叉与融合建设就越发显得重要。通过新工科项目的组织和实施，有利于通信信息类专业形成合理的能力培养体系，完善实验教学框架，运用先进的实践活动载体，与政府、企业形成良好的合作机制，枳极探索培养各类新型人才全方位的育人新模式[8]。

3 通信信息类创新实验项目群依托平台

实验项目的设计与实施需要有实验室的软硬件平台支撑。通信信息类专业作为新工科专业之一，实验的设施与平台也必须紧跟时代。其具有一定的先进性，且符合专业交叉与融合发展的要求，实现相关不同学科之间的资源共享。电气工程学院通信信息类创新实验项目群依托的主要平台如图1所示。

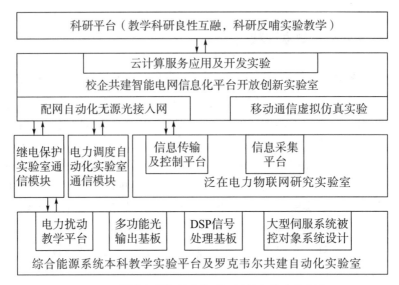

图 1　通信信息类创新实验项目群依托的主要平台

"校企共建智能电网信息化平台开放创新实验室"是四川大学电气工程学院联合全球知名通信公司——中兴通信，共同建设打造的一个融合学院现有电网终端、系统设备及各种软件资源为一体的，面向全校信息类专业及有志于在信息领域进行开发创新的本科生开放的企业级领先实验平台。平台能为信息类专业提供二次开发、网络优化、基础测试及模拟环境状态实验，提供中兴 4G 智能终端软硬件测试操作实验环境，提供中兴网络通信实训、数据传输网、配网自动化无源光接入网、云计算服务应用及开发实验，提供智能电网的信息研究实验。

"泛在电力物联网研究实验室"依托信息采集设备，构建综合能源调控的信息基础。实现含清洁能源、供应网络、多类型负荷等数据的全景采集与控制，构建以电网为核心、多能源分布式并网的综合能源物理系统及信息系统，完成"基于能源系统与信息系统耦合的信息流建模""区域能源互联网信息系统构架和数据传输模型""信息系统的性能评价方法"等关键核心技术的建设及实施。

"综合能源系统本科教学实验平台及罗克韦尔共建自动化实验室"是电气工程学院在电气行业经历了发输电、智能电网、能源互联网和兴起的泛在电力物联网之后，按照本科专业的课程体系改革和发展需求而新建的教学实验平台，为学院内各专业教师与学生提供了互动实验交流的通道，也为构建"基础＋虚拟＋综合＋创新"四位一体实践育人新培养体系提供了保障[9]。

4　通信信息类专业创新实验项目群建设与思考

4.1　专业课程实验项目交叉融合

解决复杂工程问题，首先要求学生掌握扎实的基础理论知识。"数据通信""光纤通信""移动通信"等通信信息类专业实验课程的设置，以"4G 移动互联网创新实训开发平台"的实验内容为基础，验证理论课的原理，检验所学知识，夯实基础，通信信息类专业基础实验开发平台如图 2 所示。

图 2　通信信息类专业基础实验开发平台

实训平台硬件及开发内容可互相利用，彼此支撑。具体实验项目设计可由任课教师进行侧重整合，也可由学生利用所学知识自己总结。例如"移动通信"中，移动互联网模块二次开发基础实验与物联网技术 ZigBee 网关模块基础实验，都可进行继电器、触摸屏及串口通信等实验内容，但利用的是不同的实验模块和实验原理。因此，在实验项目设置时，可根据不同专业的学生进行不同的实验项目设计和要求。

以实验箱为主的实训开发平台不能培养通信信息类学生的整体观与全局观，但也不能让学生直接参与通信系统的设计、制造与配置。所以结合 4G 移动通信虚拟仿真实验项目，通过拓扑结构、容量规划、设备配置、各种业务配置、各级组网及实践，积极引导学生关联知识节点，突破学科与专业的限制，理论联系实际，解决了在课程理论知识向实际平台设备迁移时集成度高、学生对中间环节知识具体应用不清晰等问题。

学生学习了虚拟仿真技术提供的通信各级组网知识以及初步了解了实际通信网络中各设备的位置、作用、原理后，进入创新实验室，在中兴设备环境下的 4G 移动互联网开发环境中，进行网络优化、基础测试、实际操作、二次开发及项目研究等，将课程所学与实际设备结合起来，发现问题，重点关联工程问题，解决工程问题。这样可以提高学生独立解决问题的能力，使学生更快地掌握基本技能的操作，弥补了实践过程中实验箱实训平台只重视知识点训练和传授，缺乏系统知识的融合与关联，而在虚拟仿真环节中，系统与设备环境、参数等过于理想、全面，与现实往往不相符的问题。

4.2　学科资源平台共享创建创新实验项目群

除了本专业相关课程的融合，利用学院内部科研项目多、资源共享的优势，可积极开发创建创新设计性实验项目群，部分项目如图 3 所示。

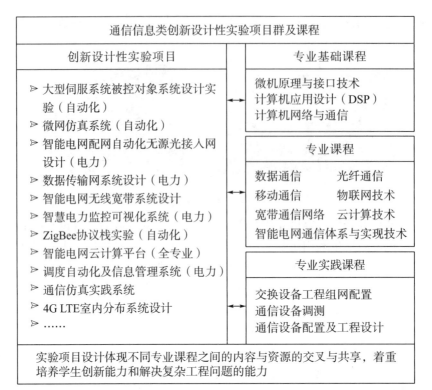

图3　通信信息类核心课程创新设计性实验项目群

"校企共建智能电网信息化平台开放创新实验室"提供中兴设备环境下的智能电网的信息采集、传输及验证实验。其中,云平台更是为泛在电力物联网、人工智能技术在智能电网中的应用、调度自动化及信息管理系统等方面提供了学科建设及科研平台,可开发出"智能电网配网自动化无源光接入网设计实验""智慧电力监控可视化系统设计"等多学科交叉与资源共享的实验项目。

同时,学院正在兴建的综合能源系统本科教学实验平台及罗克韦尔共建自动化实验室,其有关实验内容中也涵盖通信信息类模块,如在综合能源系统本科教学实验平台中的微网仿真系统实验模块内,包含有DSP信号处理基板、高载波频率PEV板,DA/AD数字信号转模拟信号基板、24路多功能光输出基板及光接收器接口板等,是光纤通信、数据通信及移动通信在实际行业应用中的具体表现。

这种基于多学科资源平台共享而创建出的创新实验项目模式,不仅满足本科教学的工程系统要求,还能培养学生的综合能力和创新能力,以及多学科交叉融合学习的综合能力。此模式将更好地服务本科教学、毕业设计、课程设计及"互联网+"大学生创新创业大赛等活动。此类实验项目的实施,具有综合性、高阶性及创新性,是构建"基础+虚拟+综合+创新"四位一体实践育人新培养体系中不可或缺的环节。

4.3　教师队伍多元化建设培养创新人才

新技术的迭代更新始终离不开创新人才。加大创新人才的培养,首先要重视创新教育,同时也对教师的知识结构和教学方法提出了更高的要求。高等学校长期形成的"重理论、轻实践"的教学方法导致许多教师理论脱离实际，技术创新和知识转化的能力还不能满足社会的需要，教学内容缺少与生产实际知识的紧密联系[11]。

因此，一方面，高校教师要与时俱进、自我完善、不断学习、打破学科束缚，同时，还需将科研项目引入实践课程中，引导、启发学生的创新思维；另一方面，通过校企共建实验室这种模式，引入知名企业的主流设备、训练模式及创新模式，建立各类开发创新实验平台，有助于提高我院相关专业学生的工程能力，提高在知名企业标准下的研究创新能力，为卓越工程计划和工程认证提供有力支撑。同时，为大学生创新计划提供企业应用的综合性环境，这也是新工科建设的方向。

另外，开发好社会和国际资源。定期邀请一些来自其他高校、华为、中兴及电信电力等相关行业及国外具有丰富实践经验及理论知识的技术人员和创业成功的企业家，作为部分专业课的兼职教师，到校开课，带学生进行毕业设计和课程设计等，让学生在及时了解国际国内最新前沿专业技术的同时，培养学生的创新意识。校外兼职教师的引入，与本校专业教师形成优势互补，促进学校教师尽快改变自己的知识结构，适应社会的需要，同时也进一步加强了学校与社会的联系，巩固和发展了产学研合作，形成良性循环的态势。

结语

新工科的建设离不开新技术、新思维。具有坚实的基础、快速的学习能力、创新的发散思维是社会对通信信息类学生的要求，也是高校工程教育的培养目标。高校应结合各自在通信信息类专业方向的特点，利用学院平台优势，改变封闭的学科体系，不断拓展和融合专业空间，制定科学合理的实验课程体系，打造多元化实践模块，提升教学水平，培养出更多具有创新能力的学生，以满足未来科技社会对人才的需求。

参考文献

[1] 陆国栋，李拓宇. 新工科建设与发展的路径思考 [J]. 高等工程教育研究，2017（3）：20-26.

[2] 李志鸿，邹复民. "新工科"背景下地方本科高校学科建设路径探析 [J]. 福建工程学院学报，2017（5）：486-490.

[3] 李志鸿. 地方本科高校"新工科"建设的四个基本问题 [J]. 黑龙江高教研究，2018（12）：40-43.

[4] 孙建林. 正确理解虚拟仿真实验教学项目建设与应用的关系 [R]. 西安：[出版者不详]，2019.

[5] 柯璟，胡访. "新工科"背景下电子信息类专业人才培养模式改革与探析 [J]. 工业与信息化教育，2019（6）：9-15.

[6] 徐权，赵晓春，刘永皓，等. 新工科背景下应用型本科院校电子信息专业集群建设研究与思考 [J]. 大庆实验技术与管理，2019，39（3）：109-112.

[7] 王亚良，潘柏松，董晨晨，等. 新工科背景下的机械类创新设计性实验项目群设置与实施 [J]. 实验室研究与探索，2019，38（6）：162-167.

[8] 张红涛，谭联，刘鹏，等. 新工科背景下电子信息类专业"学践研创"四位一体实践育人改革 [J]. 南方论坛，2019（5）：12-13.

[9] 戴亚虹，李宏，邬杨波，等. 新工科背景下"学践研创"四位一体实践教学体系改革 [J]. 实验技术与管理，2017，34（12）：189-195，225.

[10] 李迎. 关于高校师资队伍多元化建设的思考 [J]. 南京理工大学学报，2004，17（2）：79-82.

核专业实验课程多元化考核方式改革与实践

覃　雪* 刘　军　陈秀莲　周　荣

四川大学物理学院

【摘　要】为了有效评估实验教学效果，把控实验教学质量，四川大学物理学院核工程与核技术专业在实验课程多元化考核方式上进行了探索与实践。针对核专业基础实验，开发了一套实验课程智能化考核系统，把各实验中的关键环节分类整理成实验考核数据库，并通过网络动态管理。针对核专业综合实验，在实验教学过程中增加了众多过程化动态考核。实践证明，以上措施有效提高了实验教学的质量，提升了学生的综合能力。

【关键词】实验教学；改革；考核系统；教学质量

1　核专业实验课程体系介绍

目前，高等教育人才培养面临的形势是互联网的发展促进了学校课程的远程公开。慕课、网易公开课等线上课程的日益流行，使学生足不出户且无须付费即可加入全球最优秀的教师课堂，高校的传统课堂面临被替代的风险[1]。在这种情况下，高校人才培养的重心必须加速向讨论教学和实验教学转移。目前，四川大学物理学院核工程与核技术专业在实验教学上加大了比重，建设了门类齐全、层次丰富、特色鲜明的实验课程体系，根据认知规律，系统性建立与开设了科普、认知、基础、综合、创新逐层次递进的实验课程，如图1所示，涵盖核物理、核工程、核技术、核仪器及辐射防护5个门类的实验项目[2]。

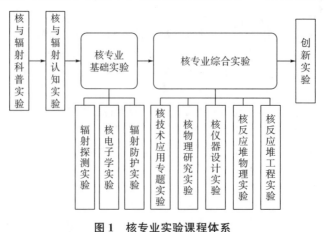

图1　核专业实验课程体系

---

* 作者简介：覃雪，实验师，研究方向为实验室管理以及辐射探测实验教学。

各层次的实验课程对学生的要求不一样，因此，在开课形式上也是各有不同。核与辐射认知实验与理论课程紧密结合，分别在对应章节授课之后开设，学生通过亲眼观察放射源、各类辐射探测仪器及教师演示相关实验操作，并通过课后处理实验数据，对课本上相对抽象和概念化的内容有更加直观、形象的理解和认识。核专业基础实验开设于理论课程学习结束之后，这是学生初次操作放射源完成放射性实验，因此，要求学生在进入实验室开展实验前，必须经过安全培训，通过安全准入考试。通过考试之后，学生在规定的时间范围内，进入实验室，在教师讲解完实验原理及实验内容，介绍完实验仪器等之后，亲手操作完成相应的实验内容[3]。核专业综合实验对学生的要求更高，通过前面对实验课程的学习，学生在使用相关实验设备、分析处理实验数据方面已有了基础，核专业综合实验课程没有固定的实验教材，没有现成的实验系统，没有规定的实验时间，学生需要预约进入实验室，自主设计实验方案、自主搭建实验系统、自主测量实验数据、自主分析实验结果。通过各种形式的实验课程的开展，一定程度上提高了学生对实验的兴趣和重视程度，培养了学生在辐射探测实践中的动手能力和分析解决问题的能力。虽然实验课程的开展形式丰富多彩，但是在实验考核上，各门实验课程大多仍采用学生提交实验报告、教师打分这种形式，这种考核方式存在一定程度的弊端，教学效果会打折扣。以核电子学实验为例，共设有 12 个实验题目，每学年大约有 80 名左右的学生上该实验课，由于实验仪器数量有限，学生被安排分成 2~3 人一个小组，每个实验结束后，小组提交实验报告，由指导教师根据实验报告的撰写情况给出该组的总成绩，组里每个成员的成绩由组总成绩×贡献因子得到，贡献因子由指导教师根据学生现场做实验的情况给出，每组成员的贡献因子相加等于 1，这种考核方式存在以下三个弊端：

（1）指导教师不可能时刻盯着每位学生做实验，给出的贡献因子会不准确。

（2）实验过程中，可能一组学生只有一个或两个学生认真做实验，思考问题，其余的学生只是跟着打打下手，记录数据，并没有真正理解这个实验。

（3）实验报告的撰写也有可能出自一人之手。

2　基础实验智能化考核系统应用

针对课程考核的不完善，四川大学核工程与核技术实验室进行了实验课程多元化考核方式的改革与实践。对不同层次的实验课程进行了不同模式考核方式的研究与探索。针对核专业基础实验的三门课程，开发了一套智能化考核系统。把各实验中的关键环节分类整理成实验考核数据库，通过网络动态管理[4]。每门实验课结束后，学生需进入实验室登录该系统，随机抽取题目，在规定的时间内完成实验测试内容，按一定比例计入该门实验课总成绩。建立核专业实验课程智能考核系统，能有效评估实验教学的效果，提高学生的实验动手能力，把控实验教学的质量。

考核系统主要由硬件平台、系统软件及实验课程考核数据库三部分构成。硬件平台主要通过购买市场上优选的安卓平板平台，自行设计了相应的机械安装和外观，使得整个硬件平台稳定可靠[5]。利用 C++ 开发了适用于核专业教学的实验系统软件，其中包括实验课程功能模块（包含核电子学实验、辐射探测实验和辐射防护实验）、信息采集功能模块（通过学生的校园一卡通即可进行学生身份验证）及根据课程种类随机抽选考题的功能模块[6-7]。最后将核专业的科学问题和多年的实验教学经验结合起来，编写出了适用于考核核专业本科生实验动手能力的考试题目数据库。通过对四川大学核学科多年实验教学经验的总结，将核电子学实验课程、辐射探测实验课程及辐射防护实验课程中的各个实验进行科学问题归类，然后编写成考核数据库。以核电子学实验课程为例，核电子学实验开设有8个基础实验和4个综合实验[8]，脉冲信号发生器和示波器的使用是所有实验的关键，因此，将题库中的试题类型分为三类：第一类是基础题目，主要是简单参数波形的产生和观察；第二类是进阶题目，主要是复杂参数波形的产生和观察；第三类是综合应用题目，主要是比较复杂或多个波形的产生和观察，以及波形参数的测量[5]。在三类题目中随机各选一题组成试卷题目。核专业实验课程智能考核系统界面如图2所示。目前，该套考核系统已经成功应用于核电子学实验教学中，供核工程与核技术专业本科生进行实验课程考核。学生在第一节实验准备课时，进入系统刷学生一卡通，采集学生头像，录入学生信息；教师提前将考试试题录入考试系统；实验课结束之后，学生进入实验室进行考试，考生考试入场时刷学生卡，系统自动确认考生信息；系统随机从题库中抽取试题组成试卷，并自动连接打印机打印试卷，避免考生考题重复。学生录入信息界面如图3所示。通过将考核系统运用到核电子学实验教学的过程中，明显发现学生做实验的主动性更高，投入的精力也更多，不少学生在考核之前主动申请到实验室进行实验复习。同时发现，在后续的核专业综合实验中，学生对示波器、信号发生器、各类核电子学仪器的原理和使用非常熟悉，为更高阶实验的开展打下了良好的基础。这也说明将考核系统运用到核电子学实验教学中，明显提升了实验教学的质量。

图2　核专业实验课程智能考核系统界面　　　　图3　学生录入信息界面

3　综合实验过程化动态考核实践

对于更高阶和更具有挑战度的核专业综合实验，除锻炼学生的动手能力外，更多的是培养学生将理论知识用于实践、解决复杂问题的综合能力和思维，以及培养学生的学习力、表达力、领导力、创新思维、批判性思维和团队合作能力等[9]。因此，对于核专业综合实验，最后考核除提交实验报告外，我们加入了更多的过程化动态考核[10]。如以核技术专题实验为例，在实验开始前，需要学生提交实验方案报告、文献调研报告及现场讲解实验方案。学生提交的β射线测量样品厚度调研报告如图4所示，学生现场讲解实验方案如图5所示。

β射线测量样品厚度调研报告

小组成员： 秦阳辉 漆俊锋 张秋丽 王俊清

指导老师： 覃雪

一、前言

根据本次实验的目的，我们调研了β射线测厚的相关实验和应用。在调研的实验和应用中，所应用的主要有两种原理，其一是利用β射线指数衰减规律测厚，另一种则是根据单能电子阻止本领测量样品的厚度。

放射源放出的一般都是β射线，在调研的过程当中，我们发现使用β半圆聚焦磁谱仪可以分离出单能电子，实现单能电子测量样品的厚度。以下是我们调研的内容。

二、正文

我们小组四人对β射线测量样品厚度相关的文献进行了搜集整理，线上交流讨论后将调研结果整合。经过调研，我们了解到β射线测量样品厚度的原理、数据处理、应用等方面的内容。

2.1 基本原理

在我们调研的内容中，β射线测量样品厚度所应用的到主要原理分为两种，一种通过β射线指数衰减规律测厚，如实验一；另一种则是利用单能电子测量样品厚度，如实验二。

实验一：北京市刑事科学技术研究所李振元的实验

实验原理： 具有连续能量的β粒子与吸收物质中的核外电子及原子核相互作用，经过多次散射后，一部分被吸收掉，其吸收规律遵循指数吸收规律。设 X 为吸收物质的厚度，N_0 为不加吸收片时的单位时间内计数，那么对应吸收片厚度 X 的单位时间计数 N 为 $\ln N = \ln N_0 - \mu d$。

图 4　学生提交的 β 射线测量样品厚度调研报告　　**图 5　学生现场讲解实验方案**

实验方案通过之后，学生才能到实验室开展实验。完成第一个实验，需要提交实验过程记录及实验报告，需按照四川大学学报（理工版）格式书写，以 PPT 形式进行第一个实验的实验过程及结果汇报，2018 年和 2019 年核技术专题学生的实验汇报答辩分别如图 6、图 7 所示，学生答辩 PPT 部分内容如图 8 所示。所有实验项目完成后，将随机抽取已做过的实验中的任意一个，进行一次现场操作考核。如图 9 所示，指导教师对某学生进行现场考核，督导组教师考查。以上过程化考核结果都会以一定比例计入实验课程总成绩。2019 年，督导组教师全程参与跟进了该实验课程，对实验课程的过程化考核方式给予了肯定，督导组教师认为这种考核方式有效提高了学生学习的积极性和主动性，可以避免抄袭实验报告的现象，增强了团队精神，减少了实验评定中的主观成分，增加了成绩的真实性。

图 6　2018 年汇报答辩

图 7　2019 年汇报答辩

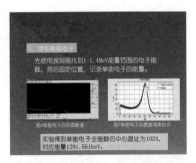

图 8　学生答辩 PPT 部分内容

图 9　现场考核

结语

　　针对核专业基础实验，开发了一套智能考核系统。该系统优化了传统实验教学的考核方式，除对实验过程和实验报告的考核外，在实验完成之后还增加了理论和实验操作的测试。每位学生在实验课程结束之前，都必须进入该系统进行测试，测试题目随机，测试成绩占实验课程总成绩一定的比例。该系统已成功应用于核电子学实验教学中。实践教学证明，该系统能有效评估实验教学的效果，提高学生的实验动手能力，把控实验教学的质量。针对核专业综合实验，在实验过程中增加了诸多过程化、多元化考核，提高了学生对实验的兴趣，使学生得到了全方位锻炼。

参考文献

[1] 赵丽杰，陈作明. 高校如何制定实验室建设发展规划讨论 [J]. 实验技术与管理，2011，28（2）：177-181.

[2] 陈秀莲，刘军，覃雪，等. 四川大学核工程与核技术实验室的建设与规划 [J]. 实验科学与技术，2017（6）：208-211.

[3] 刘军. 辐射探测与防护实验 [M]. 北京：科学出版社，2020.

[4] 刘宏章，邱盛芳，曹慧. 核技术专业实验教学的探讨与思考 [J]. 咸宁学院学报，2011，31（12）：50-51.

[5] 韩冬，王金爱，王忠，等. 辐射探测实验室仪器的改进研究 [J]. 实验技术与管理，2009，26（10）：64-65.

[6] 张怀强，吴和喜，汤彬，等. 基于 FPGA 的数字核信号处理系统的研究 [J]. 核电子学与探测技术，2014，34（2）：254-261.

[7] 占杨炜. 基于辐射信息的放射源实时监控系统 [J]. 电子设计工程，2015，23（5）：91-93.

[8] 周荣，王忠海. 核电子学实验 [M]. 北京：科学出版社，2015.

[9] 谭亿平，高焕清，陈志远. 核工程与核技术专业实验教学体系的构建 [J]. 湖北科技学院学报，2013，33（5）：142-143.

[10] 顾秋洁，谭爱国. 模拟电子实验教学考核体系的改革与实践 [J]. 实验科学与技术，2018（3）：80-84.

浅议多元化法学实验教学模式的构建

唐丽媛*

四川大学文化科技协同创新研发中心

【摘　要】法学实验教学是在教师的引导下，学生通过进行法律实务模拟或参与实习等方式获取相关技巧，将法律理论与法律实践有机结合的一种教学模式。作为提高学生专业能力与职业水平的重要途径，法学实验室的建设却长期得不到应有的重视，缺乏相应的管理体制与保障机制，法学实验教学容易流于形式，难以形成科学稳定的法学实验教学模式。因此，探索法学实验教学的多元化路径，加大实验室基础建设投入，优化法学实验课程设计，整合资源、创新实验模式，同时建立科学的法学实验教学质量管控体系是必要的。

【关键词】法学实验室；模拟法庭；课程体系；质量管控

"法律的生命不在于逻辑，而在于经验"。应试型教育和纯理论教育易导致教学与法律实务脱节，无法满足社会对法学专业人才的实际要求。在现有的"学科实习""模拟法庭"等实践能力培养方式下，"法学实验室"成为提高学生专业能力与职业水平的主要途径，有助于突破现阶段法学教育的瓶颈，缓解法律人才的社会供需矛盾，培养全面型、高素质的法律人才。

1　法学实验教学的内涵

法学实验教学是国外基于问题学习（PBL）模式的教学过程的延伸，是在教师的引导下，学生通过进行法律实务模拟或参与实习等方式获取相关技巧，将法律理论与法律实践有机结合的一种教学模式[1]。通过实践操作模拟的训练，将法律实务操作融入理论学习中，在操作过程中学到知识，锻炼实践技能，学会批判性地思考法律问题，既能切实有效地为社会提供法律服务，又能在法律实践中引导学生的创造性思维方式，提高实践与协调能力，增强学生的综合素质。

法学实验教学包含传统实验室教学和法律职业技能训练两方面内容。传统实验室教学必须在相对固定的场地借助一定的仪器设备完成，需要运用其他学科尤其是物理、生物、化学等理科知识作为基础，如刑事侦查和物证技术实验。法律职业技能训练则不拘泥于上

---

*　作者简介：唐丽媛，法学博士，四川大学文化科技协同创新研发中心助理研究员、七级职员，研究方向为高教管理。

述条件，主要目标是在实践操作中验证法律科学理论或假设，如模拟法庭、法律诊所。广义的法学实验还包括文书写作、辩论技巧、案例分析、庭审观摩、鉴定实验、校外实习、专业见习、社会调研及法律援助等。

2 法学实验教学面临的困境

与理工科实验可以用物化的过程和结果验证自然规律、定理的正确性不同，社会科学研究具有较强的多样性和不确定性。文科类专业通常被认为是从事理论研究的专业，其实验室建设长期得不到应有的重视，缺乏相应的管理体制与保障机制，法学实验教学容易流于形式，难以形成科学稳定的法学实验教学模式。

2.1 尚无统一的法学实验室建设和评价标准

在实验室建设方面，教育主管部门尚未针对法学学科建立统一的建设与评价指标体系，而是参照理工科的标准施行。由于理工科实验室的各项指标相对容易量化和测量，导致作为文科的法学专业实验室建设无法全面达到量化指标，难以被合理地评价及实施有效的激励。与此同时，由于教学理念和资源占有度的差异，各高校对法学实验教学的投入不均衡，在模拟法庭、法律诊所及刑侦实验室等实验教学主要场地建设方面差异较大，法学实验教学欠缺普遍性和常规化。

2.2 实验教学课程体系设置欠缺系统化

现有法学课程教学大多以理论讲解或法条注释为主线，对实务操作的内容未给予应有的重视。不少法学院校将司法文书写作、法庭辩论技巧等课程设置为选修课，由学生自行决定是否参与。在教学实践中，法学实验课程开出率低、种类少，且多数都是教师进行的演示性和验证性实验[2]。对于一些理论性较强的法学专业科目，如何设置法学实验教学及赋予这些实验课程内在联系以形成系统，也是构建法学实验课程体系面临的又一难题。

2.3 缺乏专职法学实验教学管理人才

实验课教师除传授法学专业知识或法律职业技能外，还需要依照确定且可操作的程序进行实验指导，对其专业素养和实践能力要求较高。现有的法学教师队伍中，此类"两栖"人才较为缺乏，实验课程的开展较多地依靠部分教师的教学热情和个人喜好来推动，缺乏相应的考核、激励及培训机制。

3 法学实验教学的多元化路径

我国的法律职业多元化特点就要求法学学院教育必须承担法学学生多元职业技能培养的责任[3]，从基础设施建设、课程设计及丰富教学形式等多方面探索法学实验教学的成功之道。

3.1 加大实验室基础建设投入

建立实验教学专用场地，包括法学实验室、模拟法庭、刑侦实验室及物证鉴定室等。

借鉴成立已久、规范成熟的自然科学实验室管理体系，有助于法学实验室较快形成合理的、可操作的规范体系[4]。参照理工科实验室建设标准，法学专业实验室应有具体的硬件、软件、教学资料库的参考配置清单和开设常规实验项目列表，按要求进行物化投入，尽可能配置高规格的仪器设备。必要时采取与地方司法机关共建实验基地的方式，保障实验室的标准化和实践化。在重视硬件建设的同时，随着人工智能及"互联网＋"等技术的发展，在新文科背景下，法学实验室教育还应重视对教学软件的投入。目前，国内高校或软件公司已开发研制出多种法学实验教学软件，其中综合性法学实验教学软件如法学实验教学系统（LETS）（图1）、法源法律实务综合模拟软件等，单项法学实验教学软件如乐龙模拟法庭教学系统、法学案例教学分析软件及法律诊所平台软件等。

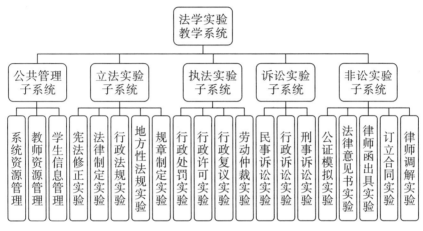

图 1　LETS 软件体系模块

有条件的高校还应搞好网络化的法学虚拟实验教学平台，做到可单独线上应用。结合MOOC等在线教学平台，教师定期发布教学视频讲授知识，然后通过实验平台布置作业；学生看完教学视频后，登录实验平台，查看并完成作业，也可以反复训练，不断提高自己的能力。信息技术驱动下的实验平台与传统法学实验课程互相辅助，能够弥补传统法学实验教学模式的不足。通过将各类实验数据导入计算机系统，形成可视化程度高、学生参与性强的模拟案例和流程，从而提高学生的认知能力和实践操作能力[5]。体系完整、功能自动化、师生交互性强、使用便捷的法学虚拟实验教学平台，能够极大促进法学实验教学的教学效果。

3.2　优化法学实验课程设计

实验课程设置必须以培养目标为依据，结合专业教学特点合理地进行排列组合。具体而言，一是要注重职业化能力的训练。法学专业毕业生大多数将会从事法官、检察官、律师等实务工作，具有鲜明的职业化特征，要求学生在掌握必要的基础理论知识外，还应当得到职业化的基本技能训练，初步树立法律职业道德和职业信仰，具有运用法律知识分析解决实际问题的能力。二是循序渐进。法学实验教学的社会性较理工科实验教学强，因此不如后者层次分明，但其各环节之间仍然有相当高的关联度。如果课程设置缺乏系统性，则容易违反学生认识活动和能力发展的规律，这种操作上的困难必然影响教学效果。三是要统筹兼顾。实验课设置必须考虑到法学的学科类型和教学传统，同时兼顾理论课程与实验课程的结合，兼顾专业基础课程、程序法课程与实体法课程的结合，做好实验层次的衔接，确保实验课程形成一个有机的整体。切忌为实验而实验，必须以求实的态度开设实验课程。

为此，法学实验教学的内容体系应当是"多层次、模块化、开放式"的，可以分为两大部分，三个层次，四大模块。即校内实验（训）教学和校外实践教学两大部分；基础型实验、综合型实验、法律实践三个层次；实验、实训、社会调查、实践与实习四大模块。从职业细分的角度，创设律师职业技能与职业素养的培养、刑事司法职业技能与职业素养的培养、检察职业技能与职业素养的培养、法官职业技能与职业素养的培养四大项目[6]。通过模块化、项目化实验教学的实施，实现知识深化、能力突破和素质升华的实验教学目标。注重法学实验项目的创新，在诉讼业务培养的同时，加强对学生非诉领域法律实践能力的培养，毕竟社会生活中的法律问题有相当一部分发生在非诉领域。

3.3 整合资源，创新实验模式

定期委派校内教师赴司法机关、律师事务所及其他实务部门参与社会实践或挂职锻炼，积累实务经验。此外，还可以聘请司法实务部门的法官、检察官、律师及相关人士到校内开设课程，构建一支熟悉社会需求、教学经验丰富、专兼职统一的高水平实验教师队伍，形成校企合作联动的教育机制，有效增强实践教学的师资力量。结合法学专业特点，摆脱场地、器材的制约，开拓多元化的场外实验教学途径，具体包括以下四点：

（1）司法实践观摩。观摩教学是一种现场教学形式，组织学生旁听法庭审判，明白诉讼主体的地位及各角色，把实体法和程序法等理论与实践审判活动有机结合起来，让学生对案件审判的程序和实体上的法律适用问题有较好的感观认识，加深对程序法、实体法的理解和运用，有助于提高学生的学习兴趣，是实验教学的主要形式之一[7]。针对低年级法学学生而言，赴法院、检察院或律师事务所进行实地观摩学习是较为直观和有效的学习方式，但要注意观摩重点设计、学习报告撰写环节，以免流于形式。

（2）社会调研。选取若干具有代表性的与法学相关的社会问题，让学生进行实地调研，具体接触当事人和事件的过程，增强学生对社会中法律问题的了解和认知。学生根据在实地调研中收集的资料，整理分析，撰写调研报告，交由指导教师评阅。社会调研的主要目的在于帮助学生进一步深入了解社会现状，培养和训练学生认识、观察社会的能力与创新意识。因此，社会调研应在学生已掌握部分基本法学理论和技能的中高年级设置。

（3）法律诊所。设立法律援助中心实验室，在教师的指导下，学生直接面向社会提供有选择的法律服务。探索高校法学实验室与社区法律事务融合路径，向社区提供法律咨询服务和法律援助等实务工作，诊所学员在教师指导下代理法律援助对象参加诉讼、撰写法律文书、出具法律意见书等，以培训学生处理人际关系的技能及专业职业素养。高校可以组建由法学实验教师和学生组成的社区法律事务联系机构，负责与社区的联系和协调。社区可以设立专门的居民事务调解和法律服务工作室，负责与政府、律师事务所、高校法学实验室和社区居民的联系和协调[8]。

（4）模拟法庭。通过对具体案件的模拟审判，既能使学生对法官、检察官、代理人及当事人等各种司法活动角色有直观的了解和认知，又能较好地融合实体法与程序法理论知识，并熟悉诉讼规则，掌握庭审规则、技巧。在模拟法庭的案件选择上，突出其实践性和可操作性，设置详略得当的审判环节，科学地进行角色设置，确保多数学生都有机会得到锻炼。实验结束后，注意卷宗的归档和整理。值得注意的是，模拟法庭作为实践教学的重要组成，与实践教学组织的重构、实践教学资源的整合及真实案例库建设是密不可分的[9]。

4 多元化法学实验教学质量管控体系

由于实验教学的教学方式和模式的多样化和复杂性，部分院校忽视或无力对其进行质量监控，在教学质量监控上，多以理论教学质量监控为主，实践教学质量监控为辅。现有规章制度由于缺少法学实验教学的评价指标和具体观测点，致使质量监控流于形式，无法进行有效的教学质量监控，直接削弱了实验教学的效果[10]。

构建科学的法学实验教学质量监控和评价体系，首先，要完善相关的规章制度，包括实验教师授课制度、实验教学督导制度、实验听课制度、实验教学检查制度及仪器设备使用和管理制度等系列规章制度和管理办法。其次，制定科学的量化评估指标。结合法学专业人才培养目标和要求，注重过程监督，从实验室管理、师资队伍建设、实验教学过程、实验室建设、仪器设备数量和质量、科研产出及生产与社会服务等方面出发，制定出科学规范、具体化和有效的质量评价指标，形成综合的评价和意见，客观地对法学实验教学进行量化评估，必要时引入校外第三方组织或人员进行工作评估和指导。最后，建立质量管控配套机制。教学管理部门通过多种渠道和途径收集信息，进行整理、分类、归纳，及时发现问题并反馈给实验教学单位，不断提高实验教学质量。多元化法学实验教学质量管控体系如图2所示。注重法学实验教学激励机制建设，如增加实验课的工作量和计算系数、评选优秀实验教学课件、评选优秀实验教学奖、赋予实验教师更多课程设置自主性等，充分调动教师从事实验教学工作和进行实验教学改革的积极性和主观能动性，以此激励教师重视提高实验教学质量。

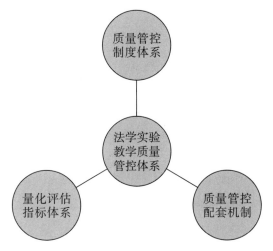

图2 多元化法学实验教学质量管控体系

结语

在做好实验室基础建设的同时，法学实验教学模式应当是多元化的。这种"多元化"的模式，既包括法学实验教学的内容体系富于层次性、教学形式富于多样性，也包括教学质量管控体系的科学性。法学实验教学的发展应当注重资源的整合及实验教学的体系化、规范化和标准化建设，以满足社会实践对法律人才培养工作的需要。

参考文献

［1］杨建广，郭天武，李懿艺，等. 困境与选择改革与创新——第二届国家级法学实验教学示范中心年会评点［M］//谢进杰. 中山大学法律评论（第10卷）（第1辑）. 北京：法律出版社，2012：428.

［2］郑毅. 法学专业实验室评价指标体系探究［J］. 实验室研究与探索，2011（8）：197.

［3］刘茂林. 基于LETS软件的法学实验教学体系［M］//王瀚. 法学教育研究（第12卷）. 北京：法律出版社，2015：74.

［4］康雷闪，任天一. 高等院校法学实验室建设研究［J］. 教育教学论坛，2019（11）：277.

［5］王娜，张应辉. 基于有效教学的智慧型法学虚拟仿真实验室建设路径研究［J］. 实验技术与管理，2020（4）：25.

［6］董迎春. 试论法学实验项目设置与法学实验室建设［J］. 辽宁经济管理干部学院学报，2020（2）：119.

［7］谢步高，杜力夫，李伟征. 法学实验教学创新模式探究［J］. 福建师范大学学报（自然科学版），2011（3）：116.

［8］徐文娟，钟立新. 全媒体环境下高校法学实验室与社区法律事务融合路径［J］. 教育教学论坛，2018（20）：76-77.

［9］唐文娟. 基于卓越法治人才培养目标的模拟法庭教学改革实践［J］. 高教论坛，2020（10）：27.

［10］陈友雄，向玲. 完善法学实验教学质量监控体系研究［J］. 现代商贸工业，2017（4）：176.

虚拟现实技术在药物镇痛作用中的应用研究

汪　宏[*1]　尹红梅[1]　张建华[2]　敖天其[3]　包　旭[1]

1. 四川大学华西药学院
2. 四川省食品药品审查评价及安全监测中心
3. 四川大学实验室及设备管理处

【摘　要】根据四川大学华西药学院药理学本科实验课程的专业学科教学特点，针对目前教学过程中存在的问题，尝试基于虚拟现实技术的实验教学改革。在真实的实验教学课堂上，以 VBL-100 软件系统为依托，设计虚实结合的药物镇痛作用新实验方法。实践表明，虚拟现实技术有助于丰富和完善现有的教学手段，消除实验实践教学盲点，增加学生学习体验，提高学习兴趣及实验教学质量，降低实验教学运行费用，对我院药理学本科实验教学效果起到了较好的作用。

【关键词】药物镇痛；虚拟现实；实验教学

药理学是研究药物与机体相互作用及作用规律的学科，是连接药学与医学、基础医学与临床医学、化学与生命科学的桥梁学科，在医药学领域占有十分重要的地位。药理学的方法是实验性的。药理学实验是药学教学中不可或缺的重要组成部分，对于夯实学生理论基础、培养学生创新能力具有重要意义。药理学实验对实验设备的依赖性很强，和动物实验操作关系非常密切。现代教学理念不断更新，医药学教育模式应随之转变。近年来，随着计算机网络技术和虚拟现实技术的迅速发展，虚拟实验教学是现代实验教学的发展方向，也是教学改革的必然趋势。如何在实验教学中引入虚拟实验技术，激发学生的积极性和主动性，扩展其眼界，提高其思维能力，适应新时代教育的要求，是值得深入探讨研究的问题。

1　我院约理学本科实验教学的现状

四川大学华西药学院的现代药学专业教学中心实验室承担着全院药学和临床药学专业本科生的实验教学工作。因统筹规划安排教学计划，取消了药学本科生机能学实验课程，药理学实验中，动物实验操作的学习训练就更为重要。目前，全院的本科生实验教学模式均为全真实验教学，使用真实的仪器设备和试药，学生在课堂上，在教师的示范及指导下进行动物实验操作。在此过程中，可以将所学理论知识充分应用到实践中，加强巩固所学的药理学知识，提升实际动手能力[1]。

---

* 作者简介：汪宏，实验师，主要研究药理学及高等药理学，从事药理学及高等药理学实验教辅工作。

随着时代的发展，传统的实验方式（真实实验）由于仪器、耗材经费等限制，已不能完全满足药理课堂教学的需要。首先，实验内容和实验形式需要随着时代的发展不断更新，而某些新的大型仪器设备购置的经费保障压力较大，即使购置，实验场地的限制问题也无法解决。其次，目前药理本科实验仅用到昆明小鼠和家兔两种实验动物，较大型的实验动物由于经费等原因至今未曾用于本科药理实验教学中，动物种类较单一和小型化。最后，某些实验用药物由于国家管制等原因购买困难，在管理和使用过程中也存在安全隐患。另外，传统实验很难让学生有重复实验的机会，为了保证实验结果，学生往往按部就班地按照实验步骤进行实验操作，甚至为了实验结果弄虚作假，不利于创新意识和科研素质的培养。药理学实验教学内容和实验教学形式对实验教学手段的改革需求非常迫切[2-3]。

2 虚拟仿真实验系统的优劣势

2.1 自由度、安全性高

虚拟仿真实验系统一次性投入建成后，对经费保障的压力小于真实实验。这是由于不需要准备实验动物和实验试剂，对其依赖性减少，节约教学经费。学生的实验时间、实验内容及实验方式可根据自己的实验需求进行合理选择，具有更大的自由度，实验过程安全度高，避免了接触危险的试剂试药，降低了生化危害的可能性[4]。

2.2 沉浸感强，实验机会多

虚拟仿真实验系统不仅可以进行实验操作，还可以以录像形式展示逼真的实验过程和现象。学生可以在平台上查阅与实验相关的资料以获得知识，虚拟仿真实验系统具有类似游戏的体验感和趣味性，提升了学生的自主学习兴趣，同时避免了在传统真实实验中，学生预习实验时过于抽象导致兴趣的削减。在完成真实的实验后，由于条件的限制，学生很难再重复实验的过程，虚拟实验室可以有效地弥补这一缺失。反复练习、反复修改，增加了学生的实验操作机会。因此，虚拟实验是真实课堂教学有利的补充[5]。

2.3 真实体验少，责任感低，缺少失败分析

虚拟仿真实验系统和传统真实实验相比，也有自己的缺陷，如无法使学生获得真实的实验操作体验，动手能力的训练不足。由于可重复、可逆、无危险性，就使得学生容易失去责任感，心情放松，不利于培养实验所需的严肃心态；也失去了在真实实验过程中操作实验动物的触觉感受刺激；同时，在真实实验操作过程中，学生之间的协作产生的情感交流在虚拟实验中也比较匮乏。另外，虚拟实验是在极端理想化的环境下进行，实验只会成功，学生没有体验实验失败的机会，也就没有进行思考和对复杂实验环境进行分析的机会。这些特点在引入虚拟仿真实验系统作为教学手段时都需要充分考虑，并在实验设计过程中，采取相应的措施，尽量做到虚实结合，使两者的优势互补[1,6]。

3 引入虚拟仿真实验教学方法的实验设计

3.1 实验目的

为了完善现有的实验教学体系，提高实验教学质量，推动教学内容、教学方法和教学手段的深刻变革，四川大学华西药学院药理学本科实验教学新增了 VBL－100 医学机能虚拟实验室系统作为传统实验教学的辅助手段，应用于实验教学中。

3.2 实验原理

四川大学华西药学院引进 VBL－100 医学机能虚拟实验室系统，将其安装于本科药理学实验室的电脑上，构建一个虚拟实验网络平台。该实验室具有实验操作台及实验仪器等，可以进行真实的实验操作。在这样一个虚实结合的实验室里，学生既可以进行真实动物实验的操作，也可以登录虚拟实验室进行虚拟仿真实验操作。其改变了传统单一的教学模式，虚实结合，优势互补[7]。

3.3 实验过程

我们选择在药理学实验"镇痛类药物的实验项目"中引入虚拟仿真实验系统，采用虚实结合的实验方法，对传统的实验教学项目进行改革。其实验教学过程如图 1 所示。

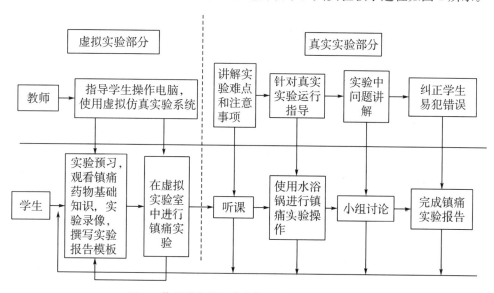

图 1 药理学虚拟与真实相结合的实验教学过程

其中，虚拟实验教学过程如图 2 所示。

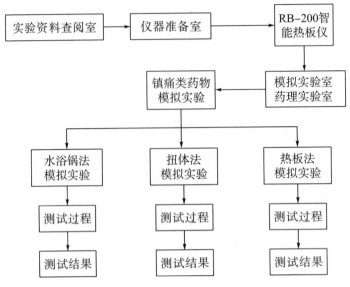

图 2 "镇痛类药物的实验项目"虚拟实验教学过程

4 引入虚拟仿真实验系统的实验教学开展

4.1 课前预习

（1）在传统的真实实验教学中，教师要布置学生进行课前预习并提交预习报告，课堂有教师讲解并示教。但在讲解中，几十个学生观看一位教师讲解，记不住复杂的实验程序和注意事项，这可能导致学生在后续的具体操作中出现错误，实验失败。

（2）目前，真实实验只有采用水浴锅法来进行，虚拟仿真实验系统里既有水浴锅法的操作，又有学生在实际操作中未曾接触过的 RB－200 智能热板仪、SW－200 光热尾痛测试仪、PL－热刺痛仪、PH－双足平衡测试仪及 YT－100 足趾容积测量仪等的操作，虚拟仿真实验系统可根据学生的兴趣自主选择仪器进行实验学习，大大地开阔了视野。

（3）虚拟仿真实验系统提供了在真实实验中不易出理想结果的外周镇痛药物阿司匹林及购买使用和储存中存在安全隐患的中枢镇痛药物盐酸哌替啶，让学生看到明显的实验结果，对镇痛药物的作用有了更直观的认识。

总之，通过引入虚拟仿真实验系统的预习部分，学生既能了解镇痛实验的相关实验知识，学习实验目的和实验原理，初步掌握实验内容和实验步骤，又能得到对实验过程的感知和认识，同时，对各种镇痛实验所用仪器和实验原理步骤都有机会学习和了解。该虚拟仿真实验系统含有大量的多媒体手段，对提高学生兴趣、加深学生对实验内容的理解具有一定作用[8]。

4.2 课中辅助

（1）采用真实实验为主、虚拟仿真教学方式为辅的方法进行实验教学。由于虚拟仿真实验系统的辅助，学生对实验内容和实验步骤已经有了较为详尽的了解，教师的示教部分可适当减少，并加强对实验的注意事项、重点难点进行引导性讲解。学生动手操作得到了更充裕的时间。

（2）虚拟仿真实验系统中，用于镇痛作用实验的仪器为水浴锅，这也是真实实验所用的方法和仪器。学生可随时观看虚拟仿真实验系统中未提供模拟但有完整录像或方法介绍的其他镇痛实验方法，如观看热板法及扭体法实验。由于虚拟仿真实验系统的补充，学生对实验流程有了更明确的感受和体验，学生的知识技能能够往真实性顺利迁徙，真实实验的效率和成功率得以提高。

（3）学生得到了水浴锅换代产品 RB－200 智能热板仪的模拟实验机会，增加了扭体法实验的模拟操作机会。且可以学习我们目前没有的仪器 PL－热刺痛仪、PH－双足平衡测试仪、YT－100 足趾容积测量仪和 SW－200 光热尾痛测试仪的操作方法及其提供的新的镇痛实验方法和思路。和热板法的真实实验相结合，让学生真实操作小鼠，弥补了虚拟实验无实物感、无法真正锻炼学生基本操作技能的缺点。并且让学生在实验过程中得到干扰因素（如异常现象和故障），造成实验失败，使学生分析实验失败原因和找到解决方法的能力得以提升[9]。

（4）真实实验里，我们所使用的试药最初为盐酸吗啡。近年来，由于国家对于麻醉精神类危险药品的管制，盐酸吗啡不便于购买和储藏，后改为罗通定，但学生反映不如盐酸吗啡效果好。使用虚拟仿真实验系统后，模拟使用了中枢镇痛药盐酸哌替啶，使实验耗材经费减少，购买药物的难度降低，药品使用安全度增加，不需要使用动物，生物安全性增加。

（5）由于实验经费的限制，学生在真实实验失败后，一般没有条件重复操作。而虚拟仿真实验系统对仪器和小鼠的需求都较低，学生动手的机会增加，可随时提供学习机会。在真实实验中遇到任何问题也可反复进入虚拟仿真实验系统进行模拟实验。因此，虚拟仿真实验系统的实验操作是真实操作体验的有效补充。

（6）引导学生分小组讨论，将真实实验的结果与虚拟实验中的标准结果进行比较分析。促进学生思考，提高分析和解决问题的能力，培养学生具有更多的创新思维能力和基本的科研素养[7]。

4.3　课后复习

（1）实验完成后，真实实验由于动物、试剂等条件无法重复。而开展虚拟实验后，学生可在课后时间再次进入虚拟仿真实验系统多次重复模拟实验，复习掌握的知识点，并且使用虚拟仿真实验系统中的仪器模拟课堂中未使用的实验方法，开阔眼界，增长知识。

（2）虚拟仿真实验系统具有类似游戏感的趣味性，学生课后返回实验室重复学习的比例增加，学习主动性得到提高。

4.4　需改善的地方

（1）引入 VBL－100 医学机能虚拟实验室系统后，实验长度明显延长，虚拟实验和真实实验二者在时间分配的协调上有一定问题。学生花了过多时间在虚拟仿真实验系统上，而真实实验的精力投入不够，部分实验数据不理想。

（2）本次仅引入了"镇痛类药物的实验项目"这一个实验，涉及范围广度还不够。以后在教学中应逐渐引入更多适合虚实结合的药理学实验项目。

5 改革成效

5.1 实验方法对比

原有的真实实验采用的是中枢镇痛类药物盐酸吗啡的热板法。内置铝制深盒于水浴锅内，将小鼠放入铝盒内。通过观察小鼠给药与否对热痛反应的区别，筛选镇痛药物并比较药物的镇痛效价。但现在采用水浴锅法已较少，一般使用温控更智能、效果更好、更安全的智能热板仪。另外，目前较新的镇痛实验方法，由于经费、仪器等条件的限制，学生无法接触到，不利于知识面的拓展和思维方式的延伸。

同时，镇痛实验所需盐酸吗啡、盐酸哌替啶等中枢镇痛类药物的购买、管理、储存和使用存在困难和较大的安全隐患，需要严格遵守国家对麻醉药品的管理条例。而替代药物罗通定用于该实验的效果又不理想，实验现象不明显。引入虚拟仿真实验系统后，学生动手机会得到提升，自由度高，学习积极性增加，实验过程更安全有效，实验结果更明显，有机会接触更多更新的实验动物、设备和方法，更有利于扩展学生眼界和提高学生思维模式。

5.2 实验报告成绩对比

通过对比学生镇痛实验成绩，在采用虚实结合的教学方法后，学生实验平均成绩为90±，而在没有开展虚拟实验教学前，采用真实实验的教学方法，学生实验平均成绩为85±。

5.3 问卷调查

通过问卷调查方式，了解学生对采用虚拟仿真实验教学新模式的评价。问卷分为提高学习主动性、提高动手能力、提高实验成功率及减少操作时间四个方面，提供非常满意、满意、不满意三类选择。问卷调查结果见表1。

表1　问卷调查结果

实践满意度	提高学习主动性	提高动手能力	提高实验成功率	减少操作时间
非常满意	90%	88%	88%	85%
满意	8%	10%	10%	10%
不满意	2%	2%	2%	5%

问卷调查结果表明，加入虚拟仿真实验教学模式后，在一定程度上改善了教学效果，提高了学生的实践能力和学习满意度[8]。

6 应用体会

虚拟实验是基于真实实验的模拟，真实实验是虚拟实验的基石。虚拟实验和传统真实实验各有利弊，两者的优缺点刚好互补。只有将两种教学手段结合起来，能真勿虚，虚实互补，充分发挥各自优势，用虚拟实验来提高真实实验的成功率，扩展真实实验的内容，降低实验危险，才能使学生掌握更前沿的药理学知识，培养学生良好的动手能力，更好地提高教学质量[10]。

在本次虚拟真实结合的实验教改过程中，由于经验不足，也存在一些问题。如对二者时间的分配不够恰当，学生过多时间用于虚拟实验上，导致整个实验时间过长，真实实验部分又显得仓促，实验数据不甚理想。今后，应不断摸索如何更有效地将现代技术应用与传统教学模式有效结合，优化整合真实实验和虚拟仿真技术，完善实验项目，增加引入适合虚实结合实验项目的数量，加强学生对虚拟仿真知识的了解，学习相关特性，更好地培养学生的科学思维和创新能力[11]。

7　未来预期

虚拟现实技术在教学中的应用是顺应时代的产物，具有广阔的应用前景，是高校实验教学的新发展趋势，对促进教学改革、提高教学质量有积极的作用。虚拟现实技术不受仪器设备、实验耗材和场所条件限制，实验原理和步骤能提供生动、直观、详尽的学习平台，能大大地提高实验教学效果。可以预期，虚拟实验室在未来的高校实验教学体系中必将占有越来越重要的位置。在未来的实验教学中，我们应坚持问题导向和需求导向，注重对学生认知和能力的培养，虚实结合的内容应具有较好的开放性和拓展性，发展方向应以综合性、探索性实验为主，避免简单的演示性实验内容。如何达到更好的效果，仍需要不断地改革和探索[12]。

参考文献

[1] 杨雪，庄泽林，黄海林，等. 改善医学学生做虚拟实验心理状态的策略研究 [J]. 中国高等医学教育，2012 (4)：38－39.

[2] 黄凯. 高校本科实验教学比较研究 [J]. 实验室研究与探索，2020，32 (2)：220－223，232.

[3] 柯丹霞，舒勇. 基于虚实结合的发酵工艺学实践教学研究 [J]. 轻工科技，2018，34 (4)：148－149.

[4] 李嘉. 浅谈对医学院校病原生物学虚拟实验室建设的思考 [J]. 课程教育研究，2018 (20)：238.

[5] 徐静，孙艺平，于冬梅. 虚拟实验与真实实验在机能学实验中之比较 [J]. 医学教育探索，2009，30 (6)：75－76.

[6] 马志聪. 虚拟实验及其在生理学教学中的应用探析 [J]. 科教导刊 (下旬)，2019 (6)：141－143.

[7] 李轩，隋建峰. 机能虚拟实验室在基础医学实验教学中的应用体会 [J]. 基础医学教育，2011，13 (10)：930－931

[8] 汪晓筠，王毓洁，王建新，等. 生理学虚拟和真实实验有效结合的教学实践和体会 [J]. 青海大学学报 (自然科学版)，2013，31 (1)：95－97.

[9] 成洪聚，刘卫东，侯腾飞. 生理学虚拟实验室的利弊 [J]. 菏泽医学专科学校学报，2011，23 (2)：74－79.

[10] 任思颖. 虚拟实验与真实实验整合教学模式的实践体会 [J]. 黑龙江科学，2020，11 (7)：32－33.

[11] 肖宇，王月飞，赵红晔，等. 虚拟实验平台在机能学实验教学中的应用及效果分析 [J]. 高等医学教学研究（电子版），2020，10（4）：58-61.

[12] 李晓辉，吴迪，郑抱冲. 虚拟实验室在高校实验教学中的应用研究 [J]. 内江科技，2011（12）：151.

ETEAMS 管理系统在改进秘书工作实务类课程实验教学中的应用研究[*]

王阿陶[**]

四川大学公共管理学院

【摘　要】秘书工作实务类课程急需引进相关的实验软件以提升课程的实用性。通过对目前应用较广的各种秘书工作类软件的综合评估和考量，ETEAMS 管理系统的优势如下：其定位和涉及的功能模块、具体的业务工作流程和流程案例场景等诸多因素对于秘书工作实务类课程的适用性和契合度更高，因此，通过教师端和学生端两个界面设计秘书工作实务类课程的操作流程，教授学生自行搭建工作组织部门架构，同时按照秘书工作所涉及的事务类型构建秘书工作模块，再通过教师检验、评价等环节将秘书工作实务类课程的理论与实践深度结合，以提升课程的实践性，也利于学生顺利走上工作岗位开展工作。

【关键词】管理系统；秘书工作；课程教学；实验教学；ETEAMS

1　秘书工作实务类课程存在的问题

目前，一些高校的档案学专业、行政管理专业设置有秘书工作实务类课程，这类课程名称不一，但却是这些专业本科培养计划中非常重要的一门课程。四川大学公共管理学院的档案学专业同样设置有"秘书工作理论与实务"课程，是档案学专业本科教学计划中的选修课，安排在大二下学期，48 个学时中包含理论学时 36 个、实践学时 12 个。根据《四川大学本科教学计划（2018 年）》中的规定，该课的教学目标是：通过教师对该课程的讲授，使学生掌握办公室管理及秘书工作的相关知识，具备办公自动化的必备技能；掌握文件形成与处置、档案信息资源组织管理与开发利用的基本知识与基本技能。但根据对该课程相关信息的收集了解到，该课程实践学时的教学方式除课堂讲授和案例分析外，并无特别的场景和平台供学生进行实际操作。这样的问题是很多高校秘书工作实务类课程都普遍存在的。随着近年来各类办公自动化系统，尤其是工作管理系统（Work Flow Management System）和移动办公系统（Mobile Office System）在各行各业的普遍应用，学生在实习中或就业后会不可避免地使用工作管理系统和移动办公系统来展开工作、处理日常事务。而目前，大部分高校的档案学专业、行政管理专业的本科教学未引入工作管理

---

　*　基金项目：四川大学实验技术立项资助项目（SCU201009）。

　**　作者简介：王阿陶，博士，四川大学公共管理学院副研究馆员，研究方向为档案管理与文秘工作。

系统和移动办公系统的内容，因此，产生了教学与实践脱节的困境，在一定程度上不利于学生在实习期的快速过渡，进而影响学生的顺利就业。

为解决秘书工作实务类课程中教学与实践脱节的问题，可在教学中引进 ETEAMS 管理系统——工作管理系统和移动办公系统的集合。一方面，通过对该系统的实际操作，引领学生认识和理解秘书工作的各类任务，掌握秘书工作的大概流程和规范，为将来顺利走上秘书工作岗位打下基础；另一方面，任课教师通过该系统可检验学生掌握秘书工作理论与实务的实际情况，进而调整教学方案、优化教学方式方法等，进一步完善和提升秘书工作实务类课程的教学水平和质量。

2 ETEAMS 管理系统的主要功能与教学适用性分析

ETEAMS 管理系统是上海泛微网络科技股份有限公司（简称"泛微公司"）旗下的一款面向中小型工作组织的一体化移动办公云 OA 平台。虽然目前阿里钉钉、蓝凌等国内移动办公平台的发展势头迅猛，但经过综合评估和考量，笔者认为 ETEAMS 管理系统的各项功能对于秘书工作实务类课程的适用性更强，原因有以下三点：

（1）从 ETEAMS 管理系统定位和涉及的功能模块来看，该管理系统的定位是协同应用平台，主要以电子化工作组织工作流打通业务各个环节，提升工作组织运营效率，实现工作组织内部流程数据之间的相互关联，同时包含门户管理、流程管理、知识管理、会议管理、车辆管理、日程管理、人事管理及考勤管理等模块，而这几大模块正是秘书工作实务类课程的主要内容。ETEAMS 管理系统业务模块如图 1 所示。

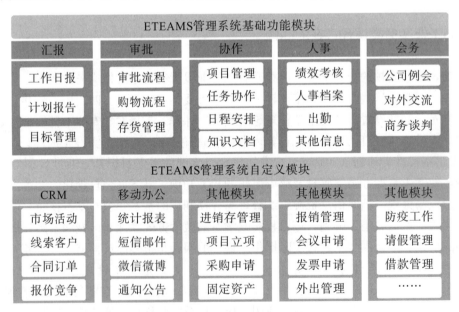

图 1 ETEAMS 管理系统业务模块

（2）从具体的业务工作流程来看，ETEAMS 管理系统基于自主研发的流程表单，支持 Html、Excel 及普通显示等模板，可实现完全复制现有纸制单据的模式，提高表单设计效率，且支持任意复杂的业务流程和 Word、Excel、Html 表单格式，非常便于学生利用现有表单迅速开展工作。此外，ETEAMS 管理系统的流程搭建简单且易于维护，如流程自动测试、流程模拟用户测试的方式便于后期管理，支流程节点的操作者可批量维护、批量删除、批量复制给他人，减轻维护工作量。对于学生来说，复杂的组织机构是其理解现有工作组织业务流程的最大难点，但 ETEAMS 管理系统支持全图形化流程配置，配置工作相对容易上手，且支持流程引用多维组织结构，支持矩阵式组织结构管理，支持对权限、角色、功能进行权限管理，同时具备批量维护权限，批量复制、转移、删除权限的管理。总的来说，ETEAMS 管理系统跳过了必须要求学生先理解组织机构、业务流程才能开展相关工作的程序，只需学生根据业务工作开展的要求调用相关部门和资源，按照业务逻辑简单配置工作模块（图 2）即可完成工作，非常便于学生迅速转换角色并进入工作状态。

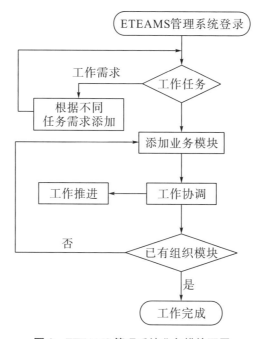

图 2　ETEAMS 管理系统业务模块配置

（3）从流程案例场景来看，ETEAMS 管理系统更易于学生理解工作组织内部人、事、物的走向和配置。如请假流程带出此人的历史请假天数，方便领导审批和查阅，并关联与之流程相关的所有数据，数据协同性好。该模块除解决费用的审批外，还可以提前走预算的申请和预算费用控制、预警，为工作组织控制成本。同时，在流程申请时可以关联此费用发生的客户、事前外出流程及外出小结等，便于领导审批和了解每笔费用是否该发生等。这些具体、细化的工作场景对于尚未走上工作岗位、不具有职场工作经验的学生来说，一方面，起到了提示工作环节、规范业务工作进程的作用；另一方面，可以培养学生处理事件的思维严谨性和前后关联性，有利于学生在今后职场上顺利开展相关工作。

此外，从工作门户来看，ETEAMS 管理系统的门户界面完全定制，不需要开发成本，满足后续集团化管理的需求。在门户权限方面，设置有管理权限、贡献权限、门户种类权限及门户元素权限等分类；从知识管理需求来看，支持无限制级别文档目录管理，文档分目录、分文件权限管理，支持文档模板管理、版本管理、编辑留痕管理等功能，完美地实现了文档管理电子化的全部需求。这些都是工作组织开展工作必备的基础性功能，也是学生在秘书工作实务类课程中亟须了解和掌握的。

3 ETEAMS 管理系统引入秘书工作实务类课程的可行性分析

由于泛微公司正处于前期推广时期，经与该公司销售接洽后了解到，目前 ETEAMS 管理系统的试用版可普遍用于 Windows 7 及以上的系统，且能同时容纳 25 位成员接入，能提供工作流程构建，并设置了 12 个岗位，其中"行政"一职与秘书工作密切相关。引入该系统后，可以在该岗位下根据行政岗的工作职责设置"制度建设""办公事务""接待工作""时间管理""差旅接洽""会务工作"等与秘书工作实务密切相关的工作模块，构建起一般企事业单位中秘书岗所涉及的各个方面的工作体系和流程。

另外，我院是四川大学文科综合实验教学中心经济与管理分中心，目前，中心在四川大学江安和望江两个校区都设有分中心机房，能同时容纳 40 余人同时使用预装 Windows 7 的系统上机操作。因此，无论是从拟引进的 ETEAMS 管理系统本身，还是我院现有教学设备上看，都具备开展此项实验教学的可行性。

4 ETEAMS 管理系统引入实验教学的设计思路与具体方案

将 ETEAMS 管理系统引入教学项目的总体设计思路：首先，引入既有的 ETEAMS 管理系统试用版，直接从网络下载安装在我院机房电脑上进行操作。在 ETEAMS 管理系统中，按照学生端和教师端两个界面设计秘书工作实务的操作流程，在教师端设置检测和评价环节，以观察学生对所学知识和技能的掌握情况，并及时进行反馈，具体实现流程如图 3 所示。

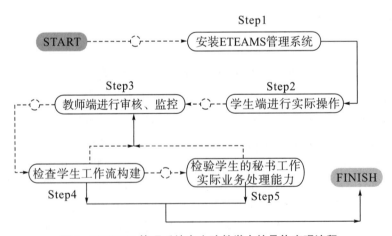

图 3　ETEAMS 管理系统在实验教学中的具体实现流程

其次，按照目前一般企事业单位的组织构架，教授学生自行搭建部门构架模块，同时按照秘书工作所涉及的事务类型构建秘书工作实训项目业务模块，如图 4 所示。

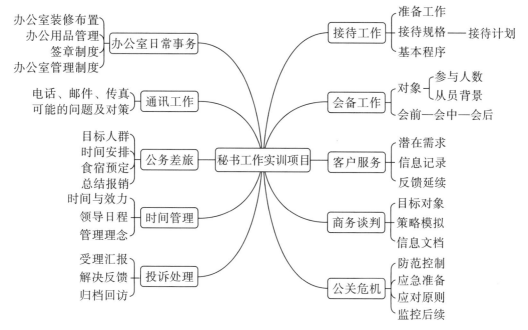

图 4 秘书工作实训项目业务模块

要求学生对秘书工作所涉及的模块进行精细化设计，力求囊括该项工作所涉及的所有流程、步骤和文档支持等各个环节，使学生对秘书工作的工作细节有宏观和微观两个方面的掌握。

将 ETEAMS 管理系统引入教学项目的实现方案有以下四个步骤：

（1）引导学生思考传统秘书工作所面临的问题，如跨区域、跨部门、多组织如何融合？多系统、多流程如何整合？秘书的辅助支撑角色如何渗透各个业务环节？分散的信息和知识如何集中？并在此基础上对新型办公管理系统（包括移动办公系统）进行功能设计。

（2）我院机房电脑统一安装 ETEAMS 管理系统，通过简要介绍和视频学习该管理系统的基本操作，并指导学生根据预先设计好的功能设计完成组织架构的搭建工作；再根据秘书工作内容设计和构建不同工作模块的具体工作内容；教师对组织构架和工作模块进行审查并提出指导性意见，学生根据教师的反馈意见进行修正和完善。

（3）教师通过 ETEAMS 管理系统的教师端查看学生对秘书工作实务某一具体工作的处理情况，主要是针对工作流程的严密性、工作的计划性及工作进展的高效性等，以便掌握学生对这一具体工作的理解和应用情况，进而提出改进意见，并对学生的成绩按照课程的评价体系予以评分。

（4）教师通过应用 ETEAMS 管理系统锻炼学生的组织构架搭建能力及处理某一具体工作的能力，根据具体操作环节和最后考查的多渠道反馈信息，撰写"秘书工作理论与实务"课程教学改进方案，提升该课程的教学质量和教学水平。

结语

突破以往秘书工作实务课程纯理论教学和案例教学的传统教学方式，试图将目前较为成熟、应用广泛的 ETEAMS 管理系统引入秘书工作实务类课程的实验教学中。不仅能使学生对某一工作组织的组织构架和工作流程有更加直观的理解，而且能在更仿真、更接近实际工作环境的情景下将所学到的秘书工作理论转换为实践。通过使用 ETEAMS 管理系统，提升学生即时处理秘书工作事务，应对复杂、突发事件的能力，为将来顺利度过就业实习期和试用期打下坚实的基础。

参考文献

[1] 泛微 ETEAMS 功能介绍[EB/OL]. [2020－07－14]. https://www. weaver. com. cn/new/product/emobile/index. html.

[2] 范开涛，瓮南. 基于 Web 技术的实验教学管理系统设计 [J]. 实验科学与技术，2015，13（6）：51－53，57.

[3] 唐惠华，戈俊华. 高职院校"秘书礼仪"课程实验教学改革研讨 [J]. 实验室研究与探索，2014，33（3）：259－262，282.

[4] 刘圣兰. 论实践教学的科学性——以《现代秘书学》课程为例 [J]. 社科纵横，2012，27（11）：154－155，158.

[5] 黄敏. 文秘学生办文能力实训的现状与应对策略——开放式文秘实验教学模式的探索之三 [J]. 南方论刊，2010（12）：95－96，101.

[6] 李鑫. 新时期高校实验教学秘书管理工作浅析 [J]. 教育教学论坛，2016（20）：68－69.

[7] 杨硕林. 秘书专业如何开展实验教学 [J]. 秘书，2001（10）：9－11.

[8] 柏朝霞. 新文科背景下秘书实验室综合开放模式探讨 [J]. 秘书之友，2020（2）：17－20.

[9] 宋扬. 秘书学专业办公自动化课程有效实训的方法 [J]. 林区教学，2016（12）：11－12.

[10] 王猛. 高校实验实训平台管理模式探索——从培养大学生岗位能力方向研究 [J]. 当代教育实践与教学研究，2016，（10）：99－100.

虚拟仿真实验在材料类专业本科实验教学中应用

王文武 *

四川大学材料科学与工程学院

【摘　要】 在"新工科"背景下，材料类专业的实验与实践教学在培养学生探索材料本质、开发新材料和解决实际问题的综合素质方面发挥着极为重要的作用。虚拟仿真实验的引入打破了传统的实验与实践教学模式。坚持"能实不虚、虚实结合"的原则，针对现有实验教学项目"做不到、做不了、做不好、做不上"的实验内容，多方位引入虚拟仿真实验，与实体实验相结合，将其融入现有的教学中，能解决传统的实验、实践教学中存在的问题。通过创建"理论—仿真—实验"三位一体化的实验教学模式，实现使抽象的理论形象化，使平面的图像立体化，就可以引导学生深入了解物质形成机制、微观性质测试过程和相关理论性质。虚拟仿真实验相比实体实验，具有安全、易于开放共享及可实现极端测试条件等诸多优点，在专业实验、实践教学中具有显著的优势。

【关键词】 虚拟仿真；实验教学；新工科

1　前言

随着计算机、多媒体、"互联网＋"及虚拟现实等技术的快速发展以及教育信息化的不断推进，以这些技术为基础的虚拟仿真实验已经成为实验教学发展的一个新方向，日益广泛地应用于辅助实验教学中[1-4]，尤其是在今年的疫情防控的新形势下[5-7]使用更多。

虚拟仿真实验是采用计算机、多媒体及虚拟现实等技术开发、模拟真实实验的环境、过程及结果等情境，依靠计算机和仿真实验软件就可以完成的一类实验。虚拟仿真软件可以非常逼真地重现真实实验的过程，并可以从不同的视角解剖分析并展现实验仪器及其内部构造。因此，一些学校在实验室内无法开展的实验都可通过虚拟仿真的方式来完成，可以让学生更多地模拟操作一些生产或高危险的实验内容，从而更好地理解学习理论知识。

在2020年突如其来的新冠肺炎疫情下，各类学校的春季学期所有课程的教学均不得不采用线上行课的方式进行，其中就包括高校的基础实验和专业实验实践课。在应对新形势下教学方式的变化过程中，各类虚拟仿真实验就更加凸显出其在实验教学中的重要作用。

---

* 作者简介：王文武，博士，讲师，主要研究方向为光电材料与器件。

2 虚拟仿真实验与本科实验教学

国家《教育部关于全面提高高等教育质量的若干意见（教高〔2012〕4 号）》中提出了强调实践育人的措施，教育部印发的《教育信息化十年发展规划（2011—2020 年）》也指出，建设仿真实训基地等信息化教学实施，建设实习实训等关键领域的管理信息系统，建设支撑学生、教师和员工自主学习的科学管理的数字化环境，是虚拟实验教学发展的目标。2019 年 10 月，教育部印发的《教育部关于一流本科课程建设的实施意见》提出了"虚拟仿真实验金课为五大金课之一，完成 1500 门左右虚仿金课程认定"，这一系列的政策使得虚拟仿真实验逐步走向前台。以四川大学为例，学校管理部门通过资助立项，建设有专门的虚拟仿真实验教学共享平台（http://virtuallab.scu.edu.cn/virexp/），并进行开放运行，最近几年，学校已经进行两次虚拟仿真实验教学项目立项建设。

在"新工科"建设的背景下，不同类型不同层次的高校"新工科"建设的实践与探索同样各具特色[8-10]。但不论在哪种方式下，实验与实践教学是巩固和加深对理论知识认识的有效途径，是培养具有创新意识的高素质工程技术人员的重要环节，是理论联系实际、培养学生掌握科学方法和提高动手能力的重要平台。但由于学校实验条件限制，部分实验涉及高危险性（高压、高温、强磁、辐照）及周期长的问题，所以很难在学校的实验与实践教学过程中开展相关内容。随着虚拟仿真技术的发展及"新工科"对创新人才培养的新要求，将虚拟仿真技术引入高校本科实验与实践教学中，已成为教学改革的新趋势[11]。

虚拟仿真实验坚持"能实不虚、虚实结合"的原则，针对现有实验教学项目"做不到、做不了、做不好、做不上"的实验内容，重点解决真实实验项目条件不具备或实际运行困难，涉及高危或极端环境，高成本、高消耗、不可逆操作、大型综合训练等问题。

2.1 以虚代实

在材料类专业的基础实验和专业实验中，涉及不少受限于学校实验条件而无法开展的大型、综合性实验或高危、高成本、不可逆、极端环境的实验，这类实验在实际教学过程中通常被取消或只做其中很小的一个环节。因此，无法通过实验来展示的知识点只能通过反复地讲解来加强学生的印象，这样往往导致学生的兴趣度降低，学生对所学知识的系统性理解不够，缺乏相关实践经验，不利于以后从事相关工作。

如在本学院的新能源材料与器件专业的学生涉及光伏方向，但是在实验设计过程中，却不涉及光伏组件的标准化测试的实验，因为该实验涉及高位环境（紫外辐照、1000 V 高压）、实验时间周期长（超过 2000 h）、能耗高（总耗电量超过 6 万度）等问题。相关实验的缺失导致在这方面只能进行理论学习和选择其中一小部分在实验室进行开展。因此，在学校第一次开展虚拟仿真实验项目立项时，我们有幸得到其资助，目前已完成相关实验项目建设，并将在实验教学中应用。该项目投入实验教学后，将会明显加深学生对太阳电池组件测试方面的理论知识理解，并对测试过程有更加直观的印象。

在 2020 年秋季学期，在正在材料物理专业开展的材料表征实验中采用通过学校虚拟仿真实验项目资助而建设的"太阳电池组件测试虚拟仿真实验"项目，通过该实验项目，可有效补充因条件不足而不能在学校开设实体实验的缺陷。从目前进行实验的两组学生中得到较好的反馈，可有效提高学生对该标准化测试的直观印象和对相关理论知识的理解。在2021年春季学期，我们将在新能源材料与器件专业开展相同的实验。相信随着该仿真实验项目的应用，将会明显提升相应课程的教学效果。

2.2 虚实结合

在"新工科"背景下，材料学专业的实验课程体系会涉及大量的材料制备、材料表征方面的实验。而在这类实验过程中，如材料制备过程中的晶体生长的方式、薄膜制备中的成核及生长过程等都难以直接在实验过程中观察到。在材料表征过程中，存在微观实验仪器研发困难且实验现象（如原子能级分布、电子云分布等）显示不直观，且在形貌表征过程中无法直观看到测试过程等问题。

以本学院目前开展的"材料制备实验"课程中的"电子束蒸发制备薄膜"实验和"现代材料分技术实验"课程中的"原子力显微镜测试样品表面形貌"实验为例。在"电子束蒸发制备薄膜"实验过程中，学生只能了解设备的结构、工作原理及操作，以及最后制备出的薄膜样品，但对于薄膜如何生长在基底上、最初如何成核等现象无法直接看到；在"原子力显微镜测试样品表面形貌"实验过程中，学生可以了解到设备如何操作及最后测试结果，但对获得样品微观形貌的过程却无法直观看到。类似在这样的实验过程中，如果能引入虚拟仿真技术，实现使抽象的理论形象化，使平面的图像立体化，就可以引导学生深入了解材料的形成机制、微观性质测试过程和相关理论性质，巩固基本理论知识、重要概念和基本理论，提高学生的学习积极性。这种虚实结合的实验体系将会使学生对理论问题理解更透彻，对实验机理分析更深入。在2020年春季学期，材料物理专业的学生的"材料制备实验"由于疫情原因导致一半以上的学生不得不采取仿真实验的方式进行。在我们选取的仿真实验中，包含了原子力显微镜测试内容，虽然这部分测试内容没有要求大家必须完成，但是通过反馈回来的信息发现部分学生还是坚持做完这部分内容。完成这部分实验的学生在本学期的现代材料分析技术实验中的"原子力显微镜测试样品表面形貌"的实体实验的过程中，明显表现得更从容，对实验原理了解得更加深入。

2.3 先虚后实

在"新工科"背景下，材料学专业的实验课程体系中会涉及大量材料制备、材料表征方面的实验，在这些实验过程中会涉及不少大型、贵重仪器设备使用。由于这类实验仪器设备构造复杂、精密度较高等原因，很多参数都是教师在上课前提前调好的，导致学生对实验仪器了解不透彻。且这类仪器设备由于价格昂贵、操作复杂，必须通过较长时间的培训才能使用。而在实际实验课开展过程中，不能直接让学生完全操作；且台套数少，不能保证每个学生都能充分学习仪器设备，导致实验教学的效果往往不是很理想，不利于培养出满足现代社会需要的新型人才。

以本学院多个专业都在开设的"现代材料分析技术实验"课程为例，该实验涉及的原子力显微镜、扫描电镜、X射线荧光光谱仪等仪器都属于单台价值百万以上的贵重仪器设备，设备操作较为复杂，需经过严格培训才能独立操作。因此，在实际实验课程运行过程中，无法对每位学生进行长时间的培训再独立操作完成实验，只能对其中部分相对简单的操作进行培训，让学生完成部分操作。因此，如果有相应的虚拟仿真实验，先通过虚拟仿真实验让学生对设备熟悉，学会操作再结合实体实验运行，将更有利于学生对相关知识的掌握。

结语

材料类专业是实践性很强的学科，在"新工科"建设的背景下，目前各层次的高校都普遍存在传统教育模式下所面临的实验与实践课程的问题。引入虚拟仿真技术无疑会助力"新工科"改革的实施，能解决很多传统教育模式所面临的这类问题。在"新工科"背景下，坚持"能实不虚、虚实结合"的原则，针对现有实验教学项目"做不到、做不了、做不好、做不上"的实验内容，多方位引入虚拟仿真实验与实体实验相结合，打破传统实验教学模式，将其融入相关的理论教学和实践教学中，解决实体实验教学中存在的制约问题。通过创建"理论—仿真—实验"三位一体化的实验教学模式，实现使抽象的理论形象化，使平面的图像立体化，就可以引导学生深入了解物质形成机制、微观性质测试过程和相关理论性质。以此促进学生对理论问题理解更透彻，对理论性质理解更形象，对实验结果机理分析更深入，对实验方案自主设计目的性更明确。

参考文献

[1] 刘月新，徐菲，刘芳，等. 开放式虚实结合的实验教学模式在大型仪器分析实验中的探索与实践 [J]. 广东化工，2017，44（23）：118−119.

[2] 范润珍. 大学仪器分析实验教学模式探析 [J]. 广州化工，2015，43（4）：181−183.

[3] 盛苏英. 开放式虚实结合实验教学探索与实践 [J]. 实验科学与技术，2014，12（1）：98−104.

[4] 苗芳芳，滑静，王燕，等. 应用仿真软件进行仪器分析化学实验技术的思考与实践 [J]. 化工设计通讯，2019，45（1）：159−160.

[5] 马莹，张恒，宋其圣，等. 虚拟仿真实验项目助力实验课在线教学 [J]. 大学化学，2020，35（5）：223−228.

[6] 王旗，刘静，朱盼盼，等. 大学物理实验线上开设直播课的尝试、探索与思考 [J]. 物理实验，2020，40（5）：28−30.

[7] 蒋逢春，吴杰，张艳萍，等."停课不停学"背景下大学物理实验及仿真在线开放课程的实践与拓展 [J]. 物理实验，2020，40（4）：42−46.

[8] 李荣强，李波，杜国宏. 基于新工科的学科交叉实验教学研究 [J]. 西南师范大学学报（自然科学版），2019，44（7）：156−160.

[9] 陆国栋，李拓宇. 新工科建设与发展的路径思考 [J]. 高等工程教育研究，2017，17（3）：20−26.

[10] 夏建国，赵军. 新工科建设背景下地方高校工程教育改革发展刍议 [J]. 高等工程教育研究，2017（3）：15−19.

[11] 唐向阳，马骁飞，郭翠梨，等. 建设高水平"化学化工虚拟仿真实验教学中心"的思路与探索 [J]. 高等理科教育，2015（6）：102−107.

从"新闻摄影"概念的历史沿革考查实验的重要性

徐 沛* 陈 静

四川大学文学与新闻学院

【摘 要】新闻摄影是人文社会科学领域最重视实验的课程之一。本文从梳理新闻摄影这个概念在国内外发展的历史沿革入手,分析了实验作为新闻摄影教学主要内容的核心地位。同时,初步分析了在当前技术变革背景下,新闻摄影的实验教学内容和形式应在三方面作出调整:首先,摄像需要被纳入新闻摄影的教学范围;其次,在图片编辑的基础上适当增加视频编辑的教学内容;最后,在前期视觉材料采集技能的基础上,适当增加后期制作、呈现、推送的教学内容。以此应对业界的发展和需求。

【关键词】新闻摄影;技术发展;多媒体

新闻摄影是新闻学本科教学大纲中的一门主干课程,也是新闻媒体进行新闻报道非常重要的一种手段。随着视觉文化时代的来临,新闻照片正日益成为新闻传播领域最重要的传播手段之一。与大多数文科课程不同,新闻摄影课的教学天生就与技术发展密切相关,其包含大量实践操作练习的内容,是新闻传播学本科教学课程体系中对于实验要求最高的课程之一。然而,近年来,一方面,由于传媒技术发展日新月异,视觉传播手段的迭代更新越来越快,新闻摄影传播形态已经并正在发生巨大的变化;另一方面,高等教育体系对于这些变化的应对明显落后于业界实践,学生在课堂上获得的相关理论与技能往往落后于一线的业务发展,导致毕业生在一定程度上无法适应、达到传媒摄影采访工作的要求。因此,本文从新闻摄影的概念及其作为一种新闻报道手段的历史沿革入手,分析新闻摄影的实验教学环节需要如何调整才能应对因技术变革带来的业界新局面。

借助摄影进行新闻报道的实践最早作为一种独立的职业且在高等教育体系中获得自己的位置可能要追溯到 20 世纪 40 年代的美国密苏里大学新闻学院。密苏里大学新闻学院院长弗兰克·莫特(Frank Mott)于 1942 年在该学院创建了独立的新闻摄影专业。而另一种说法则认为创立者是该学院的教授克利夫顿·艾登(Clifton C. Edorm)[1]。与当下中文表述中"新闻摄影"的内涵外延最为接近的英文单词 photojournalism 诞生在密苏里大学新闻学院,它包含两个词根 photo 与 journalism。这在一定程度上体现出与此前主流表述,如"news photography""press photography"存在的内在联系,它们都描述了一种图片与文字相结合的报道形式。

---

* 作者简介:徐沛,教授,主要研究视觉文化、传媒与社会,教授"新闻摄影""大众传播学""新闻传播研究方法"等课程。

与新闻摄影（photojournalism）比较接近的两种表述分别是 news photography 和 press photography 。news photography 指报道某些事件和与这些事件有关的个人或知名人物。新闻摄影作为摄影报道的一部分，可包括重要新闻（政治、经济或社会的突发事件）、特写新闻（文化上有重要意义的引人入胜的或一般生活方式的主题）和某些记录报道性新闻。press photography 指报刊摄影或定期刊物所需要的那种照片摄制，可分为三个有时互相交叉的基本类型："突发"或爆炸性新闻摄影、特写摄影和摄影报道[2]。与前两种表述比较起来，"photojournalism"所指的内容更宽泛，除具有时效性的新闻照片外，纪实和特写照片也被纳入进来，逐渐成为目前新闻学院校和相关教育机构使用最为普遍的对应表述[3]。比较不同表述背后的新闻摄影概念，"photo"这个关键词从未变化，新闻摄影的产出对象始终是照片。

在国内，1983 年 10 月，中国新闻摄影学会在天津举办了第一届全国新闻摄影理论年会（图 1），徐国兴、马运增在《新闻摄影的基本特性》一文中提出："新闻摄影是以现代化的摄影技术为手段，并通过照片画面的可视形象进行新闻报道的一种形式。"[4]

图 1　第一届全国新闻摄影理论年会

20 世纪 80 年代，国内对新闻摄影的定义进行了诸多讨论。颜志刚[5]认为新闻摄影就是用摄影手段记录正在发生着的新闻事实或与该新闻相关联的事实，结合具有新闻信息的文字说明进行报道。蒋齐生[11]指出新闻摄影是一种视觉新闻，它是新闻形象的现场摄影纪实，以附有文字说明的新闻照片形式传递信息。连相如[7]认为新闻摄影是在现代新闻媒体上，以附有标题、文字（语音）说明，现场拍摄的图像，报道客观现实中最新运动状态并为受众所关注的社会信息的形象新闻。也有学者认为新闻摄影是对正在发生的新闻事实进行瞬间形象摄取，并辅之以文字说明予以报道的传播形式[8]。

同时期出版的词典也从相似的角度界定了新闻摄影。《辞海》将其定义为一种运用摄影技术、技巧，设置图片进行新闻报道的宣传形式，也是摄影艺术的一个品种[9]。《新闻学简明词典》认为新闻摄影是一种运用摄影技术摄制图片进行报道的形象新闻，是新闻事件现场的形象纪实[10]。《新闻学大辞典》认为新闻摄影是新闻报道的一种形式，采用摄影科学的手段，选择正在发生或发现的典型事实进行有说明的照片报道[11]。

将国内外被广泛认可的新闻摄影定义进行对比，不难发现，图文结合是所有定义的共同特征，学界和业界普遍强调图片与文字并重。国内在新闻摄影的定义中强调图文结合起源于 1985 年第二届全国新闻摄影理论年会，蒋齐生在《全面改革与新闻摄影》的书面发言中提出："根据世界报刊极为重视图像新闻的发展趋势看，对照我国大多数报纸领导习惯于重文字轻图片的发展趋势，我认为有必要向报纸总编辑提出'图文并重'问题。"[11] 1990 年的银川会议——第一次全国报纸总编辑新闻摄影研讨会（图 2），具有标志性的口号就是"图文并重，两翼齐飞"[12]。国外自 20 世纪 40 年代，"photojournalism"在密苏里大学新闻学院诞生以后，美国《生活》画报主编威尔森·希克斯（Wilson Hicks）在 1952 年出版的《文字与图像》一书中仍以图文结合为最高标准，并给出了更清晰的定义，"photojournalism"是言语和视觉两种媒介形式融合的结果。这个融合过程并非导致"photojournalism"作为一个新媒介而出现，相反，只是从传播效果上达到了两者整合信息的最佳状态[13]。

图 2　第一届全国报纸总编辑新闻摄影研讨会

纵观以上定义，新闻摄影始终包含两个核心内容：其一，图像技术，具体而言就是摄影技术是新闻摄影的技术基础；其二，始终强调这是一种图片与文字结合的报道形式。

新闻摄影因技术而兴起、发展的历史从一个侧面说明技术对于新闻摄影至关重要的地位。掌握相应的前期拍摄及后期制作技术是有效利用摄影图像进行新闻传播的基础和条件。这一点与文字新闻的采访报道存在根本区别，也是学界、业界广泛讨论的问题。然而在 21 世纪之前，静态图像始终处于新闻摄影定义的核心位置。正如《蒋齐生新闻摄影理论及其他》中写到的一样："新闻照片形式，是新闻摄影独有的特点。新闻摄影把新闻形象的典型瞬间凝固在平面上……"[14] 以上概念无论是传统纸质照片还是数码照片，其内涵始终没有脱离静态图片的范畴。随着短视频的普及、网络带宽的扩大、多媒体共生报道形态的流行及各种后期图像视频处理软件的升级换代，新闻摄影必然在内容和形态上发生相应变化，高校相关专业的教学如果不调整以因应变革，就不能适应时代的发展，从而面临被边缘化和淘汰的风险。

图文结合的报道形式是新闻摄影概念所包含的另一个重要内涵。实际上，图文结合的报道形式主要基于图像意义生成模式的不确定性需要语言文字协同完成线性叙述从而生成相对完整且确定的意义。这种模式在静态图像传播阶段如此，在动态图像或多媒体报道阶段依然如此。无论是视频需要的同期声解说或字幕，还是动态图像编辑需要考虑的视觉叙事策略，都是新闻摄影有效传递信息、获得可控影响的必要条件。这些内容在传统新闻摄影报道及新闻摄影教育中都是较薄弱的环节，并未引起高校相关专业的重视，也没有系统地进入教学环节。其后果就是高校新闻相关专业毕业生在面对日新月异的业态发展时，基本处于一种手足无措或完全靠自学的状态。

因此，新闻摄影的实验教学非常有必要从以上两个层面进行调整，从内容与形式两个层面着力变革，以应对飞速发展变化的业界形态。

首先，摄像需要被纳入新闻摄影的教学范围，要安排总课时的约 20％的时间进行摄像技能的掌握与练习。在多数高校专业设置中，新闻与广播电视都分属于不同专业，其课程设置、师资配置等相对独立。这种状况可能与之前报纸与广播电视相对独立的状态有关。但随着媒介形态的演进，网络媒体、社交媒体上文字、静态图像和动态图像的结合报道已成为常态，之前的分化在高等教育专业设置中形成的格局需要因时因地地作出调整，让摄影与摄像都成为新闻相关专业学生必须掌握的报道技能。

其次，需要在图片编辑的基础上适当增加视频编辑的教学内容。在获得图像素材（静态图片与动态视频）后，对这些素材进行编辑、处理是接踵而来的问题。与摄像技能的缺失类似，新闻相关专业的学生在动态视频的后期编辑处理上的技术短板也比较明显，需要在新闻摄影课的教学内容上有针对性地进行补充。

最后，需要在前期视觉材料采集技能的基础上，适当增加后期制作、呈现、推送的教学内容。在新媒介条件下，新闻报道的形态在很大程度上不再是传统意义上的新闻采访报道。在工作形态上，它包含了采集、制作、呈现和推送等向上向下延伸的环节与流程；在成品形态上，它包含了文字、图像、动画、图表等多元的形式；在人员构成上，它需要策划、采编、制作、推广等结合新闻与市场的多种岗位。因此，单纯的传统新闻摄影教学已无法满足新媒体的需求。总之，需要把视觉新闻看作是一个产品的生产推广来设置教学方案与内容，否则毕业生就无法全面掌握新闻产品的生产流程，无法制作出有竞争力的新闻产品。

参考文献

[1] 盛希贵，李刚. 新闻摄影教程新编［M］. 北京：中国人民大学出版社，2018：6.

[2] 王景堂. 美国 ICP 摄影百科全书［M］. 北京：中国摄影出版社，1995：357，402.

[3] 任悦. 从"玻璃"到"魔镜"——新闻摄影的变革与后新闻摄影时代的到来［J］. 新闻与写作，2011（8）：6.

[4] 徐国兴. 新闻摄影的基本特性［C］//中国新闻摄影学会. 1983 全国新闻摄影理论年会论文集. 北京：中国新闻摄影学会，1983：12.

[5] 颜志刚. 新闻摄影定义探讨［J］. 新闻大学，1984（2）：101－102.

[6] 陈书泉. 新闻摄影概论［M］. 成都：四川大学出版社，1988：3.

[7] 连相如. 新闻摄影新论简说［C］//中国新闻摄影学会. 高扬邓小平理论旗帜——第七届全国新闻摄影理论年会论文集. 北京：中国新闻摄影学会，1997：76.

[8] 许必华. 新闻摄影学概论［M］. 北京：新华出版社，1999：1.

[9] 吴建. 新闻摄影学（修订本）［M］. 成都：四川大学出版社，2005：2.

［10］徐忠民. 新闻摄影学［M］. 杭州：浙江大学出版社，1996：40.

［11］蒋齐生. 全面改革与新闻摄影——1985 年 10 月 21 日在第二届全国新闻摄影理论年会上的主题报告（摘要）［C］//中国记者协会，中国新闻摄影学会. 开创新闻摄影科学发展新境界——新中国新闻摄影 60 年高峰论坛暨第九届全国报纸总编辑新闻摄影研讨会论文集. 北京：中国新闻摄影学会，2009：509.

［12］许林. "图文并茂"不等于"图文并重"［J］. 新闻战线，2003（1）：61.

［13］HOY F P . Photojournalism：The visual approach［M］. Upper Saddle River：Prentice－Hall，1993：5.

［14］蒋齐生. 蒋齐生新闻摄影理论及其它［M］. 北京：中国摄影出版社，1996：54.

面向非测绘专业测量实践教学改革探索与实践

杨正丽[*1,2] 鲁 恒[1] 蔡诗响[1] 项 霞[1]

1. 四川大学水利水电学院
2. 四川大学水力学与山区河流开发保护国家重点实验室

【摘 要】面向非测绘专业开设的测量实践教学是工程测量教学的重要组成部分，是必不可少的重要环节。测量实践教学具有实验内容丰富、实验环境特殊及参与学生众多等特点，对实践教学进行不断地探索与实践是提升教学质量的重要保障。本文结合四川大学本科大类招生的教学计划、课程体系、知识结构及实践能力培养等方面的实际情况，针对实践教学过程中存在的问题，提出一系列教学改革新措施，分别从自编讲义、实验场地建设和组织管理三个维度进行多样化的教学改革研究，并对教学改革前后的效果进行对比。实践证明，这些教学改革措施效果明显，不仅可以有效地提高本科实践教学的质量，而且可以多维度地强化学生独立思考及解决问题的能力，启发学生的实践创新思维，具有较高的应用价值。

【关键词】教学改革；更新讲义；大类招生；测量实验；非测绘专业

引言

工程测量是水利水电工程、土木工程、工程管理等非测绘专业必修的一门专业基础课，具有理论与实践紧密结合的特点，其目的是使学生掌握工程测量的基本理论、知识与技能，培养和提高学生分析问题与解决问题的能力[1]。理论教学、实验教学和实习教学是工程测量三个重要的教学环节，它们是工程测量课程的重要组成部分[2]。通过实验，学生可以全面了解仪器的构成和原理，熟练掌握仪器的操作方法，为解决工程实际问题打下坚实的基础[3]。

随着测绘事业的不断发展，创新意识成为优秀人才的必备标志[4]，生产上对工程测量的要求也发生了较大变化，传统实验项目已不能满足新时代的要求，迫切要求我们重新认识和改革测量实践教学的目的、要求和内容，以满足生产的需要[5]。结合办学定位和学科专业的特点，四川大学实施了水利类和土木类的大类招生与培养制度。然而，大类招生并非简单的专业合并，而是将相同或相近学科门类按一个大类招生[6-7]。在此背景下，面向非测绘工程专业本科生开设的测量实践教学必须进行教学改革[8]。为此，本文结合非测绘

---

* 作者简介：杨正丽，讲师，研究方向为工程测量，教授"工程测量""测量实习""工程测量实习"课程。

工程专业和测量实践教学的特点，多方面总结近几年的教学改革思路和经验，为测量实践教学改革提供一些有益的借鉴。

1 测量实践教学的目的与要求

测量实践教学的目的是验证、巩固学生在课堂上所学的知识[9]。通过综合实习，使学生得到一次全面、系统的实践训练，以巩固所学的理论知识，加强实际操作、独立工作和解决实际问题的能力。同时，培养严谨求实、团结协作、吃苦耐劳、爱护仪器和遵守纪律的良好作风。要求学生掌握角度、高差及距离的测量方法，掌握大比例尺地形图的测绘原理，达到测绘大比例尺地形图和基本测绘的要求。在实验前，学生必须复习教材中的相关内容，认真仔细地预习实验指导书，明确实验目的和要求、方法步骤及注意事项，以保证按时完成实验教学任务[10]。

2 教学改革的具体实施

四川大学工程测量教研室主要面向全校水利类、土木类及工程管理等多个非测绘工程本科专业，开展测量实践教学。每年进行测量实验与实习的本科生达 700 人，参与大学生创新创业、本科毕业设计和学术社团等活动的学生约 100 人。近年来，在大学教育"厚基础、宽口径"培养目标的引导下，四川大学进行了专业目录调整，见表 1。将水利水电学院原有的水利水电工程、水文与水资源工程、农业水利工程、能源与动力工程合并为水利类，将建筑与环境学院原来的土木工程、给排水科学与工程、工程造价三个专业合并为土木类并实行大类招生。测量实践教学课程的性质和内容随之发生了改变。建筑与环境学院将给排水科学与工程专业和工程造价专业的测量实践课程"测量实习"设置为选修课，而土木工程虽然采用了相同的课程号和课程名称，但是仍然将"测量实习"设置为必修课程。水利水电学院将水利类的"工程测量实习"一直作为 1 个学分的必修课程，课程号为306019010，学时为 24 个学时。针对测量实践课程发生的变化，测量教研室采取了一系列的教学改革措施。

表 1　四川大学 2018 年分专业招生计划

学院名称	招生名称	专业
水利水电学院	水利类	水利水电工程、水文与水资源工程、农业水利工程、能源与动力工程
建筑与环境学院	土木类	土木工程、给排水科学与工程、工程造价

2.1 实践教学改革的思路

目前，以 RS（遥感技术）、GIS（地理信息系统）和 GPS（全球定位系统）技术组成的"3S 技术"为代表的现代测量科学技术不断进步，数据采集技术和手段发生了革命性的变革，工程测量实验与实习的地位、作用和内容体系的重点都发生了巨大的变化，具有工程测量知识和较高测量能力的人才越来越被建设施工单位所重视[11]。随着土木水利工程各专业面的不断拓宽，测量学教学课时被不断压缩，教学内容与学时的矛盾日益突出，导致学生学习工程测量时显得有些吃力。为了使学生能够轻松掌握并强化课堂所学的理论知识，对测量实践课程进行改革是十分必要的。教学改革探索与实践流程图如图 1 所示。

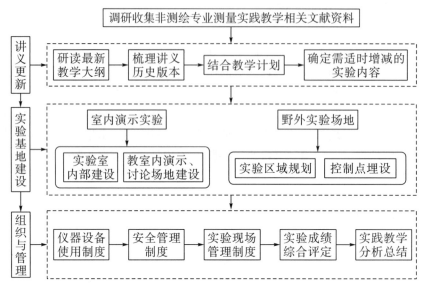

图 1　教学改革探索与实践流程图

2.2　适时更新实验自编讲义

从近几年使用的大纲内容要求来看，面向不同专业测量实验与实习内容有一定程度的差别。虽然水利类、土木类（土木工程）、工程管理三个专业的学时是一样的，均为 24 个学时，其实验与实习的内容提要（表 2）一样，但基础实验的观测对象有很大差异，如导线测量、碎部测量、综合实习的对象和实习场地不同，水利类的实习对象主要是以水系、水工建筑物等为主，土木类（土木工程）主要以建筑物为测量对象，工程管理主要以测区内校园生活环境为主。土木类（给排水、工程造价）由于学时较少，略去了地形图整饰和检查、综合设计实习两部分的内容。对于水利类、土木类（土木工程）、工程管理这三个专业，实践教学相对多了 8 个学时，就可以开展一些综合性强的设计项目，且对于后期地形图的整饰和检查也要求进行数字制图。由于工程测量实验室属于开放式实验室，对学有余力的土木类（给排水、工程造价）学生，只要提前进行预约登记，也可到实验现场来进行选作项目的实验。

表 2　面向不同专业大纲要求内容对比

| 序号 | 专业名称 | 学时 | 必开 | 选开 | 实验类型 | | | | 内容提要 |
					验证	操作	综合	设计	
1	水利类	24	√		√	√	√	√	1. 水准仪的使用和四等水准测量； 2. 经纬仪的使用和测回法观测水平角； 3. 钢尺量距、导线测量、碎部测量； 4. 地形图的整饰和检查、综合设计实习
2	土木类 （土木工程）	24	√		√	√	√	√	1. 水准仪的使用和四等水准测量； 2. 经纬仪的使用和测回法观测水平角； 3. 钢尺量距、导线测量、碎部测量； 4. 地形图的整饰和检查、综合设计实习
3	土木类 （给排水、工程造价）	16		√	√	√	√		1. 水准仪的使用和四等水准测量； 2. 经纬仪的使用和测回法观测水平角； 3. 钢尺量距、导线测量、碎部测量
4	工程管理	24	√		√	√	√	√	1. 水准仪的使用和四等水准测量； 2. 经纬仪的使用和测回法观测水平角； 3. 钢尺量距、导线测量、碎部测量； 4. 地形图的整饰和检查、综合设计实习

　　由于暂时没能找到适合以上教学大纲的实验指导教材，为体现四川大学大类招生的专业特色和培养目标，多年来，测量指导教师一直坚持自编讲义，每个年度都会反复认真研读实践教学大纲，并结合上一学年的学情分析和实践课程分析，对自编讲义内容进行适时更新。如上一届的学生对于综合实习完成效果不理想，测量内容过多，学生囫囵吞枣难以消化，那么在本年度实践教学之前，指导教师将对自编讲义进行修订，减少实验内容，精选优质的综合性强的实验项目作为本年度的实践教学内容。如果上一学年完成情况较好，且大部分学生提前完成实验，则说明开设的实验项目偏简单，采取的措施或是提高实验难度，或是增加实验内容，或是增加实验讨论交流时间。

2.3　实践教学基地的建设与不断完善

　　测量实践教学演示部分一般选择在实验室内进行，野外实习基地主要分布在大学校园内。四川大学工程测量实验室隶属于水利水电学院，成立于 1954 年，是学校较早成立的实验室之一。60 多年来，学校及学院一直十分重视工程测量实验室的建设，并在以"523"为代表的实验室建设项目资金资助下逐年购置了各种测量仪器。现有测量仪器有 DS3 水准仪 20 套、精密水准仪 4 套、电子水准仪 16 套、自动安平水准仪 60 套、电子经纬仪 15 套、全站仪 36 套及 GPS 4 台套，固定资产总价值约 260 万元。期间，测量实验室地址几经搬迁，2006 年从望江校区整体搬迁至江安校区，一处在综合楼，面积约 60 m^2；

一处在江安本科实验基地，面积约 150 m²。2016 年 1 月，根据学校有关危房改建和防洪协调会议的精神，测量实验室在学院的组织下，完成了部分搬迁，小部分测量仪器、办公家具及实验器材等临时存放在水电基地 2 号楼，大部分仪器集中放置在综合楼测量实验室内。

为了不影响本科测量实践教学，测量教研室各位指导教师集思广益，采取了一系列措施，力争资源优化配置，让仅有 60 m² 左右的综合楼实验室高效运转。如借用实验室旁边的阶梯教室作为临时的演示实验室；发明各种存放装置以解决仪器设备、配件耗材及办公用品等存储空间狭窄的问题[12−13]；采用编码贴标签的方法对每台设备每件器材进行编号以解决借还仪器和责任溯源的问题，实验室环境改进图如图 2 所示。为解决野外场地相关的问题，也采用了不少方法，如为解决学生借还仪器距离远的问题，将野外实验场地变更为以综合楼实验室为中心划定测区范围，南起新校区南大门北至图书馆背面，东起新校区东大门西至明远湖长桥西端，每个实验小组的野外测区范围不低于 150 m×150 m，满足1：500 的比例尺，50 cm×50 cm 的图幅面积。

（a）改进前（实习报告）

（b）改进后（实习报告）

（c）改进前（配件）

（d）改进后（配件）

图 2　实验室环境改进图

2.4　实践教学的组织与管理

测量实践教学期间的组织与管理工作由理论课主讲教师全面负责，实验室技术指导教师主要负责仪器操作讲解和仪器检修等工作。另外，学校根据学生的人数适当增加研究生作为助教教师，主要负责仪器设备和配件耗材的借还、学生考勤、收发实验报告等工作。每个班的班长、课代表在配合教学工作的同时，一般承担所在小组组长的职责。实验与实习工作均按组进行，全班分成若干个实习小组，每组 6~8 人，指定组长一人，负责全组的实习分工和仪器管理等工作。考虑到校内流动人员和车辆数量的问题，实习一般安排在人车较少的时间进行（如周末），午餐轮流进行，原则上人休息仪器不休息。在实践教学过程中重点注意以下三个环节：

（1）踏勘选点：每组在测区范围内选择 4～5 个控制点，作为水准点和导线点，布设出一条闭合水准路线和一条闭合导线。在地面上将控制点用钉子定出并用油漆笔做标记，命名为 SL0612、TM1154、GL1034 等字样，如 SL0612 中 SL 代表水利类、06 代表班号、1 代表组次、2 代表控制点的点号。

（2）外业测量：各组内部分为 A、B 两小组，A 小组做水准测量，B 小组做导线测量，确保 3～4 人一台仪器。水准与导线各做一半工作量后，两内部小组之间交换（即 B 做后一半的水准测量，A 做后一半的导线测量），数据记录计算一律使用铅笔填写，注意步步检核。

（3）内业成果整理：按照导线和水准测量的内业成果计算方法，求取各控制点的平面坐标与高程。完成实习报告中相应表格的填写与分析。起算方位角 $a_{12}=0°00'00''$，起算坐标 $x_1=500$ m，$y_1=500$ m，$H_1=500$ m。

3　成效与思考

通过近几年不断的教学改革实践，从历届非测绘专业学生的学情分析、继续深造率、就业情况和用人单位反馈的信息四个方面看，测量教研组采取的一系列改革措施对于提升测量实践教学质量有着积极的作用，能够满足日益增长的主干专业对测量实践教学的要求。大类招生以来，四川大学本科生的继续深造率达 43%，整体就业率达 90% 以上，高质量就业率达 70% 以上。测量实践教学多维度地强化了学生独立思考及解决问题的能力，使学生的综合素养得到了提高。很多非测绘专业本科毕业生到政府机构部门、事业单位、建设单位、设计勘察单位及施工单位等从事测绘相关工作，纷纷得到用人单位的一致好评。

结语

测量实践教学改革是一个动态改进的过程，改进的源动力来自师生迫切希望提高本科教学质量的初心。教学改革的步伐既不能好高骛远地脱离现实，也不能消极等待、不求上进，应该结合大类专业本科教学的思路和培养目标，逐步螺旋上升式的改进教学方法和手段，只有这样，才能让测量实践教学真正起到为非测绘工程类本科生的主修专业奠定良好基础的作用。

参考文献

[1] 侯晓华，张新东. 非测绘专业工程测量教学中的问题与对策探讨 [J]. 建材与装饰，2018（45）：184－185.

[2] 夏冬君，王世成，陶泽明. 测量学课程体系建设研究与教学实践 [J]. 测绘与空间地理信息，2017，40（3）：78－80.

［3］黄鹂，邓瑜，郭亚然. 土木工程专业工程测量课程教学改革的探索［J］. 高等函授学报（自然科学版），2010，23（4）：33—34.

［4］杨峰. 面向创新人才培养的高校信息素养教育模型构建［J］. 吉林工程技术师范学院学报，2015，31（2）：63—65.

［5］赵宝锋. 工程测量实践教学的改革与实践［J］. 矿山测量，2005（3）：67—68.

［6］王路，赵海田，张磊. 高校大类招生分类培养实践运行中的问题与对策［J］. 黑龙江教育学院学报，2019，38（8）：4—6.

［7］高强，李翠兰，张晋京，等. 推进高校大类招生改革若干问题的探讨［J］. 大学教育，2018（12）：17—19.

［8］李鹏，张晶，黄继锋，等. 面向非测绘类工程专业"工程测量学"教学改革的研究［J］. 测绘与空间地理信息，2019，42（1）：24—26.

［9］杨红霞，王磊. "以岗导学"土木工程测量学教学模式研究与实践［J］. 教育教学论坛，2016（23）：124—125.

［10］曹静. 工程教育背景下提高材料学科实验教学效果的探索［J］. 实验科学与技术，2017，15（3）：108—110，157.

［11］陈洪渊. 实验教学是造就创造型人才的摇篮［J］. 实验室研究与探索，2005（8）：1—3.

［12］杨正丽，项霞，李国鸿，等. 一种水准尺收纳架［P］. 中华人民共和国：ZL201721031610.3，2018.

［13］杨正丽，项霞，王辉，等. 一种测绘仪器脚架存放装置［P］. 中华人民共和国：ZL201720941976.8，2018.

制备 2－甲基－2－己醇实验的优化与实践

尹红梅* 何 勤 齐庆蓉 简锡贤 海 俐 杜 玮

四川大学华西药学院

【摘　要】药物化学实验教学中，由于制备 2－甲基－2－己醇的实验操作步骤多、操作条件要求较高、产物纯化较费时，且产物沸点较高，在现有实验条件下难以规范地进行常压蒸馏，收率较低，故对该实验进行改进和优化。药物化学实验课程组教师对实验的每个操作步骤细心研究，对实验环节的关键条件进行筛选优化，提出改进方案：在实验模块中增加高真空蒸馏操作，代替原来的常压蒸馏并付诸教学实践。结果表明：优化实验后，不仅使 2－甲基－2－己醇的制备更为简便、快速、转化率高，达到节约、高效的目的，而且有利于本科生对现代实验操作技术的学习和掌握，激发学生的学习热情和团队意识，拓宽学生的知识面，推动药学实验教学改革的不断深化。

【关键词】药物化学实验；2－甲基－2－己醇实验优化；实验教学改革

1 前言

2019 年 12 月 30 日，教育部公布"2019 年度国家级和省级一流本科专业建设点名单"，药学专业是四川大学首批入选的国家级一流本科专业建设点之一。药学是一个实践性很强的专业，药物化学实验教学在整个药学教育教学过程中占有特殊地位，对提高学生的综合素质，培养学生的科学思维能力、实践探索能力、创新精神与再学习能力等，有着理论教学不可替代的特殊作用[1－2]。如何培养适应新形势新变化，既有扎实的专业基础又有一定实践经验的创新型人才已成为高等药学教育面临的重要课题[3]。

高度重视实践教学和创新能力的培养是华西药学院办学的主要特色之一。在实验教学过程中，既要保证教学质量，又要激发学生的学习热情和兴趣，开拓培养学生的创新思维，使学生在有限的时间学有所获，这对教师设置安排实验教学内容、教学中能否运用新技术和新方法、能否对原实验方案不断进行改进和完善等都提出了新的挑战。本文以药物化学实验——制备 2－甲基－2－己醇为基础，对其进行优化和改进[4－5]。

---

* 作者简介：尹红梅，正高级实验师，四川大学华西药学院实验室常务副主任，主要研究方向为药学实验教学及改革、实验室建设与管理，教授"药物化学实验"课程。

2 实验优化的背景及必要性

"药物化学实验"是四川大学药学本科教学计划中实践教育的必修课程，面向药学专业、临床药学专业、华西生物国重创新班等开设。其主要内容包括药物及其中间体的合成、分离、纯化及鉴定的基本知识和实验技术。通过对典型药物的合成操作，体验药物的制备过程，掌握药物合成及结构修饰的基本方法，熟悉实验方案的设计与实验条件的选择，同时培养学生理论联系实际、实事求是的作风，严格认真的科学态度与良好的工作习惯。随着实验技术的发展及科技的进步，结合本科生就业及研究生用人单位的反馈，课程组教师不断改革、与时俱进，增加重要的操作技能培训，使学生能更好、更快地适应和满足社会的需要。

"2－甲基－2－己醇的制备"是"药物化学实验"课程的重要实验项目之一，是一个经典的利用格氏试剂制备较复杂醇的综合性实验项目。实验涉及无水无氧操作、回流、萃取、干燥、过滤及蒸馏等多项实验操作，能全面考查和培养学生多方面的能力。它是药学、化学类专业学生必做的一个重要实验，学生在有机合成、药物设计及药物合成中常会用到这个实验。

2.1 教程实验方案

2－甲基－2－己醇的制备分为三个步骤：①制备格氏试剂正丁基溴化镁；②格氏试剂与丙酮进行亲核加成，制备溴化 2－甲基－2－己醇镁；③醇镁在酸性条件下水解，得到目标产物 2－甲基－2－己醇。如图 1 所示。

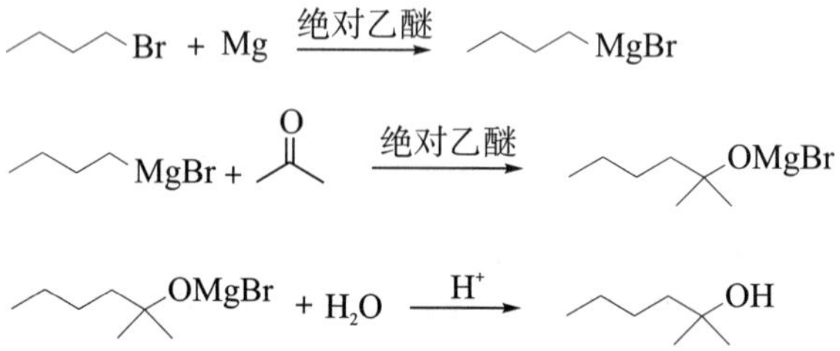

图 1　2－甲基－2－己醇的制备

250 mL 三颈瓶上分别装冷凝管和滴液漏斗，在冷凝管的上口装上 $CaCl_2$ 干燥管。瓶内放置 3.1 g 镁和 15 mL 无水乙醚。在滴液漏斗中加入 13.5 mL 正溴丁烷和 15 mL 无水乙醚，混合均匀，得到正溴丁烷乙醚溶液。在不搅拌的情况下，先向三颈瓶中滴 80 滴正溴丁烷乙醚溶液，然后局部加热直至溶液出现灰白色沉淀。反应开始比较剧烈，待反应缓和后，从冷凝管上口加入 25 mL 无水乙醚，开动搅拌器，并滴入其余的正溴丁烷乙醚溶液。控制滴加速度，维持乙醚溶液呈微沸状态。加完后，用油浴加热回流 15 min。然后，在冰水浴冷却下从滴液漏斗滴加 9.5 mL 丙酮和 10 mL 绝对乙醚的混合液，加入速度仍维持乙醚微沸。加完后，在室温条件下继续搅拌 15 min。

将反应瓶在冰水浴中冷却，且在搅拌下自滴液漏斗分批加入 100 mL 10％H_2SO_4（开始宜慢，以后可以逐渐加快）。待反应液无固体后，将溶液倒入分液漏斗中，分出醚层，水层每次用 25 mL 普通乙醚萃取 2 次。合并醚层，用 5％Na₂CO₃ 水溶液洗涤 2 次，每次 15 mL，然后再用饱和 NaCl 溶液洗至中性，最后用无水 Na₂SO₄ 干燥。

将干燥后的粗产物乙醚溶液滤入干燥的蒸馏装置中，回收乙醚后，收集 137℃～ 141℃ 的馏分，称重、量体积，计算密度和收率。产量 7～8 g（产率 46％～53％）[6]。

2.2 实验优化的必要性

学生在实际操作中，由于实验条件要求相对苛刻，反应步骤较多[7-11]，产物的纯化费时，对学生的理论知识和实验操作技能有较高要求。同时，由于产物沸点较高，在现有实验条件下难以规范地进行常压蒸馏，操作烦琐、收率较低，且稍有不慎就可能出现洒失，造成不可挽回的结果。这样，不仅影响学生的实验信心，使学生对正常的药物合成反应认识出现偏差，而且不利于教师对学生的实验过程做出客观公正的评价。因此，有必要对该实验项目进行改进。

3 实验优化的可行性

课程组教师结合现有的教学实验条件，对原教学中"2-甲基-2-己醇的制备"实验的不足之处进行反复查看，对实验的每个操作步骤细心研究，对实验环节的关键条件进行筛选优化。教师经过充分讨论和预试，在实验模块中增加高真空蒸馏操作，代替原来的常压蒸馏。高真空蒸馏是有机化学、药物化学的重要实验操作步骤，其理论基础成熟、完善，且实验操作安全、合理，适合在本科教学中开展。这样，不仅使学生在本科阶段就能接触新型实验仪器的操作，学习现代实验技术，而且能拓阔学生的知识面，培养本科生的科研思维，更利于学生今后的深造和工作。

3.1 实验方案设计

基于对实验方案改进前后各方面的操作条件分析，我们将优化方案确定为两步操作：先用旋转蒸发器旋蒸除去残余的乙醚和前馏分，再采用高真空蒸馏系统收集产物。这样，学生在"2-甲基-2-己醇的制备"实验中不仅能够学习掌握旋转蒸发器的工作原理和操作技能，而且能学习高真空蒸馏的原理和操作。这样有利于学生开拓视野，掌握现代实验技术，对学生今后的学习深造和工作都大有裨益。

3.1.1 旋蒸除去残余乙醚和前馏分

"2-甲基-2-己醇的制备"实验由于时间所限、干燥不彻底等原因，产物可能与水形成共沸物（沸点 87.4℃）。所以在高真空蒸馏之前，必须采用旋蒸除去残余乙醚及前馏分。旋转蒸发器主要用于医药、化工和生物制药等行业的浓缩、结晶、干燥、分离及溶媒回收。其原理为：在真空条件下，恒温加热，使旋转瓶恒速旋转，物料在瓶壁形成大面积薄膜，高效蒸发。溶媒蒸气经高效玻璃冷凝器冷却，回收于收集瓶中，大大提高蒸发效率。旋转蒸发器是药物有机合成中重要的实验仪器，其实验原理和操作技能是药学类学生在本科阶段学习中应该掌握的。在"2-甲基-2-己醇的制备"实验改进后，学生能熟练掌握这项重要的操作技能。

3.1.2　高真空蒸馏收集产物

液体的沸点是指它的饱和蒸气压等于外界压力时的温度。因此，液体的沸点是随外界压力的变化而变化的，如果借助于真空泵降低系统内压力，就可以降低液体的沸点，这便是高真空蒸馏操作的理论依据。它特别适用于那些在常压蒸馏时未达沸点即已受热分解、氧化或聚合的物质。2－甲基－2－己醇的常压沸点是143℃，由于实验条件的限制，难以规范地进行常压蒸馏。拟采用高真空蒸馏系统，用旋片式真空泵（极限压力：≤0.06 Pa；抽气速率：2 L/s；转速：1400 r/min）降低系统内的压力，就可以在较其正常沸点低得多的温度下将产物蒸馏出来。为保护油泵，考虑在接受瓶与油泵之间安装冷却阱，以免污染泵油、腐蚀机件致使真空度降低。同时，用真空计监测系统内压力。高真空蒸馏装置示意图及实验装置图如图2、图3所示。

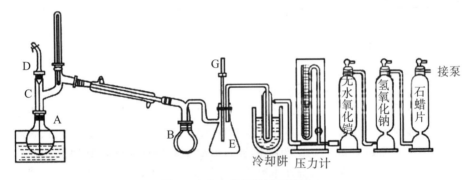

图 2　高真空蒸馏装置示意图

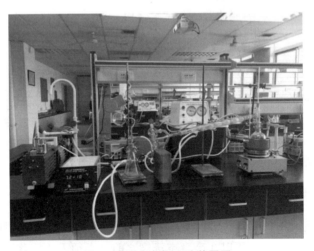

图 3　高真空蒸馏实验装置图

3.2　实验教学开展设计

每个药物化学实验室可容纳约25名学生同时开展实验，旋转蒸发器和高真空蒸馏系统为分组共用。因此，在开展实验教学时，回收乙醚后，可将3~4名学生的合成产物合并，旋蒸除去残余乙醚和前馏分，再将其转入高真空蒸馏系统的圆底烧瓶中，分组完成产物的蒸馏和纯化。

　　进行高真空蒸馏时，教师除对原理和操作的讲解外，还必须提醒学生涂抹真空脂以保证系统的气密性，并待减压稳定后才能开始加热；提醒学生结束实验的操作顺序，务必注意实验的安全性。实验采用分组的方式完成，有利于培养学生主动承担和分工协作的团队合作精神。同时，改进后的实验有效地减轻了教与学的负担，提高了教与学的效率。

4　实验优化方案及实施

4.1　改进后的实验方案

　　制备2－甲基－2－己醇的粗产物步骤不变，原实施方案为：将干燥后的粗产物乙醚溶液滤入干燥的蒸馏装置中，回收乙醚后，收集137℃～141℃的馏分，称重、量体积，计算密度和收率。改进后的实施方案为：将干燥后的粗产物乙醚溶液滤入旋转蒸发器中，旋蒸除去残余乙醚和前馏分，再将其转入高真空蒸馏系统的圆底烧瓶中，皮喇尼真空计显示压力读数，利用在油泵减压条件下完成产物的蒸馏和纯化。收集减压条件下的馏分，称重、量体积，计算密度和收率。

4.2　实施效果对比

　　制备2－甲基－2－己醇的改进方案实施后，学生不仅能熟练掌握旋转蒸发器的操作使用方法，而且通过亲身实验第一次操作高真空蒸馏系统，体会到在低于2－甲基－2－己醇的常压沸点较多的温度条件下，将产物蒸馏出来，并且产率较改进前有明显提高。实验改进前后产品重量及收率对照见表1。

表1　实验改进前后产品重量及收率对照

编号	实验改进前		实验改进后	
	产品重量（g）	收率（%）	产品重量（g）	收率（%）
1	4.55	30.13	7.25	48.01
2	5.13	33.97	6.37	42.19
3	6.90	45.70	8.31	55.03
4	6.50	43.05	8.31	55.03
5	6.35	42.05	6.95	46.03
6	6.98	46.23	8.31	55.03
7	6.64	43.97	9.05	59.93
8	7.02	46.49	6.25	41.39
9	5.68	37.62	6.19	40.99
10	6.13	40.60	8.31	55.03
11	7.16	47.42	9.02	59.74

编号	实验改进前		实验改进后	
	产品重量（g）	收率（%）	产品重量（g）	收率（%）
12	7.32	48.48	8.64	57.22
13	5.43	35.96	6.81	45.10
14	6.98	46.23	7.30	48.34
15	5.41	35.83	8.64	57.22
16	6.89	45.63	7.61	50.40
17	5.73	37.95	6.95	46.03
18	6.35	42.05	8.30	54.97
19	6.61	43.77	6.37	42.19
20	6.03	39.93	8.05	53.31
21	5.56	36.82	8.64	57.22
22	7.07	46.82	7.34	48.61
23	6.02	39.87	8.05	53.31
24	6.24	41.32	8.20	54.30
25	5.32	35.23	8.20	54.30

实验结果表明，见表 2，学生通过旋蒸除去前馏分和乙醚后，再采用高真空蒸馏的方式蒸出产品，在油泵减压条件下蒸馏，多数同学在 44～54 Pa、沸点为 34℃～38℃时将产物蒸出来，与实验改进前比较，平均收率提高了近 10%，而实验时间缩短了 1～2 小时。实验改进后，使 2-甲基-2-己醇的制备更为简便、快速、转化率高，达到节约、高效的目的。学生通过分组合作的形式完成实验，既学习了新的实验技术，又培养了团结协作的实验室科学作风，一举多得。

表 2　改进前后实验条件及平均收率比较

	操作方式	沸点（℃）	真空计读数（Pa）	实验时间（h）	平均收率（%）
改进前	普通蒸馏	137～141	—	约 6～7	41.32
改进后	旋蒸除去乙醚后进行高真空蒸馏	34～38	44～54	约 5	51.24

结语

高真空蒸馏在药学实际工作中应用广泛，但目前的本科实验均未涉及。通过对"2-甲基-2-己醇制备"实验的改进和优化，首次将其纳入本科药物化学实验教学内容。这样，不仅使 2-甲基-2-己醇的制备更为简便、快速、转化率高，而且达到节约、高效的目的，更为重要的是，让学生从理论及实际操作的角度，学习和掌握高真空蒸馏这一药物有机合成的关键技能，更有利于学生今后的深造和工作；同时也解决了在前期课程中由于2-甲基-2-己醇沸点较高在现有实验条件下难以规范地进行常压蒸馏的问题，获得双赢。实验改进后，有利于培养学生分工协作、主动承担的团队协作精神，加强了本科生对现代实验操作技术的学习和掌握，激发了学生的学习热情和团队意识，拓宽了学生的知识面，推动实验教学改革的不断深化。

参考文献

[1] 索绪斌，张涵. "以本为本"推进高等药学教育改革 [J]. 药学教育，2020，36（1）：10-13.

[2] 黎小莉，杨帆，陈璇，等. 推进高等药学教育改革，探索新形势下药学人才培养模式 [J]. 中国科教创新导刊，2011（31）：13-14.

[3] 郝悦，贺震旦. 以职业教育为导向的药学创新课程建设 [J]. 药学教育，2018，34（4）：24-27.

[4] 尹红梅，金辉，齐庆蓉，等. 合成藜芦醛实验的优化与实践 [J]. 实验科学与技术，2014，12（2）：16-18.

[5] 吴夏茂，肖柑媛，尹红梅，等. 合成贝诺酯实验的优化与实践 [J]. 实验科学与技术，2014，12（6）：21-24.

[6] 何勤，尹红梅. 新编药学实验教程（上下）[M]. 成都：四川大学出版社，2019：304-306.

[7] 陈虎，毕建洪. 2-甲基-2-己醇制备方法的改进 [J]. 合肥师范学院学报，2012，30（6）：74-76.

[8] 李若琦，丁盈红，伍焜贤，等. 2-甲基-2-己醇制备实验的改进初探 [J]. 广东药学院学报，2006，22（4）：476.

[9] 黄涛. 有机化学实验 [M]. 2版. 北京：高等教育出版社，2002：167-168.

[10] 丁长江. 有机化学实验 [M]. 北京：科学出版社，2006：43-52.

[11] 边磊，徐烜峰，关玲，等. 2-甲基-2-己醇制备实验中合成产物的 GC/MS 分析 [J]. 实验室研究与探索，2013，32（6）：34-36.

电子技术基础实验与"双创"实验并轨教学的探索[*]

印 月[**] 周 群 刘雪山

四川大学电气工程学院

【摘 要】 为增强大学生双创动力、双创意识和双创能力，使双创教育贯穿于人才培养全过程，构建人才培养新模式，紧贴电子技术基础实验教学改革，提出了电子技术基础实验与"双创"实验并轨教学模式。详细介绍了模拟电子技术实验并轨教学中两个重要的实验教学阶段，运用多维度评估体系来衡量并轨教学模式所取得的教学成效。电子技术实验并轨教学效果充分证实了实践探索的可行性和有效性，同时，在高校"双创"教育的其他学科领域也具有一定的参考价值。

【关键词】 双创；创新创业教学模式；模拟电子技术；教学模式；并轨教学

引言

随着国家多项重大战略的实施，我国经济正处于蓬勃发展中，其新技术、新业态及新产业特点更加突出。新经济发展离不开具有创新创业能力和跨界整合能力的新工程人才[1-2]。四川大学作为国家首批"双创"示范基地，将"双创"示范基地建设作为实现跨越式发展的重大机遇，以"双创"教学改革作为推动学校教学改革的重要契机，促进了"双创"教学与专业教学的交互融合及互动增长[3]。四川大学电工电子基础实验教学中心积极推进电工电子技术基础实验教学改革，在省级、校级教学教改和实验技术立项中获得了多项成果。

电子技术基础实验作为电工电子技术实验核心课程之一，电子技术基础实验课程组进行了大量的教学改革实践，从教学大纲更新，到实验的教学方法改进[4]，再到综合实验项目开发[5]，多层次多维度提升了学生的独立思考和动手实践能力，提高了实验教学的质量效益。随着我校"双创"示范基地的建成，电子技术基础实验课程也迎来了教学改革的新阶段，促使我们树立起电子技术基础实验与"双创"实验并轨教学的新目标。面向创意和

---

[*] 基金项目：四川大学实验技术立项资助项目（SCU201095），四川大学新世纪高等教育教学改革工程（第八期）资助项目（SCU8212）。

[**] 作者简介：印月，博士研究生，工程师，主要从事电工理论及其新技术方面的研究，教授"模拟电子技术实验""数字电子技术实验"等课程。

创新的时代背景，电子技术基础实验课程组以"意识引领发展、动力推动进步、能力实现飞跃"的改革思路，将电子技术基础实验作为"双创"实验教学的平台和桥梁，开展电子技术基础实验与"双创"实验并轨教学实践。

1 电子技术基础实验与"双创"实验并轨教学

1.1 并轨教学的定义

所谓并轨教学，是指基础实验教学到"双创"实验教学的衔接教学。其主要包括基础实验提升和"双创"实验铺垫两个阶段。基础实验提升主要指根据专业培养目标优化教学大纲，通过教学方式改革夯实基础实验，扩充综合设计实验项目，提升学生的创新创业技能，通过多样化考核方式，科学制定实验项目考核指标，促进学生树立正确的学习目标。而"双创"实验铺垫则是通过国际实践周教学对基础实验进行延伸，使学生对"双创"实验教学的新知识点、操作技能有初步认识，激发学生探索科学问题的兴趣，实现基础实验教学到"双创"实验教学良好的过渡。

1.2 并轨教学的必要性

并轨教学是电子技术实验教学改革的必然选择。电子技术基础实验课程作为工科专业的基础实验课程，应积极响应四川大学"培养具有深厚的人文底蕴、扎实的专业知识、强烈的创新意识、宽广的国际视野的国家栋梁和社会精英"的人才培养目标。

并轨教学是实验教学改革的迫切需要。在满足常规教学任务和实验教学任务的同时，充分利用国家"双创"示范基地"超导与新能源中心"平台开展大量本科创新实验和教学工作，提供多方位的教学方式满足本科生的创新教学需求。

并轨教学是提升学生动手能力的内在要求。"双创"教育是人才培养的一种新的表现形式[6-7]。在双创人才培养过程中，必须正确理解，科学对待"双创"教育与专业教育之间的辩证关系。

2 电子技术实验并轨教学改革

2.1 电子技术实验并轨教学改革总体构想

随着国家"新工科"建设深入推进，传统工科实验教学模式已不能满足人才培养需求。工程教育培养模式应与工程实践相结合，运用多样化的教学模式，培养学生适应社会实际需求的创新能力与创业能力。并轨教学是传统基础实验教学的深化，也是"双创"实验教学的铺垫，为二者搭建了一座坚实的桥梁。并轨教学架构如图1所示。

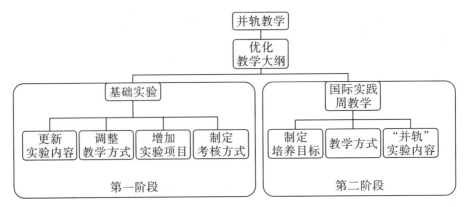

图 1　并轨教学架构

并轨教学第一阶段主要指电子技术基础实验教学改革，保留基础实验教学中部分经典实验，适当提升实验项目难度，增加设计性实验，拓展学习思维；在国际实践周教学进行的并轨教学第二阶段，分专业开展课程设计，融入"双创"实验相关专业知识，全方位提升学生的实践操作能力，为"双创"实验做好铺垫，同时也为各项赛事输送具有竞争力的人才，在适当情况下可根据个人兴趣特长定制大创课题。

2.2　电子技术实验并轨教学运行与实施

2.2.1　优化教学大纲与整合教学资源

人才培养目标是一切教育活动的出发点和归宿。要实现电子技术基础实验与"双创"实验的并轨教学，就必须结合各专业特色，重新梳理各专业电子技术实验教学大纲，使创新能力和创新意识融入电子技术基础实验中。

本文以模拟电子技术实验并轨教学为例进行详细介绍。新的教学大纲将模拟电子技术实验划分为基础型、拓展型、提升型和开放型。其中，基础型实验为经典电路验证实验；拓展型实验则指电路拓扑结构给定，以电路参数选择、计算为设计目标完成电路设计；提升型实验以设计电路拓扑结构和计算电路参数为主要目标完成电路设计；开放型实验则给出设计要求，学生自行补充学习相关知识点，选择器件类型，设计电路拓扑，计算电路参数，其难度接近"双创"实验要求。显然，模拟电子技术实验并轨教学对学生提出了更高的要求。模拟电子技术实验并轨教学课程内容设置如图 2 所示。

序号	实验项目	类型
1	常用电子仪器的使用	验证型
2	单管放大电路	验证型
3	射极跟随器	验证型
4	差分放大电路	验证型
5	集成运算放大器的应用	验证型
6	集成功率放大器	验证型
7	滤波器的设计与测试	验证型
8	RC正弦波振荡器	验证型
9	直流稳压电源	验证型
10	负反馈放大器	综合型

序号	实验项目	类型
1	常用电子仪器的使用	基础型
2	单管放大电路	基础型
3	差分放大电路	基础型
4	集成运算放大器的应用	基础型
5	集成功率放大器	基础型
6	RC正弦波振荡器	基础型
7	直流稳压电源	基础型
8	负反馈放大器	拓展型
9	多级运放大器设计	提升型
10	反激式双输出DC-DC变换器	开放型

图 2　并轨教学课程内容设置

图 2 中，重新划分模拟电子技术实验并轨教学模式下的课堂教学内容，删除了原教学

内容中"射极跟随器"和"滤波器设计"实验，将其作为单元电路合并到提升型实验"多级运算放大电路设计"中。结合"双创"实验中心超导与新能源实验室教学内容，对基础实验中"直流稳压电源"设计电路进行扩展，设计了"反激式双输出 DC－DC 变换器电路"作为并轨教学第二阶段实验项目，即国际实践周教学任务。

2.2.2 模拟电子技术实验并轨教学实施

2.2.2.1 并轨教学第一阶段

并轨教学第一阶段为基础实验教学。为提高学生分析问题和解决问题的能力，提出了"逆向"思维实验教学方法。为增强电子技术基础实验教学环节的系统性，进一步拓展学生的实验动手和设计能力，提高学生整体综合技能，将基础实验教学中的综合设计性实验进行层次化区分，递进式展开。

（1）"逆向"思维实验教学方法。

在实际工程中，工程师所需具备的基础技能是对已有电路故障进行排查和修复。基于故障电路的"逆向"思维实验教学模式要求学生根据给定的故障电路模块，通过测试与分析，排除故障，恢复电路功能。在教学过程中，教师给予学生一定示例和要点提示，让学生通过自身分析、实验、思考、讨论和查阅文献等途径去独立探索，发现并掌握相应原理和结论。下面以"单级运算放大电路"设计为例介绍并轨教学模式下"逆向"思维实验教学方法，如图 3 所示。在"逆向"思维实验教学中，要求学生观察波形现象（通常为失真波形），结合电路拓扑结构分析电路故障，然后调试电路排除故障，恢复电路功能。

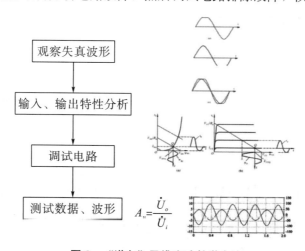

图 3 "逆向"思维实验教学方法

"逆向"思维实验教学模式突出学生在实验教学中的主体地位，通过学生自主解决实际问题来培养学生的分析能力、思考能力、判断能力、动手能力和创新实践能力。该方法不仅能加深学生对理论知识的理解和深化，更重要的是培养了学生的独立意识、创新意识和实事求是的科学态度，将理论知识与实践工程相结合，利用"逆向"思维与"逻辑"思维相叠加的教学方法，增强了电子技术实验教学效果。

（2）设计性实验的层次化开展。

除基本故障排查能力外，企业用人单位还特别关注学生独立的电路设计能力和动手操作能力。为此，在并轨教学中加大了设计实验的比重。由于总学时有限，首先，对拓展实验——"负反馈放大器的设计"的课时进行了调整，将原来的 8 学时压缩为 6 学时。课前，学生根据给定电路拓扑结构进行参数计算，并完成仿真。课堂时间主要用于电路搭建，增设了提升实验——"多级放大电路的设计"，如图 4 所示。在该实验中，学生根据实验要求自行选择电路拓扑结构，计算电路参数。提交仿真电路后，用面包板搭建实物电路。鼓励有能力的学生进行电路焊接。该电路将各个模电基础实验电路串联起来，让学生形成了完整的电路设计体系，对模拟电子技术有总体认识，并学会灵活运用理论知识解决实际电路问题。

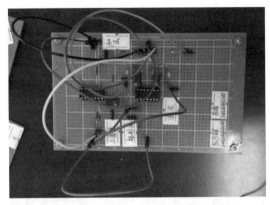

（a）集成运算放大器综合运用实际电路

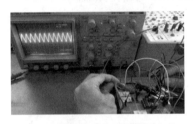

（b）三角波产生电路波形测试

（c）叠加电路波形测试

（d）滤波电路波形测试

（e）比较电路波形测试

图 4　多级运算放大电路的功能模块

2.2.2.2　并轨教学第二阶段

为进一步提升学生独立的电路设计能力和动手操作能力，在国际实践周开展了并轨教学的第二阶段，即开放型实验教学。结合电力专业课程设置，设计了"反激式双输出 DC－DC 变换器"实验。在该实验中，实验指导教师介绍了 DC－DC 变换器、反激变换器工作原理，以及峰值电流模式控制方法。在课堂操作中，学生从线圈的缠绕开始，参与各个模块的电路设计，包括焊接操作、参数测试及实验报告的撰写。开放型实验教学没有统一的设计指标，以操作能力及参数指标的准确度作为成绩判定依据。"反激式双输出 DC-DC 变换器"实验过程如图 5 所示。

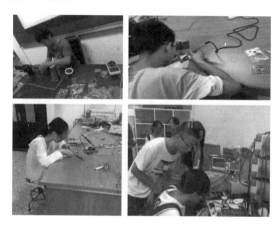

图5　并轨教学第二阶段实验过程

并轨教学的第二阶段作为模拟电子技术实验基础教学和"双创"实验教学的重要衔接点，同时可作为各项电子比赛的培养环节，加深了学生对实验课程的理解及拓展实验基础的训练，提高了学生整体综合技能，为"双创"实验的开展奠定了扎实的专业基础，实现了电子技术基础实验和"双创"实验的并轨。

3　多维度并轨教学质量评估体系

人才培养质量评估是确认教学是否达到既定人才培养目标的一种价值判断标准。既是对现有教学活动的整体评价，也是发现现有教学问题、优化现有教学体系的有效途径。

电子技术实验并轨教学模式下的人才培养目标是培养具有专业知识、"双创"精神与素质的高学历人才。因此，在多维度评估过程中，突出了以学生为主体的评价模式，借助 PBL 教学法[8-9]的思路，学生自定义学习任务、学习进度及学习效果，实现学生对实验掌握情况进行自我诊断的目的。该环节包括已掌握知识点（Known）、期望解决或获得的知识点（Want to Learn）、最终获得知识点（Learned）三个部分[10]。它既是对教学效果的评价，也是教学改革方向的有利依据。

此外，多维度指标还包括实验考核及人才输出等多方面。电子技术实验并轨教学质量的评估计算采用多指标加权求和的计算方法，即

$$AR = \sum_{i=1}^{3} \lambda_i SC_i \tag{1}$$

式中，λ_i 为各项指标所占权值；SC_1 指学生的 PBL（Project Based Learning）自评；SC_2 指实验考核，其包括实验操作、实验数据及电路调试分析等方面，主要考查学生对实验内容掌握的情况；SC_3 指人才输出情况，包括每年各项赛事获奖情况及大学生创新成果等方面。

下面通过传统教学班级与并轨教学实验班级的 PBL 自评分数对比，展示并轨教学运

行效果，如图 6 所示。图 6 中分数均为班级平均分数。其中，已掌握知识和期望获得知识部分，两个班级分数十分接近，说明两个班级学生基础相当，且自我要求基本一致。但经过一学期的学习后，最终获得知识却相差甚远，传统教学班级最终获得知识分数比并轨教学实验班级低 6.43 分。通过式（1）计算，传统教学班级与并轨教学实验班级 PBL 自评成绩分别为 93.28 分和 96.45 分，可以看出并轨教学实验班级 PBL 自评结果优于传统教学班级。

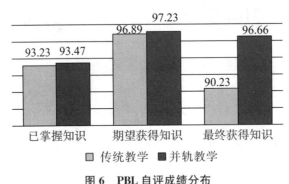

图 6　PBL 自评成绩分布

将 2017—2018 学年的模拟电子技术并轨教学班级与传统教学班级其他指标进行对比，结果见表 1。

表 1　多维度并轨教学质量评估结果

	PBL 自评	实验考核	人才输出	总评
λ_i	0.30	0.50	0.20	—
传统教学	93.28	91.68	79.03	89.63
并轨教学	96.45	94.05	85.87	93.14

表 1 中，人才输出环节的考评分数是根据各项赛事、科创活动的学生参与人数及其获奖情况进行折算后，加权求和所得。另外，并轨教学班级的实验考核分数除传统教学班级所涉及实验报告分数外，还包括拓展及设计实验操作分数等，虽然难度加大，但并轨教学班级该项成绩平均分数仍高于传统实验班级 2.37 分，这与并轨教学合理的教学方式及学生的学习积极性分不开。进一步验证了并轨教学在激发学生主动参加实验，启发学生探索科学，培养学生创新思维方面起到了一定作用。

结语

实施电子技术基础实验与"双创"实验并轨教学，将电子技术基础实验细化为多个层次，实验内容难度逐层递增，采用层次递进方式将"双创"实验贯穿于基础实验教学各个环节。这既拓宽了学生的学术视野，又启发了学生的创新思维。在教学筹划环节中，以实验现象作为实验课程展开的有利切入点，突出学生的实验课程主体地位，充分调动学生的学习积极性、主动性及创造性。在教学实施环节中，增添了实验项目的趣味性和挑战性，最大限度地激发学生参与实验的内生动力。在教学评估环节中，采用多维度并轨教学质量评估方法，较为准确地验证了电子技术实验并轨教学的具体成效。同时，并轨教学方式在高校双创教育的其他学科领域也具有一定的参考价值。

参考文献

［1］林健. 新工科建设：强势打造"卓越计划"升级版［J］. 高等工程教育研究，2017（3）：7－14.

［2］何志琴，曹敏，王霄，等. 自动化专业创新人才培养路径分析［J］. 教育教学论坛，2020（33）：334－335.

［3］四川大学双创办. 四川大学双创示范基地工作方案［EB/OL］.［2020－03－15］. http://www. scu. edu. cn/new2012/rdzt/scjd/webinfo/2016/12/147814956412279. htm.

［4］印月. 电子技术实验"自助"式教学模式初探［J］. 实验科学与技术，2014，12（3）：88－90.

［5］印月，王栋，高策，等. 在线可调电源模块的设计与实现［J］. 实验科学与技术，2018，16（3）：1－4.

［6］刘碧强. 英国高校创业型人才培养模式及其启示［J］. 高校教育管理，2014（1）：109－110.

［7］朱丽. PBL 教学模式在计算机教学中的应用［J］. 软件导刊，2013，12（3）：177－179.

［8］张俊，马明溪. PBL 教学法在线性代数教学中的应用问题研究［J］. 现代职业教育，2020（40）：14－15.

［9］李亚楠，王海晖，刘黎志. 基于 PBL 模式的数字图像处理课程教学优化探讨［J］. 教育教学论坛，2020（36）：251－253.

［10］刘春城，李爽，刘杨，等. 工程训练课程对 PBL 教学模式的适应性研究［J］. 实验科学与技术，2020（4）：65－68.

面向"创新创业"的计算机硬件类实验课程改革与建设

周　刚* 师　维　陈　润　琚生根　李　勤

四川大学计算机学院（软件学院）

【摘　要】为进一步深化四川大学"创新创业"教育改革，以大学生自主创新和实践能力培养为目标，对计算机专业硬件类课程的实验教学进行研究，梳理出目前大部分高校特别是计算机学院计算机硬件类实验教学中的问题，提出了对现有计算机硬件类课程的内容进行整合和优化；改革硬件类实验课程授课和考核方式；对现有实验项目进行升级改造，融入"创新创业"元素；利用虚拟仿真实验作为传统实验的有益补充；编写层次化的统一的硬件类实验教材的建设方案。

【关键词】创新创业；硬件实验；改革

引言

深化高等学校"创新创业"教育改革，是国家实施创新驱动发展战略、促进经济提质增效升级的迫切需要，是推进高等教育综合改革、促进高校毕业生更高质量创业就业的重要举措[1]。在计算机科学与技术专业的教学中，学生对计算机硬件类课程的印象都是概念抽象、难学难懂、感性认识差[2]，因此，硬件类课程的实验教学作为理论教学的重要补充，起着至关重要的作用。同时，相比其他学科，计算机领域科技发展迅速、知识体系更新快，尤其是近几年，随着嵌入式技术和移动互联网的快速发展，软硬件融合和软硬件协同设计正日益成为未来计算机发展的重要方向之一。而长期以来，计算机学科对本科生的教学和实践一直更强调培养学生的算法设计和程序开发能力，对于计算机硬件系统的设计和应用没有给予足够的重视，相关的课程实践也相对落后，无法满足"创新创业"教育的需求。

1　研究背景

当前，对于计算机硬件类课程改革的研究大多集中在理论课上，包括课程体系的构建与改进、课程内容的探索与更新、教学方法的变革和创新等[3-6]，也有人针对具体的硬件类实践课程，从实验教学方法、成绩考核标准及实验项目开发等方面进行了研究[2,7-9]。

---

* 作者简介：周刚，硕士，高级实验师，研究方向为智能系统、实验室建设与实验教学研究。

总的来说，这类研究的研究面较大，研究往往不够深入，或是针对自身的情况，无法套用。还有部分研究针对硬件虚拟实验环境和项目的开发，但虚拟仿真实验适合作为硬件实验的辅助和补充，并不能完全取代实际操作。

国外高校的硬件类课程开展一直走在前列，相比国内，它们的硬件类课程的设置更加灵活，特别是一些著名大学，没有特别细分课程，更注重对学生的学习和实践能力培养。一门课程往往包含广泛的内容，虽然不过分关注每一个知识点，但强调对基本设计理念和技术本质的把握[10]。如 MIT（麻省理工学院）开设的硬件相关课程 "Principles of Computer Systems" 和 "Introductory Digital Systems Laboratory"，着重对计算机系统基本工作原理的介绍和数字系统部件的设计。加州理工学院开设了课程 "Principles of Microprocessor Systems"，着重讲解微处理器系统的基本原理，还开设了实验 "Microprocessor Systems Laboratory" 和 "Microprocessor Project Laboratory"，培养学生的实践能力。Stanford University（斯坦福大学）使用的偏软的经典教材《CSAPP（Computer Systems：A Programmer's Perspective)》，从程序员的角度来讲解计算机系统，还有相应的配套实验，使得课程更加实用、具体。

因此，本文立足我校"创新创业"教育改革，以大学生自主创新和实践能力培养为目标，对计算机专业硬件类课程的实验教学进行研究，针对"创新创业"人才培养的要求，梳理出目前大部分高校特别是我院计算机硬件实验中的问题，并针对这些问题进行研究，提出一套行之有效的符合我院实际情况的硬件类实验课程的改革和建设方案，从而为我校的双创基地建设和"创新创业"教育改革添砖加瓦。

2 存在的主要问题分析

目前，国内各高校在硬件类实验课程设置、实验平台、师资力量及学生水平等方面参差不齐，实验课程开设情况差异很大，在面临的问题上既有共性也有特性。总的来说，我院目前硬件类实验课程存在的问题主要有以下三点。

（1）硬件类实验课程独立，缺乏联系性，部分内容交叉重复。

计算机硬件类课程从知识结构上看，它是构成计算机系统知识中物理结构及体系结构的完整的知识模块，其理想的效果是在教学过程中作为整体统一安排。但在实际课程开展时，由于每门课之间时间跨度长，教师在教学过程中也往往只关注自己这门课的重点，而不注重与其他课程的联系[11]，故实验的开展由于资源、课时等条件的制约更是无法关注整体。对学生而言，他们在学习之初便缺乏对该门课程学习目标的宏观把握，只能在每门课的范围内看到一个个不太完整的计算机硬件系统的模型[11]，且各门课都存在理解不深、运用不熟练的问题，最终导致学生无法将几门课程的内容相互融会贯通。硬件类课程之间的内容本就存在一些交叉重复，但由于缺乏对全局的安排和把握，导致有些需要衔接和优化的知识得不到重视，而有些内容却重复讲授。

（2）实验教学开展方式较传统。

计算机硬件的理论课程内容知识点繁杂，内容抽象，难于理解，学生普遍反映枯燥、乏味，提不起学习兴趣，实验课的作用应该是转抽象为形象，变复杂为简单，提高学生学习的积极性。但在实际的教学中，教师主讲、单纯的一对一辅导和检查实验结果这种传统实验指导模式并不能提高学生的学习兴趣。因为在这样的模式下，不能保证每个学生都成为学习的主体，抑制了学生主观能动性的发挥。同时，传统的实践教学方式和提交实验报告的考核方式无法科学地考量学生的应用能力和实践能力，无法突出培养学生实践能力的教学要求，有碍于创新型人才的培养。目前的教学改革大多聚焦在理论课上，实验课程的教学方式改革往往处于被遗忘的角落。

（3）实验项目创新性特质不够。

我院的计算机类硬件课程历经几次改革，克服了多重困难，取得的成绩有目共睹，但随着人才要求的不断变化和提高，也存在一些问题。虽然很多硬件类课程开设了综合性和创新性实验，但实验总数不够，特别是创新性实验，无法完全满足部分学有余力、对硬件感兴趣的学生。现有实验对"创新创业"的针对性不强，部分实验项目中使用器件和实际应用领域有所差距，结合不够紧密，同时很多应用广泛的新标准新技术没有在实验中涉及或限于设备无法开展，导致专业教育与实践脱节，有碍于将来学生"创新创业"工作的开展。

3 建设方案

3.1 注重硬件课程之间的联系，对硬件类实验课程内容进行整体优化

各门课的实验除要完成理论课要求的任务外，还应充分考虑与其他实验的关系和相互作用。

（1）理顺知识点，实验课程梯级分布。

在实验课程的教学上，"数字逻辑"除要让学生学会基本逻辑芯片的使用外，重要的是要使学生建立起牢固的组合逻辑和时序逻辑的思想和概念，学会选通、选中电路，串行和并行传送数据，学会使用三态器件和常用仪器。"汇编语言程序设计"课程除让学生掌握汇编语言基本的编程方法外，还能理解机器语言和计算机硬件的关系，建立起内存的空间概念，了解指令系统如何组成。"计算机组成原理"课程应重点向学生展示"地址总线""数据总线""控制总线"在数据流动中的作用和三总线协调工作的情况，使学生学会使用三总线来连接处理器、存储和外设。"微机系统与接口技术"课程则要强调在 ISA 总线的基础上，如何使用各类接口芯片，如何使用汇编语言来对接口芯片进行编程控制。

建立好这样的知识点的循序渐进的阶梯过渡关系，使硬件知识能在整个学习阶段有机地结合和贯穿，就能避免学生出现在组成原理实验中看不懂基本逻辑电路图，不理解时序概念，或是接口实验中不能熟练使用汇编语言的尴尬情况，从而把握实验课的重点内容，不把时间浪费在既往知识的复习或重新讲解上。

（2）善用重叠部分内容，实验中加深理解。

计算机硬件类课程尤其是实验部分中有些内容是重叠重复的。如"计算机组成原理"课程的实验中，后期模型机的设计中包含了将在"微机系统与接口技术"课程中才会学到的 8259 中断和 8237DMA 部件，而"微机系统与接口技术"课程实验中又包含了"计算机组成原理"课程中的存储器系统和汇编程序设计的内容。这些重叠的内容由于每门课程的独立性，在实践中要么被忽略，要么讲解不够完整，学生在学习过程中既感觉重复，又似懂非懂。

其实既然有这样的实验条件，我们应善用这些重复的部分，而不应该忽略、忽视。如在接口实验箱环境中适当安排汇编程序设计实验，使学生可以一方面在真实的硬件环境中进一步掌握汇编语言，另一方面在编程的过程中更加透彻地了解微机系统，从而具备扎实的硬件编程能力，还可以在完成了接口实验后返回到"计算机组成原理"课程实验中关于中断和 DMA 的部分，完成具有中断和 DMA 功能的模型机实验，从而使学生从新的高度来理解"计算机组成原理"的知识。

3.2 改革实验课堂教学方法，以问题为导向

在实验课程之初，教师就应给学生理顺计算机硬件类前导和后续课程之间的关系，说明本门课程在学习整个计算机硬件体系中的地位和作用，明确实验课程所要达到的目标，使学生在开始课程前做到心中有数。在开展实验的教学中，应该改变目前"教师主导型"的实验教学方式，以问题为导向，鼓励学生在实验过程中"做中学"。以"计算机组成原理"课程实验为例，可以改变原有的依次开展计算机各部件实验、教师讲解、学生再按照实验指导书验证功能的教学方法，让整门实验课围绕"如何从硬件和软件上来设计和实现一个计算机系统"这一大问题展开，大问题中同时包含各种需要解决的小问题。实验中，让学生尽量自主探索、自主学习，成为学习的主体，而教师仅作为问题的设计者和学习过程的启发者和帮助者。教师设置合适的问题，学生可以根据情况进行分组，然后自行查阅资料，通过实验系统的部件实验来积累知识，掌握各部件的工作原理，讨论可行性方案，设计指令系统，设计数据通路，设计微指令，最终在实验系统上完成计算机系统的软硬件设计，并验证通过[12]。"计算机组成原理"课程实验开展方案如图 1 所示。

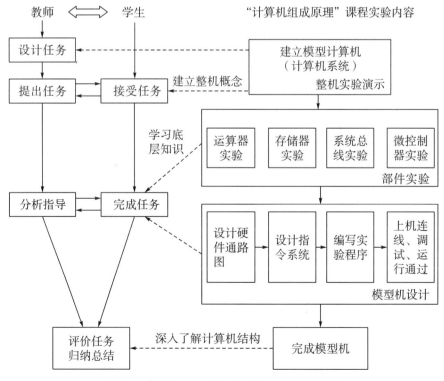

图 1　"计算机组成原理"课程实验开展方案

"微机系统与接口技术"课程的实验课也可以参考类似方法，组织学生完成接口芯片某个具体应用的课程设计，把传统的提交实验报告改革为提交课程设计的模式，通过选题、需求分析、硬件设计、软件编程、调试、系统实现这一过程，锻炼学生的工程设计和应用能力。同时也鼓励学生自由发挥，诱导学生自己设计或增加功能，或是自主设计和实现一个全新的系统，激发学生的创新能力。

3.3 对已有实验项目进行改造与更新，融入创新创业元素

实验课教学方式的改变，需要有相应的实验项目支撑。目前，我院硬件类实验课程已经改革了原有的验证性实验为主的方式，形成了"基础→综合→研究→创新"的层次化结构，但目前硬件类实验课程的综合性、创新性都需要进一步改造和建设。

与原有实验项目相比，新开发的实验项目应立足于"创新创业"教育和专业教育，在设计和实施过程中满足：①与专业教育紧密结合。实验项目应深入挖掘学科专业知识、理论和实践中的创新型特质，将"创新创业"的内容与专业实践教学有机融合并有效衔接，开拓学生的专业创新思维。②面向实践。实验项目应结合专业动态，融入学科新技术、新标准，紧跟时代潮流和行业技术水平，从而避免理论与实践脱节，达到在专业教育中培养学生创新创业能力的目的。③综合性强。实验项目设计应涵盖多个知识点，解决问题的方法最好能有多种方案，从而锻炼学生综合解决问题的能力和创新开拓能力。

3.4 利用虚拟实验作为真实实验的有益补充

传统的硬件类实验开展要受实验场所、实验设备等的限制，目前我院已经购买了润尼尔公司开发的系列虚拟实验软件，可以充分利用虚拟仿真实验系统，在计算机上模拟真实的实验室环境，提供可操作的虚拟实验仪器，使学生在互联网上通过接近真实的人机交互界面来完成各种硬件类实验。虚拟实验系统能够模拟真实实验中所使用的实验器材和设备，提供与真实实验相似的实验环境并实现网上开放式实验管理功能，虚拟化的仿真实验教学可以减少实验设备的维护强度，缓解实验设备的不足，且不受时间空间限制，是现有实验教学的有益补充，有益于拓宽实验渠道，有助于增加学生动手实践机会。

3.5 编写层次化的实验教材

目前，我院各门硬件类实验课程基本都没有专门教材，一般都是教师的自制课件或直接使用实验设备厂家提供的实验指导书，有些授课教师自主开发的综合性、创新性实验由于缺乏统一规划而没能形成文字或数字的共享资源。因此，统一的、符合我院实际情况的硬件类课程实验教材的编写也是硬件类实验课程建设工作的重点之一。

在实验教材的编写上，除介绍实验的基础理论知识外，应以培养学生的实践能力和创新精神为目的，精心选择合适的实验项目，在实验内容上体现出从"基础"到"创新"的层次性，充分考虑学生的个体差异，为不同阶段和水平的学生提供合适的实验项目。实验项目尽量设计成"问题"式，让学生带着问题去操作、去学习，从而明确学习目的，加深所学的知识点。借鉴国外经验，为实验教材中的实验项目编写指导性更强、更规范的项目设计指导步骤，规范细致的描述目标、设计方法、步骤、参考结果和进一步学习的参考资料，注重中间过程对设计步骤和思想的指导，而不是仅仅给出任务目标和实验结果。

4　结论

本文面向"创新创业"教育改革，针对我院计算机专业硬件类课程的实验教学，探讨了新背景下的硬件课程改革和建设方案。对计算机硬件类课程的内容进行了整合和优化；提出了"以问题为导向"，改革原有的硬件类实验课程授课和考核方式；对现有实验项目进行升级改造，融入"创新创业"元素；编写层次化的统一的硬件实验教材，并利用虚拟仿真实验作为传统实验的有益补充。以上建设和改革方案已部分付诸实践，本文的研究对学校的"双一流"建设和培养具有创新创业知识、能力、品质和本领的人才有积极的意义。

参考文献

［1］国办发〔2015〕36 号. 国务院办公厅关于深化高等学校创新创业教育改革的实施意见［Z］. 北京：国务院办公厅，2015.

［2］陈润，琚生根，师维，等. 微机系统与接口技术实验课程改革研究［J］. 实验技术与管理，2015，32（5）：236−238，282.

［3］刘京锐，李志平. 计算机硬件类课程实践教学改革与实践［J］. 实验技术与管理，2010，27（4）：130−132.

［4］黄勤，李楠，胡青，等. 计算机硬件技术基础课程体系优化及实践［J］. 实验室研究与探索，2011，30（10）：290−292，299.

［5］马汉达，鲍可进. 计算机硬件课程实验教学改革与实践［J］. 实验室研究与探索，2013，32（10）：360−362.

［6］陈立刚，徐晓红，王萍. 计算机硬件系列课程改革新思考［J］. 电气电子教学学报，2017，39（1）：9−12.

［7］唐志强，朱子聪. 计算机专业硬件课程体系的改革［J］. 计算机工程与科学，2014，36（A2）：159−161.

［8］郑宇. 工科计算机硬件课程的融合［J］. 计算机教育，2013（3）：54−56.

［9］王凤芹，李瑛，曲宁. 以专业应用为导向，改革计算机硬件基础教学［J］. 计算机工程与科学，2014，36（2）：104−107.

［10］墙威，曹惠. 计算机科学与技术专业硬件课程教学改革与实践［J］. 计算机教育，2015（1）：57−60.

［11］齐雪梅. 高校计算机硬件系列基础课程教学改革［J］. 计算机教育，2011（24）：22−24，29.

［12］周刚，师维，陈润，等. 计算机组成原理实验创新性改革探索与实现［J］. 实验技术与管理，2016（11）：26−29.

仪器设备应用与管理（开放共享）

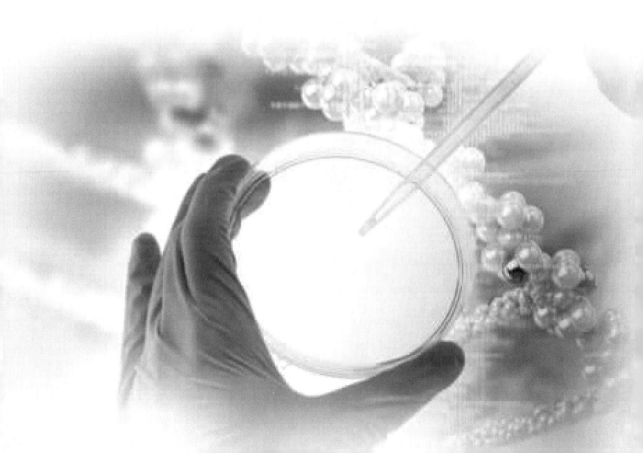

新形势下四川大学大型仪器设备开放共享平台建设的探索与实践

代 蕊* 彭 显 陆峻君

四川大学口腔疾病研究国家重点实验室

【摘 要】 新形势下实验室建设的重要任务之一是积极实现大型仪器设备的开放共享，提高设备利用率。本文根据四川大学大型仪器设备在使用过程中存在的普遍问题，从大型仪器设备开放共享平台构建、管理制度完善、经费与收支管理制度拟定、激励约束措施制定、专业队伍建设、创新人才培养、信息化平台构建、购置前论证等方面进行了探索与实践。总结得出，四川大学实验室在设备开放共享过程中取得的初步成效为高校实验室开放、提高仪器设备的共享率提供了借鉴，以进一步发挥大型仪器设备在高校、企业和社会的综合效益。

【关键词】 大型仪器设备；开放共享；平台建设；探索实践；建设成效

大型仪器设备为我国高校进行高水平科学研究和高层次人才培养提供了重要保障。科技含量高、价格昂贵是高校大型仪器设备的主要特征。目前，大型仪器设备使用机时数低、共享程度不高是高校实验室面临的最大问题。因此，如何提高大型仪器设备的综合使用效益，推动开放共享平台的构建已成为当前高校亟待解决的问题。本文立足于四川大学大型仪器设备的使用存在的普遍问题，深入分析推进我校实验室大型仪器设备开放共享应着力解决的问题，并对我校大型仪器设备开放共享平台构建、管理制度完善、经费与收支管理制度拟定、激励约束措施制定、专业队伍建设、创新人才培养、信息化平台构建、购置前论证等方面进行了探索与实践，总结得出我校目前大型仪器设备开放共享取得的建设成效。

1 我校实验室大型仪器设备开放共享存在的普遍问题

随着我校办学水平的不断发展，大型仪器设备的数量和种类呈高速增长趋势，教学、科研工作的硬件条件得到明显改善。大型仪器设备具有功能强大、价格昂贵、操作严格及维护成本高等特点，因此，对其管理要求更为严苛。伴随我校大型仪器设备建设规模的不断增长，一些问题日益突显。

此类问题主要体现在以下三个方面：①购置部分大型设备之前，由于缺乏充足调研，

---

* 作者简介：代蕊，助理实验师，研究方向为纳米材料、生物传感。

购置前的可行性论证工作做得不够充足，使得购买的设备仅用于某一科研项目就闲置，造成严重资源浪费；②目前，对我校实验室大型仪器设备缺乏完善的监督考核机制，出现"重使用、轻管理"的现象，导致设备损坏，无法及时维修；③我校实验室专职人员短缺，大多精密设备缺乏专人管理，设备对外服务机时数和服务收入较少，设备维护资金不足，从而影响了设备开放共享进程。整体而言，目前我校实验室大型仪器设备存在使用机时数偏低、共享程度不高等问题。

2 我校实验室对大型仪器设备管理的探索与实践

基于上述现状，根据教育部相关文件精神和高校改革发展需要，为更好地向学生、教职工及校外一些科研机构和企业创造更多的实验设备等实践创新资源条件，我校出台了"实验室仪器设备开放共享管理办法（试行）""实验仪器设备开放共享工作考核奖惩规定（试行）""实验仪器设备共享基金使用管理办法（试行）"等一系列办法用于管理高校仪器设备开放共享工作。上述办法一般规定，以单台套设备原值 20 万元及以上的实验设备（含软件）为重点，将设备使用权向机组以外用户开放，提供符合规范且不以营利为目的的有偿服务。但由于我校实验室设备开放共享目前尚处于初步探索阶段，未建立一套较为完善可行的管理体系[6]。因此，立足我校现状，下面对在大型仪器设备开放共享过程中具有我校实验室特色的开放共享平台构建、管理制度完善、经费与收支管理制度拟定、专业队伍建设、信息化平台构建等关键点进行了探索与实践。

2.1 严格遵守大型仪器设备申购论证制度

我校出台了针对大型精密仪器设备管理办法，要求对需要进行论证的新购置设备组织专家进行设备采购可行性论证。办法规定，首先，可行性论证要确定拟购设备的配置情况，列出拟购设备的主要配置参数（设备名称、品牌型号、生产厂家、主要功能等）。其次，要对拟购设备的价格（含税、含发票、含运费安装等总价）进行论证，提供拟购设备报价来源（网上查询、以往招标、市场询价等），对报价设备提供相关证明材料。最后，上述可行性报告经 3~7 位相关学科专家论证通过后，上报学校实验室与设备管理处，再按照采购程序经招标中心进行采购。严格的申购论证制度能有效避免浪费和重复购置，促使资源科学合理配置，提高仪器设备的投资效益[6]。

2.2 建立科学、健全的开放共享运行管理机制

目前，我校实验室仪器设备开放共享平台的管理运行机制为三级分工统一管理。即全校统筹管理，学校、二级单位、实验室机组三级分工负责。首先，我校成立"实验设备开放共享工作组"作为领导机构，负责日常工作的实施。第一步，设立"实验设备开放共享专家组"，在相关政策、经费使用等方面提供意见；第二步，建立"线上大型设备管理中心"，提供服务平台保障；第三步，根据实际情况提供必要的政策、人员及专项经费等条件支持。其次，二级单位负责对各机组的统筹管理。二级单位要建立章程、配置岗位和人员，执行相关经费管理规定。最后，以机组为单元负责具体实施，其构成方式包括校级公共服务平台、专业实验室及课题组等。三级各负其责、相互配合，共同完成开放共享服务

的各项工作，确保我校实验室大型仪器设备开放共享平台处于良好的运行状态，使实验室仪器设备开放工作有条不紊地进行[7]。

2.3 制定明确的经费来源与收支管理制度

我校仪器设备开放共享平台的经费主要来源于设立的实验设备共享基金和针对用户收取的实验成本费和服务费。我校实验室对于实验服务费的收支管理实行三级专项经费卡制度，即学校、各二级单位和机组分别拥有一张实验服务费经费卡。同时，还制定了实验服务费的分配、决算方法，即对开放共享设备的实验服务费按一定比例纳入高校"实验服务费专用卡"，用于共享基金的补充。余下部分由二级单位统筹管理分配，主要用于奖励机组人员、共享设备运行和维护等。以年度为单位，我校对各二级单位进行核算，各二级单位对各机组进行核算，各机组对其成员进行核算。我校还鼓励各二级单位和机组通过多种渠道为设备开放共享工作提供经费支持。充足的开放基金和严格的收支管理制度是构建仪器设备开放共享平台的重要举措，可极大提高各仪器设备所属实验室的积极性，保障设备的利用率。

2.4 建立相应的激励与约束措施

制定实行健全完善的考核奖惩等激励约束机制，能充分调动广大师生使用仪器设备的积极性，提高大型仪器设备的使用效率。我校根据教育部有关文件要求对二级单位和机组进行年度考核。对于考核优秀的二级单位，在实验室建设等专项经费投入和实验技术人员配备等方面予以倾斜；对于考核不合格的二级单位，扣减次年经费投入和新进人员数量等。对年度考核为优秀的机组，在设备维护费、实验服务费补贴等方面给予倾斜；对考核不合格的机组，扣减其相关经费，并要求及时整改。激励约束机制的制定充分调动了机组管理仪器设备的积极性，极大提高了大型仪器设备的使用效率。

2.5 加强实验技术队伍建设

我校实验室大型仪器设备的"高、精、尖"及相关交叉学科的兴起，都对实验技术人员的业务水平提出了更高要求。基于此，我校采取了多项举措加强实验技术队伍建设，实行以专职为主、兼职为辅，配备实验技术人员。我校公开招聘专职实验技术人员，保障整个实验技术队伍的业务水平；鼓励对设备管理有兴趣的专职教师兼职一些大型仪器设备的操作管理岗；从应届毕业生中挑选出动手能力强的学生加入相关实验技术岗位。我校还制定了相关实验技术人员的培训计划（专题讲座、制造商培训、实验技术交流等），通过上述方法不仅完善了实验技术队伍的培训机制，还提高了大型仪器设备技术人员的实际操作能力，为仪器设备开放共享平台的高效运行提供了技术保障。

2.6 鼓励学生使用大型仪器设备，提高学生的创新能力

我校实验室仪器设备开放共享平台向全校学生提供了良好的实践创新与设备资源环境，更好地开展各项创新人才培养工作，主要体现在以下四个方面：①要求教学科研的实验设备优先向学生开放；②开展各类大型仪器设备的操作培训，让具备条件的学生操作大型仪器设备；③增加学生实践创新的渠道和经费；④向考核合格的学生颁发技能证书，对

获得相关证书的学生在保研、奖学金评定等方面给予优先考虑。通过开放共享的方式，学生将有更多的机会亲身动手实践，学习收集和处理信息，提高分析解决问题的能力，养成勇于创新的思维习惯。

2.7 建立基于网络的大型仪器设备共享管理系统

随着科学技术的发展，智能化、网络化的实验室管理系统已成为大型仪器设备开放共享的必要工具。通过管理，系统用户可以在线预约，极大降低了时间成本，同时，信息化管理系统还能实时监控设备的运行情况，提高管理效率。我校成立的优质设备资源共享平台——"虚拟大型设备管理中心"为专门的大型仪器共享管理机构，用户可以在该平台查询所需设备信息（设备校内分布情况、功能指标、预约情况、收费制度等），四川大学仪器设备开放共享平台内的部分仪器见表1。此共享平台不仅面向全校师生及课题组开放，还面向其他高校、企业及科研院所开放，有偿使用。以开放共享理念为支撑，以各学院的大型仪器设备资源为基础，不断优化资源配置，最终形成科学、高效的校级大型仪器设备共享平台。

表 1　四川大学仪器设备开放共享平台内的部分仪器

设备名称	规格型号	二级单位
高速分选流式细胞仪	Moflo XDP	华西口腔医学院
达芬奇机器人手术模拟系统	Robotix Mentor	临床医学基础中心实验室
场发射透射电子显微镜	TecnaiG2F20S—TWIN	分析测试中心
全自动液相芯片分析系统	MAGPIX，JANUS	生物学院
半导体器件分析仪	B1500A	微电子学实验室
多光谱细胞成像系统	Nuance EX	国家生物材料工程技术研究中心
激光共聚焦显微镜系统	TCS SP5II	过程装备与控制实验室
实时荧光定量 PCR 仪	CFX96 TOUCH	基础医学专业实验室
原子力显微镜	SPM—9600	皮革化学与工程教育部重点实验室
程控岩石三轴流变试验系统	YSL—30—600—10	岩土工程省重点实验室
高温高压旋转流变仪	MCR302	高分子材料工程国家重点实验室
X 射线衍射仪	DX—2500	原子与分子物理研究所
蛋白质结晶自动化系统	PHOENIX28	生物治疗国家重点实验室
双向电液伺服作动器控制系统	DSP TRIER 6204	土木工程实验室

注：表内数据来源于四川大学"虚拟大型设备管理中心"。

3　我校大型仪器设备开放共享平台建设成效

每年加入四川大学"虚拟大型设备管理中心"的大型仪器设备显著增多。截至 2020 年

7月，加入该共享平台的大型仪器设备已达 3066 台，其中价值 20 万元及以上的设备达到了 64.17%（图 1），设备总价值超过 14 亿元，涵盖了物理电子、生物医学、化学化工、材料科学、机械制造、食品科学技术、农林学、建筑、大气海洋探测及特种检测等多个技术领域，共享面进一步拓宽。同时，我校还制定了《四川大学实验室仪器设备开放共享管理办法（试行）》《四川大学实验仪器设备开放共享工作考核奖惩规定（试行）》《四川大学实验仪器设备共享基金使用管理办法（试行）》《四川大学实验仪器设备开放共享收费管理实施办法（试行）》等相关章程，用于梳理规范我校大型仪器设备开放共享的各项工作。我校大型仪器设备开放共享平台建立之前，多数设备使用机时数较低（年使用机时数低于 300 小时），共享程度不高。自我校大型仪器设备开放共享平台运行以来，绝大多数仪器的年使用机时数均达到 800 小时以上，多次接待全国各地前来使用的科研人员，设备使用率稳步提高，创造了良好的社会效益。我校开放共享平台探索出了一套适合我校特色的共享管理体系，以设备开放共享平台为基础，以人才队伍和经费投入为支撑，加强开放共享力度，提高设备共享效率，为学校教学科研工作提供了坚实后盾。同时，我校还以课题研究为纽带，加强与省内各高校和企业间的合作，宣传我校设备开放共享平台的建设经验，以带动其他高校开展共享平台建设。

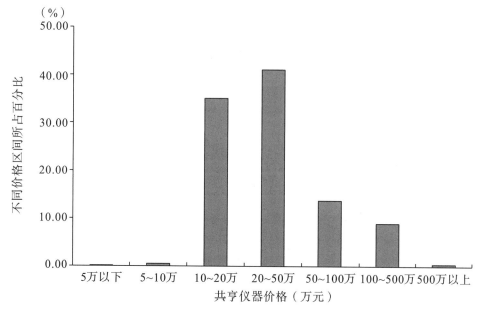

图 1　四川大学仪器设备开放共享平台设备按台件数分布示意图

注：图内数据来源于四川大学"虚拟大型设备管理中心"。

结语

依托高校优质的设备资源共享平台，以课题组为基本单元，逐步辐射校内各学院、四川乃至全国的高校、科研机构和中小企业。自我校实验室大型仪器设备开放共享平台运行以来，设备使用率稳步提高，取得良好效果。设备开放共享是一项长期而艰巨的任务，目前，我校设备开放共享平台仍存在运行机制不完善、专职队伍短缺及结构不合理、场地资源紧张、共享发展不平衡等方面的问题，因此，我们仍需不断解决在设备管理运行中存在的问题，培养专业的实验技术队伍，积极开发仪器设备功能，提高实验测试水平，增加入网大型设备数，不断完善共享管理服务体系建设，提高仪器设备的利用率和服务范围及经济和社会效益，坚定不移地坚持以服务为第一宗旨，为学术科研服务，为社会服务，建立更畅通的资源共享渠道。

参考文献

[1] 肖俊生. 大仪共享平台的构建及其效益最大化 [J]. 实验室研究与探索，2016，35（9）：292-295.

[2] 孙涛，张胜，王文斌，等. 大型科学仪器设备共享前景分析及思考 [J]. 中国科技资源导刊，2020，52（2）：22-28.

[3] 詹美燕，李春明. "互联网＋"高校大型分析测试仪器开放共享的管理探索与实践——以华南理工大学材料平台公共分析测试中心为例 [J]. 科技管理研究，2020，40（4）：127-131.

[4] 于乐兵，尹洪峰，初士兴，等. 大型贵重仪器设备开放共享机制研究与实现——以西部地区某省属重点高校为例 [J]. 高校实验室科学技术，2019（2）：128-131.

[5] 施敏敏，曹啸敏. 地方本科院校大型仪器设备开放共享的探索与实践 [J]. 教育现代化，2019，6（89）：105-106，109.

[6] 王娇娇，金仁村，倪伟敏. 高校大型精密仪器设备共享平台管理的实践与思考 [J]. 中国现代教育装备，2019（3）：1-3，6.

[7] 李震彪，杨向东，郑炎雄. 高校大型仪器设备开放共享工作探析 [J]. 中国现代教育装备，2020（7）：1-4.

[8] 王兆国，于春红，刘程国. 高校大型仪器设备开放共享服务体系建设与思考 [J]. 实验技术与管理，2020，37（3）：255-258.

[9] 郑忠香. 高校大型仪器设备开放共享建设与实施 [J]. 中国教育技术装备，2018（16）：20-22，26.

[10] 何一萍，赖力斌，姚丽华. 贵州大学大型仪器设备共享平台建设的实践与思考 [J]. 实验技术与管理，2018，35（6）：5-8.

[11] 史琳，张舒逸，宋微. 吉林省大仪开放共享绩效评价机制与指标体系研究 [J]. 高校实验室科学技术，2019（4）：132-135.

[12] 胡宁，张万光，许宏山，等. 南开大学大型仪器共享管理的探索及建设效果 [J]. 实验技术与管理，2015，32（1）：13-17.

[13] 汪志圣，赵荣，马晓晖，等. 提高学生实践创新能力视角下的高校仪器设备管理创新 [J]. 滁州学院学报，2019，21（5）：91-94.

[14] 钟冲，高红梅. 新时期高校大型仪器设备开放共享管理体系探索与思考 [J]. 实验技术与管理，2019，36（6）：1-7.

[15] 王文君，胡美琴，付庆玖，等. "共享经济"视域下高校大型仪器设备市场化运营模式探究 [J]. 实验技术与管理，2020，37（4）：253-256.

[16] 潘越，农春仕. 浅析高校大型仪器共享平台建设中的问题及思考 [J]. 实验技术与管理，2020，37（3）：259-261.

[17] 蔡鹰，李宇彬，赵辉，等. 高校二级学院仪器设备开放共享平台建设探讨 [J]. 实验技术与管理，2020，37（2）：15-18，23.

实验室仪器管理模式初探

路 姣*

四川大学国家生物医学材料工程技术研究中心

【摘 要】随着高校实验室的仪器设备规模日益壮大，仪器管理模式就变得愈加重要。本文结合四川大学国家生物医学材料工程技术研究中心的仪器平台建设情况，为提高共享平台仪器的使用率和共享率，以保证仪器平台正常运转，分别在大型仪器设备管理、中小型仪器设备管理、有偿使用机制度和实验室安全管理方面进行了一些尝试和探索，期望逐步解决目前仪器设备管理中的"重购置，轻管理""买得起，用不起""重效益，轻安全"和专业技术人员不足等问题，为加快推进学校"一流大学"和"一流学科"建设，为教学科研、学科建设和人才培养提供强有力的技术支持和保障。

【关键词】仪器平台；开放共享；有偿使用；安全管理

近几年，随着国家对高校投资力度的加大，高校教育水平和科研水平逐步提升，高校实验室的仪器设备规模也日益壮大，各类型仪器在质量和数量上都呈现出飞速发展[1-3]。四川大学国家生物医学材料工程技术研究中心（以下简称"生材中心"）也利用"985"科研经费和"双一流学科建设"等经费购置了很多大型仪器，众多科研人员利用科研经费为"生材中心"的仪器平台添加了多种中小型仪器，可满足生物医学材料工程研究的大部分测试需求，为学科建设和人才培养提供有力支持。而在不断完善仪器共享平台体系的同时，一些问题也愈加突出，如"重购置，轻管理""买得起，用不起""重效益，轻安全"和专业技术人员不足等，这些问题严重影响了仪器平台的正常运转。为实现仪器共享平台的效益最大化，我们在管理和运行方面进行了一些尝试和探索。

1 人型仪器设备管理

大型仪器设备经常出现"重购置，轻管理"现象。"重购置，轻管理"常常表现在仪器购买进行了充分论证、招标、验收等严格的购买流程，而在购买后经常是仅由管理者或管理者所在实验室使用，而实验室之外的师生难以使用到仪器，造成仪器的闲置浪费。我们现将所有大型仪器全部纳入仪器共享平台统一管理，对校内外师生开放，提高了大型仪器的使用率和共享率。由于大型仪器设备具有价值高、精密度高、功能多样及操作复杂等特点，大型仪器设备必须由"专人专管"，做到"有责可循"，规范使用，定期维护保养以

---

* 作者简介：路姣，工程师，主要负责激光共聚焦显微镜、原子力显微镜、飞行时间质谱等仪器的使用和维护。

延长仪器的使用寿命，发挥仪器的最大效益[4]。生材中心的扫描电镜、激光共聚焦显微镜、原子力显微镜及飞行时间质谱等大型仪器由于操作复杂，测试者水平对测试结果影响较大，短时间难以全面掌握仪器的全部性能，这些仪器均由专职人员管理，采取非开放模式，送样测试为主。然而，有些仪器的使用机时非常紧张，如扫描电镜和激光共聚焦显微镜等，仅靠专职人员测试样品，会使学生的等候时间很长，不利于科研的开展。为减少学生等候时间，解决某些实验必须在特定时间点进行，而此时间又为非工作时间的问题，这些大型仪器准许经过严格培训后能很快上手操作的学生利用非工作时间进行测试。学生自测时要对学生进行多次培训，关键步骤由专职人员把关，以保证测试结果的可靠性。目前，这些仪器的年使用机时由原来的年均不足 800 小时提高到了 1300 小时以上，为生材中心取得的科研成果做出了重大贡献。

2 中小型仪器设备管理

中小型仪器设备虽然价值低，但在科研中同样不可或缺。由于专业技术人员不足，难以覆盖所有仪器，因此对中小型仪器设备采取全开放或半开放的管理模式，以增加仪器设备的共享使用率。对操作步骤简单、测试方法由严格的流程管控、测试结果不会因操作者的不同而产生较大影响、仪器也不易因操作失误而损坏的仪器[5]，采取全开放模式进行管理。由管理人员定期对学生进行培训考核，考核内容包括仪器原理、操作规范、样品制备及注意事项等方面。当学生考核合格后给予合格证书，并允许学生独立使用设备，使这些设备得到充分利用。对一类操作流程略复杂的仪器，采用半开放管理模式，由经过严格培训后的学生兼职管理，主要负责仪器的关键参数调节和设备维护保养等工作，测试时主要由获得培训合格证书的学生本人来测试。通过对不同类型的仪器采取不同的开放办法，有效缓解了人力不足与测试需求逐步加大的矛盾，使仪器得到了充分的开发利用。

3 有偿使用制度

建立有偿使用制度是为了保障仪器能正常高效率运转。高校购买的仪器，尤其是大型仪器多是进口设备，运行成本较高，维修费用高昂；大型仪器还需要定期维护保养，保修期外的维护保养费用很高，很多高校配套资金不足，经常造成大型仪器"买得起，修不起"的现象[6-7]。其实，无论是大型仪器还是中小型仪器，都是有使用寿命的，大到仪器的激光器，小到显微镜的灯泡等，这些配件的更换都需要一定的资金支持，因此，有必要建立有偿使用制度。根据学校的仪器设备开放共享收费制定原则，将仪器的直接成本费（实验材料、办公耗材）、实验服务费（根据服务项目的难易程度、技术含量高低和投入的人工成本等计算）及设备折旧费（实验室水电费、场地占用费、设备折旧费等）纳入考量，制订了各仪器的收费标准。收取的费用主要用于仪器设备的维修与维护、耗材的购买、实验室改造和对仪器管理人员的奖励等。建立有偿使用制度，可以为仪器设备的可持续使用提供较好的经费保障，也能提高仪器管理人员的工作积极性，提高仪器平台开放共享的水平，维护仪器平台高效率的运转[8]。

4　实验室安全管理

仪器平台是教学、科研和人才培养的重要基地，仪器平台的安全关系到高校广大师生的安全和众多仪器财产的安全，是开展实验室各项活动的基本保证[9]。近几年，教育部高度重视实验室安全管理工作，实验室安全管理不到位可能酿成重大安全事故，造成人身生命、财产和科研成果资料的损失。2018 年 12 月，北京交通大学实验室发生爆炸，造成 3 人死亡的事故更是给大家敲响了警钟，教育部更是发布了立即开展实验室安全检查的紧急通知。每年学校也会举行"安全生产月"和"安全生产万里行"的活动，旨在提高学校师生的安全意识。仪器平台的安全管理也是管理工作的一个重点，如果不能保证测试者的人身安全及测试环境的安全，实验室水电气不合规范，科研数据没有安全保存，则仪器平台的开放共享也无从谈起。在仪器平台的安全管理中，要注重提高人员的安全意识，定期举行安全培训，建立实验室安全管理制度，做到制度上墙；实验室水电气管路线路定期检查更换，排除线路管路老化带来的隐患[10]；配备监控门禁等系统，逐步建立"培训—考核—授权"的管理模式，从而在保证实验室安全的基础上高效利用实验室仪器设备。

结语

仪器设备的规范化管理直接影响仪器设备资源的有效利用，经过我们不断地探索和实践，逐步解决了目前仪器设备管理中人员不足、经费不足及仪器利用率共享率不高的问题，充分发挥了仪器的效益，但这些工作还远远不够，仍需大家继续努力。后期我们计划利用网络信息技术来开展仪器设备管理工作，继续推进相关数据的开放共享；同时，要学习其他高校和国外的高级管理技巧。我们相信在不久的将来，会切实做到资源共享，进一步提高实验室管理水平和工作效率，加快推进学校"一流大学"和"一流学科"建设，为教学科研、学科建设和人才培养提供强有力的技术支持和保障。

参考文献

[1] 刘宁，郭爽，徐召，等. 国家重点实验室大型仪器设备平台建设与管理 [J]. 实验技术与管理，2017，34（4）：265－267.

[2] 王忠辉，李地红，范治军. 大型仪器开放共享平台管理模式的探讨 [J]. 实验室科学，2018，21（4）：184－187.

[3] 张楠，乔玉欢，胡宁. 大型仪器共享平台和管理机制的创新和成效 [J]. 实验室研究与探索，2018，37（8）：299－302.

[4] 布合力其汗·白克力，山江·艾买提. 实验室大型仪器设备管理使用探讨 [J]. 科技创业，2016（24）：98－99.

[5] 卢媛，姚青倩，杨丽萍，等. 高校大型仪器共享平台管理模式探索 [J]. 实验室科学，2019，22（6）：200－202.

[6] 翟万营，张金标. 高校科研实验室大型仪器平台管理探索 [J]. 高校实验室工作研究，2016（3）：120－122.

[7] 张小芬，张向军. 高校重点实验室开放与大型精密仪器管理的探究 [J]. 实验室科学，2020：163－

165，168.

[8] 王文洁，张秀艳. 生物医学类实验室大型仪器共享平台管理 [J]. 中国现代教育装备，2018 (287)：12−14.

[9] 赵明，王安冬，祝永卫，等. 高校大型仪器开放共享平台的安全管理研究 [J]. 实验室研究与探索，2019，38 (4)：282−285.

[10] 杨远，李铁虎，沈光家，等. 高校中大型精密仪器的高效和安全使用的探讨 [J]. 教育教学论坛，2019 (36)：9−10.

开放式单片机实验装置寿命期的优化管理

吕红霞*　涂海燕

四川大学电气工程学院

【摘　要】"单片机原理及应用"课程具有很强的理论性与实践性，针对该课程的特点，四川大学电气工程学院对该课程先理论后实践的传统教学实践方式进行了改革，采用MK20DN512嵌入式教学系统（俗称盒饭系统）作为该课程教学改革的开放式实验装置。本文对四川大学电气工程学院目前采用的开放式单片机实验装置进行教改实验教学的使用效果、装置本身存在的薄弱环节及导致单片机系统寿命大大缩短的原因进行了分析研究，通过改善盒饭系统的薄弱环节并提升其开放管理模式，最终实现对开放式单片机实验装置使用寿命的优化管理，充分发挥开放式单片机实验装置在教学和科研工作中的作用。

【关键词】开放式单片机；实验装置；实践教学；盒饭系统

"单片机原理及应用"课程是各工科学院自动化专业的一门必修课程[1]。近年来，各企事业单位对具有单片机创新开发能力人才的需求越来越多[2]。为满足企事业及各科研单位对具有单片机创新能力的应用型人才的需求，我院改革了该课程的传统教学实践方式。改变传统的以"知识体系为导向"，由教师课堂讲授理论知识、学生课后再实践的教学方式，实现"以学生为主体，教师为主导"的实验教学方式[3]。将课堂搬到实验室，边讲边做，让课堂讲授与实践教学有机结合，充分发挥学生的积极性和探究性[4]。

1　开放式单片机实验装置的优势分析

我院"单片机原理及应用"课程所采用的单片机是 Freescale（飞思卡尔）的 Kinetis K20 系列单片机，它集成了 32 位的 ARM Cortex—M4 的微控制器，不但强化了运算能力，还新增了浮点、DSP 及并行运算等功能，能满足需要控制和信号处理功能的混合市场[5]。Cortex—M4 处理器具有低功耗、低成本和易于使用的优点，能满足专门面向电源管理、电动机控制、汽车及工业自动化市场等新兴方向的灵活解决方案[5]。

这套开放式单片机实验装置由 MK20DN512 实验开发板（包括核心板和扩展板）、五合一 BDM/SWD 调试器（简称 USBDM）和 USB 转串口小板（为了解决现在很多计算机主板、笔记本电脑没有串口的问题而配备的）组成，各组件通过系统提供的三根 USB 线连接。所有组件都存放在一个塑料饭盒内（如图 1 所示），计算机通过 USB 线连接USBDM 调试器对单片机进行调试，USB 转串口小板上的 3—pin 接口连接到核心板的 3—

　＊ 作者简介：吕红霞，工程师，主要研究方向为实验室建设及设备管理、单片机原理及应用。

pin 防插反接口，另外一端连接电脑的 USB 即可。

图 1 开放式单片机实验装置外观图

该开放式单片机实验装置不但运行可靠、功耗很低，而且体积很小，便于随身携带，还采用了符合学生兴趣且可扩充的设计方式，如 OLED 显示模块、无线通信模块等，让学有余力的学生可在此基础上进行进一步的研究学习和创意设计[5]，能将单片机教学实践轻松从课堂内延伸到课堂外。我院对盒饭系统实行开放式管理，学生在选课学期内都能随身携带，方便学生利用课余时间在自己的计算机上随心所欲地钻研学习、发挥创意，把单片机真正"玩"起来，大大提高了"单片机原理及应用"课程的教学实践效果。从改革实践教学方式至今，使用该开放式单片机实验装置进行单片机的科研及教学实践的师生总人数超过 1000 人。

2 采用开放式单片机实验装置的薄弱环节分析

我院单片机教改实践证明，采用开放式单片机实验装置进行单片机实践教学的效果非常好，但我院所采用的开放式单片机实验装置是由核心主板等几个组件通过数据线连接而成的，师生在使用过程中会经常插拔这些连接端口，导致接连部位极易损坏，因此，让学生随心所欲把单片机"玩"起来的代价也是相当大的。

通过这几年的教学改革实践，我们发现该开放式单片机实验装置存在以下三个薄弱环节。

2.1 开放式单片机实验装置用于收纳的饭盒质量较差

教改采用的 MK20DN512 嵌入式教学系统被收纳在硬塑料制成的普通饭盒中，学生在随身携带过程中，盒子摔落情况时有发生，如果是从稍高一点的地方掉落在硬地面上就很容易被摔坏，不能再对开放式单片机实验装置起到保护作用，且这种硬塑料饭盒没有任何分层隔离设置，所有配件只能凌乱地堆放在盒子里，开放式单片机实验装置内观图如图 2 所示。

图 2　开放式单片机实验装置内观图

2.2　开放式单片机实验装置的核心主板及其他组件易被损坏

开放式单片机实验装置在使用过程中，USBDM 调试器上的 10－pin 插头跟 USB 转串口小板上的 3－pin 接口及作为电源的 USB 连接口都需要经常插拔。盒饭系统通过数据线连接完整后的正面图如图 3 所示，背面图如图 4 所示。

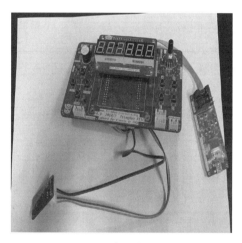

图 3　系统改前正面图

图 4　系统改前背面图

不难发现，盒饭系统的组件连接部位都很脆弱。USBDM 调试器与单片机核心板连接时，特别需要注意 10－pin 插头绝对不能插反，但这点学生却易疏忽，常会发生不分正反、随意插接此端口的不当操作，致使核心主板被烧坏；被学生经常性插拔（更别说时不时还会遭受一些同学的粗鲁插拔）的其他接口部位损坏也很严重；各组件连接后，在调试时会直接接触碰到桌面，也会导致不必要的硬件损伤事故发生。

2.3 开放式单片机实验装置的订购、退换、维修周期太长

这套开放式单片机实验装置是清华大学自主开发研制的，由我院单片机课题小组教师与清华大学负责该项目的研发教师签订合同购进。我院总共采购了 180 套盒饭系统，经过这两三年的实践教学，总计已损坏 70 多套。

虽然每套盒饭系统价格不超过 700 元，属于低值易耗类设备，但由于该系统是由清华大学教师针对高校人才培养需要研发的实验系统，只能通过清华大学负责该项目的教师授权才能订购该套盒饭系统，而清华大学负责该项目的教师不只负责这一个项目，常常不能及时处理我们需要紧急采购的订单，即便是已到货的盒饭系统，经我们验收检测后发现有问题的邮寄回清华大学后也要很长时间才能得到处理。

盒饭系统的订购、退换、维修渠道受限，导致开放式单片机实验装置到货时间极长。当实验室设备完好率不能保证我院选修"单片机原理及应用"课程的学生人手一台时，订购、退换、维修周期太长必是影响单片机教学实验效果的重要隐患。

3 优化管理开放式单片机实验装置寿命期的措施及实施方案

除盒饭系统本身存在的硬件薄弱环节外，还难免遇到被学生粗暴对待的情况，这些都势必导致现有盒饭系统会损坏更快。盒饭系统受采购渠道限制，采购、维修、退换的周期又太长，不能随时保证开放式单片机实验装置的台件数充足[6]。损坏过快又不能及时得到补充，导致盒饭系统供不应求。不能做到人手一机，就会影响学生对该课程学习实践的效果。

因此，为了保证全校有兴趣的师生都能随时在实验室办理手续借到这套开放式单片机实验装置，我院集思广益、开动脑筋，对现有单片机实验装置的硬件薄弱环节进行技改并完善开放式单片机实验装置的安全管理办法，有效地延长每台现有盒饭系统的使用寿命，从而保证其完好率，在让学生真正随心所欲"玩"起来的基础上，减少损坏，防止供不应求的情况发生。

3.1 更换结实且功能齐全的收纳饭盒来存储开放式单片机实验装置

考虑到原系统所采用的塑料饭盒不但易碎、又无分隔，不利于单片机实验系统的归置，导致脆弱的数据线易发生缠绕损坏等情况，我们决定采用更结实的盒子来取代易碎塑料饭盒。通过调研，我们找到一种由帆布包裹过的饭盒，很结实，其外观如图 5 所示。这种饭盒的内部设置有很多隔离层，能把 USB 线、MK20DN512 实验开发板、USBDM、USB 转串口小板及配备的大学生竞赛用的扩展芯片都归置得井井有条，以防止组件在携带过程中被碰撞的情况发生，其内观如图 6 所示。

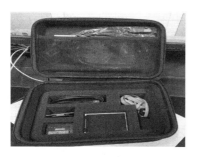 

图 5　系统改选饭盒外观图　　　　图 6　系统改选饭盒内观图

3.2　改善开放式单片机实验装置的核心主板及其他组件的薄弱环节

为了解决该盒饭系统的配件及核心主板易损坏的问题，同时，也为了提高学生的动手能力并促进学生对自己所借开放式单片机实验装置的珍惜，我们让 110 名学生参与到改善开放式单片机实验装置的薄弱环节中来，亲自动手加固整改所借用的盒饭系统。

每个学生在单片机开课之前办理借用手续，在学生第一次到实验室上课时把盒饭系统发放给学生，同时把技改所需材料也发给学生，让学生跟着教师示范完成改造：把 USB 转串口板的 3−pin 接口直接插接到核心板的 3−pin 防插反接口上，然后用硬透明胶管把连接的数据线缠绕包裹保护起来，再用绑扎带把它固定在核心主板上，以免学生经常插拔；连接 USBDM 调试器与单片机核心板的 10−pin 插头也预先插好并加以固定，自然也就避免了插反导致的核心主板被烧毁的情况发生；为了更安全地使用盒饭系统，我们还在每台 MK20DN512 嵌入式教学系统的扩展板上安装了 4 个 4~5 cm 的螺丝杆套件，把整套系统支离桌面。

开放式单片机实验装置经过技术整改完成后，盒饭系统由原背面效果（图 4）变成了如图 7 所示的背面效果。

图 7　系统整固后背面图

显然，经过改善固装的开放式单片机实验装置不会再被频繁插拔，也就不会再因插反插头而导致核心主板被烧毁的事故发生；盒饭系统被固定螺丝杆支离桌面，各组件也免再受擦剐损坏。整改固装完成后，单片机系统的正面效果如图 8 所示，支撑立面图如图 9 所示。连接各部件的数据线都被妥善保护、加固并隐藏在背面，让正面效果干净清爽。

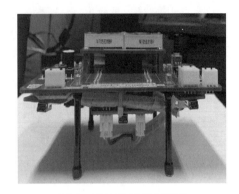

图 8　系统整固后正面图　　　　图 9　系统整固后立面图

　　整套盒饭系统的技术整改简单可行，所需材料简单易得、经济实惠。完成整改后就能大大降低盒饭系统的损坏率，也就能减少为补足单片机台件数而增加购买单片机系统的投入，从而减少实验经费的投入。

　　经过整改，提高了盒饭系统的可靠性和稳定性，从而延长了盒饭系统的使用寿命，降低其故障率，保证系统得到有效利用，也能保证学生把单片机真正随心所欲地"玩"起来，满足师生对实验教学设备"可靠、安全、优质、高效、经济运行"的现代化要求[7]。

3.3　科学、安全、人性化的管理开放式单片机实验装置

　　我院对盒饭系统采用开放管理模式。学生选课后，凭借有效证件，按照实验室要求，办理盒饭系统领用手续，随身携带，实现将课堂延伸到课外。对单片机整体水平要求提高，但却允许每个学生学习程度不一致，因材施教。学生可随时随地使用盒饭系统完成单片机各个环节的实验，还可利用盒饭系统独立完成一些综合性的课程设计，实现预期的系统控制。同时，还鼓励学生进行创新设计，结合课外与学科有关的竞赛来培养学生的动手能力和创新能力。期末，在实验室对选课学生进行统一"单片机原理及应用"课程考核后，再把盒饭系统归还给实验室。

　　当然，要真正做到延长开放式单片机实验装置的使用寿命，必须安全、科学、人性化地管理盒饭系统。从开放式单片机实验装置的角度出发，完善其使用管理制度，坚持"维护为主，修理为辅，报废为最次的原则"[8]，强化日常维护与定期检测，明确规定学生在使用盒饭系统时应尽的保护职责，制定合理的借用饭盒系统的奖罚激励机制，从制度上保证开放式单片机实验装置得到良好的使用、维护[9]。根据人性化管理原则，我们还对每一台盒饭系统建立完善的使用、维护、检测档案，并根据档案记录定期进行维护，从而延长其使用寿命，保证盒饭系统的运行效率[10]。

　　严格执行准借手续。学生必须凭借有效证件在我院办理借用盒饭系统，并签订安全使用盒饭系统的手续。同时，发给学生借用盒饭系统时的使用注意事项。每个学期期末，要求选课学生及时返还所借用的开放式单片机实验装置。回收开放式单片机实验装置时，还必须对其进行检查验收，严格检测盒饭系统是否损坏。如损坏，判断其损坏原因。对学生因人为不爱惜盒饭系统而导致的损坏，要对其进行严格的批评教育并要求赔偿，以期养成学生爱护公物的好习惯。

结语

开放式单片机实验装置对"单片机原理及应用"的实践教学改革起着至关重要的作用。通过对"单片机原理及应用"的教学方式改革，让"单片机原理及应用"课程教学从"要你学"变成"我要学"，调动了学生对单片机知识学习的积极性，实践教学效果非常显著[11]。从开放式单片机实验装置使用的实际情况出发，详细分析了我院现所采用开放式单片机实验装置存在的薄弱环节及管理缺陷，提出了改善其薄弱环节的具体方法来整改加固了盒饭系统，并采取以设备为本的开放式管理模式对装置进行优化管理，建立了盒饭系统的技术档案及设备准借制度，提高了盒饭系统的可靠性和稳定性，故障率显著下降，从而降低了采购或维修装置的投入经费，保证设备管理的高效运行目标得以实现，让学生把单片机真正随心所欲地"玩"了起来。

参考文献

[1] 王小娟. 单片机原理及应用课程教学现状及应对策略 [J]. 学园，2016 (3)：57−58.

[2] 李礴. 高职院校单片机课程教学改革探讨 [J]. 电脑知识与技术，2017 (33)：154−155.

[3] 白聪. 行动导向法在中职计算机网络教学中的应用 [J]. 现代职业教育，2018 (21)：113.

[4] 卢纪丽，杨乐新. 信息环境下单片机课程实践教学的思考 [J]. 科技信息，2010 (30)：17.

[5] 清华 Freescale MCU/DSP 应用开发研究中心. MK20DN512 嵌入式教学系统使用说明及实验指示书 [S]. 北京：清华大学，2014.

[6] 肖艳军，周围，杨泽青，等. 测控专业单片机实验教学模式的探索 [J]. 教育教学论坛，2016 (46)：265−266.

[7] 黄坤，李彦启，胡煜. 设备全生命周期管理方案刍议 [J]. 实验室研究与探索，2011，30 (4)：173−175，202.

[8] 郑桂容，孟桂菊. 浅谈高校实验室的管理与建设 [J]. 黄冈师范学院学报，2008 (3)：84−86.

[9] 贺强，金冲，侯德俊. 大型仪器设备全生命周期综合管理浅谈 [J]. 实验室科学，2014，18 (5)：206−209.

[10] 赖芸，何征，肖沙，等. 全生命周期管理模式下的高校贵重设备管理 [J]. 实验室研究与探索，2015，34 (8)：269−271.

[11] 翟渊，李作进，杨君玲. 单片机原理及应用课程教学改革探讨 [J]. 求知导刊，2016 (18)：136−137.

热重分析仪常见故障分析及解决方法探讨

王忠辉* 颜 俊

四川大学轻工科学与工程学院 皮革化学与工程教育部重点实验室

【摘 要】本文介绍了热重分析仪的工作原理和工作条件，如工作环境、气体选择、升温速率选择、坩埚选择及仪器的校正等方面的内容，并结合在仪器操作过程中遇到的实际问题，如水浴循环故障、气体异常、样品支架的断裂或坩埚翻倒在支架上、TG 曲线异常波动、内部天平显示异常等故障，探讨了解决方法，在维护保养方面提出了有效措施。这不仅能提高测试结果的准确性，还能延长仪器的使用寿命，为顺利地开展实验教学和科研工作提供有力保障。

【关键词】热重分析仪；工作条件；故障分析；解决方法

引言

随着材料合成技术的不断提高，新兴材料的不断涌现，对材料性能的表征显得十分重要。热重分析仪是研究样品在程序温度（升温、降温、恒温）控制下，样品的质量随温度或时间的变化过程[1]的一种仪器，它已经广泛应用于塑料、涂料[2]、橡胶、催化剂[3]、无机材料、有机材料[4]、金属材料、复合材料[5-6]及纳米材料[7]等各领域的研究开发、工艺优化与质量监控[8-10]。四川大学皮革化学与工程教育部重点实验室自 2000 年由教育部批准建设以来，已拥有多台大型仪器设备，如气质联用、原子力显微镜、扫描电镜、热重分析仪及高效液相等。目前，该实验平台的热重分析仪已有两台，其中一台是德国耐驰 TG209F1，另一台是德国耐驰 TG209F1 Libra。本文以 TG209F1 Libra 为例，分析热重分析仪的工作原理及工作条件，针对在使用过程中遇到的常见故障，探讨解决方法，并在维护保养方面提出了有效建议。

1 工作原理

热重分析仪是一种利用热重法检测物质温度—质量变化关系的仪器。它由天平、炉子、程序控温系统及记录系统等几个部分构成[11]。在程序控温下，测量物质的质量随温

---

* 作者简介：王忠辉，实验师，主要研究方向为仪器分析、大型仪器实验室管理，教授"仪器分析""皮革物性分析检测"课程。

度（或时间）的变化关系。仪器的外观由气体、仪器主机及恒温水浴系统三部分组成，如图 1 所示。

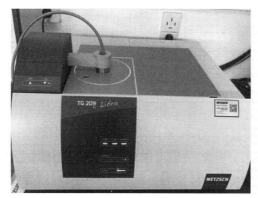

图 1　热重分析仪的外观

2　工作条件

2.1　工作环境

热重分析仪属于大型贵重精密仪器，在仪器内部有内置天平，因此，仪器对环境条件要求较高。热重分析仪必须安装在防震减震的实验室内，因为一旦有轻微的震动，如实验室装修、电钻的运转，此仪器都会出现很大的波动，导致实验结果出现很大的误差甚至会出现错误[12]；热重分析仪必须安装在配有空调的实验室内，因为仪器可以加热到1100℃，在降温的过程中，要向周围散热，会提高实验室的温度，导致仪器的测试环境不一致；热重分析仪必须安装在配有通风系统的实验室内，因为样品在测试过程中，会发生一系列的变化，可能会产生有害气体，这些气体可能污染实验室内的空气，危害人的身体健康。

2.2　操作条件

对大型贵重精密仪器操作条件的选择是相当重要的，其中一个操作条件发生改变，实验数据就会发生很大的变化，因此，实验人员在选择仪器条件时，一定要查阅参考资料。

2.2.1　气体选择

热重分析仪的气体接口一般有三个，即保护气、吹扫气 1、吹扫气 2。此仪器所用的保护气有氮气、氩气、氦气，它可以防止样品在加热的过程中被氧化，或可以防止在加热过程中产生的有毒或腐蚀性气体对天平和热电偶的损害。另外，两路气体是通入样品室的，一个可以是惰性气体（氮气、氦气、氩气），另一个可以是氧化性气体（氧气）或其他特定目的的气体。在测试过程中可自由切换，从而考查样品在惰性或反应性气氛中的热重变化情况。保护气的流速一般选择 20 mL/min，吹扫气的流速一般选择 60 mL/min，气体的压力一般选择 0.05 MPa。

2.2.2 升温速率选择

TG209F1 Libra 的加热温度可以从室温加热到 1100℃，升温速率为 0～200 K/min，实验人员可在几分钟内获得最高温度的测试分析结果。但由于不同的升温速率对样品的测试结果有一定的影响，因此，应根据实验要求选择合适的升温速率。一般建议升温速率为 20 K/min。

2.2.3 坩埚选择

在坩埚选择方面，一般选用耐高温的 Al_2O_3 坩埚。它对绝大多数样品比较稳定，不与样品发生反应，可以耐高温到 1600℃，且清洗后可以重复利用。如果样品在加热的过程中有沸腾溢出的可能，则选择配有带孔盖子的坩埚，防止沸腾或溢出的物质污染天平和热电偶。

2.2.4 仪器的校正

（1）基线校正。

热重分析仪内置天平与普通天平不同，它是在程序升温的过程中，连续测量和记录样品的质量变化，属于动态测量模式。即使在室温下漂移很小的天平，在程序升温过程中，受气流、挥发物的凝聚等方面的影响，会使基线漂移，降低实验结果的准确度。因此，在样品测试之前，必须进行基线校正，尽量减小误差。

（2）温度校正。

首先，在样品测试过程中，热电偶不与样品接触，因此，实际温度与测试温度是有差别的；其次，升温和反应的热效应使样品周围的温度发生改变，从而引起温度测量误差。为了消除由于使用不同热重分析仪而引起的热重曲线上的特征分解温度的差异，必须对仪器进行温度校正。

3 常见故障分析及解决方法探讨

3.1 水浴循环故障

热重分析仪在开机测样前，一般先设置恒温水浴的温度，温度设置为比室温高 2℃～3℃，然后预热恒温水浴循环系统 2～3 h，才能保证仪器的稳定性。在测样时，有时会遇到仪器软件显示冷却水缺失这样的问题，可能有三方面的原因：一是忘记打开恒温水浴循环系统；二是恒温水浴循环系统里的水不足，此时必须补充蒸馏水，仪器才能正常运转；三是水浴循环过滤器堵塞，或滤芯变色发绿，此时应更换滤芯或超声清洗一个小时。

3.2 气体异常

在使用仪器之前，必须检查仪器是否有足够的气体，在做非其他特定目的的实验时，一般保护气和吹扫气选择惰性气体。当仪器运行，出现未检测到足够的气体时，可能是由于仪器气体开关未开或气体钢瓶开关未开，或钢瓶内气体不足。

3.3 样品支架的断裂或坩埚翻倒在支架上

在测试样品前，如果通入的气流过大而无法及时导出，会引起天平炉体内的压力瞬间增大，若此时打开天平炉盖，就会因压力瞬间释放引起样品支架剧烈震动，从而造成样品支架断裂。如果上次样品测试的坩埚忘记拿出，强烈的气流则会掀翻样品坩埚，使样品坩埚翻倒在支架上。样品的残留物可能会落入天平炉体内，影响天平的精确度。此时，必须对仪器的内部天平和炉体进行深度维护。因此，首先，在每次测试前，必须调节气体流量，使其在合适的范围内，以防止气流量过大；其次，在测量结束之后，必须关闭气体钢瓶的减压阀及仪器的气体控制开关，否则可能会导致在下次样品测试时，开启气体钢瓶主阀后，气流不受减压阀和仪器气体开关控制而瞬间产生过大气流，导致样品支架的断裂；最后，在测量结束后，必须取走样品坩埚，否则样品坩埚可能会翻倒在支架上。

3.4 TG 曲线异常波动

仪器在测试过程中，有时会出现锯齿峰等不正常现象，根据实践经验，原因总结如下。

（1）出现震动源。

热重分析仪内部配有天平，因此，对环境的稳定性要求较高。一旦有振动源出现，如地震、电钻的使用，装修的敲打，实验台的晃动及周围仪器的鸣叫声等都有可能影响仪器的稳定性，从而影响测试曲线的异常波动。

（2）支架被污染。

在测样的过程中，如果样品有沸腾或溢出现象，又没有使用带孔的盖子，样品在加热过程中，就会喷到支架上，从而污染支架，使 TG 曲线出现异常波动；长期测样，在支架上难免会沉积残留物，从而使 TG 曲线出现异常波动。此时，应取下支架，进行抖动，使残留物从支架上落下来，或把支架浸入无水乙醇中浸泡 6 h，使污染物脱落。

（3）排气管堵塞。

热重分析仪在加热过程中，产生的废弃物通过排气管排出仪器内部。如果长时间使用，又不加以清洗，排气管就会堵塞，使气体排不出去，TG 曲线会出现异常波动。因此，在使用过程中，应定期清理排气管和炉盖，使仪器始终保持清洁的状态。

（4）气流不稳。

在测样过程中，如果气流不稳，TG 曲线就会出现异常波动。此时，应检查气体钢瓶的减压阀或流量计是否完好。如出现此问题，应及时更换减压阀或流量计，否则会影响测试结果的准确性。

3.5 内部天平显示异常

热重分析仪内部的核心部件是内置天平和热电偶。一旦天平出错，将严重影响测试结果。当把支架从仪器内部取出时，仪器软件显示出现错误；当安装支架时，支架和热电偶必须正确接触，支架上有个小红点在安装时必须对着正前方，否则会出现天平显示异常或无质量显示。支架安装之后，仪器要稳定 2~3 h，并且要重做基线。这是由于仪器内部的稳定性被破坏，必须有充足的时间让仪器稳定下来。

4　仪器的维护及保养

4.1　仪器硬件的维护及保养

仪器的硬件是整个仪器的关键部件，一旦出现问题，仪器就无法正常使用。因此，必须对仪器的硬件做好维护及保养，针对上述出现的问题，我们提出了一些有利的维护及保养措施，具体如下：

（1）由于测试环境及样品的影响，炉体外壁容易积灰，需定期拆开清理，否则会影响炉体的升降温性能。

（2）样品或样品分解物可能会掉入炉内，甚至会掉入内置天平，因此，需定期拆开仪器清理，否则会影响测试结果。

（3）内置高精密度天平，需定期清洗才可以保持良好的精度及稳定性（工程师深度维护）。

（4）通常仪器在使用一段时间后，炉盖及排气管道内侧会附着一些黑色物质，在气流的带动下可能会落入炉体内，因此，需定期清洗炉盖及排气管，防止污染物掉入炉内，确保内置天平测量的准确性。

（5）关注水浴循环系统里的水是否浸没水泵，及时添加二次蒸馏水，并且要定期清理过滤器及更换水质。

4.2　仪器外在条件的改善

为了更好地维护及保养此台设备，我们在外在条件方面实施了一些有力的措施：

（1）为了更好地维护此台仪器，制订了该仪器的操作规程，并定期对操作人员进行培训，同时对在实际操作过程中遇到的各种问题进行案例分析。

（2）此台仪器属于高精大型仪器设备，使用率很高，针对这种情况，我们开发了预约管理系统软件，建立了开放共享平台，解决了实验仪器拥堵的问题，在过去的一年里，仪器维修率为零，降低了维修率，提高了仪器的使用率。

5　结论

热重分析仪在材料的表征手段中，占有举足轻重的作用。根据热重分析仪的实践经验，本文讨论了热重分析仪的原理及操作条件，分析了常见故障，探讨了解决方案及维护保养措施。这不仅能提高测试结果的准确性，还能延长仪器的使用寿命，为顺利地开展实验教学和科研工作提供了有力保障。

参考文献

[1] 张远方，陈佳. TG209F3热重分析仪的故障分析与维护 [J]. 分析仪器，2013 (5)：55-58.

[2] 马腾洲，陈俊水，赵雨薇. 热重分析仪在评定饰面型防火涂料防火性能中的应用 [J]. 上海涂料，2015，53 (10)：43-45.

［3］赵洁霞，周臻，田红，等. 生物质内在碱金属催化特性的 TG—FTIR 实验研究［J］. 环境科学学报，2017，37（9）：3505—3510.

［4］赖双权，金勇，石亮杰，等. 羧基化氧化石墨烯在聚丙烯酸酯皮革涂饰剂改性中的应用［J］. 皮革科学与工程，2017，27（5）：17—23.

［5］龚居霞，但卫华，但年华. 槲皮素改性脱细胞猪真皮基质的研究［J］. 皮革科学与工程，2018，28（4）：10—15.

［6］干沛然，王明帆，向福如，等. 改性丙烯酸树脂复鞣剂的结构与性能研究［J］. 皮革科学与工程，2017，27（5）：45—49.

［7］高文静，金晶，曾武勇，等. 热重分析仪在研究纳米铁粉熔融特性中的应用［J］. 分析仪器，2013（6）：7—10.

［8］马骏，张玲，方超，等. 影响热重分析仪测试的几种因素及解决方法探讨［J］. 实验科学与技术，2013，11（4）：338—340.

［9］李毅，谭中炳，霍冀川. XRD 和 TG—DTA 分析在原料质量控制中的应用［J］. 水泥，2009（11）：59—62.

［10］刘全军，王再兴，马耐康. 橡胶制品组分含量及炭黑质量的测定——热重分析法 TG［J］. 橡塑资源利用，2010（1）：14—15.

［11］李建辉，徐宏坤，孙枫，等. TGA/SDTA851E 热重分析仪影响分析的因素及常见故障排除［J］. 分析仪器，2014（4）：108—110.

［12］王忠辉，李艳红，范浩军. 大型仪器开放实验室安全管理模式的探讨［J］. 实验科学与技术，2018，16（4）：155—158.

推进大型仪器开放共享　提升创新科研能力

谢小波* 吕 弋

四川大学分析测试中心

【摘　要】大型仪器是高校进行科研创新的重要载体。本文主要从大型仪器管理系统的建立完善、仪器培训宣传方式的多样化发展以及鼓励技术创新等三个方面提出大型仪器设备开放共享的一些想法和建议，充分发挥大型仪器在学校科研服务和区域科技创新中的重要作用。

【关键词】大型仪器；开放共享；创新科研；多样化；技术创新

引言

随着科技的快速发展和多学科交叉的迫切需求，科研人员对先进科研设备的依赖程度越来越高，任何创新科研项目和前沿性科学研究的开展都离不开大型仪器设备的支持[1]。近年来，由于国家在科学研究和高校教育的大量持续投入，各大高校纷纷购置了大量的大型仪器设备，如核磁共振波谱仪、透射/扫描电镜、原子力显微镜及高分辨质谱仪等。如何管理好、利用好、维护好这些大型仪器设备成为实验室管理的重中之重。由于大型仪器设备在校内各课题组或学院分散放置，且需要专门的技术人员才能充分发挥其功能和作用，很大程度上造成了部分仪器长期闲置、科研经费严重浪费，而真正有需求的研究人员却很难通过一个高效的渠道去预约和使用这些仪器。

为改变这一现状，部分高校紧随时代发展步伐，本着"资源共享"的理念，逐步开始建立更加科学化、规范化的大型仪器设备共享平台管理系统[2-4]，通过共用共享，进一步促进大型仪器设备资源的整体优化配置，开发使用率较低的仪器设备，缓解热门仪器或分析测试项目的供需矛盾，为学校的科研创新、人才培养和学科建设提供有力保障。因此，如何推进大型仪器的开发共享一直是高校实验室管理的一个重要课题。

1　建立完善的大型仪器管理系统

首先，大型仪器的合理管理和布局是实现高校大型仪器开放共享的基础[5-6]，建立集成的仪器设备共享平台管理系统对于科研创新有积极的促进作用。各课题组间在科研资源

---

* 作者简介：谢小波，实验师，主要从事质谱分析与生物分子结构解析方面的工作。

上的共用共享将促进更多的科研合作，催发更多学科交叉性的前沿科研项目的开展，为科研创新提供条件。同时，丰富的仪器设备简介及相应的技术前沿分享，将开阔广大师生的眼界，为培养创新性人才提供便利，最大限度地发挥这些科研仪器的价值。仪器管理系统的建立可从以下三个方面进行。

1.1 建立综合性的大型仪器管理平台，保证大型仪器的高效查询和预约

学校应建立综合性、自动化和智能化的大型仪器设备共享平台管理系统，将分散在各公共服务平台、学院和课题组的大型仪器设备进行战略整合[7]。在管理系统里，用户可快速了解相关设备的基本信息、教学科研服务项目及实时预约情况，同时，对仪器设备进行预约和使用。

与东部部分高校相比，我校的大型仪器管理水平还存在一定的差距。尽管学校的相关部门也已意识到科研资源开放共享管理的重要性，加大了对大型仪器共享管理系统和运行管理机制的研究，如建立了四川大学优质设备资源共享平台——虚拟大型设备管理中心（图 1），整合校内 3035 台仪器设备，价值超过 14 亿元。

图 1　四川大学大型仪器设备共享平台

但该平台在广大师生中普及度极低，各学院测试平台和分析测试中心仍通过人工渠道进行预约测试为主，后期的数据传输处理及计时计费也主要依赖人工管理。随着大型仪器设备和测试样品的不断增加，若继续沿用陈旧的纯人力管理模式，管理和测试人员的工作会特别繁重，且很难为不同科研人员分配到合适的测试时间，造成仪器管理及使用的混乱，甚至影响科研进度；同时，大量的测试数据传输也耗时耗力，占用测试人员研发新测试技术的精力。因此，将建立的大型仪器管理平台充分利用并进一步完善，将很大程度上解决这些问题，更好地促进创新性科研项目的开展。

1.2 建立完善的门禁系统和刷卡上机操作，保证仪器设备安全

一般情况下，大型仪器设备对环境条件等要求相对苛刻，且可能使用到具有危险性的

激光、强磁场或气体等，无论是从仪器维护成本还是从实验室安全管理考虑，都应该建立完善的门禁管理系统。如统一绑定校园卡，仅预约人员可在该时段进出使用仪器，避免闲杂人等进入，引发潜在的安全问题或损坏仪器拖慢科研进度。

1.3 建立智能化计费系统，节约测试缴费的时间成本

此外，还需建立完善的计费系统，如通过实行严格的刷卡上机制度，按项目或时间预约收费标准进行智能化计费，这样既可避免师生冗长的排队缴费过程，让他们有更多的时间用于科研项目，又减轻了相应管理和测试人员的负担，使他们有更多的精力花在仪器的精心维护和技术创新上。

2 结合线下线上课程，鼓励大型仪器宣传培训的多样化

为了全面推动大型仪器的开放共享，充分发挥大型仪器在教育、科研和测试三方面的作用，高校各公共服务平台应充分利用各种线上线下模式和各网站媒介，开展不同方式和层次的培训和宣传。

2.1 仪器操作培训方式多样化

对于本科生，应以参观和讲解为主，主要激发学生的兴趣和开阔眼界；对于研究生，应进行一些创新性的教学和实验课程[8]，使学生不仅了解仪器的基本原理，还能掌握仪器的简单操作。共享平台主页可提供演示实验视频或前沿技术资料等，以便有需求的师生进行下载和学习。同时，定期重点开展一些专业项目和分析案例的培训，供校内外人员选修。

2.2 仪器前沿技术宣传媒介多样化

单位主页和大型仪器共享管理平台可定期对大型仪器服务的典型性分析案例和特色分析项目进行展示。此外，部分高校测试中心也运营了自己的微信公众号[9]，定期更新仪器的相关前沿进展，发布新购仪器信息、测试服务项目和培训活动等，同时，提供了在移动端的仪器查询、仪器预约、预约状态查询及经费使用情况查询等功能。让更多研究人员对仪器的功能和应用领域有更深的了解，从而提高了基于大型仪器的创新科研成果的产出力。

3 建立多样化评价体制，鼓励技术创新

高校人才汇聚，既有学术造诣深厚、紧跟科学前沿的资深教授，又有技术娴熟、经验丰富的实验技术干将，这些专业型人才为大型仪器的新功能开发与应用研究提供了宝贵资源。因此，针对不同人才应建立不同的评价体系，充分调动研究人员、管理人员和测试人员的积极性，从不同的角度对技术创新进行全面支持。

3.1 设立专项基金，用于支持原创性技术研发

可通过多渠道包括企业、校级（设备处实验技术项目）及学院等不同层次，建立相应

"大型仪器技术创新基金项目"，以激励具有科研条件的教师开展仪器测试功能开发、测试新技术和分析新方法的研究。另外，鼓励各公共服务平台技术人员全面参与学院的科研和专业课题的研究工作中，以促进自身科研水平和实验技能的全面提升，从而建立高素质、高水平的实验技术人员队伍[10]，以支持学校和院系创新性科研工作的高质量开展。

3.2 推动已有科研成果的技术转化，增加特色测试服务项目

高校作为综合性、研究性机构，在仪器设备和技术资源方面具有天然的优势。学校应鼓励将科研成果中的一些前沿技术转化成特有的检测服务项目，以维持大型仪器的正常运转和提高大型仪器的经济效益，减轻学校和院系在维护仪器方面的财政压力，同时，也进一步提高学校的创新科研服务能力[11]。

3.3 以区域需求为导向，推动产学研合作的技术创新

此外，高校还应发挥其辐射作用，积极鼓励实验技术人员参与地方经济，为解决地区关键技术问题研发新技术和新方法，如对现有仪器进行改造、升级以支持地区科技发展，推进产学研合作，成为地区技术支撑、服务创新和人才输送的核心力量。

结语

大型仪器是创新性科学研究的重要保障。本文从大型仪器管理系统的建立完善、仪器培训宣传方式的多样化和鼓励技术创新等三个方面提出了一些关于推动大型仪器开放共享，使大型仪器更好地服务科研创新的想法和建议，以期起到抛砖引玉的作用。如何更好地推动高校大型仪器设备不断朝着资源分配合理化、服务功能多元化、测试技术高端化的方向拓展，从而有效促进科研创新，仍是值得深入探讨的问题。

参考文献

[1] 冯雪松，周晓东，童华，等. 发挥分析测试中心优势 建设校级大型仪器共享平台 [J]. 实验技术与管理，2016，33（9）：246－248.

[2] 许佳怡. 浅谈高校大型贵重仪器的管理与共享开放 [J]. 广东化工，2020，47（9）：202－203.

[3] 毕卫民，夏建潮，范家才，等. 科学规划 建设师生满意的大型仪器设备共享服务体系 [J]. 实验室研究与探索，2011，30（9）：421 424.

[4] 俞琛捷. 高校分析测试中心的开放与共享 [J]. 实验技术与管理，2013，30（6）：174－177.

[5] 朱西桂，彭小平，金嘉禾. 加强管理创新 推进大型仪器设备开放共享 [J]. 实验室研究与探索，2004（8）：82－85.

[6] 杨柳菁. 高校大型仪器设备共享管理的研究 [J]. 行政事业资产与财务，2020（12）：19－20.

[7] 毕卫民，王连之. 构建多元化共享服务体系 提高大型仪器设备使用效益 [J]. 实验室研究与探索，2010，29（6）：100－102，127.

[8] 郭天魁，李明忠，曲占庆. 基于大型仪器设备的创新实验探索与实践 [J]. 实验科学与技术，2015，13（5）：130－134.

[9] 钱猛，杨娜，刘园园，等. 微信公众平台在大型仪器共享平台管理中的应用与探索 [J]. 高校实验室工作研究，2018（4）：67－70.

[10] 王春霞，李静，杨凤，等. 高校实验技术队伍建设与改革研究 [J]. 实验科学与技术，2020，18（2）：157－160.

[11] 杨树国，闻星火，梁国华，等. 服务科研创新的高校大型仪器条件平台建设 [J]. 实验技术与管理，2011，28（10）：187－189.

虚实结合提高有机电子学实验教学质量

杨　凤[*]　李　静　王春霞　阳　萌　邓冬艳　齐　悦　刘艳红

四川大学化学学院化学实验教学中心

【摘　要】随着虚拟仿真技术的发展，仿真效果越来越逼真、功能越来越强大，其作为教学辅助工具，在实验教学和技能培训中的作用越来越重要。有机电子学实验类的仪器设备昂贵且台数有限，且仪器设备的操作复杂，对工作环境的洁净度要求高，单一的实体实验很难达到理想的教学效果。虚拟仿真实验为实验教学和技能培训提供教学平台，可以有效地提高实体实验教学和技能培训的质量，节约时间和教学资源。有机光电器件实验室采用虚实结合的教学和培训方式，提高了仪器设备的使用率和开放共享度，使其更好地为实验教学和科学研究服务。

【关键词】虚拟仿真；有机电子学实验；虚实结合；实验教学

引言

仪器设备是高校实验教学及顺利开展科学研究的重要保障，是科学发展的重要依托[1]，也是高校办学水平和综合实力的重要指标之一[2]。如何提高仪器设备的使用率，使其更好地服务于创新人才培养、教学工作和科学研究工作，发挥仪器设备的作用和价值，一直是高校仪器管理者关注的问题之一[3-4]。经过多年的发展，各高校在仪器设备管理和使用方面逐渐形成了一套完整的体系，包括建立仪器设备管理和维护制度、建设仪器设备预约平台、配备专业的实验技术人员、完善考核制度等[4-7]。随着虚拟仿真技术的发展，仪器管理者也逐渐将仿真技术与实验教学、仪器设备开放共享结合起来，以提高仪器设备的使用率和开放共享度[8-10]。

随着光电技术的迅速发展，光电子产业对生产生活产生了巨大的影响，推动着经济社会的发展，以创新能力培养为导向的本科实验教学逐渐关注到此现象。国内高校不断深化材料物理、半导体器件等实验课程的改革与探索[11-12]。有机电子学是物理、材料、电子和化学等学科的相互交叉和渗透，涉及有机电子学、材料物理、半导体器件和光电子技术等领域的知识。有机电子学实验具有学科交叉性强、涉及领域广及知识面宽等特点。

有机电子学实验所使用的仪器设备昂贵、操作复杂。仪器设备和实验内容对实验场地及环境洁净度的要求严苛，在有限的课程时长内，学生很难熟练掌握器件制备工艺和仪器

---

　　* 作者简介：杨凤，实验师，主要从事光电材料和器件、实验教学、教学方法研究、仪器管理和培训等工作。

设备的操作方法。与实体实验不同,虚拟仿真实验不受实验场所、时间、设备和实验次数的限制,学生可自主安排实验,以强化背景知识和实验技能。就化学专业的本科生而言,学生在光电器件制备和应用领域的基础知识较薄弱。因此,有机电子实验需要更多的实验教学内容和技术为支撑,学生才可以更快地学习、掌握相关的背景知识和实验技能,以达到实验教学的目的。鉴于学生的基础知识储备情况、实验设备和场所的限制,有机电子学实验课程和研究生的技能培训可采用虚拟仿真实验与实体实验教学相结合的方式,开展实验教学和技能培训工作。本文结合有机电子学实验的特点和仪器设备的现状,提出了虚实结合的实验教学方法,使之在创新人才培养、交叉学科人才培养和科学研究等方面发挥更大的作用。

1 虚拟仿真实验建设

鉴于学生的基础知识储备情况,在建设虚拟仿真实验时,线上仿真实验内容尽可能详尽和全面。虚拟仿真实验的内容包括实验预习、基本认知、实验设计、设备展示、实验虚拟仿真和实验自测六个模块。如图1所示,六个模块的内容涵盖了 OLED 器件的工作原理、器件结构、制备工艺、性能参数、仪器结构、仪器的工作原理和操作方法等内容。通过线上学习,学生可以学习和掌握本领域所需的背景知识及操作技能。实验虚拟仿真模块是将科研成果转化为仿真实验内容,使学生进一步学习器件制备的流程工艺,掌握器件制备和性能测试的基本步骤和方法。

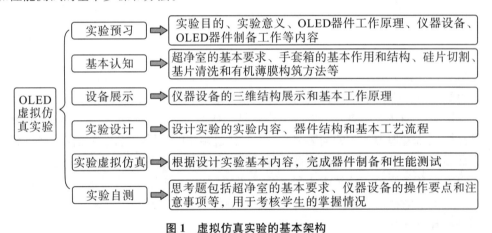

图 1 虚拟仿真实验的基本架构

在编写脚本时,以实体实验平台为基础,科学、准确、全面地描述实验操作步骤和实验结果。仿真实验可以真实、全面地呈现仪器的基本结构、工作原理和操作方法。有机电子学实验内容复杂,涉及仪器种类较多、操作难度大,虚拟仿真实验包含了所有的实体实验所需的仪器设备,其中包括超声仪、烘箱、等离子体清洗机、旋涂仪、加热台、高真空镀膜机、自动封装仪、半导体测试仪、光度计及测试盒等。虚拟仿真实验室的整体布局如图 2 所示。

（a）虚拟仿真实验室布局 1　　　　　　　（b）虚拟仿真实验室布局 2

图 2　虚拟仿真实验室的整体布局

实验预习模块主要对 OLED 器件的工作原理及制备工艺等内容进行简要概括。通过实验预习模块，学生可以了解本实验的实验目的、实验意义、OLED 工作原理及 OLED 制作工艺等。为了加强学生对电致发光过程的理解，线上教学内容不仅包含发光原理的系统文字讲解，而且制作了发光过程动画。实验预习模块如图 3 所示。

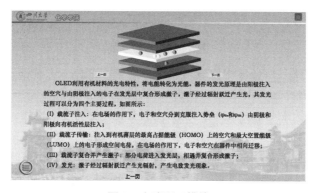

图 3　实验预习模块

基本认知模块的目的是补充相关的背景知识，包括超净室的基本要求、硅片切割方法和基片清洗方法、薄膜构筑方法及 OLED 器件的各项性能参数等。化学、物理、材料等学科的学生欠缺相关的背景知识，为了方便学生自学基础知识，特增设了此模块。此外，在此模块制作了硅片切割和清洗等操作动画，方便学生学习硅片切割及清洗方法，掌握操作要点。基本认知模块如图 4 所示。

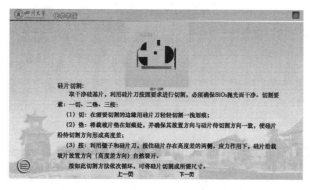

图 4　基本认知模块

设备展示模块提供仪器设备的三维结构，同时配备有文字解释仪器设备的工作原理及基本结构等，高真空镀膜机如图 5 (a) 所示。在此模块中，可以对仪器设备进行放大、缩小和三维旋转等操作，方便学生全面观察仪器设备的基本构造。为了更全面、细致地展示仪器设备的细节构造，部分仪器设备增设了局部部件展示模块，如为了方便学生观察测试盒的内部基本结构，在 OLED 性能测试模块特增设了测试盒展示模块。通过放大和三维旋转测试盒，学生可以更直接地观察到电极连接方式与发光区域的关系，从而更好地使用测试盒进行 OLED 光电性能测试，如图 5 (b) 所示。同样，为了使学生了解自动封装仪的四种操作模式，特增设了操作手柄展示模块。

 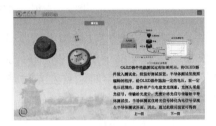

(a) 高真空镀膜机　　　　　(b) OLED 性能测试装置——测试盒

图 5　设备展示模块

虚拟仿真基于三维、声效等多媒体技术可以直观、形象、客观地呈现出完整的实验过程。通过虚拟仿真实验，学生不仅可以拓展专业知识、提高实验技能，而且可以通过具体的虚拟仿真实验过程学习实验流程（或工艺流程）、掌握仪器设备的操作方法和激发学习兴趣。因此，本虚拟仿真实验还包括实验设计和实验虚拟仿真模块。实验设计模块包括具体实验的器件结构、实验材料和实验流程等。实验虚拟仿真模块是基于具体的设计实验展开的虚拟实验教学，包括具体的实验流程和实验结果。虚拟仿真实验的操作界面如图 6 所示，在虚拟仿真实验系统中，学生可以交互式地操作仪器设备。操作界面同时呈现具体的实验步骤提示、当前仪器设备的操作步骤提示和语音提示等。通过对虚拟仿真实验反复操作和学习，学生可以熟练掌握整个实验的工艺流程和各个仪器设备的操作方法，为实体技能培训和实体实验储备背景知识和基本技能。在资金充足的条件下，线上虚拟仿真实验系统可以增设无操作步骤提示的实验虚拟仿真考核模块，对学生每一步操作的正确性进行分析和判断，以便教师更全面地了解学生对实验流程及仪器设备操作方法等实验内容的掌握情况。

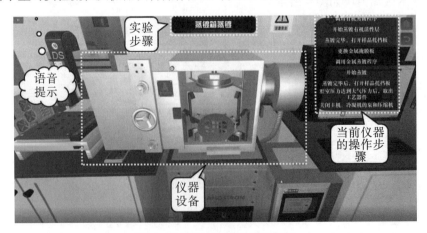

图 6　虚拟仿真实验的操作界面

实验自测模块（图 7）主要是考核学生对本领域的背景知识、工艺流程、操作技能及实验注意事项等内容的掌握情况。通过此模块，教师可以更全面地了解学生的自学情况，对于学生掌握较差的知识点可以在实体实验课堂上着重教授和讲解。由于资金的限制，实验自测模块只设置了选择题，没有设置实验虚拟仿真考核模块。在今后资金允许的条件下，将进一步加深实验自测模块建设，更全面地考核学生对相关基础知识和操作技能的掌握情况。当线上虚拟仿真实验的教学内容设计全面、合理，内容具有前沿性、创新性和挑战性时，可以更好地辅助实体实验教学和技能培训工作。

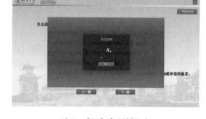

（a）实验自测　　　　　　　　　　　　　（b）实验自测提交

图 7　实验自测模块

2　有机电子学实验内容建设

有机电子学类的实验教材有限，部分实验教材具有实验内容单一、完成性强、专业性强等特点。对于有机光电器件领域基础较薄弱的本科生和研究生的实用性较差。鉴于学生的基础和课程教学目的，有机电子学实验教材既包含必备的背景知识，又包含有机光电器件领域常用的研究方法和技术。因此，有机电子学实验教材包括简明扼要的背景知识梳理、针对性的上机培训和多层次的实验素材。将前沿性的科研成果转化为实验内容并引入实验教学体系，课程内容既具有系统性和层次性，又具有前沿性、研究性、创新性和挑战性，实验内容包含了有机光电领域常用的实验技术和测试方法。

本教材具有以下特点：①增加了基础理论章节，对有机光电领域的基础理论知识进行了简明扼要的梳理，便于学生掌握必备的基础知识；②上机培训模块包含通用型的知识点（仪器设备的工作原理和基本结构，适用于同类型的仪器设备）和针对性技能培训（主要讲解某一型号仪器设备的使用方法、注意事项和维护保养等内容）；③引入实用性、系统性、层次性的实验课题作为实验教学内容。通过此实验课程，学生不仅可以拓展知识体系，提高实验技能和探索能力，而且可以激发学生的研究兴趣，培养学生的创新能力和意识。有机电子学实验教材构架如图 8 所示。

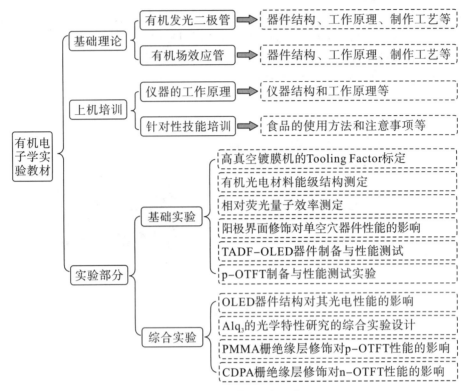

图 8　有机电子学实验教材构架

3　虚实结合教学模式

有机光电器件领域设备的数量有限，对环境和工作台的洁净度要求严苛，几乎不可能对用户进行集中培训。同时，有机电子学实验使用的仪器设备较多，操作复杂，用户（本科生和研究生）仅依靠实体实验和培训很难熟练掌握仪器设备的操作方法，而且消耗大量的时间和资源。虚拟仿真实验与实体实验（训练）相结合的方法给学生在有限的时间内熟练掌握仪器设备的操作方法提供了可能性。

虚拟仿真实验平台可以提供仪器设备的工作原理、基本结构、操作指南、注意事项、实验流程及制备工艺等相关的教学内容。如图 9（a）所示，虚拟结合培养模式的第一阶段是自主学习阶段，在虚拟仿真实验平台，学生可以自主学习背景知识和操作技能。通过交互操作，学生可以逐渐掌握仪器设备的基本操作流程。实验虚拟仿真模块的操作提示、语音提示和语音特效等增强了学生身临其境的体验。虚拟仿真实验不受操作次数、时间和空间的限制，学生可以通过多次学习，掌握仪器设备的基本操作方法。学生通过学习和交互操作考核后，方可进入实体实验［图 9（b）］和培训环节。通过虚拟仿真实验，学生不仅可以提前熟悉仪器设备的基本结构、工作原理和操作方法，而且可以学习实体实验所必须具备的背景知识，为顺利开展实体实验准备条件。

学习的第二个阶段是操作技能培训阶段。通过第一阶段的自主学习，学生已经掌握了相关背景知识，了解了仪器设备的特点、操作步骤和注意事项等。在进行第二阶段培训时，学生可以较好地掌握仪器设备的操作方法，减少误操作和实验错误，节约培训时间。在第二阶段，学生实体操作考核合格后，才可进入实验阶段。本科生可以根据自己感兴趣的研究方向自主选择实验内容，教师将根据选课情况将学生分组，开展实验教学工作，实验教学开展的基本过程如图 9（c）所示。自主学习和仪器设备培训是实验顺利开展和提高实验教学质量的关键。此种模式也适用于学生开展自主实验和创新实验，有效地提高了仪器设备对本科生的开放共享度。自有机光电器件实验室建立以来，每年支持一批本科生开展创新训练项目，培养光电器件领域的技术型人才和创新型人才，更好地服务于实验教学和创新人才培养计划。表 1 展示了自有机光电器件实验室建立以来，支持的大学生创新训练项目情况。

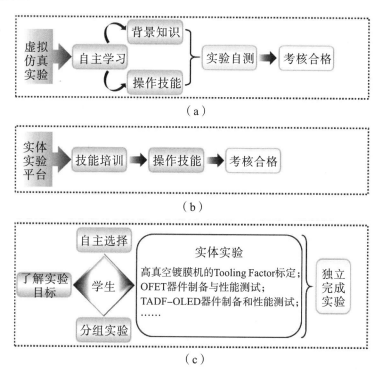

图 9　虚实结合的人才培养方式

表 1　有机光电器件实验室支持大学生创新训练项目情况

时间	项目名	级别	备注
2018 年	基于 Ir（Ⅲ）配合物的高效近红外 OLED 材料合成与性质研究	国家级	已完成
	基于邻羟基苯基唑类的蓝色有机电致发光器件的制备	国家级	
	基于导向策略构筑多氟代苯并二苯并噻吩及其 OFET 材料性质研究	省级	
	深蓝有机发光场效应晶体管的构筑及其性质的研究	省级	

时间	项目名	级别	备注
2019 年	基于氟化物的阳极修饰材料及其在 OLED 中的应用研究	校级	已完成
	单分子白光材料的设计合成与器件制备	校级	
	高迁移率电子传输材料的设计、合成及其在 OLED 中的应用研究	校级	
	高效蓝光热活化延迟荧光材料的设计、合成和光电性能研究	校级	
2020 年	基于三嗪并三唑受体的蓝光热活化延迟荧光材料的设计、合成及应用	校级	正在执行
	炔烃的分子内氧化环化反应构筑茚并茚二酮衍生物及其光电性质研究	校级	
	基于萘桥连接的空间电荷转移类热活化延迟荧光材料的设计与合成	校级	
	过渡金属催化炔烃的环化反应构筑 Chrysene 类衍生物及其光电性质研究	校级	

综上所述，采用虚拟仿真实验与实体实验相结合的教学方式不仅可以应用于本科实验教学，而且可用于本科生自主创新实验和研究生技能培训，从而扩大仪器设备的开放共享。采用虚实结合的教学和培训模式可以有效地培养学生的自学能力、科研素养和科研思维，提高学生的实验能力、创新能力和创新意识，使仪器设备更好地服务于我校的实验教学工作和科研工作。

结语

虚拟仿真实验是一种实验现象单一、操作程序确定的模拟性实验。学生通过虚拟仿真实验可以学习仪器设备的基本结构、工作原理、操作流程和注意事项等。学生只有通过实体实验操作，才能真正提高实验技能和动手能力。因此，虚拟仿真实验必须与实体实验有机结合起来，开发与实体实验相匹配的仿真仪器设备和实验内容，激发学生的学习兴趣，提高教学质量。高校教师和实验技术人员是仪器设备使用者和实验教学的实施者，在开展实验教学和技能培训的过程中，需要关注仿真技术的发展，积极参与其中，推动高等教育与信息技术的高度融合。通过虚实结合的教学方式，充分发挥仪器设备的使用价值，使其更好地服务于实验教学、人才培养和科学研究等工作。

参考文献

[1] 王秀萍，张方. 虚实结合扩大大型仪器设备对本科实验教学开放 [J]. 实验技术与管理，2014，31 (4)：237-239.

[2] 吴冰，张勇. 浅谈提高大型仪器设备使用效率的措施 [J]. 分析仪器，2011 (2)：92-94.

[3] 孙玉芳，苏枋，刘泽昊，等. 西部地区高校提高大型仪器设备使用效益的实践与思考 [J]. 实验技术与管理，2016，33 (2)：245-248.

[4] 李璟，徐芳. 提高高校公共科研服务平台大型仪器设备使用效益的措施 [J]. 科技创新与应用，2017 (7)：33-34.

［5］钧刁. 高校大型仪器设备共享管理机制的探讨［J］. 实验技术与管理，2010，27（7）：194－196.

［6］黄宗辉，鹿海涛，栾长萍，等. 高校大型仪器设备共享管理对策的思考［J］. 实验室研究与探索，2014，33（4）：72－76.

［7］陈子辉，王泽生. 高校大型仪器设备开放和共享［J］. 实验室研究与探索，2010，29（2）：163－165.

［8］王森，高东峰. 在线开放虚拟仿真实验项目建设的思考［J］. 实验技术与管理，2018，35（5）：115－118.

［9］贠冰，孙建林，熊小涛，等. 虚拟仿真实验在大型仪器设备开放共享中作用的探讨［J］. 实验技术与管理，2015，32（10）：119－121.

［10］高东锋，王森. 虚拟现实技术发展对高校实验教学改革的影响与应对策略［J］. 中国高教研究，2016（10）：56－59.

［11］姜萍，张欣，田华，等. 光伏发电虚拟仿真实验教学平台［J］. 教育教学论坛，2019（3）：277－278.

［12］李如春，朱华. 半导体器件仿真大型实验教学改革［J］. 实验室研究与探索，2019，38（2）：182－184，191.

实验室安全与环保

高校实验室安全准入教育模式研究

曹　丽* 许成哲

四川大学灾后重建与管理学院

【摘　要】本文在分析高校实验室安全准入教育实施现状与存在问题的基础上，结合四川大学 2019 年实验室安全与环境保护课程的实施情况，从课程设置模式到实训实验室建设、专业师资与教学辅助队伍组建三个层面，提出建立理论与实操技能训练相结合的高校实验室安全准入教育模式，并进行探索与分析。通过对该模式的实施效果进行调查与评估，发现该模式较好地解决了目前高校实验室安全准入教育工作面临的困难，能有效推动高校实验室安全准入教育工作的开展。

【关键词】安全准入教育；理论与实操相结合；实施效果；体系构建

实验室安全准入教育是实验室安全准入制度的核心内容，是高校实验室安全管理体系的重要组成部分。通过培养实验室相关人员的安全意识、安全知识及应急处置技能，防止和减少实验室安全事故的发生，减轻安全事故造成的损失，是落实"生命至上、安全第一"的重要环节。本文在分析高校实验室安全准入教育实施现状与存在问题的基础上，结合四川大学 2019 年实验室安全与环境保护课程的实施情况，提出建立理论与实操技能训练相结合的高校实验室安全准入教育模式，并对该模式的实施效果进行了调查与评估。

1　高校实验室安全准入教育的现状与存在的问题

1.1　高校实验室安全准入教育的主要内容

美国著名安全工程师海因里希认为：人的不安全行为、物的不安全状态是事故的直接原因，因此预防事故发生的中心就是消除人的不安全行为。高校实验室安全准入教育围绕消除人的不安全行为，设置与实验室安全相关的法律法规、管理制度，实验环境维护、仪器设备使用、具有一定危险性实验试剂保存、使用及实验室消防、应急预案与处置等内容。大部分高校还根据不同实验室危险源的特点，开设专业性的如化学化工类、生物医学类、电子电器类实验室安全准入教育。

---

* 作者简介：曹丽，实验师，主要研究方向为防灾减灾教育，教授"实验室安全与环境保护"课程。

1.2 高校实验室安全准入教育的主要形式

目前，高校实验室安全准入教育主要采用网络学习、线下基础课程及开展与安全相关的专题活动三种形式进行。随着信息化与网络教学技术的发展，"实验室安全学习与考试平台"已成为各高校实施实验室安全准入教育的首要途径[1]。高校组织专家、院系和部门编写实验室安全知识点，建立试题库，将安全准入教育内容放到网站上，供教师和学生自主学习[2-3]。通过自主学习，教师和学生还可进行自测练习和自主考试。为让考生更多地了解安全知识，一般将考试通过分数线设为 90 分，每位考生有多次考核机会，系统自动记录考试次数和考试最高分，使考生在不断地学习中保证能高分通过[4]。近年来，也有部分高校开设了实验室安全基础课程，将实验室安全知识纳入学生必修或选修课程中，学生完成课程学习后，获得相应学分。已有研究表明，设置实验室安全课程学分是实验室安全准入教育制度实施的拓展与深化，是较为有效的教育模式[4]。实验室安全教育的另一种常见方式则是通过国家防灾减日、安全生产月及 119 消防日等与安全相关的主题日，开展相应的宣传教育活动，如举报消防演练、应急疏散演练、安全讲座及知识竞赛等，构建校园安全文化。

1.3 高校实验室安全准入教育存在的主要问题

从实验室安全准入教育设置的内容和实施形式来看，目前，高校实验室安全准入教育主要存在以下问题：

（1）理论授课为主，实操训练鲜有涉及。无论是使用范围较为广泛的实验室安全学习与考试系统，还是线下的实验室安全准入课程，其内容和形式都聚焦于理论授课，与知识点相对应的实操训练较少开展。如高校安全教育中经常提到灭火器的使用，可在校学生或研究生很少有人知道实验室灭火器的位置，没有亲自拔出灭火器的保险销，没有使用灭火器灭过火苗[5]。围绕安全开展的主题教育活动，缺乏系统性与完善性。活动组织者多以完成任务为目的，参与者多以配合的角色体验，因此，只能作为实验室安全教育的补充形式。

（2）师资较为分散，难以形成稳定团队。因实验室安全教育涉及面广，授课教师以各具体学科的专业教师、实验室管理人员及保卫处工作人员兼职[5]。在实践中，因缺乏统一规划，往往难以形成系统化的授课内容。专业教师多关注涉及该类学科安全知识的讲授，对通用性的安全知识与技能的讲授较少；实验室管理人员及保卫处工作人员则以自己的阅历和经验进行授课，缺乏科学的知识架构。并且，各授课教师往往分属不同部门管理，安全教育是其工作中的一部分，难以形成合力，促使实验室安全准入教育工作必须进行系统化的开展。

（3）学生学习主动性不高，教育效果不理想。已有研究表明，在现行授课模式下，教师授课随意性大，经验性较多，教学方法单一，往往采用劝服式、填鸭式甚至恐吓式[6]。学生学习主动性弱，或以通过考试为目的，死记硬背知识点，考试通过后，知识也大部分被遗忘。在实验过程中，仍然按自己的方式进行，发生实验室安全事故后，往往不知所措。在一项针对医学类高校实验室安全准入培训工作调查研究中发现，学生对安全准入教育持保留意见的原因是：28.4%的调查对象认为现有的培训内容不理想，18.3%的调查对象对培训方式不认可，还有 43.3% 的调查对象认为时间、内容完全不合理。调查发现，学生认为最理想的安全准入培训方式应由实验室、学院及学校联合开展[7]。

2 基于理论与实操技能训练相融合的高校实验室安全准入教育模式探讨

针对目前实验室安全准入教育面临的主要问题，四川大学自 2018 年起，在原有"实验室安全与环境保护"课程基础上，探索建立理论＋实操技能训练的实验室安全准入教育模式。通过整合学校实验室及设备管理处、保卫部（处）及灾后重建与管理学院等部门学院的学科优势和师资资源，建立学校安全应急技能训练中心（以下简称"中心"），将实验室安全准入教育课程纳入中心课程任务，打破以往分散开展安全准入教育的局限，为实验室安全准入教育课程有序开展提供组织保障。中心从实验室安全准入教育课程设置、实训实验室建设及师资教学辅助队伍组建三个层面，建立了理论与实操技能训练相融合的安全准入教育模式。

2.1 建立与理论课程相结合的实操课程体系

四川大学于 2013 年 9 月起，面向本科生开设"实验室安全与环境保护"课程，该课程是实施"实验室准入制"的重要环节之一。课程总共七章，包括实验室安全管理、化学化工类实验室安全与环境保护、电器类实验室安全管理、机械类实验室安全管理、生物类实验室安全管理、辐射类实验室安全管理、计算机实验室安全管理及实践急救类安全管理。课程内容涵盖实验室涉及的实验人员、物料、设备、环境设施及实验方法等。要求学生通过学习熟悉实验室存在的危险及环境污染的隐患种类，掌握一定的个人防护能力和实验室突发事故应急处理能力。实验室及设备管理处组织全校实验室安全环保方面的相关专家教授编写了安全培训教材，担任课程教师。课程以理论授课为主，每个章节都设置测试内容，学生完成学习后取得学分。

2018 年，实验室及设备管理处和灾后重建与管理学院在原有课程及学院安全教育实践基础上，经过反复论证与小范围实践，建立了理论与实践相融合的安全准入教育模式。增设 4 个实操课程章节，增加 16 个实操学时。4 个实操课程章节内容分别为应急识图与制图备灾、初期火灾处置、室内火灾认知与求生、医学急救。应急识图与制图备灾主要以培养学生的风险意识为目的，要求学生在掌握绘图基本技能后，到实验室进行实地测量，绘制成逃生路线图。图上需标注各条逃生路线，分析各逃生路线的优劣及实验室应急物资摆放位置等。通过整个过程，学生能够熟悉实验室危险点及可用应急物品放置位置等，并养成提前观察环境的安全习惯。初期火灾处置主要培养学生掌握报警、选择灭火器、消防栓及常用灭火器操作技能。课堂上，每位学生需运用模拟报警器拨打报警电话，并使用 5 公斤模拟干粉灭火器实施灭火。在室内火灾认知与求生课程中，学生将学会在火情无法控制的情况如何有效逃生或求生。课程内容包括过滤式自主呼吸器的使用办法，如何辨别室外环境是否安全，如何提升生存机会，逃生过程中如何避免恐慌与踩踏等。医学急救课程则以培养学生院前急救技能为出发点，教会学生止血、包扎及徒手心肺复苏、AED 除颤仪使用方法等。每个章节，学生都被要求亲自动手操作，完成实验报告并通过操作考核。

2.2 配套完成实操训练实验室建设

根据实践课程设置，在灾后重建与管理学院原有建设的基础上，学校投入 300 万元，购置教学设备 83 套，建成了备灾技能、初期火灾处置、应急逃生及疏散、基础生命支持四个实验室。在备灾技能实验室，学生能够进行识图与制图操作。初期火灾处置实验室配备了二氧化碳、泡沫及干粉灭火器等，同时配套有相应的模拟灭火器及模报警器、消防栓等设备，学生在该实验室能够动手操作各类模拟设备。应急逃生及疏散实验室模拟建设了高校实验室及宿舍场景，开启设备时，会通过自动断电、喷发烟雾等形式，营造火灾情境，为学生提供逃生疏散的练习场所。基础生命支持实验室则配备心肺复苏模拟人、ADE 除颤仪、三角巾及纱布等，为每位学生实践操作提供空间、设备和耗材。同时，实验室配套建设有数据收集与分析系统，该系统能够结合课程内容与安全知识技能要点，实现对每位学生的实验与考核数据进行实时采集。学生能够根据数据直观了解自己对安全知识操作技能的掌握程度，教师则可以通过分析数据，提升课程设计水平，增强课程实用性。

实操训练实验室的建设为理论与实操相融合的实验室安全准入教育提供了重要的场地及信息整合支撑，是课程得以有效开展的重要保障。

2.3 组建专业的师资与教学辅助队伍

根据实验室安全准入教育授课特点，学校整合各学院、各部门等资源，构建了理论授课专业教师负责、技能授课教辅人员主导、实验操作服务学习课程的学生辅助的专业师资与教学辅助队伍，创新性地解决实验室安全准入教育长期存在的师资专业性、安全技能不足、分散及不稳定等难题。

理论授课整合各学院具有学科专业背景的副高及以上职称师资，从实验室管理、设备操作及安全防护与应急处理的角度，设定课程内容框架，并提出具体的实操训练知识点要求。实操授课人员由具备相应安全技能与安全教育经验的教师和教辅人员组成，他们根据自己的知识结合专业教师提出的知识要求，经过反复论证，与专业教师共同研发实操训练内容，编写课程讲义。如应急识图与制图备灾、室内火灾认知与求生、医学急救技能培养的课程，依托灾后重建与管理学院安全科学与减灾、康复医学等学科的师资，与实验室消防相关的课程，由保卫部（处）专业人员主要承担。将实验室安全准入教育理论和实操技能授课在融合的基础上进行划分，能够有效保障课程的专业性，同时减轻授课教师负担，调动参与教师的积极性。

与理论课程不同的是，学生要掌握一项安全应对技能，需要大量的练习甚至是一对一的指导，单靠授课教师很难实现。中心采用"服务学习课程"的形式，让学生参与到此项工作中来，作为协助课程实施的助教力量。这些学生一部分前期参与过灾后重建与管理学院的自救互救技能培训课程，对安全教育感兴趣，一部分来源于本课程的学生。他们在协助指导其他学生的同时，也强化了自己的安全知识和技能。

3 理论与实操技能训练相融合的高校实验室安全准入教育实施效果

自 2019 年秋季学期起授课，中心已完成 32 个学院 8708 名大一本科生的实验室安全准入授课，基本实现覆盖大一学生实验室安全准入教育。为更好地实施课程，中心对 2162 名参加课程的学生从课程对提升自己防灾备灾能力方面发挥的作用、课程内容的满意度及对技能掌握的程度上进行了调查，详情见表 1、表 2 和表 3。

表 1　学生对课程提升其实验室防灾备灾能力作用自评调查表（N＝2162）

选项	频数	百分比（%）	累计百分比（%）
非常有用	1475	68.22	68.22
很有用	615	28.45	96.67
还行，一般	70	3.24	99.91
没用	2	0.09	100
总计	2162	100	——

表 2　学生对线下课程满意度测评表（N＝2162）

满意度	初期火灾处置		火灾认知与求生		应急识图与制图备灾		医学急救基础技能	
	频数	百分比（%）	频数	百分比（%）	频数	百分比（%）	频数	百分比（%）
满意	1945	89.96	1969	91.07	1791	82.84	1970	91.12
一般	210	9.71	182	8.42	340	15.73	178	8.23
不满意	7	0.32	11	0.51	31	1.43	14	0.65

表 3　学生对各实操板块内容掌握自评表（N＝2162）

课程	初期火灾处置				火灾认知与求生				应急识图与制图备灾		医学急救基础技能			
课程内容	灭火器识别		5 kg 干粉灭火器使用		逃生绳结技术		逃生情境演练		应急识图与制图备灾		止血包扎		心肺复苏	
掌握程度	频数	百分比（%）	频数	百分比（%）	频数	百分比（%）	频数	百分比（%）	频数	百分比（%）	频数	百分比（%）	频数	百分比（%）
完全掌握	494	20.49	494	22.85	651	30.11	732	33.86	620	28.68	670	30.99	670	30.99
基本掌握	1126	52.08	1329	61.47	939	43.43	1192	55.13	1192	55.13	1175	54.35	1102	50.97
一般	543	25.12	317	14.66	339	15.68	223	10.31	316	14.62	280	12.95	236	10.92
下课就忘	44	2.04	19	0.88	59	2.73	11	0.51	27	1.25	21	0.97	16	0.74
其他①	6	0.28	3	0.14	174	8.05	4	0.19	7	0.32	16	0.74	138	6.38

---

① 其他是指缺席该课程的学生。

与传统的注重网上自学及理论讲授为主的教育模式相比，学生对理论与实操技能训练相结合的实验室安全准入教育模式认可度较高。该种模式较好地激发了学生学习的主动性和积极性，让学生掌握了所学技能，提升其对实验室安全处置的能力。在调查过程中，许多学生都提到这门课程学到的知识与技能不仅对处置实验过程中的突发事件有用，而且在日常生活中也很有帮助。更重要的是，极大提高了他们的备灾意识，学习了该门课程后，会主动去留意实验室、宿舍及教学楼的安全通道中灭火器的摆放位置等。他们还表示，如此有用的课程应在全校开设，让更多的人接受安全教育。因此，包括从课程设计到实训实验室建设及专业教学辅助队伍组建的实验室安全准入教育模式，其均具有一定的可持续性和借鉴意义。

结语

理论与实操训练相融合的实验室安全教育模式，虽取得不错效果，但也存在一定的不足。首先，实操课时较少。本次课程设计的理论和实操学时分别为 16 个学时，忽略了实操课程更耗时的特点，因此，学生普遍感觉课程非常紧凑，练习和巩固所学技能的时间不够。其次，实操训练实验室场景设置略显单一。高校实验室种类较多，每个实验室都有各自的特点与特定的环境，此次与课程配套建设的实训室场景是固定的，对具体实验室的还原度不够，并且对实验室安全事故发生不同阶段的具体情境无法模拟，这在一定程度上影响了课程实施的效果。最后，课程内容对学生面对突发事件时应对心理涉及较少。克服面对突发事件时的心理恐慌是各项处理工作的要点，本次理论课程偏重政策方面的讲解，实操训练偏重技能的训练，对应急心理相关知识教授较少。针对以上问题，下一步中心将继续深化课程内容，合理设置理论与实操课程的课时比例，同时加大实训场景建设力度，开发生命教育等课程内容，不断推动高校实验室安全准入教育工作的开展。

参考文献

[1] 柯红岩，金仁东. 高校实验室安全准入制度的建立与实施 [J]. 实验技术与管理，2018，35（9）：261−264.

[2] 姚婧婧，徐善东，孙品阳，等. 高校实验室安全准入制度实施 [J]. 实验技术与管理，2015，32（9）：224−226.

[3] 陈一星，张伟，王雪，等. 高等院校实验室安全管理系统设计与实践 [J]. 实验技术与管理，2016，33（11）：274−278.

[4] 张琳. 实验室安全准入制度的实践与探索 [J]. 实验技术与管理，2016，33（5）：227−244.

[5] 张海峰. 高校实验室安全教育存在的问题与对策 [J]. 实验技术与管理，2017，34（9）：244−247.

[6] 黄林玉，全纹萱，陈倩，等. 地方高校化学实验室安全管理体系的构建与探索 [J]. 西南师范大学学报，2019，44（1）：156−159.

[7] 姚婧婧，孙品阳，孙崎，等. 医学类高校实验室安全准入培训工作的调查研究 [J]. 实验技术与管理，2018，35（2）：260−262.

[8] 林其彪，左明芳，林欢，等. 基于 AHP 高校实验室应急管理能力评估 [J]. 林业机械与木工设备，2017，45（1）：48−50.

[9] 曹沛，李丁，赵建新，等. 新型实验室安全教育考试系统的研究与实践 [J]. 实验技术与管理，

2014, 31 (10)：232－234.

[10] 夏菡，黄弋，马海霞，等. 美国高等级生物安全实验室人员培训体系及其启示 [J]. 实验室研究
与探索，2019，38 (12)：252－254.

高校外语类语言实验室安防管理初探

曾 玮* 饶 坚 宋兆东

四川大学外国语学院外语语言训练中心

【摘 要】 在外语类语言实验室管理工作中，实验室安防工作是非常重要的一环。随着国家在实验室管理层面的重视程度越来越高，各高校也逐步加大了实验室安防工作的力度。外语类语言实验室作为外语教学的重要场所，和其他实验室相比，有着一定的共通性，但也有其特殊性。其特殊性在于，面向全校师生，基于音视频设备开展课程教学，且实验教学量大面广。如何加强外语类语言实验室的安防工作，为外语教学提供保障，是值得研究的问题。本文基于四川大学外语实验室的相关工作经验，对外语类语言实验室的安防工作提供了方法，在一定程度上为其他单位的外语实验室安防工作提供了思路。

【关键词】 实验室安全；外语语言实验室；安全管理

1 前言

外语类语言实验室是高校培养外语类专业人才及提高大学生外语水平的重要场所，是外语语言教学的必要条件。在大部分高校中，外语类语言实验室往往规模较大，面向的师生也较多，如何稳定地推进实验室安防工作，是外语类语言实验室面临的重要问题。近年来，高校各类安全事件频发，也给大家敲响了警钟[1-2]。实验室安全工作是实验室日常工作的重中之重，如何做好实验室安防工作，为师生的教学活动提供保障，是值得研究的问题[3-5]。

目前，在外语类实验室安全工作领域，已有较多的相关研究。如余能保[6]就外语类实验室落实安全职责、完善管理规程、加强教育宣传及强化安全检查等方面提出了一些具体措施和建议。赵丹丹[7]以安徽大学外语实验教学中心为例，介绍了该校语言实验室的建设情况及管理办法，为其他高校的外语实验教学提供了示范经验。周利华[8]提出了实验室安全文化理念，并从安全的物质、制度、精神三个层面来阐述高校实验室安全文化建设。赵桂玲等[9]针对外语实验室的消防安全问题，提出了相应整改措施，旨在提高消防安全管理队伍的管理水平和灭火疏散能力，提升学生对消防安全的重视度，推动消防工作向常态化发展。

本文在已有的研究基础上，对近年来我校语言实验室的相关管理情况进行了整理，针

---

* 作者简介：曾玮，实验师，主要研究方向为实验室安全、虚拟化技术、数据挖掘与机器学习。

对外语类语言实验室的学科特色，提出了一些较为可行的安防建议。

2 外语类语言实验室安防管理措施

2.1 构建安全体系，完善安全制度

2.1.1 构建多层次的实验室安全体系

依据单位的实际情况，建立合适的"学校—学院—实验室负责人—实验室使用人"的实验室安全管理体系。在学校层面，建立相应的实验室管理机构，针对实验室安全管理，设立专门的职能科室，负责各个学院、单位的安全管理及安全监督，并落实好各个学院等二级单位的安全责任。在学院层面，要充分研究和吸纳国家、学校实验室安全体系的相关政策及制度，要落实好实验室安全管理及实验室使用相关人员的安全责任。通过多层次的安全体系，形成一种科学的管理和监督机制，从而为实验室的安全运行提供有力保障。

2.1.2 建立学校＋学院实验室的安防制度体系

在构建了合理的安防管理体系后，需按各学校及外语类语言实验室的具体情况，制定适合本单位的安全管理制度。

我校由实验室及设备管理处牵头，制定了较为全面的实验室安全管理制度。其中，适用于外语类语言实验室的包括《川大实〔2012〕13 号四川大学实验室安全与环保事故应急处理预案》《川大实〔2012〕10 号四川大学实验室安全与环保管理条例》《川大实〔2012〕7 号四川大学实验室安全与环保检查制度》等。这些管理条例及办法从制度层面对实验室安全管理提出了依据及要求。合理、全面的实验室安全制度的建设，为各个学院等二级单位提供了实验室安防工作的重要依据及支撑。

从学院及实验室角度，应依据国家相关政策、法规及学校的相关制度，制定适用于本单位的实验室安全管理制度。针对外语类语言实验室的特点，在充分研究相关制度、调研教师、学生的实际需求、了解其他相关单位情况的前提下，制定了语言实验室安防管理相关制度，涵盖安全检查、日常管理、开放共享、应急预案及专用设备管理等多个方面，具体见表 1。

表 1 外语类语言实验室管理制度

类别	制度
安全检查	语言实验室安全检查制度
日常管理	实验技术人员工作职责
	实验仪器设备操作培训制度
	语言实验室使用细则
	语言实验室操作规程
	同声传译室使用细则

续表1

类别	制度
开放共享	实验仪器设备开放共享运行服务质量要求
	实验仪器设备开放共享运行管理办法
应急预案	实验室安全与环保事故应急处理预案
专用设备管理	外语广播电台管理规定
	外语广播电台操作规程
	卫星电视系统管理规定
	卫星电视系统操作规程
	节目录制室管理规定
	节目录制室操作规程

通过建设实验室安全管理制度，从制度层面为实验室的运行提供规范及策略，为师生的安全提供保障。

2.2 落实安全检查，形成常态机制

实验室安全检查是保证实验室安全运行的有效手段。在实验室的日常管理过程中，应该以相关规章制度为依据，切实落实实验室安全检查制度，形成常态机制。

在外语类语言实验室的日常管理中，形成了实验室使用人员登记、实验室管理人员课后巡查及定期巡检的机制。在日常课程中，实验室使用人（主要为任课教师）在使用语言实验室前，需完成使用登记。课后，由实验室管理人员负责实验室安全检查工作，包括巡检电源、仪器设备、门窗等是否正常，并签字登记。对于需要在其他时间使用实验室的师生［特别是一些专用设备的使用（如外语广播电台）］，实行了申请登记制度，做到使用有登记。

此外，学院领导和实验室负责人会定期组织实验室管理的相关人员，对实验室区域进行巡检，排除安全隐患。积极处理在安全检查过程中发现的安全隐患，为实验室安全工作提供保障。

通过这样的一种常态化的安全检查机制，能够让使用实验室的师生有一定程度的安全意识。通过使用登记制，真正做到有迹可循。在登记本的制作过程中，依据学校提供的范本，以横版 A4 文件夹的形式呈现。实验室组织实验室管理人员定期对登记页进行收集，使用人在登记过程中无须或只需少量翻页，为教师提供了便利（图 1）。

图 1 语言实验室使用情况登记本

另外，师生在使用实验室过程中若遇到了各类设备问题，也可以通过使用登记本进行反馈，实验室管理人员在课后可依据反馈内容对实验室进行维护，为师生提供了设备稳定运行的保障。

2.3 加强安全宣传，丰富安全文化

2.3.1 制作安全手册，发放安全资料

在安全宣传方面，制作相关纸质、印刷、视频材料是非常便捷且行之有效的方法。一方面，通过发放学校制作的安全手册及安全展板，为师生提供实验室安全相关知识的学习材料；另一方面，针对外语类语言实验室的特点，制作了实验室安全相关知识要点宣传页，在其中对实验室安全的重点进行了归纳，让实验室安全宣传工作有的放矢。

此外，实验室还整理了安全相关的视频材料，涵盖安全用电、防火防盗及仪器设备使用要点等内容。通过这些方法，对实验室的相关人员进行了安全知识普及，在一定程度上提高了师生的安全意识（图2）。

图2　实验室安全宣传

2.3.2 积极开展线上学习

依托"实验室安全与环保管理系统"，针对外语学科的特点，组织师生积极进入系统学习，并完成相关课程内容。在系统中，师生可以就实验室安全相关知识进行学习，提高安全技能（图3）。此外，积极组织师生参与安全培训、讲座，增加大家的安全知识储备。

图3　实验室安全知识慕课、培训等

在新冠肺炎疫情下，如何完成实验室的安全知识普及工作，是一项新的挑战。在近期

的工作中，积极地组织师生通过微信及腾讯会议等平台，以"线上＋线下"的方式完成安全相关知识及技能的学习。通过"线上＋线下"的模式，解决特殊时期的安全工作及宣传等方面的困难（图4）。

图4　各类线上安全知识学习及疫情期间"线上＋线下"学习

2.3.3　组织安全演练，提升安全技能

通过线上及线下的学习，师生可以在一定程度上掌握外语类语言实验室的安全知识和技能。而通过实际的操作和演练，可以进一步提高师生的安全技能水平。

在近年的实验室安防工作中，实验室积极组织师生参与安全技能现场培训、组织安防逃生演练、灭火器使用、逃生技能实训、用电安全讲解及示范等技能培训，提高师生的实验室安防技能（图5）。

图5　语言实验室师生安全技能培训

2.4　融入物联控制，扩展"技防"手段

技防作为"人防、物防、技防"的"三防"体系中的重要一环，合理地使用技防，能够较好地提高实验室安全管理工作的效率。因此，在"技防"方面也进行了探索和研究，主要包括物联网传感器的应用及智慧监控系统构建等。

随着物联网的不断发展，使用各类传感器以提高实验室的智能化管理将会成为未来的必然趋势[10-11]。在部分语言实验室中，安装了门窗传感器、温度传感器、烟雾报警器及浸水传感器等。使用 APP 控制中心，对各类传感器进行集中管理。通过近期的测试及实际使用，我们发现物联网传感器能够在一定程度上提高实验室管理的效率。物联网能够帮助管理人员实时监控实验室环境，为实验室安全提供保障。

在智慧监控方面，基于"群晖"存储平台，搭建了高可用的监控系统（图 6）。一般而言，实验室在监控方面会采购第三方成品监控主机，如海康威视、大华等。但是，这类监控主机通常结构较单一，且对于多平台的支持有所不足。通过使用"海康威视、萤石等摄像头＋群晖监控主机＋萤石云平台"的方式，搭建了多平台可用、维护便捷、高可用的监控系统。通过该系统，实现了手机端、PC 端的实时监控，以及历史事件回溯。另外，采用了匹配的备份套件，对监控系统进行备份。一旦出现监控主机损坏时，我们可以通过备份套件对监控配置及监控录像进行恢复。

图 6　语言实验室监控系统

结语

实验室安防工作是实验室工作中的重中之重。外语类语言实验室作为文科类实验室，虽然其安全风险不及化学、化工及医学等学科，但是外语类语言实验室的安全工作仍然不能忽视。一方面，要充分地保障实验室仪器设备的正常运行，为师生的教学提供保障；另一方面，要加大安全管理力度，立足于已有的实验室管理经验，多角度、多层次地践行实验室安全管理，进一步提高实验室的安全水平。

参考文献

[1] 叶元兴，马静，赵玉泽，等. 基于150起实验室事故的统计分析及安全管理对策研究 [J]. 实验技术与管理，2020，37（12）：317-322.

[2] 董继业，马参国，傅贵，等. 高校实验室安全事故行为原因分析及解决对策 [J]. 实验技术与管理，2016，33（10）：258-261.

[3] 丁珍菊，方能虎，张建平. 高校实验室安全状况的分析与思考 [J]. 实验室研究与探索，2011，30（6）：414-416.

[4] 徐建斌，赵涛涛. 高校实验室安全管理工作现状与对策研究 [J]. 实验室科学，2009（4）：164-165.

［5］周利华，谢道文. 浅谈高校语言实验室安全用电问题与对策［J］. 人力资源管理，2010（2）：92.

［6］余能保. 高校外语实验室安全管理探索［J］. 经营管理者，2017（30）：12－13.

［7］赵丹丹. 浅谈高校语言实验室的建设与管理——以安徽大学外语实验教学中心为例［J］. 高教学刊，2018（12）：147－149.

［8］周利华. 高校实验室安全文化建设的研究［J］. 科教文汇（下旬刊），2010（2）：195－205.

［9］赵桂玲，赵忠平，李楠. 语音实验室消防安全管理的问题与改善措施［J］. 实验室科学，2018，21（6）：189－191.

［10］彭龑，何展，钟文，等. 基于 ZigBee 的实验室安全监控系统［J］. 实验室科学，2015，18（1）：68－71.

［11］韩团军，尹继武，张攀飞，等. 基于 GPRS 和 Zigbee 的远程实验室安全管理系统设计［J］. 实验技术与管理，2019，36（11）：240－244.

化学实验室安全管理模式探索

李俊玲*　房川琳　衣晓凤　邹　清　熊　庆

四川大学化学学院化学实验教学中心

【摘　要】高校实验室安全是学校开展各项活动的前提和保障。因化学试剂的特殊性，化学实验室的安全管理尤为重要。借鉴国内外高校成功的管理经验并结合实际情况，通过健全实验室管理制度、完善安全设施及加强安全教育培训等，降低实验室安全隐患，力争营造一个安全、和谐的实验环境，保障实验教学的顺利开展。

【关键词】化学实验；管理；安全

引言

化学实验室是高校进行实验教学、科学研究及成果转化的重要场所，实验室安全是教学和科研顺利开展的重要前提和保障，是确保师生人身安全、维护学校乃至社会稳定的重要环节之一。

近年来，实验室安全事故频发，深入分析事故原因，大多是人为因素造成[1-2]。如人员安全意识薄弱，安全知识和消防技能匮乏，遇事慌乱，心存侥幸心理。实验室管理不到位，如安全管理制度不健全、实验室基础配套设施监管不完善、基本消防设施不配套等。实验室开放共享程度的加大，使实验室环境复杂度增加，也增加了一定的安全隐患。

化学实验室环境尤其复杂，是事故发生的高危场所，因此，实验室安全一直是化学实验教学中心工作的重心。近年来，化学实验教学中心（以下简称"中心"）每年承担了学校近20个学院上万名学生的本科实验教学工作，实验项目近130多项，还承担了探索化学实验课程及创意社团的相关实验及训练活动，人员流动量大、涉及药品试剂种类繁多、仪器设备使用率加大、开放共享程度日益突出，无疑对实验室安全管理提出了更高的要求。

根据国内外高校实验室安全管理的相关经验[3-6]，日本高校先进的环保和安全理念及严格的管理制度[7]：具有完备的安全教育体系，对危化品进行统一采购，避免因渠道购买引起的数量和质量的失控，增加潜在的危险性。北京科技大学"8421"安全管理模式[2]：8个确认（确认实验室资质、规章制度、个人防护、安全监督、废弃物处置等），4级监督（学校、学院、实验室负责人、实验参与人员分级监督），2项记录（记录实验进入及离开时间、人员），1个实施（实施安全记录管理）。吉林大学安全管理"主动防御"模式：构

---

* 作者简介：李俊玲，实验师，主要研究方向为无机化学实验教学与管理，教授"无机化学实验"课程。

建安全管理组织防御体系，构建安全管理责任防御体系，构建安全管理制度防御体系，完善安全管理能力防御体系和实验室安全文化防御体系等[8]。并结合中心的实际情况，对实验室安全管理模式进行了一系列探索改进，旨在为师生提供一个安全、和谐的实验室环境，保证实验教学的顺利开展。

1 健全实验室规章制度、强化安全责任

科学的管理离不开健全的规章制度，制度建设贯穿实验室安全建设的全过程。相对于事后惩戒，制度建设的主要目的是发挥其事先提醒的作用，尽可能做到规避事故发生的风险，这一点在本科教学中尤为重要。中心的实验室安全工作按照中心领导、实验室副主任及实验技术教师三层责任制执行，最终落实到每个房间配备一名安全负责人。将责任制度落实到每个人，人人参与到实验室安全环保建设中。

根据学校和学院的相关管理办法规章，中心采取了一系列措施：针对紧急情况处置的"实验室安全应急预案"；实验室具有明确的准入规定制度，即非教学时间进入实验室需指导教师签字，并签订准入协议。对于大型仪器设备使用记录台账，方便技术人员的管理和维护。在化学品安全方面，对于易制毒、剧毒品等危险化学品，均采用学校的相关管理实施制度和办法，如《四川大学易制毒化学品管理办法》，在实际使用中，均有严格的登记使用情况记录。对于一般药品，具有严格的出入库登记制度，设立了实验室药品出入库台账，方便技术人员管理、采购和存放药品。在防火、水电气安全使用等方面，学院也制定了一些制度，如化学实验室防火安全制度、化学学院实验室安全与环境保护条例等。中心目前采取了三重检查体系：实验课结束后，学生要切断所用仪器电源，关闭水源；值日生负责二次检查教室仪器电源、气路开关、水源开关等；技术人员最后再次检查教室水电气开关，方可结束本次实验。废弃物的处置严格按照《四川大学实验室危险废弃物管理办法》，中心目前基本的程序是分类收集实验废弃物。可以回收利用的进一步回收，确实无法回收的按照类别收集后，集中运送至学校中转站。

2 加强安全教育培训的力度和广度

高校实验室安全管理需严格树立并体现"以人为本，安全第一，预防为主，综合治理"的理念，建立行之有效的安全管理体制，特别要重视对师生应急能力的培养[1,8]。人为因素往往在安全事故中最为重要。安全意识淡薄、缺乏系统的安全教育是导致事故发生的最重要的原因。

作为中心药品及仪器设备的管理者和维护者，积极提升实验技术人员的安全意识和安全技能尤为重要。近年来，中心加大了技术人员的培训力度，以消防知识主题宣讲、技能培训和应急演练为活动载体进行了多样化的培训。如2019年集中组织了"实验室化学品危害评估和个体防护""消防灭火知识培训"及"消防灭火器材使用培训"的消防实操训练；部分教师还自行进行了"消防安全知识技能讲解"及"初期火灾处置"的消防演习等，多方面提升自身的安全知识和技能。2020年，受新冠肺炎疫情影响，技术人员利用网络资源积极提升自身安全知识。如参加2020年全国高校实验室安全管理线上研修班和

"安全生产月"线上体验活动等。后期还会举行相关的培训和演习演练，力争将其作为一种常态化的训练方式融入工作中。

学生是实验对象的主体，中心将安全教育作为新生开课前的必要环节之一，结合不同的实验条件、仪器、药品的使用差异及不同废弃物处置的差异，安全操作教育也分散在不同课程之中。做到实验前对学生集中进行安全教育培训，实验中具体操作的安全注意事项的教育及实验后废弃物正确处置的教育，基本做到将安全教育贯穿课程的始终。

3 实验室药品、仪器的规范管理

化学实验室大多存有易燃、易爆、有毒等化学药品，实验开展中也会产生易燃、有毒、有害的废气、废液、废渣等附属品。某些化学反应条件要求也比较苛刻，如高温、高压、强腐蚀等，化学药品的规范管理直接关系到中心整体的安全保障[9-10]。

目前，中心药品采购、运输均采用统一订购、配送，出入库均具有完备的使用台账。实验室药品柜基本实现双锁管理办法并加设通风装置。化学实验室涉及药品种类多样、数量差异大，基础实验室目前除一般普通药品进行各自管理外，计划申请建设药品库房，对易燃、易爆、易制毒等危化品进行集中专人管理机制，争取减少危化品存储分散造成的安全隐患。科研实验室因各科研团队研究方向的差异性较大，药品的种类也会相差较大，建议一般的普通化学品可以进行独立管理。涉及危化品、剧毒品的可以多团队合作建设药品库房，管理采用专人轮流的方式，这样可以降低药品库房建设的费用问题。科研实验室的废弃物数量相对较少，但种类较多，各实验室应根据本实验室常用药品及产生的废液情况，对废弃物进行合理分类收集，并记录废弃物的性质等。基础教学实验室的废弃物虽然数量较大，但种类相对较少，可控性也较大，需要进行分类收集。此外，合理利用实验产生的废液、废渣，不但可减少污染，还可做到资源的整理利用，是一个比较环保的处理方式。目前，中心将部分废弃物作为原料开设新的实验，达到变废为宝的目的，这部分工作还在开展中[11]。对于还未找到较好转化处理办法的废弃物，要求学生集中分类放置，统一进行回收处理。化学试剂管理如图1所示。

图 1　化学试剂管理

此外，中心仪器分析及物理化学实验室还涉及气体钢瓶的使用，常用气体如空气、氮气，以及危险气体乙炔。目前，中心一楼已集中改造气体管路，对于乙炔采用集中供气、24小时压力监控并配置气体泄漏报警器，屋内采用防爆层进行防护，尽量减少在气体使用过程中的安全隐患。

中心用于本科基础教学的仪器共计2400余台，仪器的规范化管理也是保证师生安全的重要环节。目前，大型仪器如红外光谱仪及紫外分光光度计等均有专人管理维护，详细的使用台账记录便于及时了解仪器运转情况。对于常规仪器，如电热板、烘箱、循环真空水泵、马弗炉、制冰机、电动搅拌器及高速离心机等，需进行定期维护、安全隐患筛查并及时排除。

4　完善基础设施建设

完善的个人防护设施无疑是保护学生在实验中不受伤害的重要举措之一[12]。实验服或防护服是人员准入实验室的前提之一，无实验防护服不得进入实验室。进行实验操作之前，务必熟悉本实验试剂的特性及仪器使用规程，提前做好防护措施。目前，各实验室均配备了护目镜、一次性手套、乳胶手套、丁腈手套等，基本可以满足学生不同实验的需求。

应急防护用品的配备也能减少实验室安全隐患，目前，中心所有实验室均配备了灭火器，部分实验室因使用酒精等易燃药品，还配备了沙箱，中心每层楼道均配备了微型消防柜及紧急淋洗器等，以降低实验室安全隐患的系数。此外，实验室均安装有摄像头及烟雾报警器联动系统，后续中心实验室会根据使用目的的差异，进行安全等级划分升级，届时红外探头、指纹防盗、防爆设施会根据需求进行增设，用以降低药品存储、使用中可能存在的隐患。实验室防护设施如图2所示。

图2　实验室防护设施

化学药品、玻璃仪器及电加热装置的高频使用，学生不可避免会出现一些意外伤害，如割伤、烫伤及酸碱灼伤等，及时正确的处理方式能够尽可能降低意外对师生造成的伤害。目前，中心各实验室均配备了医用应急药箱，基本能够满足实验室一般意外事故的初步处理。

目前，虽然开展了一系列降低安全隐患、提高实验室安全系数的工作，但很多工作还有待继续完善，如何运用大数据计算合理推进化学品、实验室的信息化建设，如何行之有效地提高师生的消防技能等。安全管理工作是一项长期而细致的工作，因此，如何做到将安全融入每日的工作中，成为师生潜意识存在的知识和技能，仍需继续探索研究。

结语

实验室安全管理是一件任重而道远的系统性工作，需要综合统筹、多方投入。本着"把实验人员教育成安全员，把管理者培训成安全家，把实验室打造成安全港"的目标，结合实验室发展需求及其特色，及时更新实验管理指导思想，借鉴成功管理经验，创新管理模式，创造一个安全、和谐的实验环境。

参考文献

[1] 刘浴辉，黄绪桥，周森，等. 高校化学实验实操安全培训现状分析与对策 [J]. 实验技术与管理，2020，37（5）：253-255，274.

[2] 欧盛南，赵元辰. 高校实验室的"8421"安全管理模式的探索 [J]. 高校实验室科学技术，2019（3）：72-75.

[3] 陈楚豪. 关于高校实验室安全问题的探讨 [J]. 消防安全，2020（12）：55-57.

[4] SAMIR E H, KHALID S, ABDELKRIM O. Enhancing security and chemicals management in university science laboratories: Creating a secure environment for students and researchers in morocco [J]. Chemical Education，2020，97（7）：1799-1803.

[5] MARIN L S, MUNOZ-OSUNA F O, ARVAYO-MATA K L, et al. Chemistry laboratory safety climate survey（CLASS）：A tool for measuring students' perceptions of safety [J]. Journal of Chemical Health & Safety，2019，26（6）：3-11.

[6] 严珺，杨慧，赵强. 中外高校实验室安全管理现状分析与管理对策 [J]. 实验技术与管理，2019，36（9）：240-243.

[7] 张志强. 日本高校实验室安全与环境保护考察及启示 [J]. 实验技术与管理，2010，27（7）：164-167.

[8] 王羽，李兆阳，宋阳，等. "双一流"建设视野下高校实验室安全管理主动防御模式探讨 [J]. 实验技术与管理，2019，36（2）：8-10，17.

[9] 蒋边，李卫锦，霍平慧. 高校实验室化学试剂安全使用和规范管理初探 [J]. 广州化工，2020，48（11）：194-195，216.

[10] 王国田，魏万红，何朝龙，等. 高校实验室危险化学品安全综合治理探讨 [J]. 实验室研究与探索，2019，38（9）：293-296.

[11] 房川琳，李俊玲，邹清，等. 基础无机化学实验室产生的废液的处理探究 [J]. 实验科学与技术，2018，16（4）：110-113.

[12] 王后苗. 高校实验室安全现状分析及管理探析 [J]. 科教文汇，2019（2）：26-27.

风险分析及控制在实验室安全管理中的探索与实践

李艳梅* 张明华

四川大学高分子科学与工程学院

【摘 要】本文结合高分子实验室在建设过程的安全管理工作特点，构建了一种基于科研活动内容辨识进行实验室分类、基于安全与环保风险评估划分实验室等级、依据管理措施及成效开展达标验收的"三位一体"的新型管理模式。通过探索与实践风险分析及控制在实验室安全管理中的应用，为实验室建设者提供相关可靠的参考。

【关键词】风险分析；风险控制；高校；安全管理；安保评估

引言

高等学校实验室是人才培养和科研创新的重要基地，对研究生的培养尤其重要[1-2]。目前，随着国内高校"双一流"建设的快速推进，我国高校科研实验室再次迎来了高速发展时期，实验室的规模不断扩大、类型不断增多、功能不断细化和拓展，配备有各种高精尖的仪器或设备，是各种易制毒、易制爆、有毒危险化学品的使用地和存储地，消耗大量的生化材料和物质，因此，实验室经常处于危险的环境中[3]。近年来，媒体报道的典型高校实验室安全事件中，约70%发生在国内高校，其中52%的安全事件皆因违反实验操作规程和实验操作不慎[4]导致。根据2001—2013年间发生在全国实验室的安全事故统计分析，高校和科研院所实验室发生安全事故的数量为企业实验室的4倍[5]。因此，如何进行实验室风险分析及控制已成为高校安全管理者面临的重要课题。

我校作为一所综合性大学，实验室种类繁多，理工文医各学科的实验室差异极大，很难做到统一标准的实验室安全管理。为了提高实验室安全管理的有效性和针对性，提升实验室安全管理的专业性和科学性，高分子科学与工程学院一直努力尝试安全管理的新思路和新方法。经过近年来的不断探索和实践，构建了一种基于科研活动内容辨识进行实验室分类、基于安全与环保风险评估划分实验室等级、依据管理措施及成效开展达标验收的"三位一体"的新型管理模式。这一管理模式的前提条件是对实验室全方位的风险分析及评估，核心是资源的科学安全管理和合理高效的分级配置，着力点在于安全责任的具体落实。经过持续实践和改进该新型管理模式，高分子科学与工程学院基本实现了变被动为主动、变事后为事前、变临时应对为积极预防的实验室安全分级管理目标[6]。

---

* 作者简介：李艳梅，副教授，主要从事行政管理工作，教授"工程伦理"课程。

1 实验室安全与环保的风险分析及控制

1.1 实验室安全与环保的分类管理

规章制度是保障实验室安全的"硬件"。为此，需要定期梳理现行的实验室安全管理制度，一切都要从客观实际出发，与时俱进，及时修订、更新安全管理制度[7]。之前，高分子科学与工程学院仍然承袭了学校、学院、教学或科研实验室组成的三级联动的实验室安全管理责任体系。但是，由于各学科或科研方向之间的相互交叉，许多实验室的情况非常复杂，这也为安全管理工作者带来了极大的挑战。为了高效而有针对性地解决实验室的安全与环保问题，高分子科学与工程学院将所有实验室以房间为单位分成了四种类型，包括化学合成实验室、高分子材料加工实验室、生物医学材料实验室和测试表征实验室。这样一来，实验室的合理分类管理和明确的管理制度可以大大提高安全管理效率。如高分子材料加工实验室一般不涉及危化品的使用和储存，但是又符合电气和机械类实验室的部分特征，因此，我们结合"四川大学化学化工类、电气类和机械类实验室安全与环保评估指标"，制订了适合高分子材料加工实验室使用的"高分子材料加工实验室安全与环保评估指标"。

1.2 实验室安全与环保的分级管理

迄今，考虑到不同类型实验室安全管理的差异，部分高校已经开始探索实践实验室安全与环保的风险分级管理机制[8-10]。根据实验室存放或实验时所涉及的试剂耗材、仪器设备、反应过程（检测过程）、废弃物等产生潜在风险的高低，对实验室进行安全与环保评估，风险等级划分为红色、黄色、蓝色、正常，相应的安全风险程度分别为高度危险、危险、一般危险、可接受危险。

高分子科学与工程学院实验室安保风险等级的划分并不是依据一次评估确定的，而是依据《高分子学院安全与环保工作管理规定》并结合多次的检查结果而评定的。根据《高分子学院安全与环保工作管理规定》，高分子科学与工程学院安全管理小组坚持每周对所有实验室进行安全与环保检查，及时排查实验室安全隐患，并每周在单位教工群微信发布安全检查报告，每月发布月度安全检查通报。风险评估等级为黄色以上的实验室必须连续三次评估通过才能解除安全警报。处于警报期间的实验室，根据实际情况限制开展实验。对于限期整改仍然不达标的实验室，必要时采取关停实验室的措施，并由安保自查小组持续跟进，直至实验室整改目标完成[3]。如在安全检查中我们发现高分子科学与工程学院中实验室存在较大的安全隐患，在学校设备处和学院的统一部署下关停了该实验室，并进行彻底的改造。改造完成后作为 CAD/CAE 教学实验室重新开放。虽然整个过程历时达一年之久，付出的代价也很大，但是改造后的实验室彻底消除了安全隐患，有效保障了广大师生的身体健康，是非常值得推广的一种做法。此外，为了消除潜在的安全隐患，我们对进入实验室的学生进行了针对性的集中培训，将安全知识和实验操作流程相结合，让学生在学到专业技能的同时，提高安全意识，从而有效避免各类实验室安全事故的发生。

2　实验室安全管理体系的完善

为适应实验室不断朝学科交叉和多元化方向发展，高分子科学与工程学院实验室安全管理体系与时俱进，安全体系建设持续向规范化、针对性和高效性的方向完善和发展[11-12]。本着"以人为本，生命至上"的理念，学院安全管理小组分析梳理了高分子实验室所涉及的风险物质及设备，对存在的风险进行评估。依据评估结果，在软硬环境建设方面进行有针对性的完善，做到"安全第一、预防为主"。

2.1　实验室安全管理的软件建设

（1）明确实验室安全责任人，与实验室安全责任人签订《实验室安全管理责任书》；修订《高分子科学与工程学院安全与环保工作管理规定》，建立了一整套高效、富有针对性的规章制度。

（2）针对实验室存在的高危风险点制订了符合学院实情的应急预案；与灾后重建与管理学院合作，组织师生参与应急处置培训。

（3）加强学院网站中"安全与环保"平台的建设，普及实验室安全知识及相关法律法规。

（4）进一步加强安全教育，开展线上和线下安全教育活动，开展应急演练，举办安全知识竞赛，使安全意识深入化、安全管理常态化。

（5）完善新进实验室人员的培训制度，对危化品、危险废弃物及仪器注意事项进行明确的指导。

2.2　实验室安全管理的硬件建设

（1）建设烟雾报警系统，探索建立了烟雾报警应急处置流程，并收集烟雾报警信息，分析烟雾报警产生的具体原因，有针对性地改进防范措施。

（2）在四川大学实验室及设备管理处的支持下，改进实验室喷淋系统，安装可移动式洗眼器。

（3）在公共区域配备紧急医疗箱，统一开设实验室安全窗，并在高温设备、强磁设备及气瓶阀门等处张贴醒目的安全标志。

（4）根据实验室类型配备相应类型的灭火器、灭火毯、防烟面罩及安全逃生指示牌等，逐步完善相关安全设施。

结语

实验室软件与硬件建设相辅相成，相得益彰。学院管理部门作为实验室安全与环保建设的实际执行者和监督者，应拥有较强的执行力和领导力，提供较强的人员和经费支持，优化实验室管理团队，创建较好的实验室管理部门，为实验室的进一步发展提供较好的支撑条件。实验室分类分级管理大大提高了实验室管理效率，使得实验室管理更具专业性和科学性，这是高校实验室进步的方向，也是各类实验室管理体系不断完善的目标。

参考文献

[1] 包艳华，崔升，胡秀兰，等. 实验风险评估在我国研究生安全教育中的借鉴与应用 [J]. 教育现代化，2020，7（8）：156－158.

[2] 林森，张建英，史舟."双一流"高校环境与资源类实验室化学品管理实践 [J]. 实验技术与管理，2020，37（6）：263－265，272.

[3] 李艳梅，张明华. 工会组织对高校教职工健康、安全及环保（HSE）绿色关爱作用的发挥 [J]. 办公室业务，2020（9）：48－49.

[4] 刘亚纳，时清亮. 噪声控制工程课程教学探讨 [J]. 黑龙江教育，2016（12）：70－71.

[5] 冯建跃，金海萍，阮俊，等. 高校实验室安全检查指标体系的研究 [J]. 实验技术与管理，2015，32（2）：1－10.

[6] 高惠玲，董鹏，董玲玉，等. 基于危险源辨识和风险评价的高校实验室安全管理 [J]. 实验技术与管理，2018，35（8）：4－9.

[7] 廖江华. 风险管理：高校生物技术实验室的安全管理 [J]. 区域治理，2019（35）：170－172.

[8] 潘蕾. 高校实验室安全风险分级管理机制的构建与实践 [J]. 实验技术与管理，2017，34（3）：253－256.

[9] 钟珊，张燕. 基于风险分级管控的高校实验室安全管理体系构建 [J]. 武汉理工大学学报（信息与管理工程版），2019，41（4）：364－369.

[10] 李少媚，黄克明，王志刚. 高校实验室安全预警、风险防控机制的研究 [J]. 消防界（电子版），2018，4（3）：119－120.

[11] 王胜华. 实验室危险化学品引入风险管理办法 [J]. 化工管理，2018（27）：185－186.

[12] 田晨旭，杨昌跃，蔡绪福，等. 基于APP共建共享高校材料化工类实验室 [J]. 广东化工，2020，47（10）：188－189，191.

高校放射性实验室开放管理探讨

刘　军* 　陈秀莲　覃　雪

四川大学物理学院

【摘　要】 实验教学在高等教育中发挥着重要作用，而实验室开放管理是高校实验教学改革的主要方向。放射性实验室由于安全的因素，实行开放式管理相对困难。同样，放射性实验室不可能同时购入大量放射源用于实验教学，学生实验只能分批进行，轮流使用放射源，而不能仅限于在课表时段定时完成。因此，如何在保障安全的条件下，实现放射性实验室的开放管理成为一个重要课题。本文讨论了放射性实验室和实验课程的开放模式，并对开放后的实验室管理及实验室安全保障等提出了若干建议。

【关键词】 开放；安全；管理；放射性

实验室实行开放管理，能给学生提供更多的实践操作机会，更好地培养学生的创新能力、实践能力及自我约束能力等综合能力，同时提高了仪器设备及实验场所等资源的利用效率[1-3]。由于放射性同位素具有潜在的危害性，管理和操作不当会给自身和社会造成一定的影响，因此，对放射性同位素的管理十分严格，放射性实验室的开放管理也相对较为困难，但就教育改革发展的趋势而言，实验室的开放是必然趋势[4-7]。

1　传统实验室管理及实验教学模式中存在的问题

专业实验教学是高校本科培养的重要组成部分，通过专业实验课程的学习，培养学生的实践能力和创新能力及其在工作和科研过程中观察、判断、分析和解决实际问题的能力[8]。但是，专业实验室内的设备通常较为昂贵且台套数少，如果严格按照课表作息时间开设实验课程，必然会导致以下问题：

（1）同一小组学生人数多，大多数学生只能旁观、没有动手操作的机会，专业实验变成演示性实验。

（2）实验的完成时间受课堂安排时间限制，学生只能简单地进行验证性实验。

（3）在非上课时间，设备及实验场所等闲置，造成资源浪费。

放射性实验室除受到设备台套数影响外，还受到放射源数量的制约。放射性实验室通常不会同时购入大量的放射源，因为放射性同位素的活度会随着时间衰减，特别是短半衰

---

* 作者简介：刘军，硕士，实验师，主要从事辐射探测实验、辐射防护实验、核技术专题实验等实验课程教学，以及实验室辐射安全管理。

期的放射性同位素的闲置会造成资源浪费，同时也会增加管理成本，带来放射性安全隐患，所以最好的方法便是实行开放管理，提高放射源的使用效率。

2 放射性实验室开放模式

实验室进行开放式管理，场地的开放是基础，开放型实验教学是主要目的。实验场地的开放不仅为课程开放服务，还为学生大创实验及兴趣项目等提供支持，并面向社会服务，如联合实验、公众参观及科普宣传等。

放射性实验室专业性较强，主要使用人员为本专业师生，其他人员如外专业师生及校外人员使用相对较少，故在开放模式上应充分考虑这一特点，在提供开放服务的同时，以降低实验室运行的人力、物力和管理成本。因此，放射性实验室的开放可分为实验室场地开放和实验课程开放。通过场地开放，让学生能有更多的时间进入实验室完成实验；通过课程开放，让学生能更深入地参与到实验过程中。

2.1 实验室场地开放模式

专业实验室的管理模式通常有三种：封闭式、半开放式、全开放式[9]。放射性实验室的安全环保问题不但是公众关注的焦点，更是公安部门和环保部门关注的重点，同时考虑实验室使用人群等特点，放射性实验室可实行半开放模式，在保障放射性安全的前提下，提供开放式服务。四川大学核工程与核技术实验室的半开放模式通过两个方面来实施，即时间管理上的半开放和人员管理上的半开放，如图 1 所示。

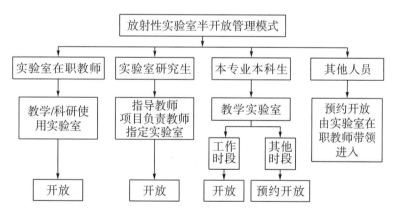

图1 四川大学核工程与核技术实验室的半开放模式

（1）时间分段开放管理。

时间分段开放管理原则：保证非本实验室放射性工作人员进入实验室期间，必须有教师值班，以保障实验期间的人员放射性安全和实验室安全。开放模式如下：

①正常工作时间，完全开放，本专业师生自由出入；

②周末、节假日等其他非工作时间段，本实验室放射性工作人员可自由出入，其他人员实行预约开放，预约后指定教师值守、巡查。

（2）人员分类开放管理。

人员分类开放管理原则：根据进入实验室人员对放射性相关知识掌握情况进行区分开

放。开放模式如下：

①本实验室放射性工作人员，全天候开放；

②已具备相关专业基础知识的本专业学生，在进行安全培训后，可按照开放时间段自由出入、预约出入；

③对于其他非本专业学生及校外人员进入实验室，必须预约，并在本实验室教师陪同下进入实验室，不允许独自进入。

2.2 实验课程开放模式

开放型实验课程建设是实验教学改革的一个重要方向，放射性实验室应根据自身专业特点，设置合适的课程开放模式，并针对开放后可能出现的问题制定相应的应对措施。四川大学核工程与核技术实验室根据不同实验课程的内容和特点，因课制宜实行开放式教学。

（1）完成方式。

在实验完成的形式上，进行开放式管理，给予学生更大的自由度。学生根据实验题目，通过调研自行设计实验方案、选择实验仪器、搭建实验平台、测量实验数据并进行结果分析，在整个过程中，实验指导教师以组织讨论和交流的方式，协助学生完善实验方案，保证实验过程的设备安全、人员的辐射安全及放射源安全等。

（2）完成时间。

在实验项目的完成时间上，给定实验项目的完成周期，在该周期内，学生可根据实验室开放时间段，自由进入实验室或预约进入实验室，指导教师监督实验进度，督促各小组在规定时间内完成实验。

（3）考核方式。

通过门禁系统进行出勤考核，通过教师参与实验小组的讨论交流、实验过程中的巡查等方式进行过程考核，通过对实验数据分析处理等进行实验结果考核；同时，通过实验小组内部成员的贡献因子自评，让小组内成员相互督促，对学生的参与度进行考核，避免学生出勤不出工；另外，对实验过程中的违规操作进行相应的扣分处罚。

3 放射性实验室开放管理

实验室开放后，管理难度会大幅增加，故应安装必要的软硬件管理设备，并制定相应的管理办法，保障开放型实验室的正常有序运行[10-12]。四川大学核工程与核技术实验室通过加强人员管理、设备管理和放射源等危险品管理等，以实现放射性实验室的开放管理[13-14]。

在放射性实验室的开放过程中，除加强人员、设备管理外，还应特别加强放射源等危险品管理。

3.1 人员管理

通过门禁系统，经授权许可后，指纹打卡进入。外来人员进入实验室必须由本实验室人员陪同，并进行出入登记。严格限制无关人员进入。

3.2 仪器设备管理

实验室内的所有仪器设备统一管理、调配使用。由专门的教师进行管理,并安排研究生助教协助负责设备的预约管理。使用设备需提前预约,避免时间冲突。

开放使用后,仪器设备的使用频率增加,且学生需要独立操作设备,因此,设备的故障率会大幅增加。可通过以下措施来保障实验室开放过程中设备的正常运行:

(1) 通过培训,让学生掌握正确使用仪器的方法,培养学生爱护仪器的良好习惯。

(2) 加强仪器设备的管理、维护,及时排除故障,提高设备的完好率。

(3) 提高开放性实验室运行费用,适当增加设备台套数以作备用。

3.3 放射源管理

针对不同人员,实行相应的放射源借用审批流程,如图 2 所示。

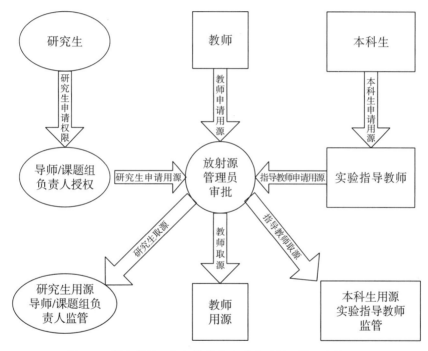

图 2　四川大学核工程与核技术实验室放射源借用审批流程

(1) 本实验室在职教师:可直接在管理平台申请借用放射源。

(2) 研究生:必须得到导师书面授权后,才能在管理平台申请借用放射源。

(3) 本科生:不能直接申请借用放射源,需要使用放射源时,只能通过实验指导教师代借代管。

(4) 其他人员:不能直接借用放射源,如需使用放射源,必须经实验室主任同意,并由本实验室接洽教师代借代管,负责实验过程中使用人员的辐射安全和放射源安全。

放射源原则上不允许外借,特殊情况必须经过实验室主任、学院分管领导及学校职能部门审核批准。

4 放射性实验室安全保障措施

为保障放射性实验室开放使用过程中的人员、设备及放射性安全，应加强规章制度、安防设施及安全文化等方面的建设，并通过安全准入和安全巡查等方式，规范学生在实验室内的安全操作，强化开放过程中的安全管理。

四川大学核工程与核技术实验室建立了完善的实验室管理规章制度，严格执行安全培训及准入制度，并通过安装物防和技防设施来保障实验室开放过程中的安全。

4.1 规章制度建设

建立、完善实验室安全管理规章制度，规章制度的制定要细致、全面，且要便于实施，严格执行已制定的规章制度。根据学校及学院的管理制度，四川大学核工程与核技术实验室建立了如下管理办法：《核工程与核技术实验室放射性工作人员岗位职责》《核工程与核技术实验室放射源管理制度》《核工程与核技术实验室密封放射源操作规程》《核工程与核技术实验室辐射安全事故应急预案》《核工程与核技术实验室仪器设备管理制度》《核工程与核技术实验室门禁系统管理制度》《核工程与核技术实验室安全分类管理办法》《核工程与核技术实验室安全培训及考试准入源管理制度》《核工程与核技术实验室实验耗材管理办法》《核工程与核技术实验室放射性实验场所辐射监测方案》。

4.2 安全准入

建立安全准入考试系统，考试内容包括核物理和辐射防护基础知识、学校及实验室安全管理规定、放射源及设备操作规程等，题型包括选择题和判断题，满分 100 分，95 分合格。

要求所有需要进入实验室的人员必须定期参加培训—通过考试—授权许可—进入实验室，如图 3 所示。授权期结束后，需再次通过考试方能得到授权。在进入实验室期间，如有任何违规行为，立即取消授权，接受相应处罚，并需再次通过考试后方能得到授权。

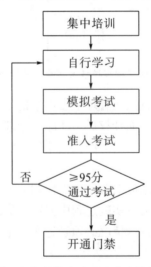

图 3 四川大学核工程与核技术实验室安全培训及准入考试流程

4.3　安防设施建设

实验室内配备必要的安防监控设施设备。常规的如摄像机、灭火器、防烟面罩、灭火毯及应急医疗箱等，放射性实验室还应根据实验室情况，安装固定式辐射剂量监测仪，配备个人剂量报警仪等。定期检查安防设备，保证所有设施均能正常工作。及时更换灭火器及应急药品等消防用品，保证均在有效期内。

4.4　安全文化建设

加强实验室安全文化建设和宣传，培养学生的安全意识。学生在实验课程学习之外，还应了解辐射安全与防护相关法律法规，掌握实验室常规安全及放射性安全的相关知识和应急处理方法。

4.5　巡查管理

加强实验室安全巡查。实验室开放或预约开放期间，必须要有教师值守，并定时、不定时地进行巡视巡查，对不当操作进行纠正，及时发现问题，排出安全隐患。

结语

实验室及实验课程进行开放式管理是大趋势，放射性实验室也不例外。放射性实验室的开放是以设备安全、人员安全、放射源安全和保证实验课程教学质量为前提的，合理的降低开放过程中的人力、物力及管理成本，是影响实验室能否长期开放运行的一个重要因素。所以，放射性实验室应根据自身特点，制定出合适的开放运行模式，以保障实验室长期、安全地开放运行。

参考文献

[1] 邢丽波，桂馨，康九江. 实验室开放与管理 [J]. 实验室研究与探索，2014，33（9）：252−255.

[2] 姚怀，熊毅，文九巴. 高校实验设备的开放与管理的思考 [J]. 教育教学论坛，2019（28）：277−278.

[3] 赵青山，李健，孙占海. 教学与科研实验室协同开放的探索 [J]. 实验科学与技术，2019，17（6）：157−160.

[4] 荣华伟，钱小明，钱静珠. 关于高校实验室开放管理的探讨与实践 [J]. 实验技术与管理，2014，31（12）：233−236.

[5] 王柏华，陈英，王然. 高校专业实验室开放管理模式研究 [J]. 皮革科学与工程，2013，23（1）：73−75.

[6] 王梁燕，洪奇华，化跃进. 放射性同位素实验室安全管理的几点思考 [J]. 实验技术与管理，2013，30（12）：190−192.

[7] 姜庆寰，郭朝晖，李明生，等. 实验室放射性同位素及射线装置的辐射防护与安全管理研究 [J]. 中国医学装备，2020，17（3）：124−126.

[8] 宋永臣，杨明军，刘卫国，等. 本科生专业实验教学研究讨论 [J]. 实验室研究与探索，2014，33（2）：161−165.

[9] 常向东，舒丹，赵丽新. 高校专业实验室开放模式 [J]. 实验室科学，2014，17（3）：178−181.

[10] 李晓玲. 高校本科教学实验室建设的探索与研究 [J]. 教育现代化，2020，7 (20)：50－52.

[11] 王波. 开放创新背景下高校研究型实验室安全管理策略分析 [J]. 教育教学论坛，2020 (8)：14－15.

[12] 王旭，柯红岩. 基于清单式的大学生开放创新实践实验室安全管理研究 [J]. 实验技术与管理，2020，37 (10)：263－266.

高校实验室安防体系建设的几点思考

罗江陶*

四川大学电气工程学院

【摘　要】高校实验室安全管理工作既是实验室建设的重要组成部分，又是学校教学、科研和社会服务等工作正常开展的必要保障，与广大师生员工的身心健康息息相关，是建设和谐校园的重要前提之一。随着新冠肺炎疫情进入常态化阶段，电气工程学院专业中心结合自身特点，充分考虑学生返校情况、课程实验大纲及安全防范要求，为实现高效、高质量地完成"标准不降、内容不减"的实验教学目标，探索出一套针对疫情常态化阶段的实验室安防体系解决方案。

【关键词】新冠肺炎疫情；实验室安全管理；防疫防控

引言

高校实验室的安全工作既是实验室建设和管理的重要组成部分，又是学校教学、科研和社会服务等工作正常开展的必要保障，实验室安全与广大师生员工的身心健康息息相关，是建设和谐校园的重要前提之一[1]。

随着实验室规模的扩大，专业的增多，实验设备的数量、种类增多及实验课的科目、实验人数日益增加，实验室安全问题已成为一个不可忽视的课题[2]。因此，建立完善的实验室安全管理体系，以保障教学和科研工作顺利进行，并确保学校师生的生命财产安全，对学校平安、和谐具有重要意义[3]。

自新冠肺炎疫情发生以来，电气工程学院专业中心高度重视疫情防控工作，认真贯彻落实习近平总书记对疫情防控工作的重要指示精神和学校有关疫情防控工作方面的重大部署，按照坚定信心、同舟共济、科学防治及精准施策要求，全面加强疫情防控工作，坚决打赢疫情防控阻击战。专业中心贯彻"安全第一、预防为主"的指导思想，以国家相关法律法规、学校安全环保制度及管理办法为基准，充分考虑学生返校情况、课程实验大纲及安全防范要求，围绕实验室安全管理体系与制度、实验室安全风险防范与处理及实验室安全培训与监督三个方面[4]，为实现高效、高质量地完成"标准不降、内容不减"的实验教学目标，探索出一套针对疫情常态化阶段的实验室安防体系解决方案。

---

* 作者简介：罗江陶，讲师，研究方向为电气自动化、嵌入式、自动控制，教授"PLC""嵌入式""计算机控制""DSP""自动控制原理"课程。

1 实验室安全管理现状

1.1 安全意识淡薄，安全文化氛围缺失

师生对实验室安全工作的重要性认识不足，认为安全工作由学校保卫处和设备处负责，这些片面的思想意识为安全隐患的存在提供了温床。实验室安全宣传教育不到位，安全教育多流于形式，以致教师学生的安全意识淡薄[5]。

由于对实验室安全工作重视不够，部分高校忽略了对实验室安全文化氛围的培育，实验室安全教育形式单一，安全观念的培养和梳理缺乏有效途径，师生员工的安全价值观、责任感和使命感不强，严重影响实验室安全管理工作的顺利开展[6]。

1.2 安全管理制度不完善

长期以来，国内高校实验室安全管理体制不顺，管理机构参差不齐，职责不统一，职能交叉、多头管理的现象比较突出。安全责任不明、安全制度不完善、安全检查不力等体制和机制上的问题还大量存在[7]。另外，由于高校扩招，实验室紧张甚至超负荷运转的情况非常突出，加上实验技术和管理队伍人员紧缺，导致现有制度缺乏检查督促、执行不力，实验室的安全管理制度很难落到实处，不利于实验室安全运行[8]。

1.3 基础安全设施不完备

由于安全意识淡薄，许多高校在实验室建设上缺少对实验室基础安全设施建设规划，实验室安全在根源上存在"硬伤"。许多高校重视对实验室仪器设备和实验室环境的改善，忽视对实验室基础安全设施的合理规划和配置，普遍存在设计不合理而导致安全问题，如水、电、气管线排布不规范，安全通道堵塞，实验设备摆放达不到安全距离，环保设施不满足要求，实验废弃物排放不达标及缺乏必备的急救设施等[9]。

1.4 安全教育体系不健全

实验室安全知识的传授较为零散，缺乏系统性，往往是学生边做实验教师边强调实验安全事项，并没有形成科学、系统的教学体系，造成了实验室安全知识普及率低、直观性差，安全教育效果不佳[9]。

1.5 新冠肺炎疫情下应对措施不足

随着新冠肺炎疫情进入常态化阶段，全国高校陆续开校，针对学生返校进入实验室的疫情防控措施不足。在常态化疫情下，如何既高效、高质量地完成"标准不降、内容不减"的实验教学目标，又有效防疫防控保障师生安全，需要各单位根据自身的专业实验特点做出巨大调整。

2 实验室安全管理体系与制度

2.1 建立安全领导小组

实验室的安全管理是一项需要常备不懈的工作。本中心领导十分重视安全教育工作，建立了以中心党支部书记为组长、中心主任为副组长、专任安全员为成员的安全领导小组。小组坚持"安全第一，预防为主"的观念，把实验室工作能安全有效地进行看作是反映实验室管理水平的一个重要标志，经常召开安全工作会议，布置安全工作事项，开展周期性的每月安全大检查。

疫情常态化下，小组负责统一指挥防范应对工作，研究解决防控工作中的重大问题；加强各部门信息沟通与措施协作联动，安排部署各项预防控制措施，督促落实各项工作措施，筹集防控物资，落实防控措施，指导师生做好防范，并及时按要求向学校和学院报告。

2.2 建立完善的安全管理制度

"无规矩无以成方圆"，本中心首先贯彻执行学校颁布的如下制度：《川大实〔2012〕1号四川大学实验室仪器设备操作规程》《川大实〔2012〕5号四川大学损坏、丢失设备器材赔偿办法》《川大实〔2012〕7号四川大学实验室安全与环保检查制度》《川大实〔2012〕10号四川大学实验室安全与环保管理条例》《川大实〔2012〕13号四川大学实验室安全与环保事故应急处理预案》《四川大学实验室安全学生行为准则》。

除此以外，我中心还根据自身情况制定了如下制度：《电子技术实验室管理规定》《计算机、物理、电子电工类实验室突发事件应急处置预案》《专业中心值班制度》《专业中心ADPSS实验室安全管理条例》《专业实验中心保安保洁管理制度实施细则》《电气工程学院专业中心实验室门禁系统授权申请表》《电气工程学院专业实验中心实验楼安全消防及环保管理责任书》《电气信息工程专业中心实验室门卫安保岗位职责及考核标准》《电气信息工程专业中心实验室干部职责与分工》《电气专业中心监控管理制度》。

最后，本中心实行岗位责任制，实验室每个房间的安全管理落实到人，并签订了安全管理责任书。随着疫情进入常态化阶段，还制定了《电气工程学院专业实验中心防疫预案》，购买防疫物资，落实实验室负责人安全管理和监督职责，为广大师生提供了一个安全的实验环境。

2.3 建立完善的安全防护设施

实验室安全应从源头抓起，实验室的规划和设计应以保证安全为前提，按专业实验室的特点，充分考虑实验室的设计、建设及仪器设备的购置，把现代化技术纳入实验室基础设施规划与建设中[10]。

2.3.1 安装门禁系统

本中心先后投入 18.9 万元安装了 19 个门禁点。规定每个欲使用实验室的学生都必须向中心提交个人申请并由导师签字同意，签订责任书，支付门禁卡押金，由中心安全员开通相应实验室的准入权限。同时，门禁卡必须专人专用，不得外借。防止外人进入实验室，杜绝物品的流失和不正当使用。

2.3.2 安装监控系统

本中心投入 18 万元安装了高清监控系统。每个实验室至少有两个监控点，每个楼道有两个监控点，高压楼周围有四个监控点等，总共 77 个监控点，实现了无死角、24 小时不间断、当房间内人员发生移动时自动摄像且录像长期保存的高效监控。同时，各实验室负责人还可以在客服端进行远程实时监控，以便及时发现安全隐患。

2.3.3 改造电力线路

本中心位于高压楼，有相当多的实验室要使用电力设备，对电力线路的要求较高，而高压楼因年久线路老化等原因出现了较多安全隐患。本中心对已查出的线路问题向学校提出整改维修计划，彻底清除。另外，在 2020 年的全国"安全生产月"活动中，本中心针对电气类实验室的安全特点，发挥自身的专业技术能力，就实验室配电系统的安全状态展开了有针对性的安全检测，以期清晰地掌握实验室配电系统安全状况，为实验室安全建设和运行提供必要支撑和基础性技术资料。

2.3.4 消防安全措施

本中心共备有手提式干粉灭火器 MFZ/ABC4 型 224 支（每个实验室 2 支），灭火器箱 9 套（分布在电气实验楼），并定期检查气压，定时更换。针对有长期高温老化仪器的分散实验场地，申请了基于物联网的无线烟感监控装置，一旦发生事故立即报警。

2.3.5 防漏防潮措施

本中心先后进行了防雨棚改造、一楼消防水管改造、顶楼防水改造等工程，对实验室的电力设备和器材提供了防水防潮的保护。

2.3.6 防疫物资

本中心向学院提交申请，购买了诸如额温枪、实验手套、75％酒精喷雾消毒液和消毒液、防护栏、临时帐篷、可粘贴通道标识，制作了防疫宣传展板及指示牌，建立了一个疫情常态化下的集温度检查、仪器消毒、个人防护的安全实验环境。

3 实验室安全风险防范与处理

3.1 制定周密的实验室安全应急预案

安全事故多是在没有预兆的情况下突然发生的，为了有效应对各种突发事故，处理可能发生的各种紧急状态，制定出科学、完善的应急预案是防范事故的关键。与实验室安全相关的应急预案，应当包括组织机制、应急措施及事故处理等步骤，具体应该包括火灾、爆炸、中毒等应急与处理预案[11-12]，对相关实验室还应建立紧急疏散查理方案，加强实验室安全事故演练，确保一旦事故发生，能立即采取正确有效的应对方法，以最快的速度、最小的代价控制事态的发展，使事故损失降到最低。

疫情常态化下，本中心根据四川大学《关于 2020 年春季学期学生返校的通知》的相关精神，为做好学生返校进入专业中心做试验的防控工作，努力做到科学防控、果断处置、有效预防，为全力落实防控措施，切实保障师生身体健康和校园安全稳定，制定了《电气工程学院专业中心防疫预案》。

3.2　提前预防及时处理

本中心主要管理电力相关专业实验室，触电遭受高电压大电流的人身伤害、不当操作造成设备烧坏等是最可能发生的安全事故。本中心制定了一套实验前培训、实验中监控、发生事故及时停电、急救疏散等措施应对相应的安全事故，并向学院提交申请，购买了一批急救器材 。

3.3　探讨常态化疫情下的新实验模式

按照学院"疫情防控进入常态化，在前期理论课线上教学工作基础上，结合学院实际情况和各专业特点，努力做好本学期专业实验课教学工作"的相关要求，本中心多次组织多模式专业实验课教学专题研讨会。

（1）减少每批次实验学生的人数，避免人员聚集风险，进行项目调整和规范防范流程，将本学期 28 门实验课共计 80 多项实验项目，分解为线上虚拟仿真、线上视频教学和实验室现场教学三类教学方式，调整后线上项目 44 项，线下项目 36 项，调整率达到 55%。

（2）为了丰富实验教学形式和内容，采用虚实结合、远程与现场结合等多种教学手段，对高效、高质量地完成"标准不降、内容不减"的实验教学目标进行了热烈的讨论。本中心努力抓住这一特殊实验教学时期，进行实验室教学改革，对互联网远程＋视频＋虚拟等多种教学模式相融合的多元化教学做了进一步探讨和实践。

3.4　制定学生实验防疫操作流程

首先，要及时将相关防疫防控知识和关键信息通过短信、微信、QQ 及展板等途径发送给师生，坚持不信谣、不传谣的工作原则，积极开展防控宣传教育，提高师生认知水平，引导师生科学应对防范，提升自我防护意识。密切关注学生在疫情防控下的心理，积极引导，避免发生集体事件。除了学校组织的周期性消毒工作，各实验室应开展环境卫生及消毒工作，每次做完实验后对器材消毒，做到日常通风换气，保持室内空气流通，全力营造一个干净安全的实验环境。

其次，要制定具体的实验防疫流程。

（1）进入中心的防控措施：①学生正确佩戴口罩并按引导标识保持一定间隔有序排队；②喷手消毒；③测体温；④通过检测的学生迅速引导至相应实验室，若体温异常，应立即送往应急处置点并及时上报学校和学院，做到传染病病例早发现、早治疗、早报告、早隔离、早处置。

（2）实验中的防控措施：①教师宣讲防疫事项；②发放一次性实验手套并监督学生正确佩戴；③实验中尽量保持距离，发现异常及时控制现场并上报。

（3）实验结束后的防控措施：①收集实验手套并妥善处理；②引导学生尽快离开实验室，避免人群聚集；③尽可能给实验器材消毒，保持实验室通风。

4 加强实验室安全培训与监督

安全观念不强、安全意识淡薄、安全技术水平低下、安全知识欠缺、安全素质教育与培训的缺乏是高校实验室安全管理面临的一个普遍问题[13]。为改变以往实验室安全知识教育和培训内容不全、形式枯燥的局面，中心开展了以下形式多样的安全教育培训工作：

（1）利用学校设备处提供网络安全学习平台向教师和学生提供安全知识教育和培训。

（2）中心全体教师参加成都消防安全教育中心组织的防火安全知识培训。

（3）制作安全宣传展板，并在实验楼大厅处布展，普及了实验室安全知识。

（4）组织学生和教师参加消防演习。

（5）组织师生成立紧急处置队，参加学习灾后重建与管理学院举办的急救课程。

（6）制作关于新冠病毒的知识展板，普及防护知识。

结语

随着我国高等教育事业的不断发展及高校实验室种类和数量的不断增加，各种实验室安全隐患已引起高校和社会各界的高度关注，实验室安全管理体系正在不断地发展与健全。本中心在实验室安全管理中，始终贯彻"预防为主、安全第一"的方针，从实验室安全管理体系与制度、实验室安全风险防范与处理、实验室安全培训与监督安全意识等方面构建实验室安防体系。

随着疫情防控进入常态化，本中心充分考虑学生返校后的实际情况和专业特点，为实现高效、高质量地完成"标准不降、内容不减"的实验教学目标，努力探索出一套针对疫情常态化阶段的实验室安防体系解决方案，有效地防止实验室事故的发生，并做好防疫防控工作，努力为师生营造一个和谐安全的实验环境。

参考文献

[1] 温光浩，周勤，程蕾. 强化实验室安全管理，提升实验室管理水平 [J]. 实验技术与管理，2009，26（4）：153−154.

[2] 孙立权，范强锐，陆捷. 加强高等学校实验室安全管理的几点思考 [J]. 现代科学仪器，2008，11（2）：126−129.

[3] 罗一帆，汤又文，孙峰. 高校化学实验室安全管理的探讨 [J]. 实验技术与管理，2009，26（4）：147−150.

[4] 黄坤，李彦启，孟少英. 发达国家高校实验室安全管理及启示 [J]. 实验室研究与探索，2015，34（9）：145−148.

[5] 孙艳侠. 试论实验室安全管理对策 [J]. 实验室研究与探索，2005，24（11）：130−131.

[6] 潘蕾. 实验室安全管理体系的构建与实践 [J]. 实验室研究与探索，2010，29（12）：188−189.

［7］刘照同. 高等学校实验室安全探讨［J］. 实验技术与管理，2005，22（4）：112－114.

［8］李五一. 高等学校实验室安全概论［M］. 杭州：浙江摄影社，2006.

［9］李五一，滕向荣，冯建跃. 强化高校实验室安全与环保管理，建设教学科研保障体系［J］. 实验技术与管理，2007，24（9）：1－7.

［10］林卫峰. 高校实验室安全管理现状及其对策创新研究［J］. 实验室科学，2008（4）：156－158.

［11］李恩敬. 高等学校实验室安全管理现状调查与分析［J］. 实验技术与管理，2011，28（2）：198－200，210.

［12］张志强. 日本高校实验室安全与环境保护考察及启示［J］. 实验技术与管理，2010，27（7）：164－167.

［13］潘蕾. 关于实验室内涵建设的思考［J］. 浙江师范大学学报（自然科学版），2008，31（3）：357－360.

基于树莓派的实验室安全远程监控系统

马代川* 罗代兵

四川大学分析测试中心

【摘　要】实验室是高等院校开展教学、科研活动的主要场所，其安全保障工作至关重要。随着科学技术的飞速发展，"技术防范"在实验室安全工作中的地位和作用已越来越重要。本文总结了基于物联网和树莓派的实验室微型监控系统的设计方案，尝试从技术安全防范角度为实验室安全建设添砖加瓦。该系统利用树莓派和一系列传感器件实时监测温度和湿度图像等实验室环境数据，树莓派模块把各传感器发来的各项实时数据上传至物联网云平台 Yeelink，实验室管理人员可通过 PC 端和手机端的 Yeelink 软件获取这些实时数据，实现远程监控。测试实验表明，该系统使用稳定、易于扩展，能够满足实验室安全监控的需要，能为实验室的安全运行提供一定的保障作用。

【关键词】实验室安全；树莓派；远程监控系统

引言

分析测试中心（以下简称中心）是四川大学直属院处级业务实体单位，集分析测试服务、科学研究和人才培养为一体。对内为四川大学科学家、教师和学生服务的大型仪器设备共享平台，对外为社会提供测试服务的窗口。中心实验室主要以大型精密测试仪器实验室为主，是人、财、物高度集中的场所。在我校"双一流"建设的推动下，中心力推实验室开放大型仪器设备共享，不仅为在校师生提供学习大型仪器设备操作及分析测试技能培训等实习机会，而且为校内师生完成高精尖的科学研究提供优质技术服务和重要的数据支撑。但大型精密仪器的高强度长时间运转及开放共享带来的各种问题和安全隐患也给中心实验室的管理工作带来了极大的挑战[1]。为了做好实验室的开放式运行和大型仪器的共享管理，中心一直着力于构建人防、物防、技防"三位一体"的安防体系。近年来，在实验室及设备管理处的大力支持下，分析测试中心东区大楼完成了影像监控、烟感探测等技防方案的实施工作，为中心大型精密仪器的正常使用和共享运行提供了一定的安全保障。但现有的技防方案由企业承接实施，一次性投入大，建设及维护成本高，安装点固定导致监控范围有限，移动终端进行远程监控的功能不足[5-7]。智能手机及物联网技术的普及为实验室安全监控提供了很好的移动应用解决思路[8]。本文利用 Yeelink 云平台、树莓派及相关传感器等设计了一套便携式的远程实验室安全监控系统，该系统底层以树莓派为监控处

---

* 作者简介：马代川，中级职称，主要从事单晶衍射仪的测试和 Materials Studio 软件分析工作。

理核心，通过收集各类传感器采集的现场温度、湿度、视频等数据对大型仪器的运行状态进行监控[9-10]。树莓派作为设备网关与 Yeelink 云平台建立连接，将底层数据实时传输到云服务器存储，转而发送到智能手机端，用户通过移动终端的应用可以远程查看被监控设备并实时获得设备异常运行预警。该微型监控系统有良好的移动和扩展性能，成本相对低廉，是中心现有技防方案的有效补充。

1 系统的硬件搭建

该便携式系统主要由树莓派模块、传感器模块、摄像头模块、物联网模块和终端五部分组成，结构如图 1 所示。

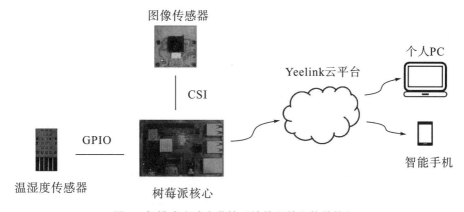

图 1 便携式实验室监控系统的硬件和软件构架

1.1 树莓派模块

树莓派（Raspberry Pi）是 2012 年由英国树莓派基金会发行的一款微型计算模块，其硬件上采用了 ARM 架构处理器，软件上可运行类 Linux 操作系统，能在名片大小的硬件电路板上实现台式 PC 的大部分功能[9]。除了能效高、功耗低，树莓派还有接口丰富、可扩展性强、开源软件资源丰富等优点，在集成度、价格和效率等方面明显优于传统嵌入式系统，在各行业和科研领域都有广泛的应用。

本系统采用的是树莓派基金会于 2018 年 3 月发布的 3B+模块，对比以往的硬件版本，主要有以下两个方面的升级：第一，采用博通系列的嵌入式处理器 BCM-2837，该处理器包含 4 个 64 位 ARM Cortex-A53 架构核心，主频提升至 1.4 GHz，同时，增加了散热器；第二，采用了双频 802.11ac 无线网卡和蓝牙 4.2 版本的支持，经测试，5G 无线Wi-Fi 传输速率为 102 MB/s。此外，也兼具了老版本硬件扩展接口丰富的优点，即提供了 4 个 USB2.0 接口、千兆有线网络接口、摄像头接口、HDMI 接口、存储卡接口和 40 针通用 I/O 接口等。本文所介绍的便携式监控系统将利用 3B+模块所提供的 40 引脚的双排针通用 I/O 接口来实现温湿度传感模块的控制和数据交换。树莓派 GPIO 接口的详细信息如图 2 所示。

Pin#	NAME		NAME	Pin#
01	3.3v DC Power		DC Power 5v	02
03	GPIO02 (SDA1 , I²C)		DC Power 5v	04
05	GPIO03 (SCL1 , I²C)		Ground	06
07	GPIO04 (GPIO_GCLK)		(TXD0) GPIO14	08
09	Ground		(RXD0) GPIO15	10
11	GPIO17 (GPIO_GEN0)		(GPIO_GEN1) GPIO18	12
13	GPIO27 (GPIO_GEN2)		Ground	14
15	GPIO22 (GPIO_GEN3)		(GPIO_GEN4) GPIO23	16
17	3.3v DC Power		(GPIO_GEN5) GPIO24	18
19	GPIO10 (SPI_MOSI)		Ground	20
21	GPIO09 (SPI_MISO)		(GPIO_GEN6) GPIO25	22
23	GPIO11 (SPI_CLK)		(SPI_CE0_N) GPIO08	24
25	Ground		(SPI_CE1_N) GPIO07	26
27	ID_SD (I²C ID EEPROM)		(I²C ID EEPROM) ID_SC	28
29	GPIO05		Ground	30
31	GPIO06		GPIO12	32
33	GPIO13		Ground	34
35	GPIO19		GPIO16	36
37	GPIO26		GPIO20	38
39	Ground		GPIO21	40

图 2　树莓派 GPIO 接口的详细信息

1.2　温湿度和图像传感器

在搭建系统的过程中，本文选取了三种常用的温湿度传感器模块和两种摄像头收集模块来采集实验室温湿度和图像信息，详细清单如图 3 所示。通过长时间的测试，将模块采集到的温湿度数据和图像信息进行精确度比对及效果比对，择优选择搭建模块。

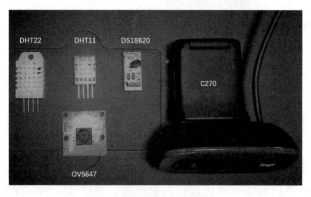

图 3　传感器的详细清单

1.2.1　温湿度传感器模块

温湿度传感器的种类很多，本文选取了三种常用的温湿度传感器模块：DHT11、DHT22、DS18B20，三种模块的性能参数见表 1。

表 1　三种温湿度传感器模块的性能参数

	DHT11	DHT22	DS18B20
温度测量范围	0～50℃	−20℃～80℃	−55℃～125℃
温度误差	±2℃	±0.5℃	±0.5℃
湿度范围	20～95（％RH）	0～100（％RH）	—

续表1

	DHT11	DHT22	DS18B20
湿度误差	±5%RH	±2%RH	—

DHT22 是 DHT11 的升级产品，二者的内部结构类似，主要的传感元件包含了一个电容式感湿元件和一个 NTC 测温元件，外围电路主要由一个 8 位单片机构成，该系列模块具有体积小、功耗低及稳定性高的优点。相较于 DHT11，DHT22 拥有更广的温湿度探测范围和更高的温湿度探测精度，但其价格相对较贵。DS18B20 模块兼具价格低廉和测温准确的优点，但只有测温元件没有感湿元件，对于实验现场的信息监测不全。

1.2.2 摄像头模块

本文选取了两种常用的图像传感器：OV5647 和 C270，两种模块的详细性能参数见表 2。

表 2 两种图像传感器模块的性能参数

	C270	OV5647
物理分辨率	1280×720	2592×1944
标准录制规格	720p/30fps	1080p/30fps
对焦类型	固定焦距	数码变焦
接口类型	USB	CSI

C270 是由 Logitech 公司推出的一款 300 万像素的摄像头模块，内置麦克风，可同时采集影音信息。OV5647 是由 Waveshare 公司专门为树莓派定制的一款 500 万像素的摄像头模块，可通过 CSI 接口直接与树莓派相连，相较于 C270 其具有更高的性价比，但不带麦克风，不能进行声音信息的采集，此外，没有外壳封装，对长期使用模块的稳定性也有一定的影响。

在本文的软件设计部分，将分别对三种温感模块的测试精度和两种图像模块的摄制效果做详细测试，通过与高精度温湿度计的测得数据相比对并和图像效果对照，从中筛选出最优的模块组合来完成硬件搭建。

2 系统软件的设计

树莓派模块上运行的是 Raspbian 操作系统，是一个基于 Debian 的 Linux 系统。该系统专门针对树莓派的 ARM 架构处理器优化架构，具有完整的 TCP/IP 和 HTTP 等网络传输协议，附带有超过 35000 个软件包或预编译软件，支持 C、C++、Python 等编程语言，是一套高效率、低能耗且易用的系统。

监控系统的软件构架如图 1 所示，其中树莓派模块作为整套系统的硬件和软件核心，除了实现硬件上与传感器模块相连和收集感应数据，还通过无线网络同 Internet 相连，利用 TCP/IP 协议使各传感器数据实时上传至 Yeelink 网络云平台；同时，通过智能手机或个人 PC 登录 Yeelink 平台获取即时的实验室环境数据。Raspbian 系统启动后，首先，进行各传感器模块的初始化、加载相关设置；然后，启动各类传感器，接收并处理各类传感器上传的数据后，把摄像头采集的图像、实验台电源及各传感器数据实时上传至 Yeelink 网络云平台。本文利用 APD 工具包（Adafruit _ Python _ DHT）来获取 DHT 系列传感器所采集到的数据，图像数据的收集则利用 Raspbian 系统自带的摄像头软件 Raspistill 和第三方软件 Fswebcam。

Yeelink 是一个开放的公共物联网平台，提供高并发接入服务器和云存储方案，能够同时完成海量的传感器数据接入和存储任务。用户不必了解服务器的实现细节和运行情况，就可以完成传感器数据接入、存储和展现任务，从而实现远程获取传感器信息或对设备进行远程控制。物联网云平台 Yeelink 提供了基于 HTTP 协议的 API 接口，可以通过 Http Request 方式上传或查询系统的数据。

3 系统实际运行测试

在完成监控系统的软件环境搭建后，我们对监控系统的各类传感器模块进行了实际运行测试，测试时间为早上 9 点至晚上 19 点，测试地点为中心单晶四圆衍射仪实验室。温湿度测量频率为每小时一次，用一台数字温湿度计和一台室内温湿度计来测量实验室温度和湿度，并将二者读数的平均值作为实测结果。传感器端，我们利用 APD 工具包来测试和记录温湿度数据，并将传感器测得的数据与温湿度计的实测数据进行比较，对比结果如图 4 所示。

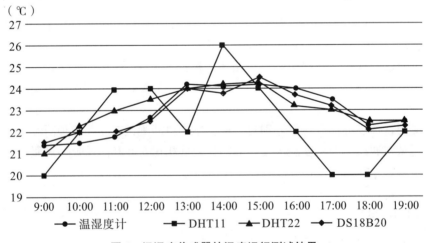

图 4　温湿度传感器的温度运行测试结果

由图 4 可以看出，DHT22 模块和 DS18B20 模块的温度测试精度较好，与温湿度计的实际测量结果很接近，而 DHT11 的测温效果较差，与实测结果有较大的偏离。考虑到 DHT11 精度较差、DS18B20 无法进行湿度测试、性价比和后台程序设计的难度，本文最终选取了 DHT22 作为温湿度传感器。

我们也对两种图像传感器模块进行了效果测试，结果如图 5 所示。C270 模块的监控效果明显好于 OV5647 模块，此外，C270 所捕获的图像文件也比 OV5647 略小。虽然

C270 成本较高，但考虑到成图效果和网络传输的速度要求，本文最终选取了 C270 作为图像传感器。

图5　图像传感器的运行结果对比

结语

当下正是四川大学"双一流"建设工作的关键时期，实验室的规范化管理也是工作的重中之重。随着分析测试中心采购的各类高性能、大功耗的大型仪器逐步完成设备安装验收，部分大型仪器全天候高强度运行，随之而来的安全隐患也对中心的安防体系建设提出了更高的要求。本文从提升中心技防能力的角度出发，基于树莓派和物联网平台搭建了一套便携式实验室安全监控系统，利用多种微型传感器原件对实验室的温度、湿度和图像等环境数据进行实时监控，实现了实验室的全天候远程监控，对于保障实验室的安全运行具有一定的实际应用价值。系统目前只实现了部分基本功能，尚存在诸多不足，如传感器数量有限、图像传输效果略差等问题，在接下来的工作中，作者将竭尽全力完善这套微型系统，为中心实验室安全有序运行和技防建设添砖加瓦。

参考文献

[1] 仇念文，安绪常，贾继文，等. 新时期高校实验室安全管理面临的挑战及对策 [J]. 实验技术与管理，2012，29 (1)：181-185.

[2] 王鹏程，栾长萍，罗学柳，等. 高校实验室安全综合管理体系构建探究 [J]. 实验室研究与探索，2018，269 (7)：325-329.

[3] 张利，陈毓梅. 高校实验室安全管理工作的探究与思考 [J]. 科技展望，2015 (19)：188.

[4] 赵俊波. 基于技防的高校校园安全防范体系建设研究 [J]. 信息与电脑，2011 (12)：74-75.

[5] 凌军. 技防方案相关问题探讨 [J]. 安防科技，2011 (11)：29-30，28.

[6] 周狮强. 高校安全技术防范建设的探讨 [J]. 中国科技信息，2012 (3)：119，136.

[7] 张奇峰. "互联网+"背景下高校实验室技防体系建设 [J]. 实验室研究与探索，2019，38 (6)：125-127，197.

[8] 金开军，尚厚玉. 基于物联网的实验室安全监控系统的设计 [J]. 数码世界，2019 (5)：137.

[9] UPTON E，HALFACREE G. Raspberry Pi User Guide Introduction [Z]. 2016. 10.1002/

9781119415572：1-9.

[10] 林彩玲，包嘉琪，许建国. 基于物联网的实验室安全智能预警系统 [J]. 现代信息科技，2018 (5)：197-198.

[11] BRENDAN H. Raspberry Pi 树莓派实作应用 [M]. 北京：人民邮电出版社，2014.

[12] 关静丽，艾红，陈雯柏. 基于树莓派和 Yeelink 的开放实验室监控系统设计 [J]. 实验室研究与探索，2017，36 (3)：116-119，124.

[13] 秦超，刘正强，刘林，等. 基于树莓派的人脸识别校园门禁管理系统 [J]. 物联网技术，2019，9 (2)：13-14.

[14] 于志强，温志渝，谢瑛珂，等. 基于树莓派的多参数水质检测仪控制系统 [J]. 仪表技术与传感器，2015 (6)：20-23，27.

[15] 张怀柱，姚林林，沈扬，等. 基于树莓派的农作物低空观测系统设计 [J]. 吉林大学学报（信息科学版），2015，33 (6)：625-631.

高校二级单位实验室安全管理的问题和对策

缪世坤* 张金虎

四川大学华西基础医学与法医学院

【摘 要】针对高校二级单位（学院、研究中心、重点实验室等）在实验室安全管理中遇到的管理体制、规章制度、师生安全意识、教育培训等问题，以及如何完成上级布置的安全任务，介绍了四川大学华西基础医学与法医学院的一些做法和经验。经过近几年的实践和探索，学院完善了管理机制，采取了一系列切实可行的管理措施，大大减少了安全事故隐患，降低了实验室的安全风险。通过对这些方法的总结，探讨如何更好地做实做细实验室安全工作，保证高校科研和教学工作的顺利开展，保障广大师生的生命安全和学校的财产安全。

【关键词】高校二级单位；实验室安全管理；问题和对策

引言

高校实验室是人才培养和科学研究的重要场所，在培养学生实践创新能力的过程中发挥着重要作用。近年来，部分高校实验室火灾、中毒、伤人和环境污染等安全事故时有发生，严重影响了正常的教学及科研秩序，对广大师生员工的生命财产安全造成了损失，产生了不良的社会影响[1]。高校实验室安全关系到整个学校和社会的稳定，是建设平安校园、构建和谐社会的重要内容[2]。二级单位的实验室创办大多依靠母体学校的楼宇建筑，实验室布局基本符合教育部对高校实验室的要求，但由于历史原因，实验室所在的一些建筑年代久远，甚至建在不合适的老旧楼宇内[3]。随着高校扩招，进入实验室从事教学与科研活动的学生人数及频率大大增加，使得实验室的安全问题逐渐凸显[4]。实验室安全管理是学校管理工作的重要组成部分，二级单位在高校管理体制中起着承上启下的作用，是落实各种安全任务重要的一环[5]。大多数高校的科研实验室广泛分布在二级单位中，以科室课题组的形式存在，有散、乱、小的特点，难以纳入学校统一管理，这就需要各二级单位承担起相应的安全管理责任。作为落实安全责任的主体，二级单位更了解本单位的实际情况，对如何通过科学、有效的管理手段搞好安全管理工作，有更多的实践经验值得总结，需要探索更好的管理方法。

---

* 作者简介：缪世坤，实验师，研究方向为实验室安全管理。

1 二级单位实验室安全管理中存在的问题

1.1 安全管理体制不适应

安全管理工作的重点在基层。二级单位下属的各教研室、研究室和科研实验室是易发生安全事故的地方，科室主任虽是基层安全的第一责任人，但实际上除承担责任外，并没有什么奖惩权利。加之一般科室有多个课题组存在，有各自的科研实验室，无法统一管理。

1.2 安全管理制度不健全、缺乏操作性

实验室安全管理制度和操作规程没有针对本单位的实际情况。一些从网上抄录的规章制度内容很笼统，流于形式，明显不具有可操作性；相关制度未张贴在明显的位置，仅存于电脑中或放在文件柜里；缺乏针对实验室危险设备或危险操作的应急预案，特别缺乏针对火灾事故的应急预案。

1.3 安全意识不强，安全培训不够

部分教师安全意识不强，对安全重视不够。一些单位觉得频繁的安全检查是找麻烦，认为安全工作不能直接产生效益，没出事的情况下也没有得到奖励。一些课题负责人或研究生导师把主要精力用在项目的申请、答辩、结题及报奖方面，在实验室指导学生做实验的时间相对较少，花在安全管理方面的时间更是微乎其微[6]。

部分科室的教师还未通过实验室安全与环保准入考试。进入实验室的学生虽然通过了"实验室安全与环保"通识课程考试，但针对本科室特点的安全培训不够。部分实验室负责人和管理人员本身的安全知识不够，缺乏危化品专业知识及基本的水电常识，对消防器材的种类、有效期及正确使用方法等不够了解。

1.4 习惯转发文件、通知，没有具体行动

每当接到上级部门的文件通知时，一些管理人员习惯转发，当"二传手"。大家经常会在各种工作群看到回复的就是"已收到""已转发"，而不是认真解读，也不去想如何具体落实。甚至都没有看清是什么内容，把一些不该发到基层的文件也不加任何修改直接转发。收到通知的人也不知该怎么做。

1.5 实验废弃物分类收集、储存不规范

现在，生物实验室中广泛使用一次性耗材，每天会产生大量的实验垃圾。各科室空间有限，实验垃圾散乱堆放在实验室或过道上，等待转运周期较长，容易造成环境污染。

由于对实验人员的宣传、监督不够，一些实验室存在实验废弃物分类不合理的现象。一种情况是未将实验使用后的材料归入实验垃圾，自认为无污染而投入生活垃圾，如一次性的乳胶手套、塑料手套及空试剂瓶等；或锐器未先进行包装、未将容器内的残留液体倾倒干净而直接投入垃圾袋。另一种情况是过度收集，将实验耗材拆下来的包装物，如塑料

袋、泡沫之类也当作实验垃圾收集，导致后期储存、转运及处置成本大大增加。

2 实验室安全管理的一些措施

2.1 加强安全体系建设，明确职责权利

组织机构是落实实验室安全管理各项制度和工作的重要保证，必须构建纵向到底、横向到边、职责明确的安全管理组织机构，层层落实责任制，形成群策群防、齐抓共管的良好局面[7]。

（1）完善了党委书记、院长→分管副院长→安全与环保秘书→各科室支部书记、主任→各科室安全与环保管理员→教学、科研实验室负责人→教师、学生的安全工作机制。

（2）成立了以党委书记、院长为组长的"实验室安全与环保工作领导小组""实验室安全与环保事故应急处置工作组""电梯紧急救援小组"；以分管副院长为组长、各科室支部书记为成员的"实验室安全与环保工作小组"；以安全与环保管理员为成员的"实验室安全与环保动态评估工作小组"。

（3）各科室主任、支部书记、安全管理员与学院签订了安全环保责任书，各个教学及科研实验室设立规范的"安全信息"牌，锁定每间实验室的安全责任人。

（4）每个科室设立安全与环保管理员。科室主任、支部书记虽然是基层安全的第一责任人，但他们的科研教学任务重，很难去实施具体的安全环保工作，各科室安全员是落实各种安全任务的重要力量。安全员多由实验技术人员兼任，学校对他们的要求是坐班制，熟悉实验室的工作情况，动手能力强，发现问题能及时处理[8]。为此，我院出台了《科室安全与环保管理员工作考核办法》，明确了他们的责任和权利，对年终考核合格的安全与环保管理员可计减全年工作量的15%。

该政策自运行以来，能快速将各种安全任务落实下去，具体工作有人执行，能按时收回反馈信息，各种安全检查、隐患整改能有效完成。

2.2 完善各种安全制度，着力解决操作性问题

建立科学、规范、适用的规章制度，是实验室工作得以正常、有序开展的前提，是实验室开展实践教学、科学研究和服务社会的重要保障[9]。

通过组织专业人员讨论、查阅各种资料，学习借鉴其他单位经验，在学院层面出台了《实验室安全与环保管理条例》《实验室安全及环境保护工作日常考核办法》《关于重申危化品购买及储存使用管理的紧急通知》《关于进一步加强实验室废弃物管理的通知》《安全与环保事故应急处理预案》《电梯紧急救援预案》《消防应急预案》等。

指导各科室制定适用的操作规程和应急预案。如针对医学实验室普遍会使用高压灭菌锅的情况，我们整理制作了相关操作规程。把一些科室制作得较好的应急逃生图、普遍需要的危险设备应急预案和实验室火灾应急预案等放在QQ工作群供大家参考，让各实验室根据自身特点进行修改和补充，解决了许多科室不知如何制定规范的操作规程和应急预案的问题。

2.3　强化安全意识，开展多种方式的安全培训

安全教育是促进师生安全意识、提高安全知识水平、防止各类事故发生的重要措施，辅以实验室安全准入制度，能有效提高师生的安全素质[10]。安全工作既要务实也要务虚，要"年年讲、月月讲、天天讲"。在安全这个问题上就需要时时揭一揭伤疤，不时用媒体报道的各类事故警醒一下大家，当安全思想这根弦快松动时紧一紧，以防患于未然。

（1）增加安全检查频率。除学校层面的专项安全检查外，学院安全管理人员坚持每月不少于一次的安全巡查，在假期和重大节日前必须进行全面的安全检查，各科室安全管理员对本单位采取每周不少于一次的安全检查。让每一个进入实验室的人感觉到随时有人监督，随时会有人来检查，使他们在实验中有敬畏之心，必须遵守操作规程。

（2）多渠道的安全宣传和警示。我们广泛采用 QQ 及微信工作群等进行各种安全知识宣传、发出各种安全警示，坚持在节假日前以"温馨提示"的方式提醒大家注意安全。同时，对一些长期需要的安全知识和安全警示内容制作成展板和宣传标语，在适当的位置固定进行展示。

（3）实行实验室安全准入制度。要求每一个进入实验室的师生都必须通过"实验室安全与环保"MOOC 学习，考试合格后才能进入实验室开展实验。

（4）线下线上开展各种安全培训。每年进行两次以上的全院师生安全教育，特别对安全与环保管理员进行各种安全知识培训。各科室安全员肩负对本单位师生安全培训的责任，因此，对他们进行安全知识培训尤为重要。不仅要求全部参加院内专题安全知识培训，同时，根据需要积极参加校内外的各种培训。近两年，学院先后组织了院内的"生物医学类实验室安全与环保动态评估指标解读""危化品的定义、购买、使用、储存规定""逃生路径图的制作""如何用心做好实验室安全管理""灭火器知识"等多项培训，参加了学校组织的"应急救援知识培训""气瓶安全知识""实验室（化学）事故准备和应变计划讲座"及校外的"实验动物技术提高班"等。另外，要求各科室安全与环保管理员定期组织本单位师生进行安全培训。

除了线下培训，大家还随时在工作群上进行安全知识的学习讨论，将从其他渠道获得的安全知识链接到群上与大家分享。

2.4　认真学习、解读上级部门文件，将安全任务细化

作为二级单位，学院会经常收到上级部门下发的有关安全的文件、通知。既有校内的，也有校外相关职能部门的。我们收到这些文件、通知后，通常由安全秘书学习解读，汇报给主管领导，经相关人员讨论后再根据本院实际情况下发任务通知，重要工作以学院红头文件形式发出。按要求成立工作组，各单位安全自查和学院安全检查相结合，要求反馈结果的按时返回结果。如针对学校设备处下发的《关于进一步加强全校实验室管控类危险化学品安全管理的通知》，我们制作了《实验室危险化学品管理调查表》（表1）；针对学校保卫处年末下发的《关于认真做好今冬明春火灾防控工作的通知》，我们制作了《火灾防控工作台账》（表2）。对到期未返回结果的单位先提醒、催交，逾期未返回结果的予以记录在案，年终按相关考核办法执行。

表 1　实验室危险化学品管理调查表

项目	检查结果	备注
1. 本科室主任及实验室负责人是否知晓危化品相关管理规定	是 否 不涉及	打√或打× （以下同）
2. 管控类危化品是否按规定分类存放，是否有专人保管，是否有进出台账	是 否 不涉及	有材料备查
3. 本科室今年开展各种安全培训的次数（要求有学生参加）		有材料备查
4. 本科室所在区域是否有针对危化品的相关防护设施	护目镜 洗眼器 喷淋装置	有打√，没有打×，不需要填"不涉及"
5. 是否有针对化学品伤害的应急处置预案	是 否 不涉及	有材料备查
6. 所有危化品是否有安全技术说明书（MSDS）	是 否 不涉及	有材料备查
7. 空试剂瓶及废旧试剂、废液等是否按要求收集	是 否 不涉及	有记录备查

科室名称：　　　　报送人：　　　　时间：　　　　科室主任签字：

表 2　火灾防控工作台账

工作内容	完成情况	完成时间
1. 宣传今冬明春火灾防控工作，组织本单位师生学习消防法规及消防知识；落实每个房间安全责任人		
2. 制定消防安全制度及火灾应急预案（可结合实验室安全操作规则和应急预案一起制定）		
3. 自查本单位所在区域安全出口、疏散通道是否畅通；灭火器是否在有效期或压力是否正常		
4. 检查本单位实验室易燃易爆化学品是否按规定存放、使用是否有记录		
5. 全面排查用电安全：是否有违规使用取暖设备、使用不合格接线板、私拉乱接电线、人离开后不关烤箱电源、不拔充电器、该断电的不断电等情况		
6. 科室师生员工具备"一懂三会"（一懂：懂本场所火灾危险性；三会：会报警、会灭火、会逃生）的基本消防知识		

科室名称：　　　　报送人：　　　　时间：　　　　科室主任签字：

2.5　指导实验废弃物分类收集，提供储存场所

正确处置实验废弃物一直是实验室安全与环保管理工作严格要求的。为此，我们专门出台了《有关实验废弃物分类、收集、储存的指导意见》，对实验产生的废液、固体废物、空试剂瓶及玻璃类、死动物等严格实行分类包装。

按照指导意见，废液装入环保处置公司提供的废液桶；固体废物先装入医疗垃圾袋，再集中装入学院统一提供的编织袋；锐器单独包装，然后按固体废物处理；空试剂瓶及玻璃类装入纸箱。上述实验废弃物包装好后均需贴上标签，标明废弃物的名称、危害性、产生的单位及时间等信息。数量较小的由各科室暂存，量大的由学院提供场地集中存放，实验产生的死动物暂存在学校为学院配置的冰柜里，最后统一由与学校合作的环保处置公司处理。

结语

二级单位的安全管理绝不仅仅是在办公室发文件、写总结就能出成效的。安全管理要做到"五心"：责任心、细心、留心、忧患之心、行动的决心。需要有强烈的责任心，处处从大局着想；关注细节，留心隐患，把事故扼杀在摇篮里；多把安全问题往坏处想，对于一些潜在隐患可能造成的后果，宁可信其有不可信其无；再多再好的安全措施，终归要落实才能起作用，一定要在落实上下功夫。面对二级单位安全管理中遇到的问题，必须要深入基层，了解安全工作的困难。作为安全管理人员，不仅要具有本学科的专业技能，还应熟悉相关的水、电、机械、电器、消防及法律法规等方面的知识，通过各种渠道，不断学习来提高自己，勤于动手，有能力处理一些紧急情况。在实验室管理工作中，不能简单地要求别人不能怎么做，重要的是要告诉别人该怎么做。二级单位需要积极探索有效的实验室安全管理措施，让广大师生在思想、意识、行动上协调一致，为创建平安校园，构建和谐社会贡献一份力量。

参考文献

[1] 孙玲玲. 高校实验室安全与环境管理导论 [M]. 杭州：浙江大学出版社，2013.

[2] 张志强，刘雪蕾，李思敏，等. 北京大学实验室安全管理的探索与实践 [J]. 实验技术与管理，2017，34（10）：244-248.

[3] 周春初. 独立学院教育资源整合与共享体系研究 [J]. 内蒙古大学学报，2008（3）：25-27.

[4] 王艳芹. 构建独立学院实验室安全与环保规范管理体系 [J]. 实验技术与管理，2017，34（12）：275-277.

[5] 史海峰. 高校实验室安全管理研究 [J]. 实验技术与管理，2017，34（9）：248-251.

[6] 黄群，丁一上. 高等医学院校实验室安全与管理的探讨 [J]. 医学信息，2011，24（9）：345-346.

[7] 李丁，曹沛，王萍. 高校实验室安全管理体系构建的探索与实践 [J]. 实验室研究与探索，2014，33（3）：274-277.

[8] 缪世坤. 人＋制度——医学实验室安全运行的保障 [M] //敖天其，廖林川. 实验室安全与环境保护. 成都：四川大学出版社，2015：82-85.

[9] 崔国印，黄刚，聂小鹏，等. "双一流"目标下的高校实验室建设与管理 [J]. 实验技术与管理，

2019，36（2）：269－271.

[10] 冯涛，杨韬. 加强高校实验室安全工作的几点思考 [J]. 实验室研究与探索，2017，36（2）：293－296.

电气类实验室消防器材的科学配置与维护

冉　立* 　杜鹏飞 　罗江陶 　肖　勇 　郭颖奇

四川大学电气工程学院

【摘　要】实验室消防安全是实验室安全体系建设与运行维护的重中之重，消防器材的合理和完备是保障实验室消防安全的物质基础。然而，现实情况不容乐观，存在随意性。本文对四川大学电气工程学院电气类实验室进行了建筑及环境认知，做了火灾危险源辨识，在此基础上对实验室消防器材做了符合规范、科学合理的配置，特别是在灭火器的配置品种、数量和布置上提出了规范要求。同时，在运行和维护上做了相应的加强和改善，制定了规范、科学的制度、措施和方法，保障了实验室工作能正常、有序、安全地开展。

【关键词】实验室安全危险源；消防器材；配置；维护

实验室消防安全是实验室安全体系建设与运维的重中之重[1-4]，消防器材的合理和完备是保障实验室消防安全的物质基础。然而，现实情况不容乐观[5-9]，实验室消防器材的配置存在随意性。有的配置不足或不合理、不完善造成安全隐患，有的配置过量造成投资浪费，且增大维护成本和工作量。操作人员不清楚其使用期限，不知道其更换周期，不知道如何维护，或该更换时没有及时更换，或还在使用期内却提前更换。鉴于这些情况[5-9]，本文对我单位消防安全建设，特别是在电气类实验室的消防器材配置与维护方面做了梳理和总结。以期相关的认识和经验，为类似实验室提供参考。

1　实验室消防器材科学配置与维护的重要性

实验室消防器材（本文不讨论消防栓等固定建筑消防设施）的科学配置与维护是保证实验室消防安全的重要基础条件，对有效处置初起火险事故、防止形成火灾或阻止火灾漫延、实施救援等有决定性作用。

1.1　消防器材科学配置的重要性

消防器材只有做到科学配置，才能起到应有的作用，否则将会给消防应急处理和救援带来不利影响甚至严重后果。

---

* 作者简介：冉立，电气工程师，四川大学电气工程学院实验技术工程师，主要从事电气工程实验技术工作，主导多个电气工程专业实验室建设，长期从事实验室安全管理工作。

（1）器材不完备：只有灭火器材，没有防护器材，可能会在灭火过程中对操作人员造成伤害；没有救援器材会导致施救困难（特别是对于触电事故）；没有急救医护器材会使受伤人员得不到及时救治等。

（2）灭火器类型错误：如用 B、C 类灭火器去灭 A 类火灾，不但得不到好的灭火效果，还会因为延误时机造成严重后果。用水基型无绝缘性灭火器去灭电气火灾，很可能不但灭不了火，还会再发触电事故。

（3）灭火器灭火能级不够：如某 320 m² 重危险级实验室（A 类火灾）配置 2 具 3A 灭火器，总 A 数不够，有人将其更换为 8 具 2A 灭火器，虽然总 A 数已足够，但单具灭火器的灭火能级又不够，满足不了灭火要求。

（4）布置不合理：虽然某些实验室配置的灭火器材类型和数量都足够，但布置不合理，如保护距离不满足要求，放置在角落且被其他物品遮挡，集中放置超过限量等，在火灾发生时将不能发挥器材应有的作用。

（5）种类过多，统一性不够：主要发生在一些老实验室在多次更换灭火器后，新旧混用，造成品种过多、维护困难、使用混乱，甚至存在不兼容的问题。

（6）安装不规范：如灭火器直接放置于潮湿地面，灭火器设置点无明显标志或被遮挡，灭火器箱标识不规范，灭火器箍挂件强度不够等。

1.2 消防器材科学维护的重要性

就算消防器材配置合理，但如果不注意科学维护，也会给消防应急处理和救援带来不利影响甚至严重后果。

（1）疏于检查，造成消防器材存在的隐患或问题没有被及时发现，更谈不上及时处理。

（2）疏于管护，造成位点偏离，种类数量变化，标识脱落等，原配置发生改变会给应急使用带来困扰。

（3）维护不当，造成器材性能下降或失效，如锈蚀、损伤、劣化等。

（4）处理不当，如没有按规范要求对消防器材进行维修、更换、报废等。

2 准确掌握实验室消防安全的基础性信息

准确掌握实验室消防安全的基础性信息是做好实验室消防器材科学配置的先决条件。这些信息包括建筑类型、火灾类型、可燃物类型及使用性质等。

2.1 建筑基本安全信息

（1）建筑物的基本安全信息：一般包括建筑结构安全等级、建筑抗震等级、建筑耐火等级及建筑荷载参数等，可从建筑设计或竣工档案中查阅得到。这些信息是实验室进驻前实验人员就必须掌握的基础性信息。电气科学与工程实验楼的建筑基本安全信息及使用荷载标准值见表 1 和表 2。

表 1　电气科学与工程实验楼的建筑基本安全信息[14]

名称	建筑类型	结构安全等级	抗震等级	耐火等级
电气科学与工程实验楼	民用/公共/教育，多层＋单层	Ⅱ级	Ⅱ级	Ⅰ级

表 2　电气科学与工程实验楼的建筑使用荷载标准值[14]

部位	办公室	实验室	楼梯、走道	卫生间	观察廊	电梯机房	上人屋面	不上人屋面
荷载（kN/m^2）	2	3	2.5	2	3.5	7	2	0.7

（2）建筑防火基础设施：一般包括防火分区、防烟分区、排烟分区、消防水栓系统、灭火器系统、自动消防系统及疏散系统等。这些信息一般需要与专业人员交流和学习后才能清楚，故需要组织专门的培训。这些也是实验室人员进驻前就必须掌握的基础性信息。

我们在专业人员的辅导下，对实验楼的建筑防火基础设施做了全面梳理和认知。

2.2　实验室火灾危险源辨识

实验室火灾危险源辨识是针对实验室具体情况进行消防器材配置前必做的基础性工作。进行火灾危险源辨识首先应清楚实验室的功能、任务、内部布局、仪器设备配置及耗材器材等的特性，确认可燃物、助燃物、引火源三要素，以及实验室运行机制和实验室人员情况，并预估可能出现的特殊情况，确认火灾相关作用机制。然后，与支持系统一起综合考查，辨识出实验室的火灾危险源。

电气科学与工程实验楼实验室火灾危险源辨识结果见表3。

表 3　电气科学与工程实验楼实验室火灾危险源辨识结果

火灾危险源		危险特征
种类	描述	
用电设备及其接电装置	设备本身及其不可分断的电源连接线及插头	A、E类 发热、阴燃、起火、击穿起弧
馈电线路及其接口装置	从固定安装的配电系统终端接口起到用电设备可分断的电源接口止，如电源连接线、插头插座、电源插板等	
配电系统	从配电系统进线电缆终端头连接端子起到固定安装的配电系统终端接口止，包括终端插座或接线端子，如配电屏柜、配电线路、配电终端（配电箱、插座箱、端子箱、插座、端子等）	
固体可燃物	纸、木、塑料、纺织物、可燃原材料等	A类
液体可燃物	变压器油、硅油等	B类
高危物品	酒精、清洁剂、喷雾剂、花露水等	B类
危险物品	烟头	引火源
	打火机	引火源＋爆炸物

火灾危险源		危险特征
种类	描述	
火源	火炉、酒精灯、打火机、喷火枪、喷灯、火焊、电焊等	引火源，明火
	切割机、砂轮等高速加工机械或工具	引火源，火星
	化纤衣物、高绝缘垫/地板、手机等	引火源，静电
热源	电热器具及设备，如电烙铁、电热器、电热箱、电暖器、电阻炉、电磁炉等	引火源，高温
	热风器具及设备，如热风机、热风枪等	引火源，高温
	热光源器具及设备，如白炽灯、红外灯、投影仪等	引火源，高温
储能物	电池	储能
	充电的电容或容性设备	储能
电源及其转换	发电设备、电源装置、电源转换设备等	发热、阴燃、起火、击穿起弧

2.3　确定实验室火灾类型和危险等级

只有正确认定实验室的火灾类型和危险等级，才能合理划分相关计算单元并根据计算单元面积确定所需灭火器总能级，正确配置灭火器种类和数量。

根据火灾危险源辨识结果，可确定各实验室火灾类型，再根据实验室其他特征（危险性、重要性、贵重性、精密性、人密性等），可确定各实验室火灾危险等级[11-12]。

电气科学与工程实验楼实验室火灾类型为 A、E 类和 A、B、E 类。

电气科学与工程实验楼实验室分为 2 个火灾危险等级，即重危险级和中危险级。

需要注意的是，实验室偶尔使用的高危性原材料（如酒精等）必须严格控制数量和使用范围，不能突破限值而造成违规、迫使实验室危险等级升级。

3　实验室消防器材的科学配置

实验室消防器材的科学配置应满足消防救援的功能需求和各功能单元的性能要求，并根据相关技术规范校核保护范围。

3.1　配置品种

根据前述资料和分析，按照管、控、防、消、救、撤 6 个方面，我们对实验室的消防器材品种提出了配置方案，配置品种见表 4（不涉及消防自动化）。

表 4　电气科学与工程实验楼实验室消防器材配置品种

品类	品名	要求
灭火	灭火器	能扑灭 A、E 类火灾，也能扑灭 B 类火灾
	灭火毯	适用于 A、E 类和 B 类火灾，在小范围初期火灾扑救中适机使用
	灭火器箱	用于存放灭火器
	灭火器挂扣架	用于安装放置灭火器
	消防沙箱	用于油类等火灾扑救
	消防桶	与消防沙箱配合使用，也用于其他消防工作
	消防铲	与消防沙箱配合使用，也用于其他消防工作
救援	绝缘消防钩	用于触电及火灾救援
	绝缘消防梯	用于火灾及触电救援
	绝缘手套	用于触电及电气火灾救援
	救援绳	救援
	安全带	救援人员的防护
	安全帽	救援人员的防护
	警戒围栏	分隔或建立警戒区域
医疗	医疗急救箱	配碘伏、棉签、创可贴、绷带、创伤膏
预防	消防标识	禁止、警示、倡导
收纳	消防柜、箱	收纳存放相关消防器材

3.2　灭火器的配置

灭火器配置需考虑如下因素：配置场所的火灾种类、火灾危险等级、灭火器的灭火效能和通用性、灭火剂对保护物品的污损程度、灭火器设置点的环境温度及使用灭火器人员的体能等。

同时，还需要考虑以下两点：

（1）同一灭火器配置场所，宜选用相同类型和操作方法的灭火器或通用型灭火器。当选用两种以上类型灭火器时，需灭火剂相容。

（2）A 类火灾可选用水基、泡沫及 ABC 干粉等，不应选 BC 干粉或 CO_2 灭火剂。B类火灾可选用 BC 或 ABC 干粉、泡沫、CO_2 及洁净气体等，不应选水基灭火剂。而 E 类火灾可选用 BC 或 ABC 干粉、洁净气体及 CO_2 灭火剂。

注意：①一般干粉灭火剂绝缘强度为 $50\ kV/m$；②有金属喷筒的 CO_2 灭火器不能用于电气火灾；③BC 和 ABC 干粉灭火剂不兼容，BC 干粉与泡沫不兼容。

根据实验室的具体情况，我们选用 ABC 干粉灭火器为基本配置，以 CO_2 灭火器为 B类火灾的补充配置，并严格定点使用。

关于灭火器的配置数量和保护范围，应进行计算和校核，计算时应遵守表 5（a）和表 5（b）所列的最低配置规定。

表 5（a）　A 类灭火器的最低配置基准[11]

危险等级	严重危险级	中危险级	轻危险级
单灭火器最小配置灭火级别	3A	2A	1A
单位灭火级别最大保护面积（m²/A）	50	75	100

表 5（b）　B、C 类灭火器的最低配置基准[11]

危险等级	严重危险级	中危险级	轻危险级
单灭火器最小配置灭火级别	89B	55B	21B
单位灭火级别最大保护面积（m²/B）	0.5	1	1.5

1 个配置单元所需灭火总级别的计算式如下：

$$Q = k\frac{S}{U}$$

式中，Q 为 1 个计算单元所需灭火总级别最小值；S 为计算单元的面积（保护面积）；U 为单位灭火级别的最大保护面积（m²/A 或 m²/B）；k 为修正系数，按规范取值。

根据计算 Q 值和所选灭火器的灭火级别值，就可确定所需灭火器的最小数量。

3.3　灭火器的布置

灭火器应设置在明显和便于取用的地点，且不得影响人员的安全疏散。放置时应使灭火器顶部不高于 1.5 m，底部不低于 0.08 m，并遵守表 6 的最大保护距离限制。

表 6　灭火器最大保护距离[11]

A 类火灾灭火器最大保护距离			B、C 类火灾灭火器最大保护距离		
危险等级	灭火器类型		危险等级	灭火器类型	
	手提式	推车式		手提式	推车式
严重危险级	15	30	严重危险级	9	18
中危险级	20	40	中危险级	12	24
轻危险级	25	50	轻危险级	15	30

E 类火灾场所的灭火器最大保护距离不低于 A 类或 B 类的规定。所设置的火火器放置点应按照上述最大保护距离要求进行校核。

4　实验室消防器材的维护

实验室消防器材的良好维护是使其发挥作用的前提和保障，因此，必须要有相应的制度和科学的措施及方法。

首先，应制定运行维护及管理制度，包括日常运行、定期巡查及管理考核等制度，只有在制度的规范下，才能保证消防设施时刻保持良好状态，随时可用。

其次，要有科学的措施及方法，以下是一些需要注意的问题。

4.1 灭火器的维护

灭火器应设置在通风、干燥、清洁处，不能受烈日曝晒，不得接近热源或受到剧烈振动。

灭火器存放的环境温度为-10℃～55℃。

灭火器巡查的主要内容：

(1) 位置、数量和品种，检查有无变动，是否合规合理。

(2) 外观检查，有无变形、锈蚀、松动、脱落及喷口阻塞等异常，安装是否牢固，标识标志是否健全等。

(3) 压力检查，压力表指针在绿区正常，在红区为压力不足需更换，在黄区为压力较大，应特别注意避免高温、振动或外力冲击。

(4) 铅封检查，确认铅封完好，如果铅封打开过需及时更换。

灭火器的维修（更换）期限见表7。

表 7　灭火器的维修（更换）期限[12−13]

灭火器的维修（更换）期限	
灭火器类型	维修（更换）期限
水基型灭火器	出厂期满 3 年；首次维修以后每满 1 年
干粉灭火器、气体灭火器、二氧化碳灭火器	出厂期满 5 年；首次维修以后每满 2 年

4.2 消防栓的维护

主要检查消防栓有没有被破坏，消防栓箱是否加封，未加封的消防栓箱查看内部是否清洁无杂物，配置是否完整，放置是否规范，部件是否劣化，有无渗漏等。

其他检查和处理需专业人员进行。

4.3 其他消防设施的维护

绝缘器材或工具、安全器材等：①良好的保管条件和状态；②定期进行维护和检测。

医疗急救箱：①良好的保管条件和状态；②定期进行检查和内容物更换。

结语

我们对电气科学与工程实验楼和各实验室的消防器材进行了梳理，对实验室建筑及环境进行了交底，组织各实验室做了火灾危险源辨识，并在此基础上复查了原消防器材的配置情况，对一些不规范的情况做了及时调整。我们期望通过这些工作，使实验室消防安全状态保持良好，并使责任人对消防安全现状清晰明了，保障实验室工作正常、有序和安全地进行。

参考文献

［1］高洪旺. 高校实验室消防安全管理探究［J］. 实验室研究与探索，2014，33（9）：141−144.

［2］冯双. 建立"五防一体"的实验室消防安全工作体系［J］. 实验室研究与探索，2012，31（10）：442−445.

［3］李燕捷. 高校普通实验室消防设施管理模式改革探讨［J］. 实验技术与管理，2013，30（5）：209−211.

［4］李海. 高校实验室消防安全教育的探索与实践［J］. 决策探索（中），2019（5）：78.

［5］李志华，王亚平. 关于高校消防安全隐患排查的思考与研究［J］. 教育现代化，2019，6（86）：299−301.

［6］杨雪，刘德明，丁若莹. 高校实验室消防安全管理存在的问题与对策［J］. 实验室研究与探索，2018，37（11）：307−310.

［7］蔚佳彤. 新能源实训室建设的消防安全［J］. 时代汽车，2019（19）：127−128.

［8］杨光. 新形势下高校消防安全现状与预防［J］. 电子制作，2013（8）：255.

［9］韩周. 浅谈高校存在的消防安全隐患及应对措施［J］. 科技资讯，2012（15）：252.

［10］建设部，质监总局. 建筑设计防火规范（GB 50016—2018）.

［11］公安部，建设部. 建筑灭火器配置设计规范（GB50140—2005）.

［12］公安部，住建部. 建筑灭火器配置及检查规范（GB 50444—2008）.

［13］公安部. 灭火器维修［S］. GA 95—2015.

［14］四川大学档案馆. 新高电压实验室及电气信息工程实验楼图纸集［Z］. DQ（施）−C0−01.

浅谈后疫情时代的高校实验室生物安全管理

史 莹* 叶 倩 郑田利 陈嘉熠

四川大学华西公共卫生学院公共卫生与预防医学实验中心

【摘 要】 当前，新型冠状病毒肺炎疫情的防控趋近常态化，高校生物实验室是高校进行相关教育教学和科研工作的重要基地。生物类实验由于自身的特殊性，必然会存在一定的安全隐患。本文根据高校生物实验室安全的特点，分析了此类实验室存在的安全风险点。并主要从加强个人防护和准入教育，规范实验室建设和重点环节管理，活用网络化管理和数字化资源三个方面提出了高校生物实验室安全管理的具体方法，以为高等学校建立一套切实可行且完善的生物实验室安全管理方法提供参考，进而保证高校教学科研工作的顺利开展。

【关键词】 生物安全；高校；管理

引言

新型冠状病毒肺炎疫情的出现不仅影响着高校的教学方式，也很大程度上改变了高校的生物安全管理形式。在疫情常态化的后疫情时代，在教学上，各高校均会增加病原微生物相关实验课程，在科研上，各种围绕新型冠状病毒的基因、病毒及抗体等的研究也在如火如荼地展开，这些都对实验室的生物安全管理提出了新的要求及挑战。

近年来，高校生物安全事故时有发生。如 2019 年 11 月，中国农业科学院兰州兽医研究所口蹄疫防控技术团队的 2 名学生检测出布鲁氏菌抗体阳性。随后，该团队学生集体进行了布鲁氏菌抗体检测，陆续检出抗体呈阳性人员。截至 2020 年 9 月 14 日，累计检测 21847 人，初步筛出阳性 4646 人，经疾控中心复核确认阳性 3245 人。经调查，事故原因为中牧兰州生物药厂在兽用布鲁氏菌疫苗生产过程中使用过期消毒剂，致使生产发酵罐废气排放灭菌不彻底，携带含菌发酵液的废气形成含菌气溶胶，人体吸入或黏膜接触产生抗体阳性，造成兰州兽医研究所发生布鲁氏菌抗体阳性事件[1]。此前，在 2010 年 12 月期间，东北农业大学动物医学学院由于相关教师在实验中使用了未经检疫的山羊，也导致自 2011 年 3 月至 5 月期间学校 27 名学生和 1 名教师陆续确诊感染布鲁氏菌[2]。2009 年，芝加哥大学医学中心的一名分子遗传学教授死于鼠疫样细菌感染，这种感染可能与他研究的名为鼠疫耶尔森菌的细菌有关[3]。2003 年，北京某实验室人员在实验操作过程中被实验

---

* 作者简介：史莹，讲师，研究方向为公共卫生检验学，教授"生活中的微生物与健康""生物材料检验实验"等课程。

动物抓咬伤而感染 SARS 病毒，并造成一定范围内流行事件[4]。这些案例给高校教学实验室生物安全管理敲响了警钟。

本文分析了高校实验室生物安全的主要风险点，对生物安全的具体管理方法从人防、物防、技防三个方面进行了一些探讨，力求为今后的实验室生物安全管理工作提供一定的思路和建议。

1 高校实验室生物安全管理现状

高校涉及生物安全管理的单位通常为医学院、生命科学院及与生物相关的研究中心和动物中心等。对应的生物安全实验室资质级别较低，多为生物安全水平 BSL-1 性质的生物实验室和动物生物安全 ABSL-1 实验室，极少为 BSL-2 和 ABSL-2 实验室。涉及的生物类别主要有：①微生物，以第四类病原微生物为主，少量为第三类病原微生物。微生物种类主要为细菌，少量为病毒及真菌等。②实验动物，以小鼠和大鼠等小型动物为主，少量为大型动物。③寄生虫。④细胞。⑤基因。表 1 为笔者结合实际并参考文献 [5]，按照影响的对象归纳总结了高校实验室常见的一些生物安全问题。

表 1 高校实验室常见的生物安全问题

生物安全问题主要影响的对象	主要安全问题或潜在风险点
造成自体损伤	①不严格遵守实验工作服、防护服、鞋套、帽子和护目镜等的穿戴要求，不按规定佩戴相应级别的口罩； ②使用注射器抽取有生物危害的样品后，未按规范要求将针头等利器置于利器盒内，消毒后销毁，而是将针头回套针头套中，因操作不慎导致污染的针头刺伤手指； ③未按照不同的实验样本选择相应的操作环境，如处理应在生物安全柜内操作的具有生物危害的样本时，却选择在洁净工作台内操作； ④不能正确操作高压灭菌锅等特种设备，如未等温度降低即打开造成烫伤
造成他人损伤	①未将污染有害物质的利器置于利器盒后统一消毒销毁，而直接将利器丢入普通垃圾袋中导致他人可能会被刺伤； ②未正确评估实验样品的生物安全风险级别，在防护级别较低的实验室操作含有传染性的细菌或病毒等生物危害样本
造成环境污染	①未按要求穿戴实验工作服（生物安全危害的实验区域和普通实验区域的实验服标识或颜色不同，应明确区分）或着生物危害实验区的实验工作服进入普通实验区工作，污染了防护级别较低的普通实验区域，进而对该区域内其他工作人员造成伤害或风险； ②实验后未将污染的手套放在专门的垃圾袋内并高压消毒后销毁，而是继续戴着污染的手套进入生活区、清洁区、其他非实验区（如按电梯）或随意丢入生活垃圾中； ③因操作不当造成有生物危害的样本等的溅洒，导致实验区域的污染和空气中气溶胶等污染； ④对具有生物危害的样品离心时，离心之前未配平或由于待离心的样品管与离心机不匹配，导致装有生物危害样品的离心管碎裂，大量气溶胶及污染样品外溢，造成离心机和实验区域的污染； ⑤未能保证消毒剂效力或未使用正确及足量的消毒剂； ⑥在实验结束后未及时清理、消毒操作台和实验室

2 高校实验室生物安全管理的建议

高校生物实验室的安全防范可从人防、物防和技防三个方面进行。

2.1 以人为本，加强个人防护和准入教育

实验室的运行要体现以人身安全为第一要务，根据生物实验特点为实验操作人员配备适宜的个体防护装备（帽子、护目镜、口罩、手套、鞋套、防护服等），这是生物实验室安全运作的最基本条件。同时，还应在实验室设置生物实验室专用的应急装备（生物急救箱等）。

此外，应进行阶段化的实验室生物安全培训。病原微生物生物安全专业培训由学校及各个实验室的首席研究员（PI）共同负责，是从事病原微生物研究或需要进入生物安全实验室的人员必须参加并通过考核的培训项目。参照国外一些高校的生物安全培训经验，生物安全培训应分为基础和专业两个阶段。第一阶段的培训由学校组织[7]，对于综合性大学，建议针对所有生物相关专业的低年级学生开设"实验室生物安全"通识课程，向他们讲授生物安全的背景知识、实验室生物安全概论、实验室生物安全级别、实验室生物安全装备、实验室生物安全管理等基础知识，以及生物实验室的进出、相关装备的使用、生物安全材料的运输及保存、生物类危险废弃物的处置，模拟实际标本的全过程检验操作和实验室事故应急处理的实践操作等内容，为其进入专业学习奠定一定的理论和实践基础。第二阶段由实验室的PI结合各个实验室涉及的不同微生物、实验物质及实验仪器要求对受训者进行专门培训，所有受训者都必须通过考核方可进入实验室[6]。

2.2 遵守法规，规范实验室建设和重点环节管理

首先，严格按实验室在教学及科研中承担的功能及实验室生物安全特点，按照国家颁布的"生物安全实验室建筑技术规范"等相关法规，合理科学地改造和使用各类实验室。同时，每年定期或不定期检查生物安全柜、高压灭菌器和洗眼器等与生物安全防护有关设备及仪器的工作状态及性能。只有在符合生物安全规范的实验室进行相关的实验教学工作才能确保师生的安全，也只有在规范的实验室进行相关的科研工作，才能最大程度地减少对相关人员及环境的危害[4]。

其次，针对《人间传染的病原微生物名录》中对有关微生物的危害等级及操作活动要求的环境条件，逐一对照比较，采用符合生物安全要求的微生物菌毒种，依法保障实验教学的安全性[8]。对于采用有传染性或毒性微生物的教学实验，替换为减毒或无毒的菌株（毒株）或调整实验方案，降低实验过程中的风险。

另外，加强对重组DNA材料、人来源的原代细胞、血液、器官及组织、感染性材料、生物毒性来源的物质、人类转基因产品、灵长类动物来源的材料等使用的监管，确保其使用后进行无害化处理，与危险化学品实行类似的全周期化管理。

2.3 与时俱进，活用网络和数字化资源

实验室的网络化和可视化管理是实验室运行与日常安全管理的发展方向[9]之一。高校

应建立病原微生物及相关物质的电子化档案，对实验室生物安全关键部位进行可视化布控。

另外，实验室生物安全管理还可善用线上教学资源。针对疫情影响有部分学生无法回校，或因实验室人数、设备限制无法由学生亲自动手操作的实验项目，可以通过直播会议平台在电脑端或手机端加以呈现并强化细节。

此外，丰富的数字化资源同样是对生物安全管理的一大补充。一是建立实验教学数字标本库，通过 3D 显微镜等建立起高质量的生物数字标本库，降低生物实验的风险，并可使学生随时随地查看。二是活用虚拟仿真实验项目。虚拟仿真教学是专业学科与信息技术深度结合的产物，它依托虚拟实验、人机交互及多媒体等技术，构建高度仿真的虚拟实验环境，使学生可以在安全无污染的虚拟环境中开展实验，体验逼真，节约成本，高效开放[12]。如禽流感病毒分离培养实验，需在生物安全三级实验室中进行，但绝大多数高校并无条件实际开展该实验项目，再如新型冠状病毒核酸检测实验[13]，在普通生物实验室无法实施，虚拟仿真实验是较好的补充。另外，使用有毒有机溶剂和剧毒试剂的实验（如细菌培养基中的叠氮钠和琼脂糖凝胶电泳中使用的溴化乙锭染料等）、高危仪器（如高压灭菌锅、高速离心机和高压气瓶等的使用）、涉及放射性同位素辐射（如核酸分子杂交技术和实验室生物废弃物的安全处[10]等）内容均可采用虚拟仿真的形式呈现，并与线下真实实验相结合，既避免了致病性较强的病原微生物培养操作过程中潜在的生物安全风险，又能够让学生身临其境地学习和体验生物安全实验室中的相关实验操作活动和生物安全防护方法，可以极大地提升学生对相关知识的学习兴趣和效果，提高教学质量。

后疫情时代，面对不断发展变化的世界局势和社会要求，我们必须认真分析高校实验室运行中所涉及的与安全管理相关的新情况、新问题及新内容。构建适合生物类实验室的安全管理体系是高校实验室安全管理长效机制的重要举措，而保证实验室安全运行、维系良好的实验室工作环境是实验室安全管理的永恒目标。

参考文献

[1] 兰州市卫生健康委员会. 兰州兽研所布鲁氏菌抗体阳性事件处置工作情况通报[EB/OL]. [2020-10-17]. http://wjw.lanzhou.gov.cn/art/2020/9/15/art_4531_928158.html.

[2] 东北农业大学就 28 名师生感染布鲁氏菌病事件致歉 [J]. 当代畜牧，2011 (9)：23.

[3] MÉNARD A D, TRANT J F. A review and critique of academic lab safety research [J]. Nature Chemistry, 2019, 12 (1)：1-9.

[4] 惠斌. 教学型医学院实验室生物安全防护体系的建设思考 [J]. 实验室研究与探索，2018，37 (10)：305-309.

[5] 王蓓蓓，冯鑫，张剑平，等. 医学实验室常见学生生物安全问题及其应对 [J]. 中华实验和临床感染病杂志，2013 (6)：934-936.

[6] 袁璧翡，卢中南，蒋收获. 美国高校实验室生物安全监督管理启示 [J]. 上海预防医学，2016，28 (4)：226-230.

[7] 万双双，宋广忠，杨珺. 浅谈高校病原微生物学实验教学的生物安全管理 [J]. 中国卫生检验杂志，2019，29 (1)：124-126.

[8] 倪朝辉，于军，唐婕，等. 当今实验室生物安全背景下的本科医学微生物学实验教学改革初探 [J]. 临床医药文献杂志（电子版），2019，6 (56)：185.

［9］周宜君，冯金朝，高飞. 以人为本加强高校生物类实验室安全管理［J］. 实验室研究与探索，2016，35（1）：275－278.

［10］阮君，胡原，万建，等. 新时期生物实验室安全教育体系探索与实践［J］. 实验室科学，2019，22（5）：205－208.

［11］王楠，李冰，马晓露. 情景模拟教学法在医学实验室生物安全培训中的探讨［J］. 中国微生态学杂志，2020，32（5）：591－593，597.

［12］王艳凤，赵国星，刘畅，等. 生物安全三级实验室禽流感病毒分离培养虚拟仿真实验教学初探［J］. 实验技术与管理，2020（9）：195－199.

［13］贾振军，高春芳，戴蓬，等. 新冠疫情期间 DNA 虚拟仿真实验教学设计研究［J］. 中国法医学杂志，2020，35（4）：377－379.

皮革化学与工程实验室污染物、废弃物预防与治理措施的探讨

宋庆双* 王忠辉 何 秀

四川大学轻工科学与工程学院

【摘 要】本文通过分析皮革化学与工程教育部重点实验室废弃物的特点及分类处理的现状，以废气、废水和固废进行划分探讨了废弃物的来源、特点及危害。从人的主观能动性出发，坚持科学发展观，针对皮革化学实验室废弃物管理与治理提出了新的办法与措施。通过在工程实验中心试运行，提高了师生对污染物、废弃物的认识和重视程度及管理处置体系的合理性，通过源头控制和末端治理在一定程度上控制了污染源，降低了废弃物排放的指标。

【关键词】皮化实验室；污染物；废弃物；预防；治理

1 前沿

随着社会进步和经济发展，我国环境污染和生态破坏与人民绿色卫生的生存环境需求之间的矛盾越来越大，引起了社会广泛关注。生态、经济、社会协调持续发展是可持续发展战略的重要内涵，而生态平衡和环境保护排在了首位[1]。1994 年，《中国 21 世纪人口、环境与发展白皮书》中正式提出了必须加大污水、废弃物处理力度以及绿化造林，这是目前可持续发展的首要任务[2]。高等院校作为科学技术的领路者和提供高层次专业技术人才的重点单位，有责任和义务响应国家的号召，关注人们的生态需求，从自身出发，为保护环境、共建绿色家园添砖加瓦。

随着科学技术的迅猛发展，高层次人才数量不断增加，科研能力提高，使高校实验室规模快速扩大，导致实验室污染物、废弃物排放问题越来越严峻。皮革行业是我国重点控制的 13 个污染行业之一，所产生的废弃物对环境污染和生态破坏较严重。皮革化学实验室是研究皮及相关制品的理论及生产应用的重要场所，涉及生物、化学、化工、环境、材料等多个领域。在教学科研活动中，既会用到生物试剂也会用到化工试剂，同时也会使用一些易燃、易爆、有毒、致癌、致畸、腐蚀性强的危化品。由于教学和科研属于教学和尝试行为，与工厂属性不同，无法直接发挥试验品的使用价值，因而进入实验室的原材料基本到最后都会变成废弃物。

---

* 作者简介：宋庆双，主要从事轻工助剂的研发与应用、仪器分析。

因皮革专业的特殊性，废弃物排放没有规律，种类繁杂，浓度、危害性、毒性参差不齐。随着时间的推移，其性能特点极易发生变化，完全依赖于学校集中处理是不可行的。本文以本校皮革化学实验室为例，分析了皮革行业实验室废弃物的类别、特点、危害及废弃物治理上面临的挑战。从人的主观能动性出发，坚持可持续科学发展观，探索新的措施，为皮革化学实验室废弃物管理和治理贡献力量。

2 皮化实验室污染物的现状

皮革加工是将畜牧副产品原料皮加工成皮革或生产类似天然皮革的材料，是资源合理配置的典型代表之一[3]。但是，在加工过程中会产生大量的废弃物，严重污染环境和破坏生态平衡。工厂因生产规模及生产线固定，在废弃物排放种类和数量上有一定的规律，可利用当前较前沿的皮革污水处理技术进行集中统一处理。但在实验室的教学和科研活动中，不仅会有常规的行业污染物产生，还会伴随产生其他污染物；在排放上没有规律，需投入大量成本、精力用于末端治理，维护费用和成本高。为了更好地管理和处置皮革实验室废弃物，应依据合适的分类方法分类制定不同的管理及治理措施。按照废弃物的状态，可将其分为废气、废水、废渣。按照废弃物的属性，可将其分为生物废弃物、化学废弃物、金属废弃物、高危废弃物与其他废弃物。按照废弃物产生的方式，可将其分为直接排放和间接排放废弃物，如枪头、多孔板等属于实验直接产生，而过期药品、试验品等属于间接产生。废气、废水、固废分类法是最常见的废弃物分类方法，有利于进行源头控制和末端治理。

2.1 废气

皮革化学实验室排放的废气主要来源于存放的试剂挥发，实验过程中试剂的挥发、泄露，发生化学反应生成的附加产物，高温下材料的氧化分解等。常见的易挥发试剂有苯、甲苯、乙醚等有机溶剂及盐酸、硝酸等酸雾[4]。由于在科研或教学实验过程中所用的材料较少，故排放废气总量较小，实验室通过安装通风橱或其他通风净化设备将废气进行净化处理后排放，可达到国家空气环境质量标准。皮革化学实验室在教学科研实验中很少用到危险气体，一般使用氮气、氩气、二氧化碳、氧气等常规气体，危害性小。

2.2 废水

皮革工艺实验室和皮革科研实验室是产生皮革废水和固废的主要场所。皮革工艺实验室可将生皮制成革，拥有去肉机、挤水机、转鼓（50 台）等设备。其中，每台转鼓的年均使用机时约为 1500 h，教学机时约为 200 h，需要消耗大量的水。转鼓在工作日基本都在连续运转，实验室粗略统计，工作日皮革工艺实验室的排水量在 20～80 吨/天，废水排放量较大。天然皮在从皮到革的制作过程中会消耗大量的水，皮上的腐肉、脂肪、杂毛等天然杂质会随加工液排出，废液中固体悬浮物较多。加工过程中的盐、碱、酸、鞣制剂、有机物、表面活性剂、染料及功能性整理剂等化工材料只有少部分留在了皮制品或革制品上，其余均会随废水排出。

教学实验废水排放规律性强，排放量可控，可进行集中处理，但没法连续处理排放。

一天所排废水都是碱性的或铬鞣废水等。另外，皮革工艺实验室大部分机时进行的都是科研活动，排放的废液量及废液组分毫无规律可言，差异较大。有时可能只有脱毛废液，也可能各个工段的废液都有。废液中残留化学品的种类较多，除了常规的加工药品，还有其他添加剂等，如酚、黏合剂、功能性试剂等。皮革科研实验室相比于皮革工艺实验室，产生的废液量少，组分多且杂，可能会有一些高危化学品，如压汞仪测试用的汞、强腐蚀性的浓硫酸等。综上所述，将皮革化学实验室的废水按照皮的加工工段进行分类，非制革废水根据组分和特征划入三个类别中，见表1。

表1 皮革化学实验室废水分类

类别	有害组分	危害
前处理工段废水（悬浮物、化学、生物）	有机：酚类防腐剂、表面活性剂	生物积毒性、致畸、致癌、致突变
	无机：盐、硫化物、石灰、碱、酸等	蛋白质变性、破坏生物生长、细胞缺水；硫化物在酸或厌氧条件下易生成硫化氢，易燃，为神经毒素；悬浮物；酸碱性影响农作物生长；污染地下水源等
	其他物质：脂肪、蛋白质、皮块、毛、血污等	发臭、破坏水体环境、影响水生物生长
鞣制废水（金属）	铬、铁、钛；汞；树脂、表面活性剂；酸等	生物积毒性；易挥发、强生物积毒性；致癌、致畸、生物毒性
后整理废水（有机物）	染料、表面活性剂、有机物等	色度污染严重、致癌、致畸、生物毒性

2.3 固废

皮革化学实验室有工艺实验室、合成室、细胞室、分析测试室，与化学、化工、材料、生物类实验室相比，皮革化学实验室的固废种类多、数量大。根据属性，可将固废分为5类：污泥、生物固废、药品固废、耗材固废、仪器固废。不论是生皮加工还是合成革研究，都会用到大量的化学品，所以皮革化学实验室产生的固废对生态环境和人类健康影响较大，必须对其做相应的处理。皮革化学实验室产生的固废及其危害和特点见表2。

表2 皮革化学实验室产生的固废及其危害和特点

固废	典型废弃物	危害	特点
污泥	生化污泥、脱毛污泥、鞣制污泥等	污染环境，铬生物积累，危害人体健康，破坏生态平衡	化学试剂浓度高，杂质多，处理难度大，数量较大
生物固废	原材料皮、生物实验等	发臭，细菌生长，残留生物样本、化学试剂，对人体危害大	固废所在环境恶劣，生化交叉污染，不能统一处理
药品固废	过期药品、试验产品等	致癌、致畸、致突变，可能发生化学反应	量大，集中处理易发生化学反应，危害大，难回收
耗材固废	包装材料、实验需要的玻璃、塑料耗材、防护用品等	难降解、数量大	量多，残留化学品种类复杂，易被当作生活垃圾处理

固废	典型废弃物	危害	特点
仪器固废	仪器设备配件、老化仪器、压力容器等	难降解、残留药品毒性	可能残留化学药品，量大，体积大

3 皮革化学实验室污染物处理的重难点

随着社会的发展，人们越来越重视环境保护和生态平衡，国家、地方政府、高校相继颁布了关于废弃物排放的相关标准及管理办法等。以本校皮革化学实验室为例，学校制定了较详细和全面的管理办法和制度，大楼修建了沉降池、过滤池、废气排放处理系统等排污处理系统，能达到国家要求。但是，皮革化学实验室废弃物具有种类繁多、排放量大、危害性大、无规律等特点，在实际管理和治理过程中还存在较大困难和挑战：

（1）废液、固废处理不规范。废液与固废基本上依赖于学校集中处理。废弃物未被要求分类打包，分区放置。学生在打包过程中比较盲目，废弃物基本上未经过预处理，可能含有剧毒或危化品。学校的固废一般是委托第三方公司进行处理，常应用压碎填埋、焚烧、固化等方法[5—6]。但是，难降解物质、生物积毒性物质等通过这三种方式处理后依旧会威胁人类健康并造成严重污染。

（2）废水处理系统、废气排放与净化系统的日常维护及监测较薄弱。

（3）学生、教师、领导层对废弃物管理与处置的参与度及重视度不够。教师、院系基本未参与废弃物的处置和管理。

（4）实验室、系、院、学校的监管力度不够，管理规范不健全。皮革化学实验室的废弃物对环境污染严重，专业性强，不能完全参照化学类、生物类或材料类实验室进行管理。在废弃物处置上，由值日学生和学校对接，监管较弱。对学生打包、放置废弃物是否规范，其中是否含有危化品、易燃易爆品等没有相应的监管和惩治制度。学生进入实验室的时间较短，本科生一般为2年，研究生一般为3～6年，学习任务与科研压力较重，由学生完全负责实验室废弃物处理是不合理的。

（5）学生、教师对废弃物及其处理办法的认知水平参差不齐。在检查过程中，发现有的实验室的垃圾桶内既有生活垃圾如饮料瓶、饭盒，又有装有黏稠液体的玻璃瓶、枪头、移液管等，也有学生将防护服、面具、眼镜、口罩等劳动保健用品废弃物当生活垃圾处理。这样的行为对个人健康及环境危害较大。目前，还没有针对学生的关于废弃物处理的培训或课程，学生对废弃物的危害及处置办法认知比较混乱。

（6）实验室存在大量的潜在废弃物，尤其是课题组的科研实验室。实验室潜在废弃物是指在非实验过程中直接产生或报废的废弃物，并可能在将来某一实验或时间段还会有使用价值的物质，主要包括剩余药品、过期药品、半成品及测试后样品等，这部分废弃物在实验室废弃物中占很大一部分。潜在废弃物会污染实验室环境，增加实验室的管理难度，危害师生身体健康。

4 探索管理和处理皮革化学实验室污染物的新举措

4.1 强化节能环保意识，提高师生对废弃物的认识

有学者表示，人是一切实践活动的主体，意识决定行为，行为决定结果[7]。要想提高废弃物的管理和治理水平，就要提高人们的重视程度及相应的知识水平，要将废弃物的治理渗透入平时的教学、科研和生活中。首先，实验室、院系、学校、政府的领导层必须从思想上重视废弃物管理和治理。其次，可以通过讲座、知识竞赛、作品创作比赛及制作宣传画报等方式，建设良好的废弃物治理的文化氛围。另外，校内教师可通过组会、上课等方式对学生进行近距离的言传身教，将废弃物治理融入科研方案或教学实验中。此外，结合互联网大数据，建立有效的废弃物处理业务培训和考核平台（如慕课、国家精品课程网、实验室管家等），提高实验室相关人员对废弃物的认知管理能力及处理等专业技能。

4.2 完善管理制度，实现绿色教学和科研

俗话说："无规矩不成方圆。"在皮革化学实验室废弃物治理的道路上，建立规范的管理办法、有效的监督机制和合理的运行机制是实现教学科研绿色可持续发展的基本保证。互联网技术[8-9]、5S分类管理办法[8]及层层监管机制等都可用于皮革专业实验室废弃物管理。随着互联网技术的发展，可通过与药品商建立专业实验室的物联网平台严格管控药品试剂材料的消耗，做到满足需求的同时又不过多储存药品，也有利于药品厂商回收剩余药品，避免产生潜在废弃物（尤其是针对危化品）。5S管理办法除了适用于实验室耗材管理，同样适用于废弃物管理。整理、整顿、清扫、清洁废弃物时，要求实验室及学校具有5S管理的体制与硬件条件。例如，南京海关工业产品检测中心建立了5S管理体制并取得了良好的成效。5S管理体系要求对废弃物进行分类分区管理，规范废液与固废容器、标签信息等。如按危险性、试剂属性进行分区：普通化学品包装材料塑料区、棕瓶区、耗材玻璃区等，有利于包装材料的回收利用。此外，建立层层监管体系，可通过物联网平台和人工监管相结合，规范管理材料的购入、排放、报废等。

4.3 源头控制

源头控制是解决废弃物危害环境问题的主要措施。首先，严格控制实验所需材料的购入，不过多存放药品试剂，尤其是危化品。2017年，北京一所高校的实验室发生安全事故，就是因为存放了大量的易燃物。其次，试剂厂商可以增加包装的规格，做到灵活包装，以减少废弃物的排放（毕竟塑料瓶、玻璃等都难以降解）。此外，实验室应重视废弃物的例行处理（周或月或季度）与阶段性处理。教学科研项目都是阶段性的，在项目结束时应进行物资阶段性处理，合理回收物资并处理固废，避免将其长期存放于实验室而影响实验室环境。再次，对实验室污染源进行分类分区控制如皮革工艺实验室转鼓按污染物状况分区——按照含大量固体悬浮物、金属、有机废水进行的分区。若考虑转鼓的高效利用，至少应将铬鞣转鼓与其他工艺所用转鼓进行分区或单台转鼓增加排污管道，并通过阀门切换。

4.4 末端治理

皮革专业实验室需建立有机污水处理系统和含铬废水处理系统，避免皮革废水与其他污水混合，加大处理难度。对于皮革化学实验室的生物类废弃物处理，按表 2 所述分类进行分别处理，边皮、油脂、毛是可降解的天然物质，可排至厌氧发酵池或高温酶处理池后再排放；细胞房产生的生物垃圾应进行灭菌后分类包装并标注生物危害，归入学校的生物垃圾去处理。对于特殊危化废弃物的处理，由于量较小，能在各自实验室进行处理的就在各自实验室进行处理，如汞、金属钠等；如果量比较大或实验室无法处理，应该联系第三方公司及时处理。

5 实验室废弃物治理的前景

皮革化学实验室的专业性和综合性较强，废弃物种类多，排放量大，是高校及环保相关部门重点关注的污染性较强的实验室。本校不断为行业和社会输出高层次人才，对废弃物合理处置是实验室工作者社会责任的重要体现，对皮革行业和环境保护有着重要意义。我们应坚持以人为本和科学发展观，全员参与，从人、实验室、系、院、校加大投入力度和重视程度，规范管理制度，将源头控制和末端治理相结合，保证教学科研的可持续发展。

参考文献

[1] 刘全龙. 可持续发展观下生态环境保护路径 [J]. 科技展望，2015，15 (2)：231−234.

[2] 姚雨旋. 树立科学的发展观，大力推进皮革工业环境建设 [J]. 皮革制作与环保科技，2020，1 (2)：30−32.

[3] 雒霞. 2020 年 1−3 月全国皮革行业进出口量值分析 [J]. 北京皮革，2020 (6)：70−72.

[4] 闫旭宇，冯辽辽，李玲. 强化高校实验室危险化学品全过程安全管理研究 [J]. 当代教育实践与教学研究，2020 (6)：121−122.

[5] 刘登于. 固废处置技术与回收再利用 [J]. 科技风，2020 (13)：147.

[6] 张红. 依法利用固废建设生态文明 [J]. 混凝土世界，2020 (5)：8−11.

[7] 袁蓓. 辩证法与主体：马克思和青年卢卡奇论黑格尔 [J]. 哲学研究，2020 (3)：42−51.

[8] 汪旭晖，张其林. 基于物联网的生鲜农产品冷链物流体系构建：框架、机理与路径 [J]. 南京农业大学学报 (社会科学版)，2016，16 (1)：31−41，163.

[9] 许红伟. 物联网和大数据时代对物流行业的影响及前景分析 [J]. 中国市场，2020 (2)：162−164.

[10] 支丹，程景民. "5S" 管理法在一次性无菌医疗器械库管理中的应用 [J]. 中国医疗设备，2020，35 (2)：130−132，157.

浅析高校实验室安全管理

谭新禹[*]

四川大学分析测试中心

【摘　要】高校实验室安全关系到师生的人身安全和国家财产安全，是建设平安校园的重要组成部分，也是学校和社会安全稳定的重要内容之一，因此，做好实验室安全工作意义重大。本文分析了高校实验室安全管理存在的问题，从强化安全组织管理落实安全责任、健全实验室安全管理制度、加强安全教育、完善应急机制、构建安全检查体系及加大经费投入强化基础建设等方面，对新时期高校实验室安全管理工作进行了探究，以期有效提高实验室安全管理水平，营造良好的教学科研环境，推进高校各项事业的可持续发展。

【关键词】实验室安全管理；责任

实验室是高等学校开展实验教学、科学研究和社会服务的主要基地，也是培养学生实践能力、创新能力及综合素质的重要场所，对促进科研成果转化、推动学科发展举足轻重[1-2]。近年来，随着国家对高等教育的资源投入不断增加，高等教育事业发展突飞猛进，实验室教学科研活动更加频繁[3]，实验室安全问题日益凸显，潜在的安全隐患和风险复杂多样，安全事故时有发生[4-5]。因此，在新时期新形势下，为了建设和谐校园，保障教学科研工作顺利进行，我们对安全管理工作提出了更新更高的要求。针对实验室安全管理的现状，高校应积极探索有效的实验室安全管理策略，促进高校管理水平的整体提升。

1　高校实验室安全管理存在的问题

1.1　安全责任意识淡薄

影响实验室安全的因素很多，而人是实验室活动的主体，因此，实验室安全管理的核心在于人。目前，虽然高校已经很重视实验室安全工作，但依然存在实验室工作人员和管理人员安全责任意识淡薄的问题，主要表现为：一是大部分高校长期以来都不同程度地存在着重教学科研，而轻安全环保的思想[6]。这种对实验室安全工作重要性认识不足的片面思想，自然就为安全隐患的滋长提供了温床。二是认为安全事故是偶然性事件，心存侥幸，消极应对安全教育和安全检查，对安全工作落实不到位。三是对实验操作过程存在的风险重视不够，有时甚至为了省时省力而进行违规操作。

---

* 作者简介：谭新禹，讲师，主要从事实验室安全管理与实验室建设等工作。

1.2　安全管理制度不健全

随着高校对实验室安全工作的重视，安全管理制度逐步完善，但从实际工作来看，依然存在不少问题。高校普遍有多个部门或单位涉及实验室安全职能，如公房管理、实验室建设、基础设施建设等，在实验室规划建设、制度建立及日常管理等工作中存在职能交叉、管理效率不高、相互推诿等现象。同时，还存在安全制度修订更新不及时，校院两级实验室管理规定较为宽泛，而很多实验室却没有制定适用于自身的管理细则等问题。

1.3　安全教育不到位

安全教育是实验室安全管理的重要内容，是保障高校实验室安全的重要举措[7]，应贯穿人才培养的全过程。一些高校对实验室安全教育重视程度还不够，安全教育形式较为单一，知识零散，内容贫乏，导致实验室安全知识普及率低，安全教育效果差，难以形成安全教育体系和安全教育文化氛围。而高校学生往往更多地关注专业知识的学习，忽视安全知识和安全能力的提升，缺乏自主学习的精神。安全教育的不到位直接导致实验室各种安全隐患凸显。

1.4　安全检查不到位

许多高校校级实验室安全管理人员设置较少，理工科院系还存在无专职安全管理员的情况，而现有的实验室安全管理人员专业化程度不够，培训较少，难以开展有效的安全检查工作。实验室日常的安全检查几乎由学生协助教师完成，受限于自身专业能力，学生对有些安全隐患无法准确地做出判断，存在漏报或不报的现象。高校虽然会定期开展安全检查，但对隐患整改落实的督查不够，未形成安全检查的闭环管理。

1.5　安全设施建设滞后

近年来，高等教育发展迅速，许多高校的基础资源已无法满足科研发展的需要。一些实验室缺乏整体规划和建设标准，房屋结构不合理，水、电、气管线规划不合理，甚至部分实验室用房陈旧，存在用电线路老化、房屋漏水等问题，仪器设备数量众多但布局凌乱，实验区与学习区混用，监控系统、消防灭火系统等建设严重滞后，通风系统、废气处置等方面不符合安全环保要求，这些问题的存在都给实验室安全埋下了隐患。

2　高校实验室安全管理探究

2.1　强化安全组织建设，层层落实安全责任

构建"纵向到底、横向到边、责任到人"的管理体制和运行机制是确保实验室安全管理无缝衔接的重要保障[8]，高校应根据"谁主管、谁使用、谁负责"的原则，层层落实以学校、院系和实验室为主体的安全责任制。

高校实验室安全管理采取"学校统一领导、职能部门监管服务、学院主体负责、实验室具体实施"的模式[9]，学院实验室安全管理采取"学院—课题组—导师—学生"和"学

院—实验室—安全责任人"的模式,逐级签订安全管理责任书,落实安全责任制,将安全责任明确到岗位和人头,分工合作、齐抓共管,保障实验室安全稳定运行。出现事故严肃追责,不能以人性关怀弱化责任追究,让安全责任制成为"一纸空谈"。

2.2　重视安全准入,健全实验室安全管理制度

"没有规矩、难成方圆",实验室安全管理制度是实验室的行为准则和纪律要求,是实验工作正常进行的基本保证。要制定科学严谨、规范有效的实验室安全管理制度,权责明确,使安全管理工作做到有文可依、有章可循。实验室安全管理制度分为校级、院级、实验室级3个类型。学校应依据国家法律法规和学校学科实际情况建立健全的安全管理制度,院系应结合学科特色建立细化的安全管理制度,而系室课题组是实验开展的前沿阵地,是安全管理最重要的一环。因此,要结合实验室的危险源切实制定好管理细则和操作流程,更好地引导实验工作人员按章按规执行,防范安全事故的发生。

实验室安全准入制度能有效地防止和减少安全事故的发生,是实验室各项安全制度的落脚点,是高校实验室安全管理中一项极为重要的根本制度。实验室安全准入根据组织主体及准入对象的不同,可划分为三级:校级准入、院级准入、实验室级准入[10]。其中,校级准入是基础准入,是学校作为组织主体开展的全校范围内的安全通识准入;院级准入和实验室级准入是专业化、个性化准入,是随着教学、科研工作的深入开展而进行的具有学科特点或本实验室特色的安全知识及业务操作准入[11]。

2.3　加强实验室安全教育,营造安全文化氛围

完善的安全教育是实验室安全的基础,如果没有好的安全教育保障机制,安全教育难免会流于形式,导致效果大打折扣[12]。加强实验室的安全知识宣传和培训,可以有效提高师生的安全责任意识,增强实验安全技能,使师生从被动管理转换成主动遵守,以有效减少人为事故的发生。开展安全知识宣传的形式多种多样,如利用微信微博等新媒体加强实验室安全宣传范围;安全管理制度上墙,规范操作流程"入眼";制作实验室安全手册,做好实验室安全常识、突发事故应急处理等宣传;开展安全事故专题警示展,制作警示教育视频,用事实给师生带来最直接的视觉和心灵冲击,让师生牢牢绷紧"安全第一"这根弦。

安全培训与安全知识宣传相辅相成,缺一不可。安全培训能有效提升实验人员的实验技术知识水平和实验技能,因此,培训应有针对性。不同学科不同需求的科研人员,安全培训的内容也各有不同。安全培训可以分为理论培训和实践技能培训两种[13],主要可包括如下内容:①开设实验室安全必修课和选修课,将理论与实践课程相结合,提高学生通识类实验室安全知识水平。②实验室根据存在的危险源,对进入实验室开展科研工作的师生进行有针对性的安全知识和技能操作培训。③建立实验室安全专家库,定期组织安全知识讲座。

2.4　加强应急演练,完善实验室安全应急机制

实验室安全事故的特点是突发性和不可预测性较强。为了快速、准确地应对突发事件,高校应建立完善科学的实验室安全管理应急机制,加强应急演练的组织工作,防患于

未然。针对实验室的特点，制定完善的火灾、爆炸、人员受伤、生物泄漏、动物逃逸、自然灾害等各类应急预案。对实验室专职管理人员定期开展应急演练，提高其现场救援处置能力。建立应急处置队伍，加强物资和经费的保障，配备齐防护器材和应急物资，做好突发事件的预防工作。实验室一旦发生事故，相关人员要按照规定及时启动应急预案，开展应急处置，降低事故损失，保障师生生命财产安全。

2.5　构建多层次安全检查体系，实施常态化安全检查

安全检查是实验室安全管理的"探测器"[14]，是保障实验室安全的重要手段。高校应建立多层次多方位的实验室安全检查体系，将安全事故消灭在萌芽之中[15]。高校可建立由退休专家和领导组成的实验室安全督导组，由学生组成的实验室志愿者巡查队等，采用领导带队检查、安全专家专项检查、专职安全人员日常巡查、院系交叉检查、学生志愿者队巡查及督导组督查等多种方式，对实验室进行常态化的安全检查，建立"学校定期检查—学院每月检查—实验室每日自查—督查巡查组不定期检查"的四级检查制度。按照教育部"高校教学实验室安全工作检查要点"的要求，对实验室开展"全过程、全要素、全覆盖"的安全检查，检查要涵盖实验操作、防火安全、仪器设备运行状态、安全制度、教育培训、危化品管控和使用记录、实验运行记录、废弃物清理、安全防护设施、日常安全检查记录等，对实验室存在的安全隐患及时下达整改通知书，限期整改并定期复查。若整改后再次出现同样的问题，将视情节严重情况约谈相关责任人或封停实验室，直至隐患消除。

2.6　加大经费投入，推进实验室安全设施建设和硬件配备

实验室的基础设施是实验室安全保障的首要条件。高校应加大实验室安全经费投入，强化基础设施建设和硬件配备，实现实验室建设有规划、硬件配备有保障。在新建实验室和对旧实验室进行改造时，应做好实验室的规划设计，水、电、气的线路管道应合理布局，实验台、通风设施、仪器设备应合理设计，还要增加阻燃材料的使用等。另外，高校应加强实验室个人防护装置、安全试剂柜、防爆冰箱、气瓶柜、喷淋装置、门禁系统、监控系统及消防设施等通用安全设施的配备，建立实验废弃物库房，及时对实验废弃物进行集中处置，加强实验室安全信息化建设，提高实验室的安全管理效率。

结语

实验室安全是高校实验室建设和管理的重要内容，它不仅关系到实验教学和科学研究的顺利开展，更关系到师生员工的人身财产安全。在新时期新形势下，高校应当树牢安全发展理念，推进安全体系建设，落实安全责任制，确保实验室安全、有序、高效地运转，为学校的快速发展和"双一流"建设保驾护航。

参考文献

[1] 李家祥. 高校实验室安全管理探索 [J]. 实验技术与管理，2013，30（8）：5-7，14.

[2] 金仁东，马庆，柯红岩. 分级分层次实验室安全教育体系建设研究 [J]. 实验技术与管理，2018，

35 (12)：4—8.

[3] 李五一，腾向荣，冯建跃. 强化高校实验室安全与环保管理建设教学科研保障体系 [J]. 实验技术与管理，2007，24 (9)：1—3，7.

[4] 赵明，宋秀庆，祝永卫，等. 新形势下高校实验室安全管理现状与策略研究 [J]. 实验技术与管理，2018，35 (11)：6—8，23.

[5] 刘艳，陶懿伟，方心葵，等. 高校实验室安全问题引起的思考与管理探讨 [J]. 实验室研究与探索，2017，36 (1)：287—289，292.

[6] 武晓峰，闻星火. 高校实验室安全工作的分析与思考 [J]. 实验室研究与探索，2012，31 (8)：81—84，87.

[7] 江南. 新时期加强高校实验室安全管理的对策探究 [J]. 中国现代教育装备，2020，329 (1)：27—29，33.

[8] 严薇，唐金晶，廖琪，等. 构建可持续发展的高校实验室安全管理体系 [J]. 实验技术与管理，2016，33 (9)：5—7.

[9] 贺占魁，黄涛. 综合治理视角下的高校实验室安全管理体系构建 [J]. 实验技术与管理，2019，36 (1)：4—7.

[10] 马庆，柯红岩，牛犁，等. 高校实验室安全工作体系构建研究 [J]. 实验技术与管理，2016，33 (12)：5—9.

[11] 柯红岩，金仁东. 高校实验室安全准入制度的建立与实施 [J]. 实验技术与管理，2018，35 (9)：261—264.

[12] 吴祝武，白向玉，孙志强，等. 高校实验室安全管理的探索与实践 [J]. 实验技术与管理，2019，36 (12)：1—4.

[13] 刘丽艳，杜光玲，张宏馨，等. 高校实验室安全管理问题引发的思考及启示 [J]. 实验室研究与探索，2019，38 (8)：282—285.

[14] 王勤. 基于"五位一体"安全管理体系下的实验室安全检查工作路径探索 [J]. 实验技术与管理，2019，36 (11)：7—10，14.

[15] 冯涛，杨韬. 加强高校实验室安全工作的几点思考 [J]. 实验室研究与探索，2017，36 (2)：293—296.

高校实验室激光安全管理与防护工作实践与创新

田晨旭[*1] 何 柳[2] 李晓瑜[1] 秦家强[1] 杨昌跃[1] 李艳梅[1]

1. 四川大学高分子科学与工程学院
2. 四川大学实验室及设备管理处

【摘 要】激光安全是实验教学和科学研究中不可缺少的重要组成部分，对其管理防护不当将会对人体造成不同程度的危害。因此，实验室激光管理和防护不容忽视，做好激光安全管理防护旨在保护环境，保障从事激光相关实验的学生和教师的健康和安全。同时，也为科学技术的进步发展提供保障。本文对高校激光安全管理方案进行了详细概述，简述了四川大学在激光安全管理工作方面的创新。

【关键词】激光危害；激光安全管理与防护；安全的实验环境

　　高校实验室是进行实验教学、科学研究和人才培养的重要场所，师生在实验中的安全防护工作尤为重要。实验安全承载着育人的重任，关系到人才的培养。随着高等教育的发展和高校科技创新的不断提升，实验室内，各类高精尖仪器设备广泛使用，激光产品在材料、化学化工等领域的实验教学和科学研究中发挥了非常重要的作用，如材料专业实验室的拉曼光谱仪、金工实习的工程训练中心的激光机床及激光表面处理机等。随着实验室中含有激光产品的仪器数量的增加及实验室流动人员数量的增加，实验室的安全问题也日渐凸显。如何构建并持续完善激光实验室的安全环保工作体系，更好地保障师生的安全健康，是高校激光实验室安全管理和防护不容忽视的问题[1-5]。

1 高校激光产品管理和防护存在的问题

1.1 激光产品的分类及存在的危害

　　激光的分类取决于光束的功率或能量、所发射的辐射波长和曝光时间。激光分类的基础是激光对眼睛或皮肤造成生物损伤的潜力和造成火灾的潜力，因此，了解激光的分类是讨论激光安全的基本前提。激光产品分类及危害见表1。

表1 激光产品分类及危害

激光产品分类	危害
1类	在合理可预见的使用条件下，通常是安全的激光产品

---

　　* 作者简介：田晨旭，工程师，研究方向为高分子材料专业本科实验教学。

激光产品分类	危害
1M 类	照射裸眼不能造成伤害，但使用放大观察仪器，可能因超过眼睛的安全极限而对眼睛造成损伤
2 类	发射低水平的可见光辐射（即波长在 400～700 nm 之间）的激光产品，该辐射对皮肤安全，对眼危害的水平低
2M 类	发射的可见光辐射水平超过 2 类允许可达发射极限的激光产品，如果使用放大观察仪器，眼睛的自然回避不能提供足够的保护，易对眼造成危害
3R 类	发射水平是 1 类或 2 类发射极限的 5 倍，可能超过最大容许辐射量，但对眼的损伤风险较低
3B 类	无论是否使用放大观察仪器，都可能对眼睛造成伤害，当输出接近此类产品上限时，也可对皮肤造成损伤
4 类	对眼睛和皮肤都会造成损伤，激光辐射的漫反射也有危险

注：根据国家标准 GB/T 7247.14—2012《激光产品的安全 第 14 部分：用户指南》。

1.2 高校激光产品的管理难度

（1）以四川大学为例，目前，学校有 3B 类激光器 11 台，包括激光拉曼光谱仪 4 台所配套的 532 nm、633 nm、785 nm 的激光器，激光光谱仪 7 台所配套的 1064 nm、532 nm 激光器。在岗工作人员约 30 余人，由于教学科研的需要，这些激光器的种类和数量及使用激光器的教师和学生的人数都在不断增加，这些激光器分布在各个学院、研究所及国家重点实验室等，不便于集中管理和防护。

（2）在高校激光器管理和防护问题中比较突出的是，很多从业人员不清楚自己正在使用的 3B 类和 4 类激光器，他们并不了解这两类激光器的危害性，更有甚者不知道国家针对激光产品使用安全专门出台了一系列标准来规范激光器的分类、操作和防护。

因此，作为激光器的使用单位，必须按照相关的国家标准，结合专业特点，建立完善的管理模式，切实做好激光安全管理和防护工作。

2 激光安全标准中对管理和防护的要求

使用者在使用激光的过程中，如果防护不当就可能受到激光的辐照损伤。为了减少和预防这种损伤，我国在激光安全方面制定了一些标准，并在不断更新和完善，见表 2。

表 2 关于激光产品的国家标准

实施时间	标准名称
2013 年 12 月 25 日	GB 7247.1—2012《激光产品的安全 第 1 部分：设备分类、要求》
2017 年 3 月 1 日	GB/T 7247.3—2016《激光产品的安全 第 3 部分：激光显示与表演指南》
2017 年 3 月 1 日	GB/T 7247.4—2016《激光产品的安全 第 4 部分：激光防护屏》
2019 年 2 月 1 日	GB/T 7247.13—2018《激光产品的安全 第 13 部分：激光产品的分类测量》

实施时间	标准名称
2013 年 6 月 1 日	GB/T 7247.14—2012《激光产品的安全 第 14 部分：用户指南》

其中，GB/T 7247.14—2012《激光产品的安全 第 14 部分：用户指南》的出台旨在帮助激光产品的用户了解激光的安全管理，识别可能产生的危害，评估潜在危险的伤害性，建立和给予适当的控制措施，以及安全操作的维护。具体包括以下三个方面的内容：

（1）管理政策。

GB/T 7247.14—2012 中规定，在使用激光设备时，应当包含以下三个方面：①设立安全检查员；②设立激光安全员；③信息和培训，所有相关的员工需知晓所面临的危害和必要的防护措施，并对其进行相关指导和培训。

（2）控制措施。

控制措施应考虑工程控制、管理控制、个人防护装备三个主题；需从降低危害、密封危害、个人防护、设备的检修四个方面来控制。

（3）安全操作的维护。

应对激光工作区域进行定期监控，并对这些监控做好记录，以确保所采取的控制程序持续有效，并且控制风险的条件始终满足。

3 高校激光安全管理和防护工作的实践

以上相关的国家标准对激光安全管理和防护工作提出了要求，为高校的激光安全管理和防护工作提供了指导性意见。

3.1 建立管理体系

建立和完善有效的管理体系是加强激光安全管理工作的基础和保障[6-7]。高校应按照相关的国家标准制定校内实验室激光安全管理条例，各二级单位根据学科专业特点制订相关专业实验室激光安全管理规章制度，逐步健全实验室激光安全与环保管理制度。同时，学校建立设备专人管理制度，激光器由专人负责管理，即设立激光安全管理员。激光安全管理人员需管理日常的激光安全事务，必须了解负责管理的激光产品所具有的潜在危险性，并负责监管激光器安全使用过程。除了安全管理规章制度，学校还要求各二级单位制定激光事故应急预案，主要包括激光安全事故应急机构及其职责、激光安全事故应急程序、激光安全事故处理等。

3.2 安全检查

安全检查是及时发现和减少安全隐患的有效手段。学校将定期对激光实验室进行大规模全覆盖的安全检查，主要涉及环境监测、管理条例和防护措施。环境监测包括激光设备的位置是否在专用的工作区域内，公众是否可以自由进入及激光实验室的房间照明是否充足，工作环境的整洁度和工作布局的条理度是否良好；管理条例包括激光实验室是否在醒目位置张贴危害警告标志，是否张贴激光设备规范操作流程和激光管理员的工作职责及激光实验室的安全培训记录、激光设备维护记录等；防护措施包括个人防护和应急防护物资，从业人员在工作中是否佩戴防护装备，包括激光防护镜和激光防护专用工作服等，激光实验室是否配备相应的应急物资及应急防护物资是否可用。学校也会不定期组织从事激光管理工作的专业技术人员进行交叉安全检查，期望尽可能地消除激光安全隐患。

3.3 安全培训

安全培训是高校培养师生安全意识的重要途径，也是高校安全防护管理工作中最重要的环节。激光从业人员如果没有经过激光安全防护培训，缺乏防护意识，就无法有效地保护自己，给健康埋下隐患。学校将定期开展激光安全相关主题的应急安全知识讲座和安全培训，以期来提高激光从业人员的激光安全意识、事故防范和应急处理能力。其中，对于使用3B级和4类激光的操作人员必须参加激光安全知识培训，并将其作为年终考核内容。安全培训内容包括国家出台的激光安全相关标准，高校关于激光设备安全使用的管理条例，激光器的辐射危害，激光实验室警示标志的含义及当处于激光安全事故时该采取的应急措施等。

3.4 安全准入

由于实验室人员流动较大，学校要求使用激光设备的教师和学生不仅要参加激光安全培训，还要通过各二级单位组织的激光安全考核，并拿到实验室安全培训准入许可。各激光实验室根据其激光的分类及特点，建设实验室安全培训与考试。本着"激光安全培训合格后方可实验"的原则，教师和学生如需使用激光设备，必须先学习激光安全使用教程，完成在线课程学习，并通过激光安全使用知识测试，才能取得实验室安全准入许可证。

通过对实验室人员进行培训和考核，为实验室人员安全使用激光设备提供了有力保障，也为做好激光管理和防护工作奠定了良好的基础[8-9]。

3.5 设备维护和年检

在激光设备的使用中，采取合理可行的工程手段可有效防止操作人员触及激光危害。学校要求二级单位应定期对激光设备进行年检和维护，包括激光光路的封闭、激光器操作钥匙的安全控制及光路的准直等。通过定期检查激光设备的工况，确保激光设备的安全风险降低到一个可接受的水平。

4 高校激光防护工作的创新

4.1 源头管控

四川大学对各单位采购的激光设备采取准入制度，要求各单位在购买激光设备前及在购买激光设备的论证阶段，必须先报学校设备处审批（内容包括激光设备的工作环境、设置激光危险区域等），即激光设备需单独放置在一间实验室内（仅限受过培训，被授权的且穿戴适当的个人防护设备的人员进入）。激光光路的密封，即密封危害，要使用密封装置来完全包含激光束，避免人员接触到激光辐射危害。若安装条件和基础防护措施未达到相关标准，校方将严格要求对其进行改造，否则，学校不予通过激光的采购方案。从源头进行管控，才能更加有效地做好激光安全管理和防护工作。

4.2 虚拟仿真应用于激光设备的管理

在激光安全防护中，防止触及是减少激光危害的有效途径。同时，鉴于激光设备的工程性，期望将虚拟仿真技术引入激光设备的安全管理和防护中[10]，即将激光设备的安全使用流程、激光的安全防护知识及激光安全事故的应急处理等设计成虚拟实验模块，作为传统激光设备安全管理和防护工作的补充，弥补常规实验安全培训所缺少的场景模拟，充分发挥虚拟仿真实验的生动性、直观性及较强的带入感等优势。

结语

实验室安全是高等教育必须重视的环节，实验室激光安全管理和防护不容忽视，做好激光安全防护是为了保护环境，保障从事激光实验的人员、科研工作人员及公众的健康与安全，进而更好地促进科学技术的进步与发展。实验室激光安全管理工作不仅是要建设精细化的管理和防护体系，更是要实验人员积极响应实验室激光安全管理工作并从中受益，意识到安全问题跟每个人的切身利益相关，需要每个人的积极努力才能得以保障。因此，着眼于实验人员的安全责任意识的培养，不断提高激光安全管理与防护技术水平，才能确保激光设备在实验教学、科学研究中发挥应有的作用。

参考文献

[1] 彭滟，张秀平. 浅谈高校激光实验室的安全和防护 [J]. 科教文汇，2016，338（1）：138−139.

[2] 吴浚浩. 实验室激光安全分析与探讨 [J]. 实验科学与技术，2007，5（1）：80−83.

[3] 田劲东，马宁，杨俊贤. 使用激光产品安全的管理机制与培训平台 [J]. 实验技术与管理，2009，26（6）：3−5.

[4] 王军，李金玲，高萌. 高校实验室使用激光的安全管理 [J]. 实验室研究与探索，2017，36（11）：283−288.

[5] 陈日升，张贵忠. 激光安全等级与防护 [J]. 辐射防护，2007，27（5）：314−319.

[6] 贾贤龙. 高等学校实验室安全现状分析与对策 [J]. 实验室研究与探索，2011，30（12）：193−195.

[7] 杨玲，高杨，徐金荣. 实验室安全防护的思考和实践 [J]. 实验室研究与探索，2014，33（2）：271−274.

[8] 阮俊，金海萍，李五一. 提高实验室安全与环保工作参与积极性的探讨 [J]. 实验室研究与探索，2011，30（1）：172−174.

[9] 应嬿，何旭昭. 高校实验室安全教育模式探索 [J]. 吉林省教育学院学报，2015，8（31）：115−117.

[10] 李琨，伍波. 激光原理与技术虚拟仿真实验平台建设及教学实践 [J]. 实验科学与技术，2020，18（1）：1−8.

高校实验室常见配电安全隐患影响及管理措施探讨

谢勤彬 *1   杨琴敏 2   张影红 2   钟　睿 1

1. 四川大学原子核科学技术研究所　辐射物理及技术教育部重点实验室
2. 四川大学实验室及设备管理处

【摘　要】配电安全是高校实验室用电最基本的要求和保障。但在实际运行过程中，配电装置和设备往往面临诸如环网柜凝露、单相负荷过重等各种安全隐患。本文分析了配电环节常见安全隐患的主要成因，指出了这些问题可能造成的严重危害。针对电力环网柜日常安全检查，提出了一种即使是非电气专业人员也具有可操作性的安全巡视方案。针对负荷不平衡问题，提出了一种利用高校资产管理系统中的数据对设备功率参数及存放地点进行监控和负荷统计的方案，以实现通过对设备的合理化管理来避免出现单相负荷过重的安全问题。

【关键词】配电；安全；环网柜；凝露；单相负荷

1　概述

用电安全可靠是高校实验室安全评价体系中的一项重要指标，也是实验室正常运转的基本保障。电能从生产到消费需要经过发电、输电、配电、用电等几个环节，每个环节都存在需要特别注意的安全事项。高校用电基本不涉及发电、输电，而是集中在配电和用电环节，其中配电安全是本文重点关注和探讨的对象。

目前，高校中各楼宇、中心和系所实验室的配电通常采用如图1所示的拓扑结构[1-2]。

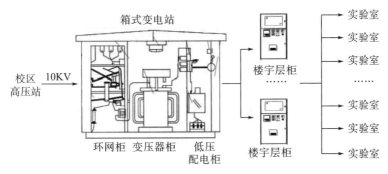

图1　实验室配电常见拓扑结构

＊　作者简介：谢勤彬，八级职员，研究方向为电子信息工程。

作为电能的最终用户，普通师生、员工一般会留意实验室内部设备是否和易燃易爆物品保持了足够的安全距离、导线是否存在老化裸露、插线板使用是否符合规范等常见用电安全问题[3-4]。而配电装置一般都安装在专门的配电房，不需要人员每日接触，一些小的隐患也未必会引起供电故障，因此，其工作是否安全可靠往往容易被忽略。事实上，环网柜、低压配电柜等配电装置担负着给实验室供电"总入口"的角色，一旦出现故障，必然造成整栋大楼或实验中心的非计划性停电，从而产生一系列不可控的结果。如活泼金属的真空约束系统可能因停电而失效，从而引发金属自燃；正在用电炉烧结的材料可能因烧结时间不够而使整个实验都需要重做，浪费大量人力、物力等。因此，实验室管理人员需要对本单位的配电流程有基本的了解，对本单位配电装置的安装位置及运行情况有基本的掌握，同时，要制订科学的管理措施，对配电安全隐患进行定期排查。

2 实验室常见配电安全隐患分析

随着技术的成熟和发展，配电装置的设计已经越来越科学，而且都要经过严格的国家标准检测才能够进入市场，因此，硬件一般是比较可靠的。在配电运行过程中产生的故障一般是由于：一是受自然环境的影响；二是使用存在不合理之处。针对上述两点，本文分别介绍两种配电环节常见的安全隐患。

2.1 凝露对环网柜的影响

环网柜的主要功能是实现高压供电，其核心部分为负荷开关和熔断器，具有分断电路和切断故障电流等最基本的功能，是配电环节最基础、最重要的装置之一。在环网柜的日常运行过程中，经常会受到凝露问题的困扰，如图 2 所示。

凝露

图 2　环网柜的凝露现象

凝露是指空气中的水蒸气饱和达到一定程度时，遇到温度下降时水蒸气凝结成水珠的现象。在一定温度条件下，空气湿度越高，凝露越容易产生。通常情况下，环网柜单独或作为箱式变电站的一部分被放置在室外，容易受到环境条件的影响。如在生产安装过程中，箱体可能存在缝隙封堵不严的情况，室外潮湿空气容易进入箱体并聚集。又如，环网柜下方一般都设计有电缆井，电缆由井中穿孔进入环网柜。电缆井中经常因降雨造成积水，水蒸气也容易通过电缆井和环网柜之间的孔洞进入柜体，一旦柜体中的水蒸气聚集较多时就很容易发生凝露。特别是冬季，由于早晚温差较大，凝露现象还会比较严重。

凝露带来的危害很广泛。如容易造成操作机构或柜体锈蚀。更为重要的是，凝露会造成环网柜中高压负荷开关绝缘性能下降而容易被高压电击穿[5-6]，如图 3 所示。一旦出现上述情况，将造成大范围停电，严重影响教学科研秩序。

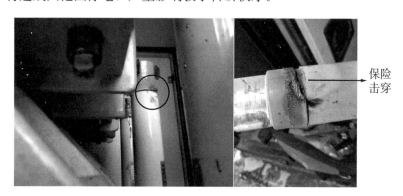

保险
击穿

图 3　保险短路烧毁

2.2　单相负荷过重

实验室低压配电网常采用三相四线制，即 A、B、C 共三根相线，一根中性线（或称零线）。也有不少采用三相五线制，即在四线制的基础上增加一根地线。在我国，相线两两之间的电压为 380 V，称为线电压；单根相线和零线之间的电压为 220 V，称为相电压。单相负荷是指使用单相电器带来的用电负荷，三相负荷指的是需要三根相线给用电设备供电。低压配电网负荷示意图如图 4 所示。

三相四线制

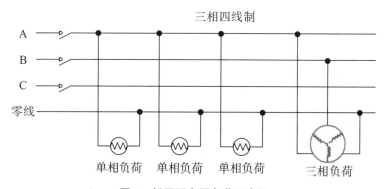

图 4　低压配电网负荷示意图

单相负荷过重是指 A、B、C 三相电中的某一相上负载过大，如图 4 所示的所有的单相负荷都接在了 A 相电上，而 B、C 两相上没有负载，这实际是一种不合理的安排。造成这种情况通常是由于在实验室布线安装之初就没有设计合理，220 V 的插座全部从三相电中的一相取电；又如最终用户在用电的时候使用不当，把多数高功率单相电器接到了一相上，而没有注意平均分配负荷到其余两相上。上述这些情况都很容易造成三相负载不平衡，并由此带来一系列问题。如增加线路电能损耗、变压器损耗增加、零相电流增加[7-9]等。

单相负荷过重的部分危害涉及电气专业知识，需要由专业人员处理。不过，部分安全隐患即使非专业人员也可以排查和留意。如由于单相负荷过重，相电流较大，零线电流也可能较大，在长期运行下相线和零线电缆容易老化。尤其线路和开关的连接处，由于存在接触电阻，发热量更大，接触面会形成一层导电性能很差的氧化膜，使得接触电阻进一步增大，并最终造成接触点损坏，产生电弧，更严重时还会引起火灾，如图 5 所示。

接触点
老化烧焦

图 5　由单相负荷过重造成的火灾安全隐患

3　实验室配电安全管理措施

前面第 2 节介绍了两种配电环节常见的安全隐患，这些隐患对配电装置的危害是一种逐渐积累的过程，平时不易察觉，但最终会造成用电安全事故。因此，配电装置的日常管理、巡查、及时排除安全隐患就显得十分必要。

目前，配电安全保障的难点在于部分配电装置的维修保养需要具有专业资质的人员才能进行，但由于人事管理制度等多种原因，高校各单位的安全管理人员不一定具有相关资质，甚至不一定具有电气专业知识背景。因此，就配电日常安全保障而言，实验室管理者除要加强电气安全保障业务能力培训外，还应更多地从管理的角度出发，制定相应措施，预防安全事故的发生，做到即使不能自己动手排除配电安全隐患，但至少能做到发现隐患，再进一步寻求专业技术支持。

针对环网柜凝露问题，有效的安全保障措施是加强定期巡视[10-11]，此类巡视一般应每月进行一次。巡视首先要保证巡视员的自身安全，可采用 2 人制，相互关照。在巡视的过程中，应切记任何情况下都不能触摸带电设备，同时，应该与带电部位保持一定的安全距离，以母线电压 10 kV 为例，安全距离应该保持 0.7 m 以上。具体操作考虑到安全巡视员的专业背景不同，本文设计了一套最基本、最安全的方案，本方案避免了任何和设备接触的环节，只是从"看、听、嗅"三个方面进行巡视，见表 1。

表 1　环网柜基本巡视内容

方法	基本巡视内容	意义
看	1. 环网柜外观的检查	如有破损，老鼠等小动物容易进入并造成短路
	2. 由观察孔检查有无渗水、凝露现象	如凝露严重，容易造成负荷开关绝缘性能降低
	3. 柜屏上各指示灯、显示器指示状态	用于判断环网柜运行基本状态
	4. 分、合闸位置检查	应该与实际运行需要相符
	5. UPS 电源是否运行正常	如 UPS 有故障会造成短路保护失效
听	6. 是否有放电声音	如表明有电弧，需要进一步检查接头等位置
嗅	7. 是否有异味	如多为臭氧，表明存在空气电离，需检查绝缘性能

此外，作为一种重要的配电装置，为保障其可靠性，除了常规巡视，还应对环网柜的电气性能进行定期测试，原则上 1~3 年应委托具有相关资质的单位测试一次。性能测试内容应至少包括断路器试验、负荷开关试验、电压互感器试验、电流互感器试验及避雷器试验等。如本文提到的凝露带来的影响，则可以表现为在相关测试中发现耐压试验不通过，从而让安全隐患暴露出来。

单相负荷过重本质是由设备负荷分配不平衡造成的问题。因此，除了日常要注意观察电线接头有无氧化、过热变色或腐蚀等情况，还需要从设备合理化使用的角度来进行思考。本文设计了一种预防排查机制，该方法充分利用了高校设备和公房管理系统中的已有信息，对设备的使用情况进行跟踪和统计，以避免出现在单相加载过多大功率设备的情况，具体思路如下：

（1）确定每间实验室单相电的相位信息。

（2）以变压器为单位，统计出由该变压器负责供电的实验室，并根据第（1）步的结果，在高校公房管理系统信息中标识出这些实验室单相电的相位信息。如实验室 1（A 相电）、实验室 2（B 相电）等。

（3）从高校设备管理系统提取单相设备（220 V 供电）的功率参数及存放实验室位置信息，并由此统计每间实验室单相设备的总功率。

（4）结合第（2）、（3）步的结果，可以计算出该变压器三相各自的负载总和，由此可以判断是否存在单相负荷较大的情况，并为是否需要做出调整提供依据。

上述思路如图 6 所示。

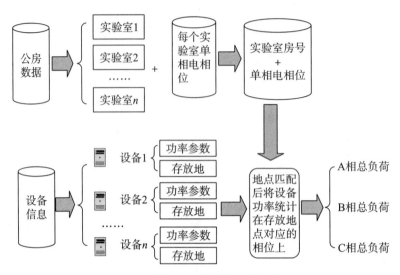

图 6 单相电负荷统计方案思路

4 总结

配电安全是高校实验室安全工作中的重要组成部分。由于高校各单位从事行政安全管理的人员专业背景各有不同，部分对电气知识的了解不一定深入，因此，本文对配电环节一些常见安全隐患的成因及容易造成的危害进行了较为详细的介绍。此外，本文还对配电安全管理措施提出了建议。如本文建议的环网柜安全巡查方案，即使是对非电气专业人员也具有较强的可操作性。针对实验室设备规划使用不当带来的单相负荷过重的问题，本文提出了一种利用学校资产系统中的现有数据，对设备的功率及存放地进行追踪，并实现对单相电各相的总负荷进行统计。根据统计结果，可以分析设备的布置是否合理，并根据各相电不平衡的程度做出相应调整。这实际也提供了一种将配电装置现场巡查和设备信息化管理结合以实现有效安全保障的思路。

参考文献

[1] 张健. 浅谈高校综合楼供配电设计 [J]. 科技创新与应用，2017 (16)：257-258.

[2] 王克明，傅梓瑛，李久存. 高校新校区供配电规划研究 [J]. 建筑电气，2015 (12)：34-41.

[3] 施金鸿，黄柳红. 高校电气实验室的安全问题及管理对策探析 [J]. 科技风，2019 (34)：229.

[4] 许诺. 高校电气实验室的安全问题及管理对策探究 [J]. 教育教学论坛，2015 (48)：5-6.

[5] 连双. 户外环网柜凝露现象分析及解决方案 [J]. 科技风，2020 (1)：184.

[6] 仲文锦. 凝露造成高低压开关柜的故障分析 [J]. 装备制造技术，2017 (1)：186-187.

[7] 丁露飞. 防范三相四线零线断线烧坏电器的措施和方法 [J]. 机电信息，2020 (2)：93-94.

[8] 孙志，鹏陶顺. 基于电流相位估计的三相不平衡条件下配变损耗计算 [J]. 电力工程技术，2020 (3)：114-119.

[9] 孟凯. 低压配电网三相负荷不平衡危害及防治措施 [J]. 机电工程技术，2020 (4)：184-186.

[10] 张良程. 10kV高压用户配电室的巡视检查 [J]. 企业技术开发，2016 (15)：107.

[11] 胡峰. 变配电设备的运行与维护 [J]. 科技展望，2016 (4)：127.

化学基础实验教学中安全问题的思考与实践*

张红素** 王天利 任小雨 张琴芳 何 柳

四川大学化学学院化学实验教学中心

【摘 要】目前，化学基础实验教学中，学生普遍存在重视有机化学理论课的学习、忽视化学基础实验课的情况，这一现象常导致学生对待实验操作不够重视、不规范及实验素养欠佳等，也给实验教学实践带来一定的安全隐患。通过深入的思考与改进，教师在实验前期做好规范的实验准备工作，能给学生起到示范作用，并且，在实验教学实践中强调实验操作的规范性能更好地保证实验安全。此外，四川大学化学学院还尝试以"第二课堂"的形式对学生进行实验安全培训，取得了较好的效果。这些举措给今后实验教学的不断完善提供了新的思路与方向。

【关键词】教学实践；实验室；安全

化学实验是化学学科的重要组成部分，理论知识要建立在实验的基础上，实验操作始终是化学学习中的重要一环。高校教育的一个重要方面就是实验室的安全教育，树立良好的安全意识，接受安全教育培训，将会使学生终身受益，也会给国家建设带来裨益。具有安全意识的学生，无论走到哪个行业的工作岗位，都会受益匪浅，对提升国民的科学素养具有积极的推进作用。显然，安全意识是科研人员必备的、基本的科学素养[1]。

总结多年的化学实验教学实践经验、回顾全国高校近年来发生的各类安全事故，我们作为实验教师也在不断思考、不断探索，只有切身感受并深刻认同实验室安全建设需要师生的共同参与，才会取得明显的效果。

1 在实验准备工作中如何进行安全建设

1.1 实验教师做好实验前的准备工作

我们在实验教学中发现，安全、整洁、科学、规范、文明、有序的实验室环境能给学生传递安全实验的信号，并直观地告诉他们该怎样做才会更科学、安全。学生步入实验室的第一印象也将影响他们在学习中对待实验操作和实验规范的态度，因此，实验教师在实

---

* 基金项目：四川大学实验技术立项（SCU201041）。

** 作者简介：张红素，高级工程师，主要研究基础有机化学实验教学，教授"有机化学实验Ⅲ""有机化学实验Ⅳ""有机化学实验Ⅴ""工科化学实验Ⅰ–3""工科化学实验Ⅱ–3""有机开放实验"等课程。

验前的准备工作就显得尤其重要[2-3]。对于这项工作，教师也是在摸索中总结经验。如每学期开学前，通过在实验室门上张贴统一的有明确安全标识的标签，并彻底打扫实验室，给未走进过实验室的学生展示安全、整洁、有序的实验室环境[4-5]（图1、图2）。

图1　贴有明确安全标识的实验室门

图2　干净整洁的实验室

　　另外，每节课的各种药品及物品的准备也要力争做到规范、安全，包括试剂瓶的擦拭、每个固体试剂瓶配备专用药勺、各类标签标识明确，以免错拿而引起不必要的安全事故，为实验教学的安全顺利进行提供强有力的保障。

1.2　实验课前的实验安全培训

　　在每次实验课前都要对学生进行实验安全培训，内容包括学校及化学实验中心关于实验室安全的相关规定（如《四川大学实验室安全与环保事故应急处理预案》《四川大学学生实验守则》《四川大学实验室安全与环保管理条例》等）、着火事故的防范及处置方法、灭火器的正确使用方法、化学灼伤的防范及处置方法、玻璃仪器的正确使用方法、切割伤的防范及处置方法、中毒事故的防范及处置方法、触电事故的防范及处置方法及紧急疏散等[6-7]。

　　实验安全培训内容还包括介绍垃圾分类投放及个人防护用品的正确使用等。实验室的普通垃圾、玻璃碎渣、废液（无机废液、有机废液等）都应分别倒入各自对应的垃圾桶、废液桶（图3、图4），个人防护用品包括手套和护目镜等应分类存放在固定的柜子内，便于学生取用（图5）。手套分为一次性手套、防烫布手套和耐酸碱橡胶手套等，并做好对不同种类手套用途的使用说明。

图3　实验室的分类垃圾桶

图4　实验室的分类废液桶

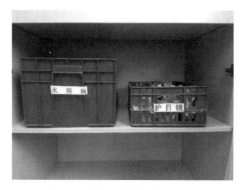

图 5　实验室公用柜内护目镜

2　在实验教学实践中强调实验操作的规范性是实验安全的保证

2.1　以具体实验为例强调实验操作的安全规范性

让学生掌握规范化的实验操作，并使之成为习惯，是实验教学安全顺利进行的有力保障，也能为学生今后进行安全的科研工作打下坚实的基础[8−9]。为强化实验操作的安全性和规范性，实验教师在每堂实验课前均先做一遍预实验，并将每个实验步骤的拍摄照片与讲解说明提前共享至师生 QQ 群中，让学生通过在课前提前预习和观看操作演示，对整个实验过程建立初步的认识。实验教师通过在实验课堂上对学生实际操作中的错误和不良习惯进行纠正，能引导学生对实验的进一步思考和反思。在师生的共同努力下，学生能够迅速掌握规范的实验操作，也能逐渐养成良好的实验习惯。

以"扑热息痛重结晶"实验为例说明实验操作的安全规范性。如学生安装完实验装置后，经教师检查不合格的地方需要重新安装，直到合格后再进行后续步骤。再如在称量固体药品前，需要先将电子天平表面擦干净，确保称量准确。称量纸在放药品前，需要先对角折叠以确保药品不会洒落在电子天平称盘上，影响精确性。安装"扑热息痛重结晶"回流装置过程应遵循一定原则，即从下到上，从左至右。根据所加溶剂总体积，选择合适容积的圆底烧瓶。安全起见，减压过滤操作必须配备安全瓶，而该环节容易被学生忽略，因此，需要实验教师在课堂上反复强调。

2.2　学生的反馈信息

在实践教学中，教师要坚持参加实验安全培训，并把实验安全理念和实验规范操作理念贯穿每堂实验课[10−11]，让学生感受到实验安全的重要性，并学以致用。以下为学生的学习总结与心得：

（1）为保证自身和他人的安全，有机化学实验需要谨慎、仔细的操作，诸如试剂瓶的摆放、标签的朝向这类细节实验教师都做得一丝不苟，值得我学习。

（2）在老师的课堂上，我学到了大到实验室的人身安全问题，小到将量筒放进烧杯中防止打碎、伤人的细节问题，也正是这些实践知识的学习让我了解了这门学科，懂得了如何在一个实验室中安全地开展研究学习。

（3）通过有机实验课的学习，我从对实验操作一知半解成长为掌握实验基本规范，尤其是在许多细节方面，如手套、护目镜的佩戴，烧瓶夹、冷凝管夹旋钮的方向，十字头的开口方向，也学习了蒸馏、重结晶及抽滤等基本操作。在每一次动手实验之后，我都能感受到成功的喜悦，也让我做实验渐渐变得井井有条。

（4）乙醇蒸馏实验是第一次将曾"系统学习"过的蒸馏操作变成现实，但是实际操作才发现与想象中的轻松容易相差甚远。印象深刻的实验装置、步骤，经历多次拆卸重装，体现了实验操作的规范性，也是安全实验的保证。

3 开辟"第二课堂"，对学生进行实验安全培训

在学校，实验室一旦发生安全事故，容易给在校师生的生命安全带来很大威胁。教师在实验教学过程中，发现一些学生对实验安全防护普遍不重视，实验过程中违反操作规范的现象较为普遍。如何在课时有限的情况下，强化学生的安全意识，让学生在实验过程中养成规范操作的良好习惯并具备基本的职业素养，一直是教师思考的主要方向。

同时，课下有部分学生也意识到实验课上出现的安全问题与自身锻炼少、缺乏实践机会有关，他们会主动找到教师，希望能更多地走进实验室，增加锻炼机会。而教师也有给学生提供安全教育平台的想法，经师生讨论后确定下来，为走进有机实验室的志愿者学生开辟"第二课堂"[12]进行实验安全培训。

这些学生多数是大一的本科生，有少部分是大二本科生。对于大一本科生，大都没有进过实验室，对实验室安全知识一无所知，因此，每次做活动前，教师都要对这些学生志愿者进行实验室安全教育培训。先给学生介绍当天要做哪些工作，强调有哪些安全注意事项，需要做哪些安全防护措施，如提醒学生只要进实验室就要穿工作服，女生要把长发扎起来，要求穿长衣裤、运动鞋等。并做到每次活动都提醒，让学生把进实验室前做好个人防护视为自觉自愿的行为，养成良好的个人防护习惯。同时，还为学生准备一次性口罩等基本防护用品，并准备一次性手套（图 6）、线手套及橡胶手套等，以方便学生在完成不同工作时佩戴不同种类的手套。

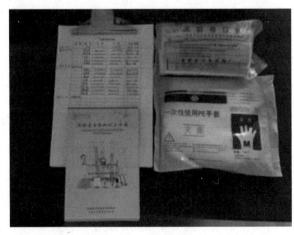

图 6　为学生志愿者准备的签到本、安全手册、一次性手套、一次性口罩

学生的反馈意见："安全是实验室的第一要义。实验室不同于其他场所，尤其化学实验室，危险药品很多，稍不留意便可能造成巨大损失甚至危及生命。因此，在进入实验室前，有机实验室的老师为我们开辟了'第二课堂'，讲解实验室所必需的安全知识，发放'实验室安全知识小手册'，还为我们的活动配备了手套、口罩，确保我们参加有机实验室志愿活动中的安全。在志愿服务过程中，老师经常提到一个词'素养'。一个实验者必须具备应有的素养，那这素养又是什么呢？我想可以概括为强烈的安全意识、过硬的实验技能及应对突发状况的能力。在志愿活动中，老师很好地为我们展现了第三点能力。尽管我们在有机实验室只服务了两个小时，但是我受益匪浅。老师说她希望将这一志愿活动开辟成我们的'第二课堂'，我觉得她做到了。通过这样的活动，我们不仅完成了一次志愿活动，更为我们进入实验室安全地开展工作打下了良好的基础。"

结语

安全是一种意识，更是一种信念；安全是一种知识，更是一种能力；安全是一种习惯，更是一种品质[12]。树立安全意识、熟悉安全知识、掌握安全技能是科研人员为人类服务的起点，也是科研人员必备的科学素养。尊重人的生命，以人的安全为本，培养学生良好的化学实验习惯和安全防护意识，是实验教学的核心内容之一。在教学实践中，教师也在尝试从课堂内外、线上线下，以不同方式、多角度地强化实验室安全。有机化学实验安全体现在各个环节，需要全体师生的共同努力，不断积累、总结经验，共同营造安全、整洁、科学、规范、文明、有序的化学实验室环境，共建平安校园！

参考文献

[1] 赵华绒，方文军，王国平. 化学实验室安全与环保手册［M］. 北京：化学工业出版社，2013：10.
[2] 王美玉，朱友华，杨永杰，等. 关于实验室管理的几点思考［J］. 品牌，2014（11）：177−179.
[3] 王敏，王地，关怀，等. 加强实验室安全管理 创造良好实验环境［J］. 首都医科大学学报（社会科学版），2011（1）：315−317.
[4] 赖宇明，柯红岩，王海成. 德国高校化学实验室安全管理的启示［J］. 实验室科学，2018（6）：192−195.
[5] 尹梦云. 高校化学实验室师生安全意识的提升［J］. 广东化工，2020（5）：212−213.
[6] 熊顺子，彭华松，刘金生，等. 高校院系实验室安全教育与演练体系研究［J］. 实验室研究与探索，2018（12）：296−299.
[7] 张艳，吕昱，严敏. 关于加强高校实验室安全管理的几点思考［J］. 广东化工，2020（5）：219−220.
[8] 李小蒙，向本琼，于明. 实验室安全保障体系的建立与实施［J］. 中国现代教育装备，2019（3）：7−9.
[9] 尹东，张红军，黄诗冰. 实验室安全的影响因素与保障体系［J］. 化工管理，2019（2）：71−72.
[10] 孙昌，高强，张丹. 新加坡国立大学实验室安全管理研究［J］. 教育教学论坛，2019（19）：272−273.
[11] 费景洲，曹云鹏，王洋. 英国高校机械类实验室安全管理模式及借鉴［J］. 实验室研究与探索，2020（2）：245−248.
[12] 方东红，王羽，李兆阳. 育人视野下的高校实验室安全工作思考与探索［J］. 实验技术与管理，

2020 (1)：10－12.

[13] 周秋莲. 积极发挥第二课堂对大学生情感培养的作用 [J]. 湖北师范学院学报（哲学社会科学版），2013，33 (6)：108－111.

工程教育专业认证背景下微生物实验室
PDCA 循环管理模式的建立

张佳琪*

四川大学轻工科学与工程学院

【摘　要】微生物实验室的安全是微生物及相关实验开展的基础条件，也是工程教育专业认证的重要支持条件。本文根据我校轻工食品类微生物实验室的情况，概述了在工程教育专业认证前实验室存在的安全问题，并基于专业认证要求提出了建立微生物实验室的PDCA 循环管理模式，以确保实验教学和科研工作的顺利进行，更好地支撑工程教育专业认证工作。该模式在一定程度上提高了实验室的安全使用效益，维护了仪器设备的良好运行状态，有效利用了试剂耗材，保证了实验室的洁净卫生及生物安全。微生物实验室的PDCA 安全管理模式是一种行之有效的管理模式。

【关键词】专业认证；微生物实验室安全；PDCA 循环；管理模式

引言

我国于 2016 年成为国际本科工程学位互认协议《华盛顿协议》的正式会员，标志着我国通过工程教育专业认证的专业满足工程实践的学术要求，与其他成员国具有实质等效性[1]。工程教育专业认证是国际通行的工程教育质量保证制度，其核心是要确认工科专业毕业生达到行业认可的既定质量标准要求，是一种以培养目标和毕业出口要求为导向的合格性评价[2]。

微生物实验室作为高校轻工食品类专业工程教育专业认证的支持条件之一，是该专业开展实验教学和科学研究必不可少的平台，同时也是学生参与工程实践、培养创新实践能力的重要支撑和保障。但是，微生物实验室涉及微生物和生化试剂等，专业技术性强，危险源多，易引发安全事故。如在微生物实验室使用过程中，常常会用到高温高压的条件，一旦操作不当，易发生爆炸等安全事故；微生物实验室还会涉及很多微生物，若使用后不及时灭菌，易造成生物污染，导致生物安全隐患[3]。因此，加强微生物实验室的安全管理，是保障微生物及相关实验顺利开展的重要措施，也是满足工程教育专业认证的重要支持条件。本文根据我校轻工食品类微生物实验室的情况，基于工程认证的要求，探讨了将

＊作者简介：张佳琪，实验师，主要研究方向为食品科学与工程，教授"食品微生物学实验""微生物学实验（生物工程专业）""生化实验"等课程。

PDCA 循环管理模式引入微生物实验室的安全管理中，旨在探索提高微生物实验室安全管理的有效途径，以确保实验教学和科研工作的顺利进行，更好地支撑工程教育专业认证工作。

1 认证前微生物实验室存在的安全问题

《工程教育专业认证标准（试行）》中对"支持条件"的要求为：教室、实验室及设备在数量和功能上满足教学需要，有良好的管理、维护和更新机制，使学生能够方便地使用[4]。下面根据专业认证对实验室的要求，分析微生物实验室安全管理存在的问题。

1.1 实验室基础设施及防护设施不完善

实验室空间狭小，无法进行功能分区，缺少独立的试剂室或试剂准备室，仪器设备也无法归类摆放；水、电、实验台等基础设施布局不够合理；防护用品（如口罩、防护面具等）及防护设施配备不足。

1.2 仪器设备管理和维护不规范

仪器设备操作规程不够完善，有的设备无相应的操作规程；设备使用记录存在未及时填写或填写不规范、不完整的情况，如使用一些符号代替相同填写内容[5]。另外，实验设施设备的更新及维护机制也不够完善[5]。

1.3 试剂耗材管理不到位

微生物及相关实验中，涉及的试剂耗材较多，由此产生的问题有试剂耗材未分类管理、储存，采购及使用制度不健全，无出入库相关记录或记录不完整而导致有些试剂的库存量远远大于实验所需量[5]。另外，在试剂耗材处理方面也不够规范，未定期清理，造成实验室存在无标签或过期的试剂。

1.4 实验室废弃物的处置不规范

实验室未配备足量的废弃物处理或储存器材，如扫把、废液桶等，无法处理或储存废弃物，导致废弃的培养基等灭菌后被随意倾倒入下水道或未及时对实验室进行紫外灭菌，导致实验后空气中会残存一定的微生物，可能对人体产生伤害或造成生物安全事故。

2 微生物实验室 PDCA 循环管理模式的建立

2.1 PDCA 循环管理模式概述

PDCA 循环又叫戴明环，因美国质量管理专家戴明博士得名，是全面质量管理体系运转的一种基本方法[6]。其分为四个阶段：Plan（计划）、Do（实施）、Check（检查）和Action（处理），这四个阶段周而复始地运转，并持续进行改进[7]。PDCA 的含义为：P——计划，根据现状，制定目标、措施和活动规则等；D——根据制定的计划和规则实施；C——检查计划执行的结果及有无改进之处；A——处理检查得到的结果，总结成功经验并适当标准化，未解决或新出现的问题转入下一轮 PDCA 循环中[3,8]。每运行一轮 PDCA 循环，质量就提高一点。经过几轮运行后，质量将呈现螺旋上升，所进行的业务会达到一个较好的运行状态[3]。PDCA 循环模式图如图 1 所示。

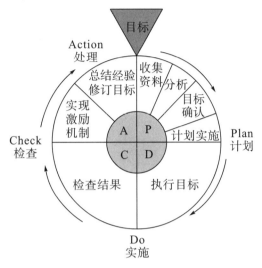

图 1 PDCA 循环模型图

2.2 PDCA 循环管理模式在微生物实验室安全管理中的具体实施

2.2.1 完善实验室安全管理制度

根据微生物实验室的使用情况，实行实验室预约使用登记制度、周末及节假日使用审批制度，进一步完善实验室安全管理制度，做到实验室安全管理的细节化和常态化。将"实验室使用预约单""专业实验室使用规章""实验室使用安全注意事项""生物废弃物处理规定""仪器设备的操作规程或使用说明"等内容发至微生物实验室 QQ 群或张贴于实验室显著位置。并根据微生物实验室的特点制定相关安全事故应急预案，一旦发生危险能提供正确处理方法[5]。

2.2.2 完善实验室基础设施及防护设施

基于 PDCA 循环管理模式，针对微生物实验室基础设施和防护设施存在的问题，确定需进行完善的目标和采取的措施。按照计划，实施如下：①扩大实验室规模，合理规划实验室空间并进行功能分区，除实验操作大厅外，还应设有灭菌室、菌种室、接种室及培养室，各室间进行合理布局；②根据需要，设立通风效果良好的试剂室和玻璃器皿室；③根据实验室使用情况和实验室安全建设标准，合理设计水、电、通风及实验台等基础设施[9]；④在实验室配备不同类型的防护眼镜、口罩、手套、防护面具等防护用品及洗眼器、喷淋装置等防护设施，并根据实验内容选用合适的防护用品[5]。经过这些措施，实验室实现了整体布局及功能分区合理、安全通道顺畅，水、电、通风等布局也较合理，仪器设备根据功能进行了分类摆放，在一定程度上提高了实验室的安全使用水平。工程教育专业认证对此也作出了"实验室布局合理，安全设施齐备，能够满足学生安全、方便地使用要求"的评价。但是，微生物实验室运行一段时间后，也出现了新的问题，如在此开课的课程门次和上课人数较多，对实验室的安全造成很大负荷。因此，还需进一步扩大微生物实验室的规模。

2.2.3 规范仪器设备的管理和维护

将 PDCA 循环管理模式和仪器设备的管理融为一体，对各种设备的运行状态进行评估，根据评估结果对仪器设备进行分门别类地管理和维护[3]。

首先，P 阶段，完善仪器设备使用等制度，实现规范管理。建立仪器设备台账，对仪器设备进行有效查看，及时了解设备情况，做好更新、维护和保养工作，保证设备处于良好的运行状态[5]。定期对设备使用者进行培训，制定规范的操作流程。其次，D 阶段，根据计划具体实施。①实行仪器设备预约使用登记制度。对使用频次高及对实验影响大的设备如灭菌锅、超净工作台等，实行重点管理，建立专用独立的使用登记本；对使用频次较低或对实验影响较小的设备如水浴锅等，则进行一般管理，使用统一的登记本[3]。无论使用何种类型的设备，均要求详细登记设备的使用情况，如使用日期、时间、使用人及设备运行情况等。②定期对设备使用者进行系统培训，包括设备的使用方式及常见故障的处理方法等，以保证仪器设备的正常使用。③对操作较复杂的设备，编制相应的操作规程，并发至微生物实验室 QQ 群或张贴于实验室显著位置，严格规范使用者的仪器操作过程。④建立仪器设备台账，定期检查并记录仪器设备状况，充分掌握设备信息，并对其进行及时维护和保养，保障其正常运行。对胶圈、紫外灯等易老化或易发生故障的配件，提前准备好备件；对于过滤网、泵、轴承等配件，运行一段时间后必须进行更新或保养，如加润滑油、螺丝紧固、除尘等[5]。使用者如在仪器设备使用过程中发现问题，应及时上报设备管理者，以便设备管理者能及时对仪器设备的故障进行分析、处理。如需找专人维修，设备管理者应及时联系专业维修人员，并记录设备维修情况。再次，C 阶段，定期评估仪器设备的管理和维护情况，主要包括仪器设备表面的清洁度、使用后是否归位、仪器设备是否正常运行、记录信息是否真实及时、操作流程是否规范及管理中存在的问题等。最后，A 阶段，分析实施效果并进行持续改进。通过分析以上影响仪器设备管理的因素，找到具体的改进措施，并征求多方面的意见，以保证能够有效提高仪器设备的正常使用率，减少设备故障发生率，延长设备使用寿命。

2.2.4 加强试剂耗材管理

根据 PDCA 循环管理思路，针对微生物实验室在试剂耗材管理方面出现的问题，采用制度化、标准化的管理办法，在采购、储存、使用和处理环节都进行规范化管理。具体办法如下：①采购环节，微生物、发酵等实验所需试剂耗材由任课教师确定并提出计划，再由实验室教辅人员根据库存情况进行核算后统一购买，不允许任课教师自行购买。②储存方面，试剂耗材储存于独立的试剂室或玻璃器皿室等，做到分级分类存放、专人专管、专柜上锁[10-11]。③使用环节，建立使用台账，严格执行按需领用及使用登记制度，发现库存不足要及时告知管理员，保证规范使用[11]。④试剂耗材处理方面，定期清理无标签、过期的试剂及破损的玻璃器皿和耗材，交由学校统一报废处理。这样在 PDCA 循环管理模式管理下，既保证了实验的顺利进行，也避免了试剂耗材的积压，从而发挥试剂耗材的最佳效益。

2.2.5 规范处置实验室废弃物

基于 PDCA 循环管理模式，对微生物实验室废弃物进行规范处置，具体如下：配置齐全的处理及储存器材，如有明显标识的废液桶；将废弃物按照环保要求进行处置，如用过的培养基需灭菌倒入废液桶，废液要分类存放，并由学校统一回收处理；实行危险废物台账登记制度；实验前后，开启紫外灯进行实验室整体消毒，以保持实验室的洁净卫生及生物安全。同时，对实验室废弃物的处置效果进行评估，考虑是否需要改进处置方法。

3 结论

微生物实验室的安全是微生物及相关实验开展的基础条件，也是工程教育专业认证的重要支持条件。工程教育专业认证背景下微生物实验室 PDCA 循环管理模式的建立，在一定程度上提高了实验室的安全使用效益，维护了仪器设备的良好运行状态，有效利用了试剂耗材，保证了实验室的洁净卫生及生物安全。总之，微生物实验室的 PDCA 循环管理模式有助于提高实验室的安全管理水平，确保实验教学和科研工作顺利进行，更好地支撑工程教育专业认证工作，是一种行之有效的管理模式。

参考文献

[1] 邵辉，葛秀坤，毕海普，等. 工程教育认证在专业建设中的引领与改革思考 [J]. 常州大学学报（社会科学版），2015，15（1）：104-107.

[2] 王津津，刘宏伟. 工程教育专业认证背景下实验室安全教育体系建设 [J]. 科技视界，2020（5）：55-56.

[3] 李琪，于有伟，张少颖，等. PDCA 循环模式在微生物学实践教学中的应用探讨 [J]. 教育教学论坛，2020（16）：268-270.

[4] 中国工程教育专业认证协会. 工程教育认证标准（2018 版）[S]. 北京：教育部高等教育教学评估中心，2018.

[5] 石妍，徐会有. 工程教育专业认证背景下的实验室安全管理 [J]. 实验室科学，2018，21（6）：182-184.

[6] 杨琴，高峰，张继霞. 基于 PDCA 循环对高校公共实验平台建设规范化探索 [J]. 实验技术与管理，2019，36（9）：247-249，258.

[7] 尹皓亮. 应用 PDCA 循环提高实验室检测水平 [J]. 价值工程，2019，38（33）：226-227.

[8] 张静，史淑英，檀树萍. PDCA 循环管理模型在中文图书采访质量控制中的应用 [J]. 图书馆工作与研究，2015（12）：65-70.

[9] 吕绿洲，林海，董颖博，等. 高校环境工程专业实验室的安全管理 [J]. 实验技术与管理，2017，34（6）：243-245.

[10] 李丹，汪秀妹. 高校实验室安全管理现状及策略 [J]. 经营管理者，2019（4）：98-99.

[11] 黄坤，李彦启，孟少英. 发达国家高校实验室安全管理及启示 [J]. 实验室研究与探索，2015，34（9）：145-148.

生理学实验室化学品安全自查中的问题与对策[*]

张金虎[**] 张雪芹 王翊臣

四川大学华西基础医学与法医学院

【摘　要】针对高校实验室易发生化学品管理事故，本文提出生理学实验室进行自查，包括对学生专题测验和对各课题组危化品管理情况的拉网式检查，以了解课题组学生对化学品相关知识的掌握和管理及运用情况。检查结果提示，导师指导下的实验室安全学习效果不佳，化学品管理存在问题，学生在实践中并未学以致用，风险意识不强。基层监管人员应注重强化对学生的风险教育，提升培训效率；实行全过程巡查，及时消除隐患，与课题组师生一起维护实验室的安全运行。

【关键词】基层科研实验室；实验室安全；化学品管理

1　前言

实验室能否安全运行是实验室管理的头等大事。生理学实验室属于科研实验室，具有学生实验操作独立、时间安排自由及物料管理半自助等特点，安全管理薄弱环节较多。因此，需要不断对学生进行培训、检查，并实施动态管理，排除安全隐患[1]。

教育部科技司高校实验室安全督查工作总结中指出，化学品安全是理工或综合类高校实验室最突出的问题，占比高达 34.5%[2]。生理学实验室的化学品使用频率较高，各课题组保存的危险化学品数量不多但种类不少，存放地点相对分散，且多为学生独立做实验，实验内容乃至技术方案都有所不同，因此，存在一定风险。以往本实验室安全工作是在主任领导下，由安全员来安排，并组织研究生和入室本科生集中学习相关知识[3]。由于2018秋季起强调实验室负责人要在实验室安全环保工作中起主导作用，自 2019 年 4 月以后，改由各课题组指导教师负责其名下学生的相关学习与管理，而安全员则主要承担上传下达、定期巡查和管控试剂检查等工作。

2018 年 12 月 26 日，北京交通大学某实验室发生化学品爆炸及学生伤亡事故，相关部委和各高校均相继发文要求各实验室认真学习，总结经验教训，并组织相关检查。生理学实验室通常在春季安排有实验室安全与环保自命题测验，因此，2019 年春季测验就定为化学品与消防专题，以对这一年来学生在导师主导下的实验室化学品管理知识学习情况

*　基金项目：四川大学 2017 年实验技术项目"生理实验室安全环保培训及废弃物环保改造"（20170171）。

**　作者简介：张金虎，实验师，主要研究方向为生殖生理科研与实验室管理，教授"生殖生理学"研究生课程。

进行评估。同时，在测验两周后对各课题组的化学品使用与管理情况进行拉网式检查，彻底排除安全隐患。

2 专题测验

专题测验安排在 2019 年 3 月 25 日，研究生及入室本科生共计 11 人参加考试。与 2018 年的测验[4]相比，增加了 2 个阅读题，其资料分别摘自人民网北交大事故的报道和氢氧化钠的安全技术说明书（MSDS）。考试结果，平均分为 54.75±7.36（47.39～62.11 分），及格率为 27.27%，仅 2 名学生安全协管员及一名在读博士及格。除协管员进步明显外，整体成绩不如 2018 年。究其原因，各位导师做安全培训时长有限、主要停留在传达和学习文件层面，学生课后也没有去主动学习相关知识。

客观题及格率为 54%。其中一道关于苯酚废弃物处置的问题仅 1 名学生选中"密封后单独回收"这一正确答案。因他某次实验结束过晚，来不及处理污染了苯酚的 EP 管，待他次日处理时，不慎将 EP 管口残留的液体抹到眉头上，顿时他就感受到强烈的痛楚。待数日后痊愈，他明白了应如何处理含酚废弃物。其实，苯酚并非国家管控试剂，但其可严重灼伤人体皮肤及黏膜，环境危害也很大，我们曾在以往培训时提及其废弃物处置方法，显然学生并没有认真听，非得通过伤害性体验才能铭记在心。

主观题及格率仅为 9%，主要是阅读题得分率（0.39%）偏低。对于北交大事故，绝大多数学生并没有认识到事故实验室安全管理各个环节都存在重大问题：导师、学生漠视相关规定，违规存放、使用危化品，监管也不到位，最终酿成惨剧。而氢氧化钠的 MSDS 中已明确指出"遇水和蒸汽大量放热，形成腐蚀性溶液"，学生作答时却对此视而不见。虽然经过多次培训和考核，学生均已知道 MSDS 的重要性，然而他们未必会严格按照相关提示进行实验操作，给实验操作留下了安全隐患。

从总体上看，直接关乎个人安全的知识及学生有过体验的知识，掌握情况相对较好；主要影响公共安全的，以预防为主的知识及涉及化学知识运用等，掌握情况则明显较差。如涉及消防器具使用、逃生和急救知识的试题，得分率仅为 0.7%～0.9%。

3 拉网式排查

生理学实验室各课题组均独立管理其试剂，除管控化学品接受安全员核查外，其他化学品安全主要采取课题组自查的方式，有问题再与安全员沟通。为核实情况，本次特别要求打开所有试剂柜，进行拉网式检查。某导师即将退休，其指导的数名研究生将全部毕业（因他们的实验室工作均已结束，忙于撰写毕业论文，未参加这次专题测验），课题组解散，试剂也已全部放入试剂柜，因此，重点核查该组化学品存留情况，以便做好试剂报废的准备。

在日常巡视中，该课题组房间及实验台非常整洁，大多数试剂均锁存在试剂柜中，台账也较完备；其学生无论在学校的准入考试还是往年实验室的自命题考试中表现都较好，以往检查管控试剂时也没有发现问题。但令人意外的是，当打开该组的几个试剂柜后，发现里面的非管控试剂摆放无序，固体与液体混放，尤其是氧化剂（高铁酸盐等）与还原性的醛类及硫化物存放在同一格。安全员当即指挥该组学生重新归整试剂，将拟报废危化品登记、转移，并于期末交与相关部门处置。由于未发现其他违规现象，加之考虑到其导师无其他助手，课题组实验室内务全靠学生自助管理，因此，仅对该组全体学生作了批评教育。值得欣慰的是，安全员并未在其他课题组发现此类有违化学品存放原则的事件。

交流中，该课题组学生表示，每次实验完毕他们就把试剂收"好"了；这些非管控试剂太多，不太清楚试剂柜中每样试剂具体的化学特性（特别是一些氧化剂的性质）；即便个别事项没做好，这种"小"过错，又没有其他危险操作，哪那么容易就引发安全事故？殊不知，每一个大事故就是众多"小"失误酿成的（海恩法则），越认为不容易出现的事件就越要发生（墨菲定律）[5]。

学生缺少风险意识，一些学生不践行所学到的实验室安全知识，没有在工作实践中根据试剂的化学特性严格进行分类保管，对暗藏的危险不以为然，使本为安全保管化学品的试剂柜反而成为危险源，反映出平时的安全风险教育有待改进。

4　讨论

近年来，国内外高校都开始注重实验室安全建设，然而安全事故发生数量却不降反升[6]。其中，虽有显效滞后的原因，但更主要是因为高校普遍存在重科研业绩、轻安全管理的意识，导师对实验室安全投入精力偏少，学生由于工作压力和个体因素，也存在一定的惰性等[6-8]。

安全事故的发生，通常首先是人的不安全行为，其次为物的不安全状态，而后者往往也是人的错误行为所导致的[9-10]；对于实验室火灾来说，管理措施是否到位则是最主要的因素[11]。事故的发生是一个隐患长期积累的结果，哪怕技术和规章如何完备，最终结果还是取决于操作者的认知程度和工作态度[5]。正是由于学生存在一些违规行为，直接导致实验室化学品处于不安全状态。如果监管再不及时，当多个因素共振时，小概率事件——安全责任事故就会发生。此时，没有人能够置身事外。指导教师平时就应确保对学生实验流程的安全性进行监管，不能仅宣读文件；学生作为实验操作者，要严格按照相关规定开展实验室工作；作为基层监管者，实验室主任和安全员更要起好引导、推动和监督作用，积极干预，与课题组协同合作，维护实验室的安全运行。

目前，不少高校已开设了校级实验室安全课程，用以提升相关实验室工作人员的安全知识储备和责任心。这类课程通常普适性较好，但缺乏针对性，故各实验室或课题组还应就自身学科和技术的特点对相关人员进行专门培训[12-13]。实验室的安全教育是一项长期性的工作，要通过反复强化、实践训练，才可以让学生更好地掌握实验室安全的相关知识。加大巡查力度，从各个环节进行全方位、全过程监督，可逐步规范学生的实验室工作，使其习得的实验室安全知识能学以致用[14-15]。

由于逐步改进实验方法和采取试剂替代来降低风险，目前，生理学实验室留存的危化试剂，尤其是管控化学品大为减少，发生重大安全责任事故的可能性越来越小，但像苯酚、氢氧化钠等有一定危险性的非管控试剂仍有不少。本实验室研究生的化学知识不够，加之部分使用人员缺失风险意识，监管工作更需不断加强。今后，在继续督促课题组做好其日常实验室安全管理工作的同时，实验室主任、安全员还应根据实验室实际情况，计划每年组织学生进行 2~3 次集中学习，重点强化其风险预防意识与危险源管理知识；加强设备使用的巡视和化学品管理检查，及时消除安全隐患；在生理学实验室安全微信群及时分享典型案例、相关课程信息及巡查结果。鉴于 4 月 9 日国家应急管理部在广西师范大学举行的"全国大学消防公开课"方式多样，趣味性和参与度较好，今后，我们在工作中要考虑以学生喜闻乐见的方式制作一些宣传资料和警示标识，提升师生的认知和责任心，改善实验室的安全教育效果。

实验室安全工作需要不断发现并解决问题、总结经验教训。基层实验室的安全员要与课题组师生共同努力，积极应对遇到的问题，提高实验室安全性。

参考文献

[1] 翁秀秀，常生华，胥刚，等. 高校科研型实验室日常管理探讨 [J]. 高校实验室工作研究，2018，35 (10)：66-68.

[2] 杜奕，冯建跃，张新祥. 高校实验室安全三年督查总结（Ⅱ）——从安全督查看高校实验室安全管理现状 [J]. 实验技术与管理，2018，35 (7)：5-11.

[3] 张金虎，岳利民，袁东智，等. 生理学实验室安全环保建设举措与经验总结 [C]. 实验室安全与环境保护探索与实践（第二辑）. 成都：四川大学出版社，2018：278-283.

[4] 张金虎，雷芳. 从安全环保知识测验看实验室相关培训 [J]. 实验室科学，2019，20 (1)：199-200.

[5] 郑锦娟，李立群，海江波. 应用墨菲定律和海恩法则对高校实验室安全问题探讨 [J]. 实验室研究与探索，2016，35 (2)：286-290.

[6] 黄开胜，艾德生，江轶，等. 以科研的态度和方法来全面研究实验室安全——述评 Nature Chemistry 期刊发文《学术实验室安全研究的回顾与评论》[J]. 实验技术与管理，2020，37 (1)：3-9.

[7] 张云芳，彭效祥，赵荣兰. 高校医学研究生实验室安全隐患及对策 [J]. 医学教育研究与实践，2019，27 (4)：593-596.

[8] 徐烜峰，牛佳莉，吕明泉. 以课题组为对象的安全管理模式探讨 [J]. 实验技术与管理，2019，36 (7)：239-242.

[9] 廖冬梅，翟显，杨旭升. 安全科学在高校实验室安全文化中的应用与研究 [J]. 实验室研究与探索，2020，39 (8)：219-220.

[10] 王莉. 从安全心理学角度探讨高校科研实验室安全建设 [J]. 实验技术与管理，2019，36 (8)：242-247.

[11] 师光达，李德顺. 基于事故树的高校实验室火灾危险分析 [J]. 沈阳理工大学学报，2019，38 (4)：75-79.

[12] 顾昊，曹群，孙智杰，等. 实验室安全教育体系的构建及实践 [J]. 实验室研究与探索，2016，35 (4)：281-283，292.

[13] 林玮，孙建林，毛璟红. 基于普适性和特殊性的实验室安全教育研究 [J]. 实验技术与管理，2017，34 (10)：252-254.

[14] 张彦茹. 高校实验室危化品全过程安全管理研究 [J]. 中国轻工教育，2017 (3)：43-46.

[15] 宋志军，王天舒，蔡美强，等. 高校实验室安全教育现状及对策分析 [J]. 实验室研究与探索，2015，34 (8)：280-283，288.

国外高校实验室安全管理经验分析与启示

张小山*

四川大学材料科学与工程学院

【摘　要】 实验室的安全有序管理是保障实验室人员人身安全及实验室工作顺利进行的基本前提。目前，我国高校实验室安全建设与管理还存在短板，因此，本文分析了国外高校特别是宾夕法尼亚州立大学的实验室安全管理措施与经验，包括实验室安全管理相关规范、实验室安全培训、药品储存使用管理及意外事故处置等。结果表明，改善安全管理组织体系、提高实验室工作人员的安全防范意识、建立健全的实验室管理制度、提升信息化和人性化管理程度是未来我国高校应着力开展的工作。同时，本文分析了我校实验室管理存在的问题，并提出了相应对策。

【关键词】 高校实验室；安全管理

引言

2019 年 6 月 4 日，教育部印发《关于加强高校实验室安全工作的意见》，要求各地各校深入贯彻落实党中央、国务院关于安全工作的系列重要指示和部署，深刻吸取事故教训，切实增强高校实验室的安全管理能力和水平，保障校园的安全稳定和师生的生命安全。高校实验室安全是高校教育事业不断发展的基石，更是学生成长成才的根本保障[1-3]。但近年来，高校实验室安全事故时有发生。这些安全事故暴露出实验室安全管理仍存在薄弱环节，突出体现在实验室安全责任落实不到位、管理制度执行不严格、宣传教育不充分及工作保障体系不健全等方面。2018 年，某高校实验室发生一起爆炸事故[4]，事故造成三名学生死亡，究其原因是未按照实验室相关规定开展试验，违规购买、违法储存危险化学品，对实验室和科研项目安全管理不到位。2015 年，某高校化学实验室发生爆炸[5]，造成一名实验人员死亡，专家分析事故原因为氢气泄漏发生爆炸，爆炸产生的高温又导致实验室内可燃物燃烧。

有文献显示，2001—2013 年，全国高校均有安全事故发生[6]，造成了严重的生命财产损失。分析其中原因可知，绝大多数安全事故均是人为原因导致，如违反操作规程、操作不当或粗心大意等。因此，高校有必要建立健全的一整套实验室管理规章制度，以约束实验室工作人员的行为，预防实验室安全事故的发生[7-8]。目前，我国高校实验室安全管理与国外高校实验室安全管理在管理理念、执行程序、规范程度和检查考核方面还有一定

---

* 作者简介：张小山，实验师，主要研究方向为纳米复合功能材料，教授"现代材料分析技术实验"课程。

差距。因此，本文将从管理规范、安全培训措施、药品管理及事故处理等方面，分析美国宾夕法尼亚州立大学的实验室安全管理制度[9-10]，总结出适用于我国高校实验室的安全管理方案，以提供借鉴。

1 安全管理规范

美国、澳大利亚、新加坡和德国等发达国家高校实验室已建立了一套相对完备的实验室安全管理规范。如宾夕法尼亚州立大学建立的关于学校安全的政策措施，共45条。其中，关于直接与实验室安全相关的条例至少有20条，见表1。对于这些政策措施和管理规定，都有专门的一整套行政机构监督实施。首先，对于管理组织体系有详细的要求，明确了责任主体，能够有效保障政策措施落实到位。如关于个人防护装备条件明确了个人防护装备的管理组织体系：①校管机构负责确保条例实施、指导下级负责部门、编制预算等；②安全部门负责个人防护装备的供应、修订个人防护装备规范、辅助导师培训学生；③安全干事负责下级学院个人防护装备的具体实施、确保实施实验室危险评估、组织学生个人防护培训及辅助意外事故调查等；④导师负责实验室总体安全、确保消除相关隐患、更新和替换个人防护装备、确保学生参加相关培训等；⑤学生和相关实验人员要参加实验室安全培训，实验中按规定佩戴个人防护装备。其次，对于危险化学品的使用有严格的管理。如条例介绍了可燃或易燃液体的定义、分类，规定只能使用经检验合格的容器储存，并根据储存量和可燃或易燃液体种类采用不同的容器进行保存，并粘贴相应标签；储存室内部至少留有1 m宽的过道，储液罐不能重叠堆放且储液罐不能阻挡逃生通道。最后，当实验室发生意外时，及时采取急救措施能有效减少伤亡。因此，实验室内放置了急救箱。急救箱的使用规范中包括急救箱的物品种类、放置位置和使用方法。

表1 宾夕法尼亚州立大学关于实验室安全的主要管理规范

序号	条例内容	序号	条例内容
1	环境健康与安全	11	荧光灯具
2	意外及伤害事故	12	激光及相关设备
3	个人防护装备	13	有害废弃物管理
4	液体可燃物	14	高压气瓶
5	灭火器	15	有害危化物运输
6	明火使用与管理	16	危化物储存
7	冰箱使用规范	17	感染性废物
8	辐射材料	18	走廊及过道储存
9	辐射相关设备	19	紧急抢救
10	卤素灯具	20	紧急撤离及消防演练

通过以上安全管理规范，不仅能从上至下打通管理通道，使实验室规章制度充分发挥监管作用，而且能从宏观到微观层面规范实验室工作人员的行为，防患于未然。即使发生意外事故，相应的急救措施也能将人身和财产损失最小化。

2 安全培训

实验室安全培训是保障实验室安全的第一道防线，是高校实验室管理的最重要的环节。培训可分为入学入职培训、日常演练和仪器设备培训。

国外高校实验室新进工作人员或学生必须经过严格的实验室安全培训，才能在实验室中开展工作。如在加州大学，入学或入职的安全培训涉及实验室通用准则、危化学品的使用、个人防护装备的使用、灭火器的使用、逃生方法及急救措施等。进入实验室前，所有实验人员需要办理身份识别卡，持卡参加学院统一组织的培训课程，该课程由专业人员讲授；课程结束后，参加安全考试，合格后发放实验室安全培训证书，持安全培训证书方可进入实验室。后续由实验室安全负责人培训防护及消防装备的使用、介绍紧急逃生通道及自我急救方法等。

日常演练主要涉及消防演练。实验室会定期举行灭火演练培训，使实验室工作人员掌握灭火相关知识，如灭火器的选择、灭火器的储存及灭火器的操作技巧等。同时，实验大楼将不定时开展火灾逃生演练，实验室人员演练迅速从逃生通道撤离至安全地带。此类消防演练每学期开展 1～2 次，大大提高了实验室工作人员处置火灾等意外事故的应急能力。

欧美高校主要实行学生自行使用仪器设备测试，而仪器设备管理人负责维护的运行方式，因此，仪器设备的培训是实验室安全的重要内容。培训内容包括：①大型设备的操作及注意事项，保证设备能长时间正常运行；②产生电离辐射的设备的个人安全防护培训；③高电场或电压设备的防触电安全培训；④高压容器防爆安全培训。

通过以上培训，一是能加强实验室工作人员的安全防范意识，从思想上消除侥幸、麻痹大意的心理[11-12]；二是能从行为上杜绝操作不规范和无法及时处理意外事故带来的安全隐患，切断风险源头；三是能高效、安全地利用实验室仪器设备。

3 实验室药品的管理

通常，在专业实验室中都存放了各类化学药品，即使看似最安全的药品如氧气，都存在潜在风险，更不必说其他危化学品。因此，高校对化学药品的储存与废弃都有着严格的要求。宾夕法尼亚州立大学的化学药品管理体系如图 1 所示。校管安全机构负责化学药品相关政策规范的制定和监管，同时指派机构负责人；药品安全机构负责人委任各机构实验室药品安全干事，会同环境监管部门确保所有药品的使用者处于被监管状态；安全干事负责收集汇总药品储存信息，确保所有药品在 CHIMS（Chemical Inventory Management System）系统中登记，并在系统中对所有药品进行年度更新；药品直接使用者或拥有者确保所有新购买的药品在 6 天之内被录入至 CHIMS 系统，对于危化学品必须立即入库，保证每年进行一次药品储存信息更新。CHIMS 系统入库信息包括药品拥有者信息、化学药品信息及储存地信息等，见表 2。通过网上 CHIMS 系统管理可监控药品的购买、入库、储存及使用等信息，提高了化学药品的安全使用等级。

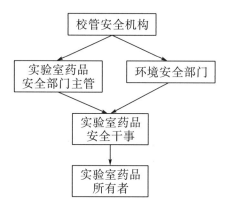

图1 宾夕法尼亚州立大学化学药品安全管理体系

表2 宾夕法尼亚州立大学关于实验室药品储存的管理规范

分类信息	具体录入内容
药品拥有者信息	药品拥有者姓名
	药品拥有者工作证号
化学药品信息	药品名称
	CAS号
	药品生产商
	产品名称
	产品序列号
药品储存信息	药品储存实验大楼
	药品储存房间号
	药品储存架号
	药品储存柜编号
	药品购买日期
	药品过期日期
	药品下单信息

实验室另一个重要工作是实验废物的回收与处理。在这一方面，宾夕法尼亚州立大学也有一些管理经验值得我们学习。针对不同的废弃物处理有不同的规定：

（1）纸质废物、玻璃容器及废液分别存放于不同的容器中。

（2）化学药品的容器在废弃前需要用水清洗3次，塑料药品盖可作为普通垃圾处理。

（3）化学药品容器经清洗后可重新使用，破损后不能回收。

（4）荧光灯管中含有微量水银，需要由专业人员回收。

（5）溴化乙啶是荧光染色剂，为强诱变剂，具有高致癌性，实验结束后应对其进行净化处理再行弃置，以避免污染环境和危害人体健康。

(6) 各种针管、尖刺物需投入到特定容器中，由专业机构处理。

可以看出，对于实验室产生的种类化学废弃物，宾夕法尼亚州立大学进行了系统而详细的规定，不仅保证了化学废弃物得以安全储存与收集，而且避免了对环境和人员的潜在威胁。

4 意外事故处理

美国的大多数大学都规定，在任何生命受到威胁的紧急情况下可拨打 911，紧急情况主要包括火灾、爆炸、严重伤害和各种重大意外事件四大类。此外，学校也出台了更为详细的针对实验室中的化学药品的清理和报告的指南，包括但不限于受伤、出血、化学药品泄漏、挥发、爆炸、死亡或重伤、火灾、感染、激光伤害及辐射伤害等。以上内容均是实验室工作人员必须接受培训并掌握的实验室安全知识。

5 国内高校的现状分析及对策

相较于国外高校，我国高校的实验室安全管理规范还存在一些缺陷，主要体现在以下五个方面：

（1）组织体系不够完善，应健全从学校到学院再到实验室的完整的管理链条，改变粗放式管理，更加注重细节，使管理链条能高效运行。

（2）实验室管理信息化程度不高，未能及时掌握实验室实时安全数据。因此，要着力建设实验室信息管理平台，采集实验室日常运行大数据，便于分析安全形势、监督管理规范的实施，更好地为高校教学科研服务。

（3）实验室安全管理队伍数量和质量没有跟上现阶段高校发展的速度，因此，需要扩大实验管理队伍，同时，通过培训、再学习等方式提高管理素养。高校应给予实验管理人员适当的政策倾斜，保障其在管理工作中有获得感、荣誉感，充分发挥其积极性。

（4）实验室危化学品、消防设备管理不到位，需加强药品购买、入库、使用、储存、废弃物处理及记录等方面的规范，所有数据应及时上网录入系统，以便实时监控。

（5）实验室安全责任落实不到位，管理方法简单粗暴，缺乏人性化，因此，应加强实验室安全管理员日常的培训和汇报工作，使实验室基层与监管层之间的信息有效流通，同时，应根据实验室具体情况制定相应的监督机制，不能"一刀切"。

总之，我国高校研究水平正处于赶超欧美的关键时期，实验室硬件水平有了巨大的提升；但实验室"软件"还需要借鉴一些发达国家，去其糟粕、取其精华，才能充分发挥高校的科研能力。

6 我校实验室建设的问题及对策

近年来，我校实验室建设取得了长足的进步，管理水平逐步提高，实验室软硬件日趋完备，但仍然存在以下一些问题：

（1）实验室仍然存在设备摆放混乱的情况，如设备堆放不合理、设备阻碍疏散通道等。

（2）实验室自查与安全防范长效机制效果不明显，如未能定期清查药品、安全隐患等。

（3）实验室管理信息化、智能化程度不高。

针对以上问题，实验室需在"管理、建设、维护"三方面开展更多工作，可采用以下对策：

（1）加强制度优化，体现人性化、可执行化、高效化，将管理落实到每个实验室，如可任命一名研究生担任实验室安全员，定期汇报实验室情况。

（2）合理规划实验室用地及实验室布局，淘汰"老、破、小"的实验室，防止因场地因素形成安全隐患。

（3）充分利用5G时代大数据与智能监控手段，加强实验室安全监督，同时，尽量减少人力成本、时间成本与管理成本。

7 结论

本文以欧美高校，特别是宾夕法尼亚州立大学为例，分析了欧美高校实验室安全管理经验，包括实验室制度、安全培训、药品管理及意外事故处置。相比之下，国内高校实验室管理体制还需完善，应借鉴国外先进的实验室管理经验，使实验室安全、平稳、高效地运行，提升实验室综合管理水平。本文最后结合我校实验室管理存在的问题，提出了相应的对策。

参考文献

[1] 王羽，李兆阳，宋阳，等."双一流"建设视野下高校实验室安全管理主动防御模式探讨［J］.实验技术与管理，2019，36（2）：8−10.

[2] 温光浩，周勤，陈敬德，等.高校实验室安全管理之思考［J］.实验技术与管理，2012，29（12）：5−8.

[3] 张恭孝，崔萌.高校实验室安全监督管理机制的构建［J］.实验室研究与探索，2019，38（3）：277−280.

[4] 李祁.三名高材生之死——北京交通大学"12·26"较大爆炸事故值得反思［J］.广东安全生产，2019（3）：58−59.

[5] 周菲，彭军，刘春，等.高校实验室废弃化学药品分类及处理处置方法［J］.实验室科学，2019，22（1）：214−217.

[6] 李志红.100起实验室安全事故统计分析及对策研究［J］.实验技术与管理，2014，31（4）：210−213.

[7] 严珺，杨慧，赵强.中外高校实验室安全管理现状分析与管理对策［J］.实验技术与管理，2019，36（9）：240−243.

[8] 温光浩，周勤，陈敬德，等.高校实验室安全管理之思考［J］.实验技术与管理，2012，29（12）：5−8.

[9] 蒋芸，王杰，王亚芳，等.宾夕法尼亚州立大学科研实验室的安全管理［J］.实验技术与管理，2019，36（4）：179−182.

[10] 王云平.国外大学实验室管理及其对国内开放实验室的启示［J］.实验技术与管理，2010，

27（3）：149－151.

[11] 李育佳，章文伟，章福平，等. 高校化学实验室安全教育培训体系构建［J］. 实验技术与管理，2019，36（7）：232－234，247.

[12] 毛磊，童仕唐，龚佩，等. 高校实验室安全教育培训体系研究［J］. 实验技术与管理，2014，31（10）：223－225.

"双一流"背景下，化学实验室专业化安全管理模式的探索与实践

赵　竞* 李　坤　肖　波　李　倩　黄　莉　阮　颖

四川大学化学学院

【摘　要】化学实验室是进行高校人才培养、教学科研及技术开发等的重要场所，也是高校"双一流"建设的重要平台。而实验室安全管理作为化学实验室发展的根本保障，更是统筹推进高校"双一流"建设的基础条件和关键因素。现有的实验室安全管理模式大多存在管理模式老旧、管理人员专业度不足、信息化程度不够等问题，无法完全满足化学实验室日益增长的使用需求。因此，本文从标准化实验室建设、实验室安全管理机制完善、专业队伍建设、安全教育开展及信息化平台建设等五个方面出发，提出了建设基于不同使用需求的专业化的实验室安全管理模式，形成了更系统化的实验室安全管理格局，以期为持续推进高校"双一流"建设提供更加健全的基础保障。

【关键词】"双一流"建设；实验室安全管理；专业化建设；信息化平台建设

近年来，随着国家"十三五"规划的全面实施，各高校"双一流"建设步伐持续加快，跨学科合作的趋势也逐渐加强，实验室内人员和设备密度明显增加，内部科研环境日趋复杂[1-2]。与高校办学和科研规模极速扩大的情况相比，高校实验室基础设施建设未能同步跟进，物理空间缺乏、设施老化及改造困难等问题逐渐凸显，各类安全隐患频发，因此，建立系统化、专业化的实验室安全管理体系，对于高校实验室的稳步发展具有重要意义。在各类实验室中，化学实验室由于涉及试剂、药品、实验设备繁多，同时具有一定的特殊性，所存在的安全隐患也更为明显。有学者统计，在 1997—2016 年间发生的实验室典型安全事故中，由化学试剂引发的事故占比高达 43%[3]。由此可知，建设专业化实验室安全管埋模式对化学学科发展尤为重要。

1　实验室安全管理现状

1.1　实验室基础设施老旧，硬件设施不达标

在"双一流"建设进程中，各大高校除集中力量引入高层次人才和先进实验设备外，对于实验室安全基础设施的投入也有了显著增加。但与目前人才培养及科研需求相比，实

---

*　作者简介：赵竞，主要研究方向为实验室安全管理。

验室安全基础设施仍存在较大缺口[4-5]。同时，高校部分实验室楼宇较为老旧，水、电管道等各类基础设施老化严重且难以改造；各实验室在个人防护用品、试剂储存条件及安全监控检查设施方面投入较少，导致实验室硬件设施存在严重短板。

1.2 安全管理队伍专业化水平不足，专职人员不足

目前，大部分高校都设有实验室安全管理队伍，但并未针对安全管理人员设立资格证书获取通道，也未建立系统的培训体系。因此，现有实验室安全管理人员的专业知识和技术能力远不能满足实际需求。即便如此，高校实验室安全管理人员数量仍有较大缺口。人员的不足直接导致监管弱化，隐患发现滞后；同时，由于方式和方法的原因，一些被管理者对安全管理有抵触情绪，导致安全管理制度难以得到有效推行与落实。

1.3 实验室安全教育形式简单，不具备针对性

总观近年来发生的实验室安全事故，大部分都是人为因素造成的。因此，加强实验室安全教育，提升师生整体安全意识是安全管理工作的重中之重。就目前来看，实验室安全宣传手段较为单一，主要集中在开展讲座、灭火器等基础消防设施使用演练等，所起到的教育作用收效甚微。但是正如上文提到的，现有化学实验室涉及专业众多，实验室内情况复杂，所需的实验室安全教育应该更具专业性和针对性，但目前而言，具有专业性和针对性的安全教育普及面较小，难以大规模实施。

1.4 实验室安全管理体制不健全，形式化管理严重

各大高校从学校、学院到各实验室均已建立实验室安全管理办法，但大部分实验室的安全管理办法是根据国家相关规定指定的普适性办法，并未与实验室实际情况相结合，定制相关的实验室安全管理办法[6]。同时，在大部分安全管理办法制定后，更新缓慢，并不完全适用于现有实验室管理。此外，化学类实验室涉及试剂种类众多，其建立的实验室安全应急处置方案仅适用于广泛状况，因此，一旦发生安全事故，应急预案无法及时启动。

1.5 化学实验室涉及专业多，情况复杂

随着人才培养、科技创新及产学研结合的发展需求，各实验室人员流动量较大，实验室安全准入规定难以彻底落实，导致部分未经过培训的人员进入科研实验室，这存在较大安全隐患。现有化学实验室涉及学科众多，包括有机化学、无机化学、生物化学、放射化学及分析化学等。每个学科所需要的安全管理模式不尽相同，而随着多学科交叉的科研趋势发展，单间实验室所涉及的专业人员及设备也大量增加，导致安全管理难度进一步增大。

2 专业化高校实验室安全管理模式探索

2.1 建立实验室安全管理标准化体系

根据国内外高校实验室安全管理研究，引入 HSE 管理理念，坚持"防患于未然"，

将事件风险评估及风险管理作为实验室安全管理的重要部分。深化"自我管理"策略，推动安全管理落实到每个人。按照危险化学品使用安全、实验室设备安全、生物安全、辐射安全和特种设备安全等方面，对实验室进行风险标准化认定，并制定相应级别的标准规定。规范实验人员行为、规范实验操作及设备管理。对各实验室的使用功能进行认定，减少专业化实验室的综合性使用[7]。

对于新建或扩建实验室，从设计开始，应充分考虑实验室使用功能及使用人员的问题，严格按照国家标准设计，结合学院实际情况，制定一系列标准化方案。对于已有实验室，深入进行实验室安全设施分析，对存在隐患的安全设施进行及时更换，主要包括水、电、试剂柜、视频监控、烟雾报警、个人防护及应急处置装置等。在条件许可的情况下，尽可能使实验室设施达到标准化实验室要求。

2.2 建立健全化学实验室安全管理机制

根据实验室管理的实际情况，制定实验室安全管理相关制度、建立健全责任制度及实验室准入准出制度等重要安全管理机制。在学校层面加强顶层设计，根据实验室分级情况制定相应管理制度[8-9]；学院层面结合学科特点，在校级制度基础上，进一步细化分类，制定相关管理制度；各实验室负责人应结合院校两级制度，根据实验室实际情况，定制相应的实验室安全管理规定。三级管理制度的制定，能确保每间实验室的安全管理有章可循，有据可依。

建立实验室人员准入准出制度，除现有实验室准入制度外，所有进入实验室的人员应通过相关考试，并严格遵守实验室各项安全管理制度，了解和掌握涉及实验的危险性和相应的安全应急措施等，并签署《实验室安全承诺书》，确保实验室准入准出制度落实到每个人。与此同时，应建立相应的准出制度，确保每个进入实验室的人员在离开后，实验室无安全隐患存在。对离开实验室的人员进行实验物资排查，确保实验室物资台账清晰。

2.3 加强实验室安全管理队伍专业化建设

"双一流"高校基本都是综合性大学，学科交叉尤为重要，因此，各实验室涉及的学科也较为丰富。应建立多专业联合管理队伍，有效提升队伍的专业技术能力，确保实验室安全管理队伍专业化。根据院校两级分级管理，从学校层面设立相对独立的竞争机制，如设置实验室岗位专门的职称评审通道，引进实验室安全管理专门人才，给予技术先进、理念新颖、进取心强的优秀实验室安全管理人员足够的发展空间。

对现有安全管理队伍，应加大专业性培训力度，普及持证上岗。同时，给管理人员提供更多进修、培训、研讨交流及考查的机会，防止部分管理人员故步自封、思想老旧，激发队伍创新意识；鼓励实验室管理人员积极参与教学科研，通过实践发现问题、解决问题，不断提高自身综合素质。

鼓励教学科研岗教师及辅导员兼职加入安全管理队伍，针对不同教学科研需求，及时反馈现有安全管理模式存在的问题，与实验室专职安全管理人员及时交流沟通，逐步完善实验室安全管理体系。同时，也可将安全培训渗入日常科研和教学，加强对学生的日常安全教育。

2.4 实验室安全教育宣传形式多样化

受疫情影响，今年开展了大量的线上活动，在普及网络教育的同时，也为安全宣传教育提供了新的思路。根据宣传需求，结合互联网进行宣传。如通过微信公众号、官方网页、微博及抖音等途径，开展包括危险化学品安全、废液处置安全、生物安全及设施安全等资料的宣传，在宣传方式增多的同时，也增加了活动的趣味性。也可开展线上 360°全景展示及 VR 体验等，并开展具有针对性的应急处置能力培训，保障部分专业性实验室人员都能进行相应的培训。

从分级管理的角度开展安全教育活动，应包括学校层面安全知识普及，学院层面学科相关安全讲座及普通应急处置演练，实验室层面定制实验室安全演练及应急处置[10]。同时，开设不定期安全知识在线考试，对未通过者暂停实验室准入资格[11]。

2.5 建设安全管理信息化平台

建设实验室安全管理信息系统，实现实验室安全检查、整改、督查及追踪信息化管理，建立各实验室的信息档案。通过实验室安全检查系统，综合评估各实验室危险源类别及风险等级，并通过系统下发检查任务。巡查人员可通过移动端登记实验室检查情况，下发整改通知，由实验室管理人员将整改情况上传系统，大幅度减少巡查整改往复工作，确保各实验室安全整改到位[12-14]。

建立实验室人员信息系统，完善在线学习系统，并与学校人员管理系统相结合，通过信息化技术构建在线学习平台和考试系统，保障进入实验室的全体师生都经过基本的安全知识培训及安全考试；建立个人信息档案，对接触危险源等级较高的师生进行系统管理，单独培训，最大程度保证师生的人身安全。

进一步推进采购平台建设，完善危险化学品数据库构建，从化学品采购、使用、储存到报废实现动态监管。建立危险源数据监测模块，对实验室危险仪器、设备及药剂等的状态参数进行阶段性监测，对比数据与标准值，根据不同结果做出危险预警。同时，实现多平台联动，将危险化学品数据库、危险源数据监测模块等与实验室安全管理信息系统相关联，建立人、物资、设备及环境全面的信息化管理平台，实现信息化建设在实验室安全管理全覆盖。

结语

"双一流"建设新形势下，各高校既面临更好的机遇，也面对更大的挑战。而做好实验室安全管理，杜绝安全事故发生，是高校发展的基本保障条件。现有高校实验室安全管理模式存在诸多问题，完全无法满足教学科研飞速发展的需求，专业化实验室安全管理体系建设任重而道远。在未来实验室发展中，应不断分析安全管理所存在的问题，结合信息化时代的优势，在实践中摸索，形成切实有效的实验室安全管理体系，为"双一流"建设保驾护航。

参考文献

[1] 韩玉德. 新时期高校化学实验室安全管理探析 [J]. 实验室研究与探索，2018，37 (5)：302－306.

[2] 孟令军，李臣亮，姜丹，等. 高校实验室危险化学品安全管理实践 [J]. 实验技术与管理，2019，
36 (2)：178－180.

[3] 孔利佳，彭佳林，许迪，等. 屏障系统动物实验室建设与管理的思考与实践 [J]. 实验室研究与探
索，2006，25 (8)：1012－1013.

[4] 刘晓楠，彭博雅，杜小燕，等. 高校实验动物资源供应管理的优化模式研究 [J]. 中国医学装备，
2016，13 (10)：121－124.

[5] 程酌，石玉琴，袁野，等. 高校实验室安全及管理现状调查 [J]. 科教导刊（中旬刊），2018 (10)：
190－192.

[6] 张海峰. "双一流"背景下的一流实验室建设研究 [J]. 实验技术与管理，2017，34 (12)：6－10.

[7] 张银珠，金海萍，阮俊. 关于提高高校化学品突发事件应急能力的探讨 [J]. 实验技术与管理，
2015，32 (7)：226－228.

[8] 廖庆敏. 高校实验室安全管理之思考 [J]. 实验室研究与探索，2010，29 (1)：168－170.

[9] 孙艳侠. 试论实验室安全管理对策 [J]. 实验室研究与探索，2005，24 (11)：129－132.

[10] 严金凤. 高校实验室安全教育课程体系改革与创新 [J]. 实验室科学，2018，21 (10)：216－221.

[11] 柯红岩，金仁东. 高校实验室安全准入制度的建立与实施 [J]. 继续医学教育，2018 (9)：
261－264.

[12] 盛苏英，堵俊，吴晓. 高校实验室信息化管理的研究与实践 [J]. 实验室研究与探索，2012，
31 (12)：184－187.

[13] 孟昭霞. 高校实验室创新性管理 [J]. 实验室研究与探索，2013 (6)：202－205.

[14] 周健，吴炎，朱育红，等. 信息化背景下高校实验室安全管理新趋势 [J]. 实验技术与管理，
2016，33 (1)：226－228，242.

浅谈生物实验室安全管理

赵邱越*1   朱 莉1   任培培2

1. 四川大学人事处
2. 四川大学原子核科学技术研究所

【摘 要】随着我国教育兴国战略的全方位大力实施，生物学本硕博阶段的招生规模逐渐扩张，随之而来的是实验室建设的不断增加。虽然我国科研实力不断增强，但科研项目增多和人员流动性增强，发生的生物实验室事故也令人心惊。提高实验室安全管理，可在一定程度上降低实验室安全风险。本文针对生物实验室安全管理特点，结合实验室工作实践，重点阐述了加强生物实验室环保与安全管理的具体策略，以期为完善实验室安全管理规范，有效防止生物实验室安全事故的发生提供一定的参考。

【关键词】生物实验室；安全；管理

引言

生物学是一门由经验出发，研究生命起源、演化、分布、构造、发育、功能、行为与环境互动等的一门自然科学。随着现代科技和人类社会的进步及生物实验技术的日益发展，其安全隐患日益凸显。近年来，实验室工作人员的安全意识、生物实验室安全管理制度和管理机构的建立逐渐引起人们重视，但生物实验室中毒、伤人、火灾等安全事故仍时有发生，危害着学生和教师的生命财产安全，甚至给国家造成严重损失[1]。因此，积极研究生物实验室安全管理具有现实意义。本文结合多年生物实验室工作实践，提出现阶段生物实验室安全中主要存在的问题及应对措施，旨在为改进生物实验室管理提供参考。

1 生物实验室安全管理的重要性

近年来，为提升我国整体科研实力，激发高校、科研院所等事业单位的科研人员的科技创新活力和科技成果转化创业热情，国家出台了一系列科研支持政策。但随着科技创新向纵深推进、科研项目增多、人员数量激增，实验室安全事故的发生率略有上升，如2018年12月26日，北京交通大学市政环境工程系学生在其环境工程实验室进行垃圾渗滤液污水实验时突发爆炸，造成3名参与实验的学生死亡[2]。东北农业大学的28名师生被发现感染布鲁氏菌（一种乙类传染病，与甲型H1N1流感、艾滋病、炭疽病等20余种

---

* 作者简介：赵邱越，博士，助理研究员（管理研究），主要研究方向为管理学。

传染病并列)，经严查，是操作者未能严格执行生物安全管理与病原微生物标准操作造成的[3]。缺乏科学严谨的实验室安全管理体系，不只是科研进步的绊脚石，更是生命的屠刀。

2 现阶段生物实验室安全管理中主要存在的问题及应对措施

2.1 完善实验人员管理制度和体系

依照国家对从业人员的相关要求，高校对实验室从业人员需进行一定的专业培训，例如：①从事实验动物的人员必须取得实验动物培训合格证书及上岗证才能上岗，培训内容涉及安全管理、福利伦理教育及规范操作等。如动物实验操作人员如何对动物进行规范性的给药、解剖取材等；设备管理人员间隔多长时间对仪器设备设施进行维护；动物实验室管理人员如何高效地维护实验室的正常运转；培训动物饲养人员是否能明确实验要求，对不同物种、不同等级的动物进行规范化饲养等[4]。②从事病原微生物实验的人员要求完成上岗培训并完成考核后才能参与工作，同时，需进行定期学习，加强实验过程中生物安全的规范操作[5]等。目前，大多数实验室只有相关实验活动的操作步骤，缺乏系统的生物安全文件。与此同时，实验教学内容的安全管理、实验药品的安全管理、实验动物的安全管理都缺少明确的管理办法和操作细则[6]。普遍存在的管理制度并未结合各自实验室的实验方向和特点进行制定。而实验室管理体系也需明确到每个人身上，做到谁管理、谁负责，所有实验人员均需由研究团队负责人统筹管理，确保整个实验研究团队团结协作，推动生物实验室的良性发展。

2.2 建立实验人员自我防护意识

在规范的科学管理下，实验室应制定标准操作规程（Standard Operation Procedure，简称 SOP）。工作人员在遵循科学、安全、准确、易实施的 SOP 原则下作业是避免危险的重要方式之一[7]。对多次安全事故引发的原因分析发现，人为因素占主导地位，通常为实验室人员安全意识淡薄，实验前未做好充分准备。因此，应提高实验操作者的自我防护意识，只有主观认为实验操作中必须注意安全，才能提高安全性。否则，再好的规定和制度也无法保证工作人员的安全。如针对动物源性气溶胶、动物抓伤咬伤、注射器针头扎伤及供试品入眼等状况制定相应的科学指导义件，且这些义件能够让人随时查阅，一旦出现意外，可给经验不足的工作人员提供及时的帮助。不仅如此，还应配合所制定的标准操作规程配备相应的应急设备，如洗眼器、无菌纱布、酒精棉球及碘伏消毒液等。有计划地进行防护培训对新进实验人员至关重要，实验安全与防护应列入每年的人员培训计划。培训的方式可以多种多样，如老员工以身试教式、制度讲解式或视频播放式，不论什么方式，旨在尽可能提高个人的安全防范意识，避免侥幸心理，培养高度的安全观念和责任感。

2.3 规范实验室基础设施建设

实验室是教学、科研的重要场所，实验室基础设施建设的质量及安全性是实验室安全的首要保障条件。有些高校或科研单位由于资金有限，实验室建设的经费只够用于对实验仪器设备、实验材料试剂的采购及实验室装修等，在实验室安全方面没有给予充分投入。实验室安全设置主要涉及实验室的结构建筑、排水通气、实验室废弃物排放、消防及水电暖线路管道的定期检查等[8]。2014 年 4 月 20 日，暨南大学实验室发生火灾，疑由实验仪器电路老化引发[9]。近几年，各单位已陆续将安全管理放在首位，把安全与环保建设标准纳入生物实验室的基础设施规划和建设中，对仪器、线路等各部位进行及时维护和更新检查，确保基础设施建设的安全。

2.4　完善实验室安全规章制度，明确职责，落实责任

生物学实验是严谨、操作性强的工作，每个从事生物学实验的工作者都需接受相应的安全管理业务和安全防范操作技能培训[10]。加强对安全管理人员的岗位培训，是高校及科研院所做好安全管理工作的前提和创造安全环境的重要保证。同时，需认真学习实验室安全管理相关条例，如《中华人民共和国固体废物污染环境防治法》《废弃危险化学品污染环境防治办法》《放射性同位素与射线装置安全和防护条例》等，有利于增强工作者的安全意识。进行特殊实验也需要专有的实验装置，如生物射线类等实验需要生产、销售、使用放射性同位素和射线装置的单位取得许可证方可实验。由于 2020 年新型冠状病毒肺炎疫情的影响，全国对病毒的研究也格外重视，但从事病毒研究需要遵守一系列的条例，如《病原微生物实验室生物安全管理条例》《人间传染的高致病性病原微生物实验室和实验活动生物安全审批管理办法》等，也需要取得国家相应资历条件方可实验。特别需要强调的是，在病原微生物实验中，取样及实验过程必须在生物安全柜中操作并配备相应的安全防护措施，生物安全柜也需定期维护和灭菌。同时，操作者需根据《人间传染的病原微生物名录》对实验室所存的病原微生物种类进行严格的分类管理[11—12]。健全的安全管理运行机制，科学、规范、合理的规章制度，明确职责，把责任落实到部门、单位和具体工作人员，把人的主观能动性发挥到最大，做到"谁主管，谁负责，谁使用，谁负责"的原则。

2.5　强化生物实验室废弃物的处理

生物学实验过程中会产生各种废弃物，如做动物组织病理切片会用到二甲苯、甲醛等有机溶剂，其中的二甲苯对眼及上呼吸道有强烈的刺激作用，在使用二甲苯时，需在通风条件好的环境下作业[13]。而甲醛则被列入有毒有害水污染物名录（第一批）[14]，需对其进行相应处理，方可排放。生物实验室是科学研究的重要场所，排放的废弃物中多有致突变、致畸、致癌的剧毒物质，对于此类有毒害的废弃物应当分类回收，由相应的管理部门进行统一处理，不能随意倒入下水管道或地表，坚决杜绝其对水、大气及生物的污染。有些生物实验室废弃物处置不当也是导致人感染的主要因素，如病原生物学的相关实验中，病原微生物会形成感染性气溶胶在空中扩散，通过人体呼吸道导致人被感染[15]。此类废弃物需通过高压蒸汽灭菌对其进行分类消毒灭菌处理后，由相应部门进行妥当科学的统一处理。生物学实验分类多样，涉及领域有动物、植物、微生物及病毒等，实验手段同样丰富，有辐照处理及有机溶剂处理等，涉及需要特殊处理的废弃物都需进行科学回收[16]，切实保护个人、民众及国家的安全。

2.6　健全实验废弃动物回收管理制度

实验动物是指经人工饲育或改造，对其携带的微生物实行控制，遗传背景明确或来源清楚的动物，医学目的是探索人类疾病的发病机制，寻找预防及治疗方法。一般在生物实验室用得较多的实验动物有昆明小鼠、C57BL/6 小鼠及裸鼠等。实验目的不同，所使用的小鼠品系也不同。目前实验废弃动物回收制度还不健全，很多实验室都是将实验动物尸体直接丢垃圾桶，直接造成微生物污染或环境污染。实验后的废弃动物不仅需要考虑统一回收，还需要建立后续的跟踪体制，实行实验废弃动物管理处置全程监控。实验产生的废弃动物需从产生、收集、运输、利用、贮存、处理和处置的全过程及各个环节都实行跟踪监控管理和开展污染防治[17-18]。在医学实验动物管理立法中，要建立行政问责制，强化医学实验动物监管部门法律责任，提高社会公众监督和参与的积极性，从根本上断绝非法伤害或虐待医学实验动物的行为发生。

2.7　建立安全应急预案，有效处理突发事件

安全事故的发生有其必然性和偶然性，在未发生安全事故之前，必须制订应急处置预案，主要包括实验室明火安全应急预案、毒品安全应急预案、菌种安全应急预案及意外安全事故预案等，以最大限度地降低突发事件的发生[19]。建立事故处置流程，明确处置责任，针对预案安排进行事故预演，实行逐级负责、责任到人的管理体制，保障实验室工作人员和国家财产的安全。

结语

生物实验室由于专业的特殊性，其安全保障尤为重要，直接关系到师生及科研工作者的人身安全，也关系到环境安全。实验室工作者必须从思想上高度重视，制定严格的管理规则和监督检查体制，同时，加强危险品的管制，定时自查以杜绝安全隐患，保障实验废弃动物的安全回收。各实验部门应积极探索有效的安全管理方法，推行环保、绿色与清洁实验，努力打造平安绿色工作环境，有效维持科研工作的健康与可持续发展。

参考文献

[1] 曲凯歌，张晓枫，崔海丹，等. 我国高校生物实验室安全管理和建立的思考 [J]. 科技风，2016 (21)：51.
[2] 新京报，世纪经济报道. 垃圾渗滤液遇明火或会发生爆炸 [J]. 发明与创新，2019 (1)：55.
[3] 陈永杰. 生物实验中意外事故成因与预防对策——由"东北农业大学师生感染布鲁氏菌"事件引发的思考 [J]. 潍坊高等职业教育，2011 (3)：68-70.
[4] 常影，王燕，孙成彪，等. 科研实验室良好规范在动物实验室管理中的应用 [J]. 动物医学进展，2020，41 (9)：119-122.
[5] 张韦深，刘秋娜，吴美茹，等. 浅谈病原微生物实验室安全问题与对策 [J]. 广东化工，2020，16 (47)：233.
[6] 曹宇，王婕，王丽娟，等. 高校生物学实验室安全管理的问题及建议 [J]. 科技风，2020 (25)：141-142.

［7］ 张宝珩，冯汝祥，陈峰. GLP 实验室人员面对的风险和安全管理［J］. 养殖与饲料，2020（9）：113－115.

［8］ 鲍敏秦，张原，张双才. 高校化学实验室安全问题及管理对策探究［J］. 实验技术与管理，2012，29（1）：188－189.

［9］ 实验室事故回顾，警钟长鸣［J］. 大学科普，2014（2）：64－66.

［10］ 孙燕. 绿色、安全和环保的生物实验室的建设与管理［J］. 时代教育，2015（1）：74－75.

［11］ 杨盼盼. 医学检验实验室生物安全的防护现状和对策分析［J］. 健康大视野，2020（5）：251.

［12］ 李雪. 医院检验科生物安全防范现状及对策［J］. 人人健康，2020（10）：104－105.

［13］ 陈晨. 探究二甲苯（PX）的生产工艺及其危险性［J］. 中国化工贸易，2019，11（30）：90.

［14］ 汪家铭. 成都维特塑胶 10 万吨甲醛及配套化学品一期项目投产［J］. 四川化工，2012（6）：54.

［15］ 杜茜，王洪宝，刘克洋，等. 病原微生物实验室实验操作产生气溶胶风险定量研究［J］. 军事医学，2015，39（12）：926－933.

［16］ 何曙云，邵珍红，冯祝玲，等. 放射性污染的一次性注射器的回收处理［J］. 南方护理学报，2000，7（2）：33－34.

［17］ 乔兴旺. 中国医学实验动物管理立法研究［J］. 科技管理研究，2009（10）：74－77.

［18］ 孙延闯. 肿瘤科实验室手卫生及质量控制对策［J］. 教育教学研究与医院管理，2020，7（17）：266.

［19］ 齐龙. 浅谈高校生物实验室环保与安全管理［J］. 实验室研究与探索，2011，30（4）：176－178.

实验室其他相关创新工作

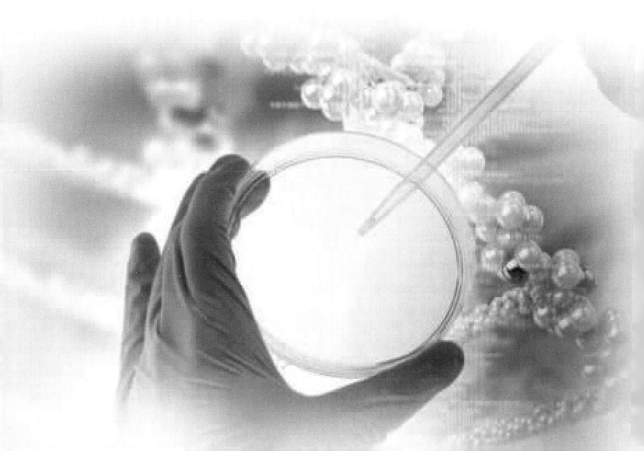

基于服务学习理念的实验室安全教育模式的探索

陈娅丽[*1,2]　田兵伟[1]　徐兴立[1,2]　刘　鑫[1,3]

1. 四川大学灾后重建与管理学院安全应急技能训练中心
2. 四川大学商学院
3. 四川大学计算机学院（软件学院）

【摘　要】服务学习又称体验学习，是一种通过参与社区服务促使学习者不断学习和反思的高阶学习方式和重要教育方法。实验室作为高校培养人才、开展教学和科研活动的重要场所，是高校"双一流"建设的重中之重。近年来，我国高校实验室发展速度迅猛，在实验室管理的综合化、复杂化和智慧化日益增加的同时，也增加了实验室安全相关的风险，实验室安全教育越来越受到各高校的重视。本文主要通过对我国高校实验室安全教育发展现状及存在的不足进行讨论，结合服务学习理念，提出建立一支服务于本科生教学的学生助教团队，并依托四川大学实验室安全教育课程，探索服务学习与实验室安全教育相结合的新模式。

【关键词】实验室安全教育；服务学习；服务课程；学生助教团队

引言

作为人才培养和科学研究的重要场所之一，实验室是高校培养学生自主动手研究能力、实验实践综合能力和创新创造能力的重要基础教育场所。随着我国科技实力的逐步增强，各高等院校实验室的建设进入快速发展阶段。与此同时，学生对实验室安全教育课程的需求也不断增加，而实践性强的实验室安全教育课程相比其他课程具有更高的设备依赖性、高专业性及高系统性。

四川大学面向全体在校学生开展的"实验室安全教育"课程覆盖面广、课程量大、实操性强，但又需要"一对一、手把手"的教学，若仍然以传统师生分离模式进行教学，则不能使学生对实验室安全教育相关知识特别是技能的掌握程度满足课程目标和要求。针对这一教学难点，为实现"建设一流本科教育、培养一流人才"的目标，提升大学生安全素养，本文率先引入了服务学习教育理念，通过服务课程、服务学生、服务实验室的方式与"实验室安全教育"课程相结合，组建课程服务学习助教团队，助力实验室安全教育，探索以学生为中心的技能训练类课程新教学模式。

---

* 作者简介：陈娅丽，四川大学商学院 2018 级人力资源管理专业本科生。

1 我国高校实验室安全教育发展现状

高校实验室是师生开展各项教学及科研和创新实践活动的重要场所，其安全教育及安全准入是实验室建设和管理的一个重要组成部分，也是高校开展各项教学及科研活动的重要安全保障[1]。由于综合性大学的实验室种类多、数量大，实验室安全教育具有多层次、专业化、内容广及要求高等特点。科学、系统和有效的实验室安全教育体系建设是确保高校实验室安全的必要手段。随着"双一流"建设和高等教育的高质量发展，国内高校加大了在实验室安全教育方法和模式上的探索与实践。但我国高校的实验室安全教育的发展水平仍然与我国高等教育的发展水平存在较大差距[2]。

通过相关数据调查发现，从 2006—2017 年，仅高校化学实验室爆炸事件就累计发生 14 余起，且大多都造成了人员伤亡。造成事故的人为原因包括违反操作规程（27%）、操作不当（12%）、操作不慎或使用不当（11%），合计达到造成事故总数的一半。从这些实验室安全事故中，可以分析总结出我国高等院校实验室安全教育发展的主要问题：

（1）对实验室安全教育的重视程度严重不足，并未将实验室安全教育纳入学校常规课程的教育体系[3]，没有形成成熟具体的实验室安全教育体系；

（2）在实验室的建设过程中，没有着重考虑安全因素，留下了安全隐患；

（3）实验室安全教育的师资力量严重不足；

（4）传统实验室安全教育模式往往需要耗费大量人力物力，且因课程安排及设备等多方面的限制，无法让学生在进入实验室前接受足够、全面的实验室安全教育相关培训[4]。

因此，如何在现有条件下建立相对完善的实验室安全教育体系，真正行之有效地对学生开展实验室安全教育，让学生树立牢固的安全责任意识，掌握安全防护与事故处理技能，将实验室安全事故发生风险降到最低，已成为高校人才培养过程中亟待研究、突破的课题[5]。

2 服务学习模式

2.1 内涵

服务学习（Service Learning）又称体验学习，是在全球教学发展综合化的趋势下形成的一种"以学生为中心"的开放式学习方式。1967 年，罗伯特·西格蒙（Robert Sigmon）和威廉·拉姆西（William Ramsey）在美国南部地区教育会议上提出了继承杜威"经验学习"理论的服务学习理念[6]。目前，教育界普遍接纳的服务学习定义为学生有明确的学习目标，并且在服务过程中对所学的知识进行积极反思的有组织的服务活动。在服务学习过程中，学生从自己真实的服务体验中学习知识、反思知识，同时帮助自己成长为一个主动学习、富有责任感并有能力服务于社会的人[7]。以实验室安全应急技能实操助教服务学习为例，通过在服务中学习、在学习中服务，一方面，帮助教师和教辅人员完成操作要领教学；另一方面，帮助学生成长为"主动学习者"[8]，同时培养学生的成就感和责任感。

　　我国教育研究者普遍认为，"服务学习"是一种重视学习驱动因素的服务。通过计划性的服务活动与结构化的反思过程，使社区服务与课程学习相结合，在满足不同被服务者的不同需求的同时，促进服务者对专业知识、专业技能的获得，不断提高自己的能力[9]。

2.2　发展趋势

　　服务学习模式的形成时间不长，但发展快速。作为最早出现在美国南部地区的教育理念[4]，20世纪90年代以来，服务学习在美国已被广泛应用，并且一直被美国教育研究领域所重视。近年来，美国开展的服务学习也逐渐受到我国学者的关注[10]。作为一种综合性的问题导向和团队驱动化教学方法，香港理工大学于2012开始，将服务学习发展成为本科课程的必修课，提供的相关课程多达60余门。2016年，香港理工大学又与四川大学携手协助灾后重建教育工作，并成立首个服务学习基地，进一步推动香港大学生服务社区。因此，从我国高校实践育人的现状来看，服务学习模式为我国学生开展各方面的实践活动提供了有力支持。

3　服务学习理念下，实验室安全教育模式的思考及探索

3.1　"实验室安全与环境保护"课程融入服务学习理念的探索

　　根据实验室安全教育需要，从2013年开始，四川大学面向本科生开设"实验室安全与环境保护"课程；2018年，四川大学实验室及设备管理处和灾后重建与管理学院，在原有课程及学院安全教育实践经验的基础上，建立了理论与实践相融合的安全准入教育模式。学校增设了16个学时的实操环节，课程选修人数大幅增加，2019—2020学年已完成32个学院8708名本科生的教学。作为一门旨在普及实验室安全与环保知识以及通过实训实验锻炼学生应急能力的课程，其教学准备工作较为复杂。课前包括学生签到、读卡，实验耗材的领用、分发，实验室设备的检查及运行等流程；课中包括对学生实验操作的示范、指导、答疑；课后包括实验报告的收集及实验用具的回收等。因此，经过调研和分析，结合学校特色及相关实验课程设置的交叉性、综合性、开放性等特点，本文认为除课程教师及教辅人员外，该门课程还需要一个"助手"的角色来协助教师完成烦琐的工作，保证课程的正常开展，减轻教师工作量，进一步提升课程质量和实用性。

　　鉴于此，通过引入美国等国家以及中国香港地区发展较为成熟的服务学习模式，并将其本土化，使其融入"实验室安全与环境保护"课程中。让学生助教团队的服务成为实验课程正常实施的重要环节之一，形成"在课程服务中学习，在学习中反思，再把反思结果反馈到实验教学中去"的服务和学习相结合的模式。服务学习与实验室教学的结合，为培养学生的创新思维和实践能力提供了很好的机会。在保障实验课程正常进行的前提下，也培养了学生自主学习的能力。在这个过程中，通过学生的反馈，学校对实验教学内容进行拓展和补充，提高实验课程的质量，优化实验课程流程，使实验室教学更加完善。同时，熟练掌握应急技能的学生"助手"在服务学习过程中不断学习、反思和升华安全知识和技能，进而成长为校园安全乃至社会安全应急的"能手"。

3.2 "实验室安全与环境保护"课程融入服务学习模式

学校基于服务学习理论，让学生加入课程服务中，不仅可以使学生参与教学过程和课程优化等实践活动，而且能让学生更好地掌握理论知识和实践技能，提升自身的安全素养。同时，通过学生的建议与反馈进行教学改进，使课程更符合学生的需求，最终形成一个"课前学生相关知识储备阶段—学生参与教学准备阶段—学生服务教学阶段—学生反馈行课阶段—学生参与教学准备阶段"的课程服务良性循环。在学生学习课程相关技能、保障课程正常开展的同时，通过学生的反馈不断改进课程，得出具体的服务学习方案，并验证其可行性。

（1）"实验室安全与环境保护"课程融入服务学习模式的开展形式。

①因为课程量大、覆盖面广，"被服务者"众多，我们对于"服务者"即助教的需求量也大。服务学习模式以学生参与、改进教学为基础，以反思效果、反馈问题为核心，所有"服务者"以学习过本课程的本科生为主，让其利用课余时间在课前复习课程内容，并学习新的课程知识和要求，当具有一定的课程知识储备并熟悉课程流程后进入服务学习团队。

②在服务学习时长方面，根据学生意愿对空闲时间进行统计后，我们会进行每周一次的排班，让学生利用课余时间进行服务学习，把自己的零碎时间利用起来，进行跨专业的学习。

③在课程考核方面，学生可以在教师的指导下收集行课过程中产生的实验数据，并反馈给上课教师，便于教师及时为学生指导、答疑。"服务者"加入课程服务学习中，能够使实验室课程与学生能力的拓展有效结合，不仅可以使学生参与到教学过程和课程优化提升等实践活动中，而且能使其更好地复习知识和巩固技能。

（2）服务学习团队建设。

①通过课程初步发展了一支一定人数的服务学习团队，计划制定了学生服务学习评价办法，由课程教辅教师对学生进行评分，并且计划建立有效的激励机制。

②在学习过本课程的本科学生中挑选学生，让优秀的学生加入服务学习的团队中，且采用淘汰机制，使团队一直有新鲜血液流进，并排出不良影响，更好地让这种创新模式持续发展下去。

③定期举办服务学习学术沙龙，以成员全部由学生组成的学术会议的方式，让学生在自由的氛围中畅所欲言，讨论对服务流程优化、课程优化及对任课教师的建议。

④与教师面对面沟通，让教师的传统观念和新青年的新时代思想发生碰撞。在共同完善和优化课程流程、技术和设备的同时，教师也可为团队建设提出有效的发展建议。

3.3 "实验室安全与环境保护"课程融入服务学习模式的初步成效

在2019—2020学年的"实验室安全与环境保护"课程中，服务学习团队中的"服务者"对于课程的正常推进起了至关重要的作用，使得本科生的教学工作得以顺利完成。在课程结束之后，团队中的学生对于这一模式予以一致好评，认为自己不仅协助了教师的教学，帮助上课的学生更好地完成了知识技能的学习，而且在这个过程中对自己已掌握的相关实验安全知识有了更深、更透的理解。

2020 年 7 月 4 日，服务学习团队一名学生在杭州搭乘地铁 1 号线回家时，应用担任"实验室安全与环境保护"课程助教期间所学知识和技能，冷静应对突发事件，成功救援了一名遇困女性乘客。由此可以看出，学生在服务课程，学习实验安全知识的过程中，不仅培养了自己在日常生活中的安全意识，还熟练掌握了一些应急基本技能，不但强化了大学生的社会责任意识，还创造了社会安全效益，服务学习效果显著。

3.4 对基于服务学习理念的实验室安全教育模式的展望

本文通过探索以"实验室安全与环境保护"课程的学生助教为服务学习主体，通过服务学习团队建设，形成"学习实验安全应急知识—熟练掌握应急技能并能灵活应用—服务安全教育课程—反思交流助教效能—学习提升技能—完善团队的建设与管理—改善课程服务—服务社会安全"的良性循环，实现服务、学习和交流的统一，既服务了课程教学，又强化了自身安全技能，同时还提升了学生的团队精神、交流能力、组织能力和解决问题的能力，一举多得。

4 总结

基于服务学习理念，学院建设了"实验室安全教育"课程学生助教团队，在满足课程需求、保障实验课程有效性的同时，还能够通过服务学习团队成员的反思，及时反馈学生的问题，不断优化课程，形成报告汇报给课程教师和教辅团队。在此过程中，也能够促进团队成员在人际关系、团队精神、解难能力及社会责任等方面的成长发展。同时，该服务团队的建设提升了学校实验室的安全应对能力。

实验室安全教育是一项系统工程，我们在这一模式的试行过程中也发现了一些问题，如安全教育服务学习模式过程还不够优化，学生参与服务学习的需求把握和组织保障还不够充分等。这些问题都可能制约服务学习学生团队的推广和发展，因此，如何建立服务学习理念下"实验室安全教育"课程学生团队的管理及长效发展机制，将是下一步着重探索和研究的课题。

参考文献

[1] 王虹，王军. 基于"智慧校园"的高校实验室安全管理平台建设 [J]. 实验技术与管理，2019，36（2）：49-52.

[2] 黄凯. 北京大学实验室安全教育体系建设的探索与实践 [J]. 实验技术与管理，2013，30（8）：1-4.

[3] 黄凯. 构建高校实验室安全管理体系的思考与实践 [J]. 实验技术与管理，2016，33（12）：1-4，16.

[4] 赵艳娥，贺锦，乐远. 探索基于信息化管理平台的高校实验室安全教育模式研究 [C]//北京市高教学会技术物资研究会. 北京市高教学会技术物资研究会第十六届（2015）学术年会论文集. 北京：[s. n.]，2016：170-175.

[5] 王杰. 高校实验室安全管理体系探索 [J]. 实验室研究与探索，2016，35（8）：148-151，170.

[6] 姜晓，马继刚，胡靖，等. 服务学习模式在高校图书馆的应用与发展——以四川大学图书馆为例 [J]. 大学图书馆学报，2015，33（4）：19-23，54.

［7］赵立芹. 从做中学：美国服务学习的理论与实践［D］. 上海：华东师范大学，2005.

［8］王慧君，冯跃林. 临床医学专业学位研究生医德教育服务学习模式应用［J］. 中国医学伦理学，2018，31（6）：771－774.

［9］张萍，胡梦娜. "服务学习"模式在我国中学社会实践中的应用分析及深化建议［J］. 上海教育科研，2019（8）：75－78，82.

［10］李建生. 试论体育课中基于德育渗透的服务学习［J］. 中国学校体育，2005（3）：13－14.

5G 时代高校 WebVR 共享实验教学资源建设研究

董凯宁[*]　刘国翔

四川大学公共管理学院

【摘　要】实验教学资源建设是高校实验室建设的一项重要工作，本文认为该工作完成的关键是贯彻数字化、实现可共享、确保低成本。本文介绍、分析了适用于高校数字化实验教学资源建设的 VR 技术，提出采用互联网 VR 技术 Krpano 制作高校实验教学资源，兼具沉浸式特征。它可以提升实验效果，节省开发成本，使高校实验教学资源可共享。本文给出了新的数字化实验资源系统开发方案及采用 Krpano 制作实验教学资源的步骤。5G 完美解决了 VR 技术需要传输大量数据的问题，为本文提出的建设方法提供了带宽保障和可行保障。

【关键词】5G；WebVR；高校实验教学；共享资源；Krpano

引言

虚拟现实（VR）技术已经随着 5G 扑面而来，它是下一代信息化交流平台，是提升高等院校可共享实验教学资源建设水平最重要的手段。高校实验系统应 VR 化实验教学资源，满足教育部提倡的数字化实验教学资源共享共用的要求，用 VR 技术建设数字共享实验资源库，完成实验案例、课件、指导、评价及实训等多环节的 VR 化[1]。

高等院校在数字资源建设上应选择易于编程、低费用、基于互联网技术、支持共享的 WebVR 模式开发技术。实践中，采用互联网架构 WebVR 模式的技术代表是 Krpano，它是完整的开发套件[2-3]。该技术对网络带宽有一定要求，在 4G 时代受通信基础设施限制难以大规模应用，随着 2019 年中国 5G 牌照颁发进入 5G 时代，Krpano 应用的关键带宽问题得以解决。本文作者认为，在 5G 宽带通信技术的支撑下，在 2020 年新基建加大信息基础建设政策的推动下，采用 WebVR 模式的 Krpano 开发套件建设高校数字化共享实验教学资源必然在 5G 时代爆发增长。

---

* 作者简介：董凯宁，博士，讲师，主要研究方向为信息管理，教授"信息系统分析与设计"课程。

1 WebVR 的特征和优势

1.1 互联网 WebVR 的优势

WebVR 是基于互联网的 Web 架构技术。运行 WebVR 技术开发实验教学内容时，硬件设备只需要一个简单的卡片盒子头盔，把手机插入头盔，VR 内容就可在手机浏览器中运行。WebVR 技术开发的实验教学体验能让参加实验的师生置身于较真实的学习情景[4]。WebVR 借助头盔封闭自然感知空间，实验者可以"现场"体验线下实验很难营造的场景。WebVR 设备能够实现和实验者进行一对一交互，渲染个性化实验环境，让实验者沉浸在实验教学课程中[5]。

1.2 互联网 WebVR 模式下的 Krpano 开发套件

Krpano 代码全开源，该套件提供浏览器内核、模板、多个基础功能和增强功能程序，用它开发的软件可广泛运行在多种通用的卡片盒子头盔硬件上。Krpano 套件以 JS+HTML5+CSS+XML 为基础技术，对浏览器内核进行插入式扩展，再调用手机内置陀螺仪检查头部运动体位，自动生成全景漫游网页格式软件内容。一个卡片盒子头盔和挂载手机，通过 5G/互联网访问一个 URL 实验教学资源地址，即可体验 WebVR 沉浸式效果。Krpano 开发套件生成的实验资源是数据与前端代码的混合，可以编制接口程序与其他数字化实验教学平台进行对接。

1.3 实验教学效果

相比传统实验方法，采用 Krpano 开发的高教数字化实验教学在资源、内容及效率上都有显著提升。只要能接入 5G/互联网，用户可以不受时空限制远程共享实验资源。这种模式优化了实验教学资源利用率，保障了高效的实验教学资源共享[6]。

2 5G 与新基建对 WebVR 的有力推动

5G 的理论网速是 4G 的一百倍，5G 的大容量和高速度支撑着人机通信从现实到虚拟现实。如借助 5G 低时延、高可靠的技术特性，可以制作场景逼真的飞行实验教学资源，用肢体动作调节无人机动作。前端获取的影像数据可在 5G 信道中实时回传到实验者端，通过佩戴内置 Krpano 程序设备的头盔，实验者可用眼睛控制无人机上的设备运行，这种数据传输是 4G 带宽不能支撑的[7]。

2020 年 3 月，中共中央政治局常务委员会提出，要加快 5G 网络等新基建进度。5G 网络新基建的核心应用场景就包含虚拟现实，在高校实验教学升级改革中应用依托新基建的 WebVR 技术正当时。

3 Krpano 对高校实验教学资源共享的提升

3.1 助力实验教学资源共享

不可共享的实验教学资源犹如信息孤岛，实验资源共享已成为当下高校实验创新改革的风向标。相比于实验中的实物共享，虚拟实验内容共享更可体现高校实验教学创新发展的优势，而共享是长效实验教学资源建设的核心推动力。Krpano 是泛浏览器插件，不依赖复杂的硬件，只要连接上 5G 网络或互联网，就能不受时空限制进入网络共享实验教学资源，不需要其他的开销和硬件。

3.2 提升实验教学资源建设

数字实验资源包括课程、素材、数据及管理资源。WebVR 模式能对现有的实验教学资源管理信息系统实施平滑升级，不用重新建设。Krpano 开发套件用 HTML、XML、CSS、JS 扩展原 Web 平台，原 Web 系统的既有实验资源不用变动，WebVR 形式的新实验资源可以与旧实验教学资源并存，从不同的平台入口找到新旧不同类型的实验资源。Krpano 重新对 Web 系统进行组织管理，用 Krpano 开发套件中的渲染引擎生成 WebVR 形式的实验教学资源。

3.3 易于掌握

Krpano 开发套件易于掌握。掌握 Web 前端开发的人很容易掌握 Krpano，一般来说，高校原有的实验员参加短期操作培训就可掌握对 Krpano 的使用。Krpano 是做成双屏双眼立体效果的、带有不同标签内容的网页，制作流程和网页开发相似度高，只是调用的方法名及标签语法的标签名略有差异，可见，Krpano 的确易于掌握[8]。

3.4 广泛支持共享标准

实验资源共享一定要基于某些标准，这些标准采用元数据来描述，基于 XML 文件来表达，且会不断优化变更。Krpano 作为一种前端编程语言，可完美支持元数据的 XML 完备语义结构表达，采用 Krpano 的高校实验教学资源在共享时，可以无障碍实现异构实验室数字网络系统之间的互通。

4 基于 Krpano 的共享实验教学资源平台建设

高校实验与设备处既可以使用 Krpano 融合升级现有的 Web 实验教学资源平台，也可以重新开发采用 Krpano 开发套件的 WebVR 模式数字化实验教学资源系统。

4.1 平台拓扑

WebVR 共享实验数字资源系统的构建和传统 Web 管理系统流程方法是一致的，实验室接通互联网或 5G 网络，参加实验的学生通过联网设备（如实验手机＋头盔）访问实验教学资源，仅仅是接入设备从电脑换成了手机＋头盔，显示页面即升格为沉浸体感展示，使实验者能够高速访问共享实验教学资源而不受时空限制。实验建设规划方在构建基于 5G 和 Krpano 开发套件的 WebVR 共享实验数字资源系统时，只需购买可插入手机的简易卡片盒子头盔即可，需要的投入很少。该系统拓扑图如图 1 所示。

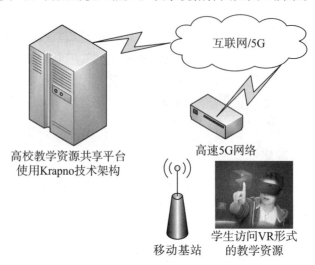

图 1　基于 5G 网络的 WebVR 共享实验数字资源系统拓扑图

4.2　建设路线

在建设路线上，实验教学资源会从视频、动画及课件等变成包含更多虚拟场景支撑文件内容的 Krpano 文件夹，文件夹中有实验资源文件、虚拟化文件及组织管理文件等，这些文件是由 Krpano 的套件工具自动生成的，实验者不必研究开发套件的细致结构就可以完成实验教学资源系统的建设，共流程如图 2 所示。

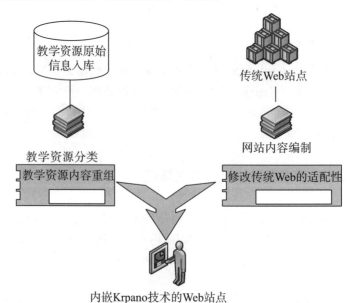

图 2　基于 Krpano 的实验教学资源系统建设流程

4.3 实验教学资源建设案例

生成一个建筑专业实验教学课件，使用普通 Win10 操作系统的 64 位笔记本电脑，安装 Krpano 的开发与插件环境 Krpano－1.19－win 破解版，这是一个可执行程序。Krpano－1.19－win 安装运行完毕后，会在硬盘文件系统中创建一个名为 Krpano 的工作文件夹，包含可执行程序和批处理文件，可以看作工作插件工具。

准备一组图片按照展示顺序构成一个队列，采用顺序后缀命名，如 structure_b，structure_c，structure_d，structure_e，放在同级目录下，用鼠标把该组图片选中，然后往 Krpano 文件夹的 MAKE PANO 批处理文件拖拽，MAKE PANO 能自动感知、接收、处理图片，一套 VR 实验资源就由 Krpano 做好了。VR 展示时，图片队列会按照文件顺序构成 360°全景图，操作演示如图 3 所示。

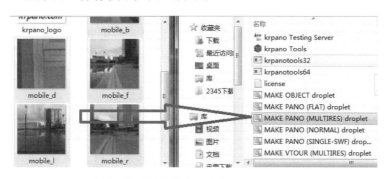

图 3　拖拽图片产生一个 Krpano 全景图

实验教学资源以网页形式在手机浏览器（如 Safari）中打开，手机接入任一网络后能通过 URI 访问实验资源服务器。手机插入 VR 卡片盒子头盔，实验者佩戴 VR 头盔于沉浸场景中实验。实验者通过头部动作可以 360°浏览全景画面，体验沉浸虚拟现实实验效果。用 Krpano 制作的教学课件资源如图 4 所示。

图 4　用 Krpano 制作的教学课件资源

双屏显示可为人眼产生立体影像，实现沉浸感。转动头部时画面随着移动，这是陀螺仪传感的功效。

编辑基础文件可实现丰富多样的增强虚拟沉浸效果，Krpano 开发套件的 XML 文件用于格式化标准编辑 VR 特效。当需要动态场景切换时，使用下面语句即可，可以看出和 JS 相似。

```
krpano.call("loadpano(" +XML 文件名 + ",null,MERGE,BLEND(0.4));");
krpano.call("loadscene(" +场景名 + ")");
```

实验者转动身体，使虚拟图像中小十字对准切换箭头，Krpano 会识别两个标记物的重叠区域。当小十字变成圆圈时，Krpano 完成场景切换，这是不同图标实现多 VR 场景切换的方法。

结语

WebVR 是一种创新的高校实验教学资源建设技术，在 4G 时代，这种基于互联网的 VR 由于网络传输数据量较大，应用发展受到一定限制；WebVR 在 5G 时代获得足够的网络支撑。WebVR 开发的数字化实验教学资源克服了传统实验学习效率难以保障等关键问题，同时避免了人群聚集。该技术脱胎于互联网，克服了实验资源使用的时空限制，提升了实验教学资源的吸引力、新颖性及共享性，开辟出一条可随时随地进行高效实验的途径。本文提出了创新有效的高校数字实验教学资源建设方法，使用该方法可有效节省建设成本，增强共享性，益于推动高校实验建设创新。

参考文献

[1] 李玉忠. 虚拟现实教学资源库研究 [J]. 广东技术师范学院学报，2005 (6)：1—5.

[2] 高媛，刘德建. 虚拟现实技术促进学习的核心要素及其挑战 [J]. 电化教育研究，2016 (10)：77—87.

[3] 王延朝. 基于 Krpano 的三维全景系统的开发和应用 [D]. 上海：华东师范大学，2012.

[4] 刘德建，刘晓琳. 虚拟现实技术教育应用的潜力、进展与挑战 [J]. 开放教育研究，2016，22 (4)：25—31.

[5] 杨江涛. 虚拟现实技术的国内外研究现状与发展 [J]. 信息通信，2015 (1)：136—138.

[6] 陈学亮. 基于 5G 网络的虚拟现实优化方案研究 [J]. 广东通信技术，2018 (10)：4—6.

[7] 刘晶. 互动是 VR 大方向 5G 云引擎在路上 [J]. 中国电子报，2018 (3)：30—33.

[8] 苏德利. 基于虚拟现实的建筑专业教学资源建设的研究 [J]. 辽宁高职学报，2017，19 (5)：132—134.

[9] 董凯宁，孟津. 基于虚拟现实技术的职业院校可共享教学资源研究 [J]. 教育现代化，2017 (12)：81—84.

[10] 董凯宁，孟津. 虚拟现实和区块链融合的教育信息化领域研究 [J]. 信息记录材料，2019 (1)：142—144.

四川大学"双创"智能化自主实验综合运行
管理平台的建设与共享

何　柳* 张影红　陈　艳　郑小林

四川大学实验室及设备管理处

【摘　要】本文介绍了四川大学根据国家对"双创"示范基地建设的相关精神，按照学校确定的"双创"示范基地建设要经得起检查评比，要具有示范性、可复制性和影响力的建设要求，以高端化、国际化为建设目标，提出了采用云计算、智能传感与控制、大数据分析与挖掘及三维可视化仿真等信息技术，构建开放式服务与互联网协同互动的"智能化自主实验综合运行管理平台"，大幅度提高了开放共享程度的管理新模式。将理论教学、实践教学和网络教学等有机结合起来，有效提高了实验室资源的开放共享利用率及管理运行水平。

【关键词】双创；智能化；自主实验；综合运行管理平台；协同互动

1　平台建设背景

高等学校是我国培养高素质科技人才、进行科学研究的基地，而实践教学对于提高学生的综合素质，培养学生的创新精神与实践能力具有特殊作用。目前，我国高校校园网络建设成熟稳定，其信息化建设水平已达到多媒体化、网络化、数字化水平，并正在向智慧化过渡，但实验室管理及信息化建设相对滞后，如仪器设备利用率低，实验室开放内容单一，缺乏多学科的综合性、交叉性和创新性，各实验室之间相互封闭、缺少交流和开放，无法实现资源共享等现象，这些都制约着高校教学和科研水平的提高，也不利于学生实践能力的提高和创新精神的培养[1-3]。为此，学校提出按照"先进性、专业性、课程性、创意性"四位一体的建设理念，世界一流的建设标准和跨学科/专业共建共享的建设模式，逐步形成有课程、有能力、有平台的系统化"双创体系"。实验室建设和实验教学改革是学校"双创体系"的重要组成部分。基于目前国内多数高校及我校存在的弊端，为推进"双创"建设进程，打破信息壁垒，联通信息孤岛，提高全校教学实验室与科研实验室仪器设备的开放共享率，构建具有系统性、体系化、兼备可行性与前瞻性、可复制可拓展的"双创"智能化自主实验综合运行管理平台就十分必要。

为贯彻落实《国务院关于大力推进大众创业万众创新若干政策措施的意见》，

---

*　作者简介：何柳，助理研究员，主要从事实验室建设与管理。

2016 年，国务院办公厅印发了《国务院办公厅关于建设大众创业万众创新示范基地的实施意见》（国办发〔2016〕35 号），系统部署"双创"示范基地建设工作，明确了未来一段时期创业创新重点改革领域的任务部署。四川大学大学生"双创"智能化自主实验综合运行管理平台建设作为全国高校首批国家"双创"示范基地建设的重点工程之一，提出了开放共享的智能化实验室的运行管理模式[4]，设计建设了基于智能传感与控制、大数据分析与挖掘、三维可视化仿真等信息技术的"双创"智能化自主实验综合运行管理平台（以下简称"智能化平台"）。

2 智能化平台建设目标和功能模块设计

智能化平台建设通过管理的规范化、统一化，不断优化实验室教学、管理流程和效能，提高实验室的使用效率、教学质量及服务管理水平，为实验室评估、"双创"建设及实验教学质量等管理和科学决策提供数据支持，并为实验室对外开放提供有力支撑和保障，实现教学个性化、实验开放化、管理统一化、服务智能化、决策科学化的建设目标[4-5]。

经过前期充分调研分析，结合学校"双创体系"的总体部署，智能化平台应形成双创互联网协同互动和开放式服务构架，为实验教学改革和实验室建设及管理提供智能化、全流程、安全环保的智能化技术支持。功能模块由实验教学管理、实验室综合信息管理、实验室智能化管理、实验室安全管理、综合分析决策及平台运维管理六部分组成。平台功能包括所有实验室运行管理工作，如实验室基本信息、仪器设备、实验耗材、实验室人员、实验经费、考核评估、实验室开放、实验课申请及预约、实验教学排课、实验教学过程、创新实验、虚拟仿真实验、实验安全课程、实验安全培训、实验安全考试、实验安全准入、实验用品安全、实验室安全检查评估、应急救援指挥及信息分析等。

3 智能化平台技术路线设计

以智能化技术为手段，建设校院两级智能化自主实验平台综合运行管理系统。智能化平台需要满足的主要关键技术有如下特征：采用 Web 技术，B/S 多层分布式架构，整体兼容性、稳定性及扩展性良好，学习成本低，易上手；支持不同数据库的同时访问，并实现对分布式事务的支持；能将跨技术或跨系统的其他管理系统在平台内快速集成；支持动态数据源的调用与动态切换；支持面向对象的开发模式；整体具备开放性等，以保证智能化平台在软件架构设计上具备良好的伸缩性、可扩展性及可维护性。智能化平台的搭建应遵循国家的相关政策及标准，充分利用云计算、互联网、物联网及大数据等先进技术，在"六层六体系"理念的基础上进行。其总体架构主要由基础设施层、数据资源层、应用支撑层、业务应用层、访问层和用户层及政策支撑体系、组织保障体系、技术支撑体系、标准规范体系、运营管理体系、安全运维保障体系六方面保障支撑体系组成[6-9]。这些体系架构贯穿整个平台建设的各方面，建成了开放式服务与互联网协同互动的"双创"智能化自主实验综合运行管理平台，大幅度提高了开放共享程度的管理新模式，确保平台能安全、高效地运行和健康稳定地发展。

3.1　基础设施层

基础设施层主要包括物联网基础设施、通信网络和云计算基础设施三个部分。物联网基础设施主要用于识别物体、感知信息，包括 RFID 标签和读写器、摄像头、GPS、传感器等感知设备；通信网络包括校园局域网络和互联宽带网络等，实现信息的传输与接收；云计算基础设施通过对服务器、存储、网络的虚拟化，为平台提供按需获得、即时可取的计算、存储、网络、操作系统及基础应用支撑软件平台等资源，从而有效提高存储能力和服务器利用率，降低运营维护成本，节省项目建设的资金投入。

3.2　数据资源层

数据资源层主要包括公共基础数据库、业务数据库、知识资源数据库和分析业务专题数据库，用于实现实验室管理和建设各方面的信息汇聚、资源整合。其主要构建是建立数据采集中心，通过多种数据采集方式，搭建分布式数据存储平台，建立与"双创"相关的数据库，形成能够实现多维度采集数据、开放共享的"双创"数据库。对于数据采集必须注意四个要点：全面、准确、及时、唯一。数据做到无缝融合，通过元数据管理及主数据管理等手段，建立合理的数据模型。在满足我校教学和科研需求的同时，逐步向兄弟院校和社会课开放共享使用。

（1）公共基础数据库。主要包括学生数据库、教师数据库、实验室基础数据库、仪器设备基础数据库及实验项目基础数据库等。

（2）知识资源数据库。主要包括实验室文档、科技资源、知识产权及成果、虚拟仿真案例等数据库。

（3）专题数据库。根据不同的业务需求，建设相关的专题业务数据库，通过数据挖掘、大数据分析，为上层业务应用提供数据支撑，为高校实验室运行管理、领导决策提供科学依据。

3.3　应用支撑层

应用支撑层为各类面向需求的应用提供统一的功能支持，包括应用支撑和安全支撑能力，提供数据自动采集、数据交换共享、流程引擎、大数据分析及系统快速开发等多方面的功能平台。

3.4　业务应用层

业务应用层需具有自动管理、主动提醒、智能化分析及数据图表展示、智能化服务等功能，主要针对高校实验室的教学管理、运行管理、智能化实验室管理、安全管理、监控指挥中心管理、实验教学 App 应用、双创智能化实验室平台统一门户及系统运维管理等领域构建应用服务，从而实现实验资源对高校、科研院所及企业社会全面开放，实现资源共享。并通过智能化的过程管控手段，全业务、全流程、全空间地管控实验室和实验进程，让实验室管理工作合理有序，让实验教学工作高效便捷，促进大学生创新创业。

3.5 访问层

访问层为学生、教师及管理人员等各类用户对象提供访问窗口，向用户提供高校实验室的各种服务信息，并接受用户信息地提供和反馈。访问窗口包括统一信息门户、显示大屏、计算机、移动电脑和智能手机终端等。

3.6 用户层

用户层是实验室智能管理平台的主要服务对象，主要包括学生、教师和管理人员。学生可通过用户层根据自身的兴趣爱好和知识储备，自主设计实验项目，并能从知识库中调阅、自主设计实验相关的各类知识。同时，用户层还可为学生提供工具和模板等，帮助学生自主设计和完成实验项目。此外，为推进高校实验室资源的协作共享，服务对象还应包括校外各类人员。

4 智能化平台软件架构设计

四川大学有三个校区，三十多个不同学科的学院，拥有师生及行政管理服务人员近10万人，即平台的校内潜在用户有近10万人，将来还要服务于校外人员，预计平台的访问并发量比较高，初期按2000个并发访问进行设计。

整个平台软件采用分布式架构，使得平台有较好的可扩展性、可靠性和可用性。其中，nginx为反向代理。用户请求发送给nginx，然后将请求转发给后端服务器。后端服务器处理完毕后，将结果发给nginx，nginx再把结果发送给客户端。使用nginx做代理的目的之一是扩展基础架构的规模。nginx可以处理大量并发连接，请求到来后，nginx可将其转发给任意数量的后台服务器进行处理，有利于将负载均衡分散到整个集群。

平台业务应用中包含大量的多种格式的非结构化数据的读写，如Excel表格、Word文件、图片及视频等。为了保证非结构化数据的读写性能，采用分布式文件系统FastDFS来保证平台的非结构化数据访问的高响应性、高可用性。

为了快速响应客户的访问请求和提高平台的并发性能，采用高性能的Key-value数据库Redis和关系数据库系统配合，关系数据库作为主存储，Redis作为辅助存储主要用作缓存，以加快访问读取的速度，提高平台性能。

5 智能化平台部署架构

智能化平台部署到望江、华西和江安三个校区，不同校区通过校园网相互联通，各校区均通过学校校园网的统一互联网出入口访问互联网。不同的应用设备分别部署在校园网的不同位置。应用服务器、负载均衡服务器、分布式文件服务器、数据缓存数据库服务器、数据库服务器、GIS服务器及智能化实验室网关服务器均部署在学校云平台上。实验室摄像机通过楼层交换机到大楼汇接交换机接入大楼NVR服务器，各NVR服务器通过校园网接入平台。各类传感器（烟雾、温湿度、能耗、干接点开关、气体、位置、红外、超声等）通过 ZigBee 协议统一接入该实验室物联网智能设备网关，所有智能设备网关再经楼层交换机接入平台智能化实验室网关服务器。这种接入方式能最大限度地减少综合布线工作量和建筑适应性改造工作量，提高实施效率[10−12]。该部署架构将三个校区的智能化综合管理有机连接起来，在与已有系统的集成和数据融合的基础上实现升级完善，并自动生成真实有效的管理数据，作为学院/实验中心管理层进行决策的依据。这有效保障了全校实验教学的流程化管理、实验室及仪器设备开放的过程化管理，实现了实验室的全业务、全空间管控，形成了一套可复制、可推广的智能化自主实验综合管理体制和运行机制。

结语

按照国家"双创"示范基地的总体要求，四川大学在大学生"双创"智能化自主实验综合运行管理平台的设计、部署与建设中，通过顶层设计与机制创新、开放协同与互动示范、理论研究和实践同步，引入智能化、云计算、大数据等新信息技术，构建了开放共享程度高的实验室建设和管理新模式。平台发挥多学科交叉融合的优势，以跨学科、跨专业共建共享的模式向全校师生开放[5]，充分调动了学生的学习积极性和学习潜能，提高了学生的自主学习能力和创新能力，实现了学校的教学、科研、管理和服务各业务的全面深度的融合和开放共享，有力地支撑了学校"双创体系"的建设，达到整体提高学校教学质量、科研水平、管理水平和服务质量的目的。

参考文献

[1] 马永斌，柏喆. 大学创新创业教育的实践模式研究与探索 [J]. 清华大学教育研究，2015（6）：99−103.

[2] 黄天辰，娄建安，郎宾，等. 开放式实验教学信息化平台的设计与实现 [J]. 自动化技术与应用，2018，37（12）：43−47.

[3] 雷钢. 高校双创实验实训平台建设研究 [J]. 实验室研究与探索，2019，38（1）：210−214，280.

[4] 杨祖幸，董丽萍，赖春霞，等. 大学生"双创"智能化自主实验平台运行管理机制探索 [J]. 实验室研究与探索，2018，37（12）：289−291，299.

[5] 董丽萍，赖春霞，杨祖幸. "双创"背景下智能化自主实验平台的安全管理 [J]. 2019，36（1）：177−179.

[6] 瞿国庆，徐胜，瞿峰. 基于物联网的电子废弃物处置回收安全监控系统设计 [J]. 数字技术与应用，2015（9）：155−156.

[7] 杜岩. 基于 ZigBee 协议的无线传感器网络技术分析 [J]. 信息通信，2015（4）：82−83.

[8] 孟小峰，慈祥. 大数据管理：概念、技术与挑战 [J]. 计算机研究与发展，2013，50（1）：146−169.

[9] REN Z，XU X，WAN J，et al. Workload analysis，implications，and optimization on a production hadoop cluster：A case study on taobao [J]. IEEE Transactions on Servicescomputing，2014，7（2）：307−321.

[10] 徐新坤，王志坚，叶枫，等，一个基于弹性云的负载均衡方法 [J]. 微电子学和计算机，2012，29（11）：29−32.

［11］多雪松，张晶，高强. 基于 Hadoop 的海量数据管理系统［J］. 微计算机信息，2010（5）：202－204.

［12］周游弋，董道国，金城. 高并发集群监控系统中内存数据库的设计与应用［J］. 计算机应用与软件，2011，28（6）：128－130.

力学＋3D 打印创新竞赛模式的探索与实践

李　艳* 　王柏弋　蒋文涛　李亚兰　刘永杰　王　宠　李晋川

四川大学建筑与环境学院　四川大学力学实验教学中心

【摘　要】本文以连续举办五届的四川大学"创形杯"力学结构优化创意设计大赛的运行实践为例，介绍了 3D 打印技术在力学创新型竞赛中的应用及竞赛对本科生力学素养提升的突出作用。多年竞赛实践表明，将 3D 打印融入力学学科竞赛具有良好的优势，借助其快速成型性能，对力学结构优化设计的直观表达，能够激发学生的创造热情与参与度，极大提升学生的实践与创新能力。"创形杯"大赛定位于"双一流"本科建设培养要求，结合"新工科"建设思想，突出"以赛促学、学以致用"的教育理念，在实践中取得了良好的效果，为进一步提升学生的力学素养、完善学科竞赛模式提供了有益探索。

【关键词】3D 打印；学科竞赛；力学结构优化；新工科建设；实践创新

随着增材制造技术的迅猛发展，3D 打印技术受到各行各业的关注，并在众多领域得到尝试性的应用[1-3]。近年来，各高校开展了多项与 3D 打印技术相关的大学生竞赛活动，力学作为一门基础学科，同时又是与 3D 打印技术的应用密不可分的技术学科，应积极尝试开展相应的竞赛活动，提升大学生力学素养与创新意识。为积极响应国家"双创"计划及四川大学"双一流"建设目标，建筑与环境学院自 2014 年起连续举办五届"创形杯"力学结构优化创意设计大赛，积累了丰富的实践经验，符合"适应新技术""创新工程教育方式"等"新工科"建设理念。本文分析了目前国内 3D 打印技术相关竞赛的现状及问题，并介绍了多年来应用 3D 打印技术的四川大学"创形杯"力学结构优化创意设计大赛的运行过程和在具体实践中学生的反馈，期待为学科竞赛的蓬勃发展提供一些参考。

1　国内 3D 打印技术相关的大学生竞赛

由于 3D 打印技术本身蕴含的创新设计因素，高校在学生的创新思维培养和教育中开始运用这项新技术，尤其是在实践教育中，其快速成型所具备的直观性是学生成就感的一大来源，3D 打印由此成为高校创新实践教育的强有力工具[4-5]。相关竞赛迅速开展，推动了 3D 打印技术的发展，同时培养了学生的综合创新能力，取得了良好的效果。国内一些举办较早、影响较大的 3D 打印竞赛的综合对比情况见表 1。

---

* 作者简介：李艳，博士，讲师，主要研究方向为力学实验教学与管理，教授"基础力学实验""流体力学实验""工程力学创新实践""创新基础力学实验"课程。

表 1　国内影响较大的 3D 打印竞赛的综合对比情况

竞赛名称	起始时间	承办单位	比赛形式	亮点
"思源杯" 3D 打印设计大赛	2013 年	上海交通大学	学生独立原创建模制作一个 3D 打印作品,以评委打分的方式决定比赛结果	具有作品主题、设计理念、独创性、应用价值
TCT Inspired Minds 全国大学生 3D 打印大赛	2014 年	企业牵头,校企合办	参赛队伍通过 3D 打印技术完成一个 3D 打印作品并上线众筹,众筹成功且获得最多支持的16 支团队进入决赛,这 16 支队伍通过答辩评分进行决赛	校企结合,引入"创客"与"众筹"的概念,反响很好
全国 3D 打印创新设计大赛	2014 年	中国工业设计协会主办	初赛阶段,参赛者分类提交作品,通过网上投票方式选取前 20 名进入决赛,类别为家居用品、首饰及装饰艺术品三类,决赛阶段打印 3D 打印作品并进行市场推广,按销售额高低决定比赛结果	参赛对象不仅包括在校大学生也包含企业、3D 打印爱好者,推进创新创业
江苏省大学生 3D 打印创意大赛	2015 年	江苏省经济和信息化委员会主办,东南大学承办	比赛接受各种物品创意设计,生活中所需物品的外观设计、功能设计,通过专家现场打分和大众网络投票结合的方式决定得分的高低	比赛接受的 3D 打印材料较多,包括树脂、PLA、ABS、金属,主要侧重于工业设计评比
全国大学生结构设计竞赛	2015 年(引入 3D 打印技术)	高等学校土木工程学科专业指导委员会和中国土木工程学会联合主办	2015 年第九届比赛通过手工与3D 打印设计制作、装配山地桥梁结构模型,并进行抗震测试和现场答辩	3D 打印技术的引入降低了学生的手工制作强度,但同时也需要使参赛学生思考更多3D 打印结构的力学性能

由表 1 可知,与 3D 打印技术相关的大学生竞赛大多处于摸索阶段,主要存在四点问题:①比赛开放性较强,但缺乏具体针对性;②多用 3D 打印的方式替代传统结构、传统材料,较少利用 3D 打印技术的特点和 3D 打印材料的特性;③评判方式多以主观评分及大众投票为主,缺乏客观评比的标准;④与学科专业的结合度不够紧密,缺乏力学与 3D 打印相结合的赛事。

2　四川大学"创形杯"力学结构优化创意设计大赛

2.1　"创形杯"大赛的起始与设计

基础力学是研究工程构件和机械元件承受荷载能力的基础性学科,包含现代工业制造必备的基础理论,3D 打印技术的应用与基础力学密不可分。通过力学测试设备可以准确地测量学生 3D 打印作品的力学性能,如抗拉、抗压、抗剪及抗冲击性能等,可解决比赛比分的客观性问题,使比赛结果更具说服力。目前,3D 打印技术中最普及的 FDM 技术使用的主要是树脂材料，如 UV（光敏）、PLA（聚乳酸）及 ABS（丙烯腈－丁二烯－苯乙烯）等非金属材料。这些材料本身是各向同性的，但经过熔融打印之后的成品就变成了各向异性的。因此，对于 3D 打印的作品，不能只简单地考虑材料本身的力学性能，还应考虑打印后其力学性能的变化。这些因素为基础力学与 3D 打印技术相融合的竞赛模式提供了支撑，但国内这方面的大学生竞赛还是空白。基于上述考虑，四川大学基础力学实验室于 2014 年创设了 3D 打印与基础力学相结合的比赛，即"创形杯"力学结构优化创意设计大赛。

第一届比赛要求各参赛队伍利用计算机 3D 建模软件在规定范围内自行设计具有质量轻、空间体积大、抗压能力强的三维空间结构，由统一的 3D 打印机打印，经万能材料实验机进行抗压破坏实验。比赛成绩由 3 部分组成：抗压能力，占总成绩的 50%；质量，以重量轻为优，占总成绩的 30%；创意结构，专家加分，占总成绩的 20%。参赛学生需要在抗压能力及质量之间做权衡，通过 3D 打印技术的固有特点和所学基础力学知识做出优化设计，此外，还需要兼顾结构的美观新颖。2014 年 9 月，面向全校本科生发布竞赛通知。2014 年 10 月，对参赛学生进行培训，内容包括 3D 打印技术的发展历史、现状及展望，比赛规则和建模要求及统一的作品提交格式，并对学生进行建模、3D 打印技术特点、力学知识方面的指导。通过多次培训和指导，98 支参赛队伍最终有 52 支队伍提交了 172 件作品。近一半参赛队伍没有提交作品，原因在于各专业所学建模软件各不相同，且建模软件的教学课时较长，无法在比赛期间统一进行培训，学生无法将自己的想法通过建模软件实现。尽管如此，第一届比赛仍然营造了良好的校园科技创新氛围，在基础力学教学与 3D 打印技术相结合的探索中取得了良好的效果。

2.2 "创形杯"大赛的蓬勃发展

四川大学第二届"创形杯"大赛于 2015 年举办。比赛以设计打印构件的"抗冲击"能力为主题，兼顾质量和外观设计，成绩评定时以吸收冲击强、质量轻、外观新颖优美为优。此次比赛共有来自全校 18 个学院、122 组队伍参加，另外，还邀请了西南科技大学 7 支队伍参加。这次比赛在总结了第一届比赛经验教训的基础上，改进了比赛组织形式、加强了培训力度，最终提交作品的参赛队伍的比例由第一届的 53% 提升到 81%。

第三届和第四届比赛分别以材料力学中结构"抗变形"和流体力学基础知识为主题，除面向四川大学外，还邀请了西南科技大学、西华大学、成都大学、成都工业学院等省内高校参加，积极推动了省内力学类操作型团体赛的发展，为升级省赛提供了基础。

第五届"创形杯"大赛于 2019 年举办。通过精心设计选题，确定比赛主题为手机保护装置设计，选题具有鲜明的工程应用意义；同时，进一步增加难度，与受国家工信部扶持的重庆励颐拓软件有限公司合作，首次将国产有限元分析软件应用于竞赛，将有限元模拟分析纳入赛程。学生的 3D 打印模型需进行模拟仿真优化，再经重量、外形及抗跌落能力等系列测试后评级。本次比赛精选参赛队伍，接收了来自省内 5 所高校共 52 支队伍、212 名学生报名参赛。经竞赛组委会认真筹划，加强培训，学生提交了高水平的作品。

五届"创形杯"大赛的获奖代表作品如图 1 所示，分别代表其结构上的抗压、抗冲击、抗变形、抗流体阻力及抗摔落等力学特性。

图 1　部分参赛获奖作品

2.3　参赛作品分析与学生反馈

通过对参赛学生和参赛队伍的调查及分析发现，获奖组大多是从结果出发，带着目标设计结构，思路非常清晰。如针对第一届比赛"设计具有较强抗压性能作品"的命题，一组学生进行工程类比，联想到实际工程中柱体承压构造，采用中部柱体承重，底部圆形板削弱应力集中现象，旁侧多个连接板形成支撑、防止整体的失稳破坏，如图 2（a）所示。最终该构造验证了"抗压性能强"的设计，因其抗压能力比第二组高出 85.68% 脱颖而出，获得小组第一名的成绩。第二届比赛的设计目的是抗冲击，大多数参赛学生都能够考虑到设置缓冲和冲击力的传递等问题的解决措施，但有些小组设计的力学构造（如多重三角形结构）的实际吸能效果并非原来想象的那么好，在最终检验时造成灯泡破碎的结果，如图2（b）所示。学生由此反思，好的设计不仅需要理论与实践相结合，而且必须要有成熟的理论支撑，不能单凭想象。在第五届比赛中，为了增强结构的抗跌落能力，部分团队通过仿生学理念寻找灵感，挖掘自然界生物或结构中的力学要素，进行仿生设计，获得了较好的效果，如图 2（c）所示。有一组获得二等奖的团队更是为了设计出实用的作品，特地进行了市场调研，并利用有限元模拟和跌落实验相互验证，反复修改方案，在教师的专业指导下经过多次设计最终做出了满意的作品，如图 2（d）所示。

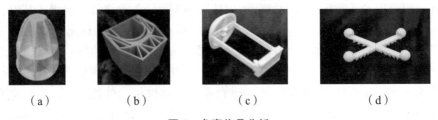

（a）　　　　　（b）　　　　　（c）　　　　　（d）

图 2　参赛作品分析

据参赛学生反映，在比赛的命题分析、选型设计及实际验证等多个环节，他们深切体会到力学知识的实际应用，同时对 3D 打印技术需要的 SolidWorks 软件有了初步认识，拥有了建模的实践经验，并学会了使用通用的力学计算分析软件。竞赛为他们提供了锻炼机会，无论是在思路拓展、理论深入还是设计实践方面，他们都有进步且收获很大。

从参赛学生的上述反馈来看，"创形杯"力学结构优化创意设计大赛很好地巩固与激发了学生的逻辑思考能力和创新能力，大大提升了学生的力学素养，促进了理论与实践的结合。

2.4 "创形杯"大赛影响力与意义

从参赛学生的情况看，学生对 3D 打印相关竞赛的兴趣非常高，参与意识强，营造出很好的学习氛围。除第一届比赛仅校内举行外，其他几届比赛均有省内其他高校学生参与。经统计发现，五届比赛中，来自工程力学专业的学生均仅占总人数的 10% 左右，参赛学生绝大部分为理工科学院的非力学专业学生，还有不少来自医科、文科学院的学生。竞赛辐射面广泛，为学生的力学素养提升做出了卓越贡献。下一步将结合校级通识课程"身边的力学"、基础课程"理论力学""材料力学""工程力学"及省级国家级力学竞赛进行统计分析，将实践与理论深入融合，进一步提升本科生的力学素养[6]。

3D 打印技术与基础力学相结合的竞赛使学生得到了多方面的锻炼，学生需要了解 3D 打印技术的基本原理，在打印过程中使用三维设计建模软件和 3D 打印切片软件，同时操作 3D 打印机。在此过程中，学生从无到有将自己的想法变成实体的 3D 打印作品。竞赛需要学生自己设计方案，锻炼了学生的创新思维能力，再通过所学知识优化设计方案，对课本知识的理解更为透彻。竞赛不仅培养了学生快速学习新知识及调动原有知识的能力，也培养了学生的创新能力、设计能力、跨专业跨学院合作能力及动手能力[7-9]。

竞赛着眼于培养学生实现"如何运用力学知识发现、提出、解决实际生活、工程和现代科技中的问题"这一能力，从"设计制作特定功能的结构"这一结果出发，推动学生利用所学的力学知识对实际问题进行定性分析，开展调研和实验，从不同的角度去探索、寻求最佳方案[10]。在此过程中，学生解决复杂问题的能力得到了提升，弥补了其在理论学习中只知解题和对书上简化模型的片面认识，实践与理论互相协调并进，提升了学生的力学素养和学生认识问题、解决问题的整体思维[11-12]。

3 总结及思考

融入力学知识的 3D 打印竞赛，在激发学生的力学学习兴趣、提升学生的力学素养、激励学生的创新精神方面具有重要意义。通过参与竞赛，学生的创新能力、力学知识应用能力、设计能力、团队协作能力及动手能力等都有了大幅提升。竞赛独有的魅力和吸引力为力学专业学生及其他有兴趣参与的学生开拓视野、接触新技术提供了窗口。

基础力学与 3D 打印技术的结合为竞赛提供了立足点，成为竞赛生命力的源泉。国内众多 3D 打印相关竞赛仅举办一届就终止了，"创形杯"大赛能坚持发展正是由于其具备力学之魂。因此，在举行的历届比赛中，"创形杯"以学科应用作为选题方向，逐步加强对基础力学理论知识的应用，始终贯彻理论知识融入实践的思想。此外，由于使用 FDM 技术的 3D 打印较为费时，如何通过题目设置在现有条件下做到对竞赛总时间的有效控制，是举办方一直探索的问题。还有一点需指出，校企合作举办竞赛不应仅停留在企业提供经费赞助方面，还应与企业展开更深入的交流合作。另外，命题应该更系统，不仅注重理论深度，还要考虑 3D 打印对结构性能的影响，同时，也应在整体方案设计、评分等方面做更加客观、公正的考虑。学生的参赛作品经 3D 打印成型参加比赛后，不能就此搁置，应充分发掘其价值，如部分优秀作品可以辅助学生进行专利申报，还有部分作品可用于理论与实践教学，拓展学生思维，真正达到"以赛促学、学以致用"的目的。

参考文献

[1] 李涤尘，贺健康，田小永，等. 增材制造：实现宏微结构一体化制造 [J]. 机械工程学报，2013，49 (6)：129−135.

[2] 成思源，周小东，杨雪荣，等. 基于数字化逆向建模的 3D 打印实验教学 [J]. 实验技术与管理，2015，32 (1)：30−33.

[3] 仲高艳，康敏，肖茂华，等. 构建面向"中国制造 2025"的 3D 打印实验室建设教学科研新模式 [J]. 高校实验室科学技术，2019，37 (1)：67−71.

[4] 尚雯，谭跃刚，张帆，等. 面向大学生创新教育的 3D 打印教学实验平台研究与应用 [J]. 中国轻工教育，2016，19 (3)：73−76.

[5] 杨亮，李文生，傅瑜，等. 基于 3D 打印技术的桌面足球机器人比赛系统 [J]. 实验室研究与探索，2016，35 (12)：65−68.

[6] 王步，武贤慧，黄小乐. 基于学科竞赛的土木工程大学生力学课程知识应用能力评价 [J]. 高等理科教育，2017，25 (4)：110−114，125.

[7] 陈善群. 基于周培源大学生力学竞赛的大学生创新思维能力培养实践 [J]. 内蒙古农业大学学报，2017，19 (4)：88−91.

[8] 尹大刚，周惠芬. 基于专业课程的第二课堂建设初探——以材料力学为例 [J]. 教育观察，2018，7 (23)：119−120，141.

[9] 姚利花，郭刚，张占东，等. 学科竞赛和实践教学相融合培养新工科人才的研究 [J]. 大学教育，2020，9 (6)：38−40，53.

[10] 任毅如，方棋洪，肖万伸，等. 第十一届全国周培源大学生力学竞赛"理论设计与操作"团体赛命题和竞赛总结 [J]. 力学与实践，2018，40 (5)：599−608.

[11] 陈艳霞，张伟伟，李兴莉，等. 以力学竞赛促进基础力学课程的教改与创新 [J]. 高教学刊，2018，4 (20)：43−44，47.

[12] 张瑞成，陈至坤，王福斌. 学科竞赛内容向大学生实践教学转化的探讨 [J]. 实验技术与管理，2010，48 (7)：130−132.

口腔医学专业本科实验教学二级排课管理探究

刘孝宇* 郑庆华 王 亚 王 了

四川大学华西口腔医学院 四川大学华西口腔医学基础实验教学中心

【摘 要】排课工作是高等院校日常教务工作的主要内容之一，对于有效利用教育教学资源，培养高素质人才具有重要意义[1]。口腔医学专业对手部技能要求高，实验课程学时所占比例高，实验课程的安排受实验场地、师资、前置理论课程顺序及实验内容等多因素影响，其管理的科学性在一定程度上成为实验教学顺利开展的关键。本文在对学院实验教学排课管理工作进行认真探索、科学实践和客观总结的基础上，总结了实验课程安排中存在的问题和原因，并提出相应的解决方案，以期进一步提升实验教学质量，让实验教学排课管理工作不断迈向科学化、规范化的新台阶。

【关键词】实验教学；二级排课；口腔医学

课程是学校教育的基石，是教师践行教书育人使命的主战场，是学生获取知识、掌握学习方法、提高素质与培养能力的主要途径。排课工作的实质是对教室、班级、课程、教师及时间五个要素的合理划分和分配。医学院校作为我国高等教育院校的重要组成部分，在教学过程中存在人才培养环节复杂、教学安排要求高等特点。随着人才培养标准的不断提高，对医学院校的排课工作也提出了更高的要求。如何提高医学专业实验教学排课工作的水平，确保教学资源能得到高效合理的利用成为当前亟待解决的问题[2-4]。

1 医学实验课程的排课流程

四川大学本科教学任务落实工作始于每学期第三周教务处网站发布下学期教学任务通知，学院教务部门通过综合教务系统打印各专业下学期教学安排表和开课任务书，与各专业系负责人根据培养计划认真核对下学期要执行的教学计划，包含理论课程和实践课程的教学分布、课程的周学时、连上周次、授课方式及授课教师等，同时进行班级信息核对，第六周根据教务处下发的相关排课资料（英语、体育、任务录入说明等）进行开课学院任务录入，各学院在第十周前完成相关专业课程的安排。最终，课表由教务处统一核查与协调。

在排课中，需要注意合理安排课程的顺序，如实验课程的前置理论课程需要优先排

---

* 作者简介：刘孝宇，医学学士，四川大学华西口腔医学院教务部科员，主要从事学院本科生学籍管理、教学运行等工作，参编教材《口腔医学临床前技能训练》《基于病案的口腔医学临床思维培养》。

课，课程门次数较多的课程也需要综合考虑师资及授课场所是否冲突等问题。由于实验教学的特殊性，对教学条件、时间及地点等均有特殊要求，且实验室的资源有限，因此，为避免冲突，应尽可能优先安排实验教学，以减少整体排课的限制因素，确保教学秩序。在排课过程中，应充分发挥教务管理人员的主观能动性，优先考虑学生利益，深入分析实验室教学资源状况，在课程表编排结果中力争体现教师利益[5]。

2　实验教学二级排课的影响因素

二级排课管理是指以学校教务处为第一级，以各二级学院或承担医学类学生见习、实习的医院并具有教学管理任务的职能部门为第二级，实行两级排课的管理模式[6]。采用此种排课管理模式确实可以提高教务管理的效能，符合教学实际情况。科学合理地进行排课是保证该实验教学秩序，确保实验教学顺利进行的前提，对于提高我院医学专业的实验教学质量具有重要意义。但实验教学安排受诸多因素的影响，如组合班级人数、教研室师资安排、实验室条件与设备及课程内容的进度安排等。

2.1　实验教学资源限制

我院国家级基础实验教学中心包含了国际一流水准的口腔教学设备和模型，是集形态学实验平台、手部基本技能平台、口腔临床基本技能平台和虚拟仿真训练平台为一体的口腔技能训练中心。但随着近年来办学规模的不断扩大、学生人数增加及各类创新课程的不断增加，各实验课程对实验教学资源的需求都在持续增长，而有限的场地和设备已不能满足师生的个性化教学需求。

2.2　师资限制

由于学院绝大部分教研室同时承担了医教研等多项工作，在安排课程时，难免会遇到教研室对课程安排有特殊要求，如因师资受限对课程安排时间及班级组班等方面有单独的要求，在排课时适当考虑教研室的特殊情况也是人性化排课的体现。但完全按照教研室的特殊需求进行排课，又可能出现实验室利用率低及学生课表时间冲突等情况，不利于整体课程的统筹安排，致使排课工作无法顺利开展。

2.3　共用实验室冲突问题

为最大限度地利用教学空间，对于单门课程使用率不高的实验设备，通常存在数门课程共用一套实验室资源的情况。实验设备涉及多门课程（如开设在同一学期不同年级的课程），在课程安排上，遇到实验室使用时间冲突的概率会加大，难以达到课程的合理分布，不可避免地会出现实验室及课程资源的冲突[7]。

2.4　课程的特殊教学要求

由于口腔医学专业的特殊性，在一门实验课程内，不同的授课内容对实验室的教学资源要求也不尽相同。同时，多门课程的某个授课内容又可能使用同一个实验场地。为避免多门课程在某个时间段同时使用某个实验场地造成时间冲突，会一定程度上影响排课安排，进而影响实验室的使用率。

3 二级排课的改进措施

3.1 加强管理，严格落实管理制度

实验室的课程安排要严格按照计划执行，实验室的使用必须遵循实验室制度和借用流程，以保障实验教学工作的顺利进行。对于临时的调停课、临时的使用申请等，必须严格执行实验室的管理制度，事先与教学实验中心进行沟通，履行相应的申请审批手续，安排专人对接，以保障实验室使用的有序性，提高实验室管理的规范化和排课效率。

3.2 逐步提升实验室管理水平

实验室工作是高校教学工作中非常重要的一部分，随着高等教育的发展，高校实验室规模不断扩大，实验设备设施快速增加，实验室业务日趋增多，实验数据和信息不断累积，实验室管理水平的高低直接影响着学院各项工作的开展情况和完成质量。定期开展实验室管理人员的业务培训，提高实验室人员管理和维护的综合能力[8]，可有效提升实验室资源的使用率。

3.3 回归"以本为本"，做好师生服务

以教师为主体，以学生为中心，在排课的各个环节，要尽可能地满足师生教与学的需求，对师生提出的合理化的意见和建议应积极采纳，及时回应师生的需求，尽可能让师生满意课程安排，更好地调动师生上课的积极性，以达到更好的教学效果，提高实验教学质量，进而提高实验课程的排课效率和实验室利用率[9]。教务工作者在排课时要考虑学生的身心健康和接受能力，保障课表编排的科学性、合理性。课程安排要均衡，每天的学时数要适当，尽量避免上午空白，还要注意专业课程和公共课程的学时搭配，适度调节，同一个半天的两节课尽量安排在同一教学楼或同一教室，避免跨校区排课，以减少学生在课间劳累奔波，影响学习质量。

结语

学院二级排课管理模式能够适应新时期医学院校的教学管理实际需求，对于实验教学需求大的专业，能够有效提高其教学管理水平和实验教学资源的利用率。这种课程的编排模式对于稳定教学秩序，保证教学质量，进一步提高院校的办学水平和人才培养质量具有重要意义。实验课程是从理论知识向实践的转化，以提高学生实践动手能力的过程[10]。同时，我们也必须认识到二级排课模式仍不可避免地存在院系间排课冲突等问题，解决这些问题需要我们在教学管理实践中不断创新，加强院系之前的有效沟通，落实好排课工作中的各个环节，在实践中不断完善二级排课模式，维持好教学秩序，有效提高教学质量。教务工作者应该不断加强自身学习，提高管理素质、履岗能力及责任意识，不断提高教务管理工作水平，助力学校的创新人才培养。

参考文献

[1] 张晓云. 独立学院排课过程中的问题与解决途径 [J]. 长江大学学报（社会科学版），2011（10）：152－154，194.

[2] 武建新. 基于教务管理系统的高校最优化排课的研究 [J]. 智库时代，2018，155（39）：93，98.

[3] 杨影. 高校远郊办学条件下的排课模式探讨 [J]. 新西部，2012（7）：151，153.

[4] 包洪岩，何庆南，殷朝阳，等. 浅谈医学院校二级排课管理 [J]. 课程教育研究，2013（9）：9－10.

[5] 谢甜甜. 浅谈医学院校排课问题 [J]. 科教导刊（上旬刊），2011（2）：162，166.

[6] 张淑琴. 院系二级排课管理模式的研究 [J]. 沙洋师范高等专科学校学报，2010（6）：8－10.

[7] 刘海霞，张亮，成军乐，等. 机房排课及预约管理系统的设计与实现 [J]. 工业控制计算机，2014（10）：126－127.

[8] 周艳洁，高山武，王燕. 实践教学整合方法在高校排课中的分析研究——以红河学院工学院为例 [J]. 红河学院学报，2015（4）：116－118.

[9] 叶愿愿. 试析如何构建高效的院系二级排课管理模式 [J]. 中外企业家，2019（3）：186.

[10] 叶阳，顾国民，张旭东，等. 实验室排课管理系统信息化建设 [J]. 教育教学论坛，2015（48）：11－12.

本科实验教学中高效液相色谱仪集中培训的教学探索与思考

刘秀秀* 谭 畅 尹红梅

四川大学华西药学院

【摘 要】高效液相色谱（HPLC）仪是一种价格昂贵、精密、易损耗、操作复杂的仪器，是现代药学研究中应用最广泛的分析仪器之一。在本科实验教学中，学生必须掌握正确的 HPLC 仪使用方法才能得到正确的实验结果并减少对仪器的耗损。为保障仪器的正常运行和教学质量，我们对即将开展 HPLC 实验的大三年级药学和临床药学专业本科生开展了 HPLC 仪使用的集中培训工作。本文在实践中整理和完善了一套培训的教学内容，探索了大班授课及结对子滚动式培训的教学方式，有效发挥了学生的主观能动性，提高了培训效率和质量，并对实践过程中发现的问题和改进措施进行了探讨，对培训工作进行了展望。

【关键词】本科实验教学；HPLC 仪；培训

引言

高校的本科教学实验室是学校本科教学和人才培养的重要基地。四川大学华西药学院的学生在大学三年级进入本科教学实验室，进行药学专业实验的训练。药学专业实验是一种专业性极强的实验，其利用专业基础知识、通过实验来解决药学研究中的实际问题。在进入专业实验室之前，学生应具备基本的化学实验操作技能及现代分析仪器的操作技能。高效液相色谱（HPLC）仪是现代药学研究中应用最广的分析仪器之一。为适应现代药学教育的需要，我院教学中心实验室经过不断建设，已拥有 12 台供本科教学使用的 HPLC 仪，支撑了本科生的药物分析实验课和生物药剂学与药物动力学实验课的 8 项实验。同时，这些 HPLC 仪还支持着学院的高等药学实验、大创训练及学科竞赛培训等工作，在药学本科实验教学中使用频率极高。

HPLC 仪是一种价格昂贵、精密、易损耗、操作复杂的仪器，学生必须掌握正确的使用方法才能得到正确的实验结果并减少对仪器的耗损。由于学生进入专业实验室时，距离学习仪器分析课程的时间较长，对仪器的操作要点几乎已经遗忘。再加上各门实验课都是挤用正常的实验教学时间来讲解仪器的使用，对于操作要求复杂的 HPLC 仪来说，时

---

* 作者简介：刘秀秀，讲师，主要研究方向为药品质量控制与药物代谢药物分析实验。

间有限，必然讲不透。学生在没有接受操作训练的情况下直接操作仪器，往往是在"练手"，已不能得出正确的实验结论，教学效果受到极大的影响。有时，学生的不当操作还会对 HPLC 仪造成较大的损伤。针对这些情况，由学院本科教学中心实验室牵头，统一组织教师对即将开展 HPLC 实验的大三年级的药学和临床药学专业本科生进行了 HPLC 仪使用的集中培训，使学生在掌握了仪器操作方法并考核合格后，再进行各学科涉及 HPLC 使用的实验。本文对教学中心实验室开展 HPLC 仪集中培训的教学内容和方式进行了探索和思考，为逐步完善 HPLC 仪培训的教学方式提供了参考。

1 HPLC 法在药学研究中的应用

HPLC 法是在 20 世纪 60 年代末以经典的液相色谱为基础，引入气相色谱的理论与实验方法，将流动相改为高压输送，并采用高效固定相及在线检测等手段发展而成的分析、分离方法。HPLC 法同时具有分离分析的功能，在药物的纯化和制备、药物合成各步反应的监控、临床治疗药物的监测、体内药物分析、体内内源性物质的分析、成分复杂的中药分析及手性药物的分离分析等方面发挥着重要的作用。据报道，约 80% 的药物都能用 HPLC 仪进行分离和纯化，HPLC 法已成为医药分析领域应用最广、发展最快的现代分析技术之一[1-4]。

2 集中培训的教学内容

我院教学中心实验室顺应现代药学研究和药学教育的需要，将购置的 12 台 HPLC 仪全部投入本科实验教学中。为了能有效衔接大三年级学生从基础知识学习到专业知识的学习，保证 HPLC 仪正常运转，我们开展了 HPLC 仪的集中培训工作。参考现有高校大型仪器设备培训的经验[5-10]，我们在实践中整理并完善了一套 HPLC 仪培训的教学内容。

2.1 理论学习

我们把 HPLC 仪的基本结构、工作原理、应用领域、样品制备、流动相的配制、仪器的操作步骤及故障表现等制成多媒体课件，对培训的学生进行详细讲授，达到让学生理解的目的。

2.2 现场学习

完成理论教学后，需要让学生对仪器实物及其结构部件进行认识，并了解各主要部件的工作原理。这部分教学内容由教师进行现场操作和讲解，通过对设备的近距离观察和现场交流，让学生对仪器的整体构造有一个具体的认识，进一步了解 HPLC 仪所涉及的样品准备、仪器设备工作原理及操作步骤等培训内容。

2.3 实际操作

学生进行实际操作的学习，包括色谱柱的安装、流动相的配制、样品的制备、色谱工作站的使用及手动进样操作。每一步操作都先由教师进行示范，再在教师的指导下，由学生亲自完成所有的操作,加深学生对所学理论知识的理解及仪器工作原理的认识。教师在示范过程中,会结合每一个操作特别强调"注意事项"和"维护要领"。在学生操作过程中,教师会指出实时观察在仪器操作中的重要性,让学生时刻注意 HPLC 仪的运行状态是否正常,只有仪器运行状态正常,才能得出正确的结果。进样分析结束后,让学生独立处理色谱图。由于色谱图是学生自己动手获得的实验结果,不再是课堂教师展示的示意图,更能激发学生强烈的学习兴趣。通过对色谱图的处理和数据的分析,加深了学生对色谱仪相关原理的理解。

2.4 结业考核

采用考核的方式使学生达到能完全独立进行 HPLC 实验的能力。考核的内容包括色谱柱的安装、流动相的配制、样品的制备、色谱工作站的使用及手动进样操作这五部分,要求每项操作都能较规范地完成。

3 集中培训的教学方式探索

我院近年每一届药学和临床药学专业本科生共 9 个班、200 多名学生,需要在开设 HPLC 实验学期的前两周内完成集中培训内容的理论讲授、实际操作和考核。因学院教学中心实验室的 HPLC 仪和培训教师有限,每次能容纳的培训学生有限。培训学生多、培训教师有限、时间紧是集中培训工作遇到的最大困难。在开展集中培训工作之初,我们采取分批组织学生进入 HPLC 实验室,进行培训内容的理论讲授、实际操作和考核。在实践中,我们发现这种方式工作量巨大,培训教师进行了大量的重复工作,并且在上机操作时,一对多的指导使培训效果并不十分理想。随后,我们对集中培训的教学方式进行了以下探索。

3.1 大班讲授理论课

我们将理论讲授的部分调整为大班讲授,即花一次时间将此部分内容讲透讲明白。在讲授过程中,教师引导学生进行讨论启发式教学,既活跃了气氛,又保证了培训教学的效果。

3.2 结对子滚动式培训

从每个班级选择成绩优秀的 2~3 名学生进入 HPLC 实验室,每台仪器供 2 名学生进行现场学习和上机操作。由培训教师进行仪器组成的讲解及实验操作的示范,包括色谱柱的安装、流动相的配制、样品的制备、色谱工作站的使用及手动进样操作,再由培训教师对学生进行考核。经考核合格的学生,自愿以一对二的方式结成对子培训第二批学生,保证两名学生使用一台 HPLC 仪进行现场学习和上机操作。在这个过程中,"小培训师"相当于对自己的所学内容又进行了一遍复习。通过既扮演学生又扮演老师的角色这一方式,不仅增强了首批学生的主观能动性,也增强了他们的责任意识。第二批学生经过培训教师考核合格后,又可以培训下一批学生。以此老带新滚动的方式,在两周内将 200 多名学生培训完毕。在结对子滚动式培训的过程中,培训教师的主要任务为答疑解惑,同时关注操作难点，纠正错误操作及考核，也就是把好出口关，保证每一名学生都能真正掌握 HPLC 实验的操作技能和仪器使用方法。

在整个培训期间，教师与学生，学生与学生之间形成了一个良性互动，使学生对 HPLC 仪的原理、结构及基本操作都有了感性认识。这培养了学生的学习兴趣和主动性，增强了学生的动手能力，提高了培训质量和效果。同时，培训要求学生在进入 HPLC 实验室时要保持整洁，操作过程中严肃认真，结束后要做好使用记录，并对实验室进行清洁，这培养了学生良好的工作习惯和严谨的工作态度。

4 HPLC 仪集中培训工作的小结与思考

仪器的正确使用是仪器正常运行的基本保障，是教学工作能够正常开展的前提。HPLC 仪是我院教学中心实验室支撑本科教学实验设备中的精密、易损耗仪器，一点很小的错误操作就可能导致仪器发生故障。为此，我们开展了 HPLC 仪的集中培训工作，在实践中整理并完善了一套培训的教学内容，探索了大班授课、结对子滚动式培训的教学方式。在大三本科生实验之前，对他们进行集中培训的优势在于能迅速让学生回顾仪器分析中 HPLC 法的理论知识和掌握 HPLC 仪的操作技能，为即将开展的药物分析实验课和生物药剂学与药物动力学实验课中对 HPLC 仪的操作奠定理论基础，保障后续课程的教学质量。但由于集中培训是利用实验课开课前短短的两周时间对整个年级的学生进行的培训，如何在培训学生多、培训教师有限、时间紧的情况下保证培训质量，让学生真正掌握操作技能，是我们一直思考的问题。以下是我们在实践过程中发现的问题和改进措施，以及对培训工作的展望，以期为本科实验教学改革提供借鉴。

（1）大班理论授课虽然节约时间，但是难免存在上课班级太大，出现部分学生听不清、看不清的情况。受此次疫情形式下线上教学的启发，理论讲授部分的内容还可采用线上教学的方式。线上教学授课应注意与学生的互动，我们可以建立网络 QQ 群交流平台，实现师生实时对话交流，方便答疑解惑。

（2）结对子滚动式培训虽然减轻了教师的工作量，但难免出现"小培训师"传达有偏差的现象，如果培训教师没有及时发现，有可能将错误的信息传达给更多的学生。培训教师在学生培训学生期间，应时刻在实验室内走动，注意观察，及时纠错，不能完全放手，此外还要加强考核的力度。

（3）目前，仪器集中培训尚不在本科教学计划中，其利用的是学生的课余时间。有些学生对培训工作并不十分理解，有些学生的学习态度不端正，甚至有极少数学生不来参加。针对这种情况，我们应加强宣传工作，让学生明白 HPLC 法是现代药学研究中最重要的分析方法之一，是必须掌握的方法。在组织实施方面甚至可以请学院的教学管理部门协助。

（4）在积累了 HPLC 仪集中培训的经验后，可不局限于对一种仪器的集中培训探究，应将教学中心实验室的其他贵重、精密仪器逐步纳入培训工作中，以确保实验室的仪器设备能正常运转，有效地支撑本科实验教学工作。为配合大型精密仪器的开放共享，在对本科生的集中培训结束后，还可以考虑给有需求的研究生进行培训，并将仪器的培训工作常态化。

参考文献

[1] 张人福, 宋晓园. 高效液相色谱在药学的应用概况和最近进展 [J]. 中国当代医药, 2013, 20 (21)：15－16, 18.

[2] 张敏, 吴小瑜. 色谱技术在药学研究方向上的应用 [J]. 齐齐哈尔医学院学报, 2010, 31 (23)：3774－3776.

[3] 吕娟涛, 杨伟丽, 潘秋燕. 高效液相色谱法在药学研究中的应用与进展 [J]. 卫生职业教育, 2005, 23 (22)：91－92.

[4] 张胜强, 安登魁. 高效液相色谱在药学研究中的应用 [J]. 中国药科大学学报, 1987, 18 (2)：150－155.

[5] 许迪明, 章再婷, 王春芳, 等. 食品检测实验室中提高液相色谱仪器使用率的探索 [J]. 化学世界, 2020, 61 (7)：512－515.

[6] 陈晨, 翁雨燕, 范大明, 等. 一流学科建设中大型精密贵重仪器设备培训体系的改革 [J]. 实验室研究与探索, 2020, 39 (3)：258－261, 278.

[7] 许晴, 刘丽娜, 薛奋勤, 等. 高校大型仪器小动物超声系统培训课程探索与实践 [J]. 基础医学教育, 2019, 21 (12)：973－975.

[8] 赵玉红, 李欣, 崔建林, 等. 提高本科实验教学大型仪器使用效益的探索 [J]. 实验室研究与探索, 2017, 36 (10)：287－290.

[9] 李霞章, 王文昌, 王昕, 等. 透射电子显微镜培训教学探索与实践 [J]. 广州化工, 2013, 41 (10)：212－213.

[10] 黄凯, 周勇义, 张新祥. 大型仪器应用技术培训对其使用效益发挥的促进作用 [J]. 实验技术与管理, 2009, 26 (2)：166－167, 177.

四川大学化学实验教学中心创新教育实验室的改革与探索*

刘　媛** 白　蓝　杨　成　李　坤　王玉良

四川大学化学学院化学实验教学中心

【摘　要】 为了响应学校"双一流"专项大学生"双创"实验平台建设计划，遵循"先进性、专业性、课程性、创意性"四位一体的建设理念和世界一流的建设标准，四川大学化学实验教学中心创新教育实验室在全面开放实验室的基础上，实施了以下四个新的举措：将四川大学化学学院的学科优势转化为实验教学形成"综合化学"的特色，科与教相融合；开设了创新开放实验，并根据学生化学基础的不同"分层次"设计实验；依托"创意化学社"，科普化学知识，宣传化学之美；借国际实践周，开展趣味实验活动，深化国际交流。

【关键词】 创新教育实验室；双一流；实验教学；新举措

四川大学化学实验教学中心创新教育实验室位于江安校区一基楼四楼 A 区和 C 区，共有合成实验室、仪器测试室、试剂准备室及耗材储存室等共计 11 室，总面积约 1000 m²，主要承担化学学院本科生基础有机实验和综合化学实验的教学任务。从 2017 年开始，为了响应学校"双一流"专项大学生"双创"实验平台建设计划，遵循"先进性、专业性、课程性、创意性"四位一体的建设理念和世界一流的建设标准[1-5]，创新教育实验室在全面开放实验室的基础上进行了改革和探索，面向全校学生开设创新开放实验，以新鲜有趣、充满智慧的实验项目吸引学生、启发学生、鼓励学生将理论学习用于实际研究中，为学生今后进行科学研究奠定坚实的基础。针对本院学生将科研与实验教学相结合，可使实验教学更具有前沿性、创意性和实用性。依托学术性社团和国际实践周，普及化学知识，加强国际交流，用最新的创意向全校和国际友人展示四川大学化学实验教学中心的魅力。

1　针对化学学院学生，将四川大学化学学院的学科优势转化为实验教学形成"综合化学"的特色，科与教相融合

四川大学化学实验教学中心创新教育实验室针对化学学院本科生，开设有机化学实

---

　* 基金项目：四川大学实验技术立项（SCU201032），四川大学大学生创新创意实验项目（SCU203010、SCU203011、SCU203012），四川大学"大学生创新创业训练计划"项目（C2020109423、C2020108225）。

　** 作者简介：刘媛，硕士，实验师，主要从事有机实验教学和生物有机化学研究。

验（Ⅰ）、有机化学实验（Ⅰ）－2和综合化学实验。其中，有机化学实验主要开设基本操作和经典合成实验，目的在于锻炼学生对有机化学实验的基础操作和合成、纯化及鉴定有机化合物的能力。综合化学实验是多个实验的组合，包括氯化铵三氧化铬干法氧化制备苯甲醛、离子交换树脂法合成1,2－丙二醇缩苯甲醛、扑热息痛的制备和非那西汀的制备，并对产品进行定性定量分析[6]。综合化学实验的内容与方法都比较陈旧，不能与科研很好地衔接，不能适应新时代科学技术的发展，不利于培养学生的综合能力和科学思维能力。

2019年，四川大学化学学院化学专业入选首批国家级一流本科专业，在科学研究手性分子科学、环境友好高分子材料、绿色有机合成化学、生物质转化化学、有机功能材料创制化学、环境友好的催化科学与技术、化学生物学、关键核素分离与核废物处理及超分子科学等特色研究方向，特别是在手性分子科学及无卤阻燃高分子材料等领域在国内乃至国际上具有很强的优势[7]。

创新教育实验室基于"以科研促进教学、教学带动科研"的理念，将四川大学化学学院的学科优势转化为实验教学形成"综合化学实验"的特色。冯小明院士课题组的不对称催化 α－取代重氮酯与醛的反应（Roskamp－Feng反应），是首个中国科学家在中国本土所做的工作被国际人名反应专著冠以中国人名的有机化学反应。创新教育实验室将我院具有代表性的科研成果——冯氏催化剂及其在不对称合成中的应用引入实验教学中，科与教相融合，实现实验教学内容与方式的与时俱进，反应学校的学科优势与特色，训练学生的综合运用能力和科学思维能力。

2　开设创新开放实验，并根据学生化学基础不同"分层次"设计实验

开设创新开放实验针对全校不同学院、不同专业和不同基础的学生，可以自由选择在化学实验教学中心创新教育实验室进行一些相关的实验，其主要目的在于培养学生的创新意识和独立思考的能力，为国家培育符合时代要求的创新创业人才。自开课以来，选修这门课程的学生有来自工科类学院（如化工学院、材料学院和高分子学院等）、理科类学院（如化学学院、生命科学学院和物理学院等）、医科类学院（如口腔医学院、药学院、公共卫生学院和华西临床医学院）和文科类学院（如经济学院、商学院和艺术学院等），他们的化学基础差别比较大。为了让学生能快速适应化学实验教学中心的实验教学，中心根据每个学生的化学实验基础"分层次"设计实验：针对化学实验基础薄弱的学生，开设趣味性实验（如橙皮中果胶的提取剂及果冻的制作）；针对有一定化学实验基础的学生，开设前沿性、探索性和综合性的实验（如固定化酶Novozym 435催化合成单月桂酸甘油酯）。

2.1　针对化学实验基础薄弱的学生，开设趣味性实验

针对化学实验基础薄弱的学生，中心开设对实验操作要求不高，但具有一定趣味性和实用性的实验项目，如从废弃的橙皮中提取果胶及果冻[8-10]如图1所示。

图1　从废弃的橙皮中提取果胶及果冻

学生制作的果冻成品如图 2 所示。

图 2　学生制作的果冻成品

对于化学实验基础薄弱的学生开设具有一定趣味性、探索性和创新性的实验内容，不仅能培养学生规范地操作化学实验，激发学生自主学习的兴趣，而且能培养学生的创新能力和探究问题的能力。

2.2　针对有一定化学实验基础的学生，开设前沿性、探索性和综合性的实验

有一定化学实验基础的学生已经做过基础化学实验，需要增加实验的综合性、探索性和创新性。因此，中心开展了固定化酶 Novozym 435 催化合成单月桂酸甘油酯的实验[11-12]，将先进的酶催化技术引入本科化学实验教学。具体的合成路线如图 3 所示。

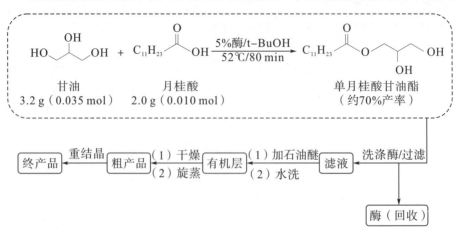

图 3　固定化酶 Novozym 435 催化合成单月桂酸甘油酯路线图

学生在上述合成路线的基础上，对合成条件和后处理方法进行优化。其中，合成条件

包括反应物和溶剂的用量、反应时间、反应温度及酶的用量。后处理包括如何去除甘油和叔丁醇、粗产品的纯化方法和酶的回收再利用，以及对产品结构的表征与分析。将固定化酶 Novozym 435 催化合成单月桂酸甘油酯实验引入本科实验教学，利用酶催化技术，得到产率高、选择性好且绿色环保的产品，可以使学生学习到酶催化技术的先进性，在提高学生基础实验能力的基础上，培养学生的创新能力、探究能力和综合能力。

3 依托"创意化学社"，科普化学知识，宣传化学之美

四川大学"创意化学社"成立于 2013 年，是四川大学优秀学术型社团之一，荣获了"燃青春，聚能量"全国第一届大中专学生最具影响力双创社团奖。四川大学化学实验教学中心依托"创意化学社"，以探索化学奥秘为核心、普及化学知识为目的，力求用最新的创意向全校学生展示化学之美，带领更多人走向奇妙的化学世界——为热爱化学的人建立一个专业又不失情怀的交流平台，为不了解化学的人普及化学知识，为恐惧化学的人消除对化学的误解。创意化学社平时的例行活动部分成果展示如图 4 所示。

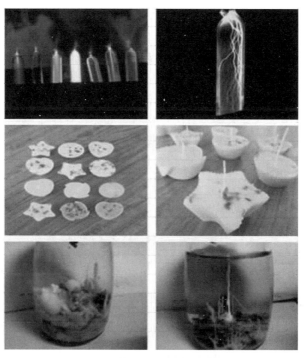

图 4　创意化学社部分成果展示

除为学校其他学院的学生科普化学知识外，我们也定期举行 CC 课堂活动，即邀请小朋友来到实验室，观赏社团成员的演示实验，参观展品和实验成品，并亲手教他们做趣味实验，得到属于自己的劳动成果，如图 5 所示。这个活动旨在让小朋友边玩边学，从小就培养科学研究的兴趣，了解化学的奥妙。

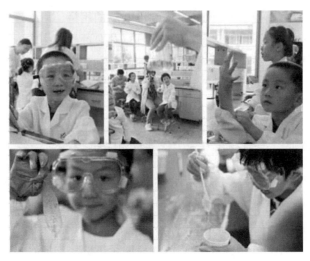

图5　CC课堂

4　借助国际实践周，开展趣味实验活动，深化国际交流

借国际实践周平台，中心向国际友人展现了四川大学学子的实践精神，也为热爱化学、有志于化学科普的青年学生提供了一个展现创意的机会。积极开展有益于学生综合素质发展，有助于建设良好校风、学风，有助于丰富校园文化生活的活动，通过制作口红、银镜、史莱姆和黄金雨等活动来普及宣传化学科普知识，让学生感受到化学的精彩，更重要的是能和国际交流学生一起体验实验的乐趣。这不仅向国际友人展现了四川大学学子的精神风貌，也提高了学生的国际素养和全球胜任力。国际实践周的趣味实验照片如图6所示。

图6　国际实践周的趣味实验

结语

中心通过建设"双一流"专项大学生"双创"实验平台，创新教育实验室面向全校学生开设创新开放实验，依托学术性社团和国际实践周，普及化学知识，加强国际交流，不仅提高了学生的基础实验能力，也拓展了学生的创新视野，这对落实学生开展相关实验、提高学生创新能力和国际竞争力都有积极的促进作用。对于化学学院的学生，创新教育实

验室将四川大学化学学院的学科优势转化为实验教学，形成"综合化学实验"的特色，科与教相结合，培养学生的科研思维能力，为以后的工作及科研奠定了良好的基础。

参考文献

[1] 董丽萍，敖天其."双一流"背景下高校教学实验室建设新思路与实践[J]. 实验技术与管理，2019，36（11）：26-28.

[2] 熊宏齐."双一流"建设中高校实验技术队伍持续发展之思考[J]. 实验技术与管理，2018，35（9）：7-9.

[3] 朱榕. 高水平大学建设背景下的高校实验室建设与管理[J]. 实验室研究与探索，2018，37（3）：278-282.

[4] 李一峻，邱晓航，韩杰，等. 创新化学实验教学平台的建设及拔尖人才培养实践[J]. 大学化学，2019，34（10）：90-94.

[5] 何碰成，斌楠，文豪，等."双一流"建设视角下高校实验室综合改革的策略与路径[J]. 实验室研究与探索，2017，36（12）：261-264.

[6] 王玉良，陈华. 有机化学实验[M]. 北京：化学工业出版社，2014.

[7] 马晓爽，苏燕，姜林，等."双一流"建设背景下化学拔尖班学生的国际化培养模式探索与实践[J]. 大学化学，2019，34（10），74-80.

[8] ANA K . Optimization of the integral valorization process for orange peel waste using a design of experiments approach：Production of high-quality pectin and activated carbons [J]. Waste Management，2019（85）：202-213.

[9] 李殿怡，豆颜雨，王艺会，等. 酸水解法提取柑橘皮果胶的工艺优化[J]. 化学与生物工程，2019，36（10）：51-54，68.

[10] MACKENZIE L S，TYRRELL H，THOMAS R，et al. Valorization of waste orange peel to produce shear-thinning Get [J]. Journal of Chemical Education，96（12）：3025-3029.

[11] 严子君，张鑫，吴祚鸷，等. 脂肪酶 Novozym 435 催化合成单月桂酸甘油酯[J]. 大学化学，2020，35（4）：119-124.

[12] 栗俊田，杨万斌，张莹，等. Novozym435 催化月桂酸单甘酯的合成研究[J]. 广东化工，2018，45（16）：33-36.

基于移动办公平台的实验室管理初探*

盛 睿** 袁 泉

四川大学华西口腔医学院 口腔疾病研究国家重点实验室

【摘 要】随着新型冠状病毒肺炎疫情给社会生活和生产方式带来的影响，实验室在安全建设、日常管理和文化建设中也应当做出改变。我们在不断地探索中发现，使用"钉钉"移动办公平台建设信息化、无纸化的实验室管理模式，可能是一种较好的应对方式。目前，该平台已实现了通知发放、任务安排、入室和安全培训及考核、仪器预约、试剂购买申请、值日安排及汇报，以及资料共享等功能。这些功能的实现，提高了实验室管理的效率，减少了管理人员和学生的负担，尽量避免了人与人之间的接触和聚集，是一种值得推广的实验室管理方式。

【关键词】钉钉；安全建设；实验室管理信息化

　　四川大学口腔疾病研究国家重点实验室作为国家重点实验室平台，不仅是进行科学研究、技术发展的重要机构，也是培养高素质人才的重要平台[1]。因此，实验室的日常工作和管理要求高效、简洁并有迹可循。在新型冠状病毒肺炎疫情新形势下[2]，高校实验室需要准确认知实验室安全建设及管理工作的不足，推进工作创新发展，减少人员接触，推广自动化在线办公和无纸化办公，这些成为实验室建设和管理的新思路[3]，是提高实验室整体发展水平的新方法。

　　目前，几个主流的移动办公平台[4]，如腾讯的"企业微信"、字节跳动的"飞书"、华为的 WeLink 及阿里巴巴公司的"钉钉"等平台已被大家熟知。根据需求综合比较后，我们初步确定使用"钉钉"办公平台实现实验室安全建设、日常管理建设和文化建设的改革[5]。

1 实验室安全建设

　　高校实验室的安全建设重于泰山，是实验室管理中要考虑的首要问题[6]。近年来，高校频发的实验室安全事故时时为我们敲响警钟，提醒我们要不断加强和重视实验室的安全生产。实验室的安全规范管理是实验工作顺利进行的基本保障[6]。因此，我们通过"钉钉"移动办公平台对实验室安全建设进行了如下改进。

---

　　* 基金项目：四川大学实验技术立项项目（SCU202018）。
　　** 作者简介：盛睿，硕士，医师。

1.1　无纸化值日系统

根据实验室安全需求和管理需求，实验室每日都应安排值日生进行日常工作，并负责关闭实验室和检查仪器。目前，实验室普遍采用的值日模式是实验室管理教师每日在聊天软件上通知学生值日，学生将值日结果和转交结果在聊天软件上做汇报。这一模式的弊端是容易遗漏检查项目，且可能会在转交过程中发生遗漏，给管理教师增加了工作量。通过移动办公平台，管理员将值班表导入系统，系统会在值日前一天和值日当天给值日生发送提醒。此外，我们设计了值日生的汇报表，在值日生每日汇报工作及关闭实验室时，可以按照汇报表中的条目逐项检查，避免遗漏。汇报表会在系统中被妥善保存，方便教师随时查阅。

1.2　在线周末入室登记

根据安全生产的需求，周末及节假日需要进入实验室的学生需要提前登记，但以前的纸质登记表需要学生到现场登记，填写时间有限，容易产生聚集。在新形势下，通过移动办公系统实现在线收集入室信息，每周五或节假日前一天，系统定时在应用中发放、收集登记表，有实验计划的学生均可在应用中在线填报入室申请，这样就简化了登记流程，且相对纸质版更便于保存，体现了无纸化办公的优势。

1.3　线上培训及考核

过去的实验室入室培训和安全培训往往采用线下方式。根据疫情形势下的要求，线下培训的聚集性行为需要尽量避免。因此，通过移动办公系统，我们利用视频会议进行在线的入室培训和安全培训，既可保障培训的质量，也可减少人员的接触。此外，培训后可以通过发放问卷的方式对受训人员进行考核，检查培训结果，考核结果可直接导出保存，用于实验室管理的考核[7]。

1.4　局限性

目前，通过"钉钉"办公平台进行实验室安全建设，尚存在以下弊端：第一，学生无法提前查看值班表，不便于需要换班的学生进行换班；第二，值日生关闭实验室的检查需要依靠自觉，无法判断值日生是否未检查就填写了汇报表，存在一定的安全隐患；第三，线上培训及考核方式仅能进行理论培训及测试，设备的操作仍需要在线下进行。

2　实验室日常管理建设

规范实验室的规章制度，是保障每位学生正常、高效地安排和进行实验的重要保障。在新冠肺炎疫情下，亟待解决的问题是简化管理流程，提高管理效率，保障管理质量，从而减少实验室管理教师及学生的负担，这样才能提高实验效率，并减少人与人之间的接触[8]。因此，我们从以下五个方面对现在的实验室日常管理方式进行改善。

2.1　公告通知到个人

过去实验室发布通知主要通过在布告栏张贴纸质通知，并结合使用即时聊天软件"微信"或"QQ"群发布。这种方式有两种弊端，一是无法知道是否每个人都收到通知，如果需要学生收到回复，则会产生大量信息，影响其他人查看通知；二是消息有一定的时效性，群里的信息很快会被其他消息掩盖，若需要查看通知，需要翻看很久。通过移动办公平台，发布的通知可在工作页面长期滚动置顶，且必要时可以使用"DING 消息"使通知永久悬浮在每个人的应用顶部，直到阅读并确定。这种方式不但使通知变得醒目且方便查阅，更让管理者可以明确是否通知到个人。

2.2 建立高效的仪器预约系统

目前，实验室主要通过纸质的预约本进行仪器预约，学生预约仪器需要到实验室进行预约，但又不能立刻使用，增加了实验室的人流量，不利于减少学生之间的接触。通过移动办公平台，使仪器预约在线完成。其优点有：①可减少学生停留在实验室的时间，减少人与人之间的接触，便于疫情期间的管理；②使仪器的空闲时间和已预约时间可视化，在预约时间快到时发出提醒，且提前使用完毕时也可主动出让空闲时间，明显增加了仪器流转效率；③仪器的预约使用状况可以一键导出，便于统计仪器使用情况。此外，过去贵重仪器的使用需要通过填写并发送预约单的方式进行，手续较为繁杂。通过采用移动办公平台，贵重仪器设置为预约后由管理教师审批，审批结果直接反馈给学生，简化了流程，提高了管理效率。

2.3 建立项目组，以推进实验室日常工作

实验室的建设同样需要学生参与，包括一些仪器的试剂更换，如包埋机、组织脱水机及整理试验台、冰箱等。过去是由管理教师通过通信软件通知时间，并需要反复提醒。现在，通过使用移动办公平台中的项目管理系统，直接指定任务到个人，参与的学生每日可以收到提醒，并随时在系统中更新进展，而管理教师也可以随时观察项目进展。

2.4 审批系统

由于每个实验学生的实验内容不同，可能有单独购买某种试剂的需求，但由于某些学生缺乏安全意识或对试剂不了解，其中可能包括有毒或危险试剂。这样，既不便于实验室试剂的管理，也可能影响实验室生产安全。因此，我们设计了试剂及耗材购买的审批系统。有试剂和耗材购买需求的学生必须先在系统中填写审批单，在实验室教师审核通过后才可购买。这样不仅可以帮助实验学生对实验试剂做出判断，也能对实验室中已有的试剂有所了解，同时有留存记录，必要时可以集中管理。对于实验室统一购买的公共试剂及耗材，在学生发现余量较少时，也可通过审批系统提出申请，由管理教师统一购买，便于实验的正常进行。在试剂公司对账时，我们可以导出审批记录，便于对账和报账。

此外，实验耗材的购买审批是与报账审批挂钩的。目前，财务系统已经强制需要提供审批才能报账，且通过购买审批和报账审批系统关联，可直接在报账审批系统里调用已经通过的购买审批。如果实验人员未经允许，擅自购买耗材及试剂，就无法提供审批，无法报账。这样有利于实验室试剂和耗材的统计和统一管理，避免浪费，更避免了学生在管理人员不知情的情况下购入危化品，影响实验室的安全。

2.5 局限性

目前，"钉钉"平台的日常管理工作仍有一些不足之处：①由于 OA 办公平台的使用频率不如微信等即时通信软件高，故软件的使用频率限制了通知的及时性；②由于仪器的线上管理和线下使用无直接联系，仍旧会出现未预约就使用仪器的情况，影响了其他人员的实验安排和仪器的有效周转；③由于实验室管理员无法及时处理购买审批，且目前学生对平台的依赖度不高，故现在无法做到每个购买项目都有审批，影响了实验室耗材管理的清晰程度。

3 实验室文化建设

实验室文化中蕴含的价值规范不仅能引导实验室人员的价值取向和心理共鸣，也能提高实验室内部的凝聚力和合作交流，减少冲突。此外，积极向上的实验室文化也能激励实验室人员，提高实验室的竞争力和创造力。因此，实验室文化建设非常重要。

3.1 实验室知识共享空间

为了加强知识的融合和交流，我们建设了实验室的共享空间[9]。内部存储了实验室常用的实验技术、仪器的使用规范，以及本实验室学生发表的文章供大家共享。同时，我们也鼓励学生分享平日阅读的文献及心得。共享空间内的文件会被加密，仅能在线查看，无法下载或分享，有助于知识的保护，减少了个人知识财产传播的风险，提高了学生的积极性，促进实验室内良好的知识共享和交流氛围。

3.2 实验室文化照片墙

为了丰富实验室的文化生活，我们也在移动办公平台的工作首页上设置了滚动的照片墙，以展现丰富多彩的实验室生活。其内容包括本实验室学生新发表的文献、外出参会的照片及毕业生合影等内容，会经常更新，这样一来就加强了本平台的环境文化建设。

3.3 局限性

通过网络共享空间上传文献及心得，需要自己制作 PPT 文件，相较于面对面交流会比较烦琐，可能会打消学生的积极性。

4 展望

随着中国科学技术的发展和对实验室管理水平要求的提高，实验室管理和建设的数字化、自动化和无纸化可能是新形势下的一个方向。鉴于国内新型冠状病毒肺炎疫情的形势和安全生产的要求，使实验室管理和建设更加具有挑战，驱使我们探索利用在线移动办公平台来改变实验室的管理和建设方式，这也是一次提高实验室管理和建设水平的机会。

自本实验室"钉钉"移动办公平台使用以来，虽然最初在使用上有些问题，但由于智能手机的普及，且平台的各种功能操作简便，上手很快，让大家切实感受到了移动办公平台的高效和便捷，故得到了实验平台各位管理教师和学生的一致认可。此外，虽然使用移动办公平台会有一定的弊端，但随着大家养成良好的使用习惯及管理人员不断更新系统，对实验室的安全发展和高效产出一定是利大于弊的。

今后，我们会逐步升级实验室的"钉钉"办公平台，以期实现以下目标：①线下实验设备与线上预约互联，只有预约才能使用设备、到时提醒及扫描仪器二维码预约等；②完善关闭实验室检查，在实验室设置打卡点，通过 NFC 等方式进行打卡，以防未完全检查仪器就关闭实验室，引发危险；③简化预约、审批等操作流程，提高实验人员及管理教师使用平台的积极性及能动性，充分发挥移动办公平台的优势。

随着信息技术的发展，今后的实验室管理方式也必定会向信息化发展，更多流程和功能可以轻松地在线上完成，从而使实验室管理更加高效、透明。除此之外，物联网技术[10]的发展也使仪器设施的预约和管理可以更加数字化和可视化，从而提高了仪器的使用效率、实验进展的效率及实验产出。

参考文献

[1] 张莉，石飞，周刚. "双一流"背景下高校实验室建设与管理探索 [J]. 实验室科学，23（2）：182－185.

[2] 金一斌. 高校要为打赢疫情防控阻击战贡献力量 [J]. 中国高等教育，2020（3）：1.

[3] 张凤英，李舍予，李玲利，等. 新型冠状病毒肺炎疫情期间高校学生管理的华西紧急推荐 [J]. 中国循证医学杂志，2020，20（3）：252－257.

[4] 廖焕双. OA 办公系统与钉钉移动平台整合探讨 [J]. 企业科技与发展，2019（8）：34.

[5] 陈小姣. 基于钉钉平台的高职院校智能移动办公系统的应用与研究 [J]. 湖南邮电职业技术学院学报，2018（1）：24－25，43.

[6] 石鑫磊，林玉琳. 贯彻国家标准 全面强化医学实验室安全管理 [J]. 实验技术与管理，2020（1）：73.

[7] 史天贵，郭宏伟，姚朋君，等. 高校实验室安全责任体系建设与实践 [J]. 实验技术与管理，2020（1）：6.

[8] 樊佳，王茂林，林宏辉. 基于信息化的开放型实验室管理模式改革实践 [J]. 实验室科学，2020，23（1）：135－137，141.

[9] 郑娜，徐丽，浦群，等. 实验室信息管理系统在高校课题组中的应用 [J]. 实验室科学，2020，23（1）：145－147.

[10] 张民垒. 基于物联网的实验室管理系统的设计与实现 [D]. 大连：大连理工大学，2015.

"双一流"背景下高校教学实验技术岗位结构转变与发展探索

熊 庆* 房川琳 杨 成 王玉良

四川大学化学学院化学实验教学中心

【摘 要】 在"双一流"建设的宏观背景下,实验技术队伍作为高校教学和科研的重要力量,为一流大学、一流学科的建设提供了强有力的支持。随着时代的发展,各高校均在探索政策体制改革。伴随科学技术进步对岗位要求的不断提高,教学类实验技术岗位已不仅仅是简单的教学辅助,而是向着多技能角色的方向转变,逐渐成为需要高学历、专技能、兼管理、参教学、并服务人才的高素质综合型岗位。本文介绍了四川大学化学实验教学中心在新时期新形势下,教学类实验技术队伍建设的举措及实验技术岗位的多技能角色转变。

【关键词】 教学实验室;实验技术;结构转变;角色转变

引言

2015 年,国务院公布了《统筹推进世界一流大学和一流学科建设总体方案》,方案中明确提出要"积极探索中国特色的世界一流大学和一流学科建设之路",到 2020 年我国要实现有一批大学和学科进入世界一流行列,并有若干学科进入世界一流学科前列的总体目标[1-2]。在此背景下,实验技术队伍作为高校教学和科研的重要力量,各高校都在思考其建设和发展方向,希望发挥实验技术队伍的独特作用,为一流大学、一流学科建设提供有力支持[3-6]。

长期以来,教学实验技术岗位作为实验教学的辅助手段,主要任务是进行实验准备工作,保证实验教学的正常运行。随着高校"双一流"建设的深入展开,伴随着高校政策体制改革的需求及科学技术的进步对岗位要求的不断提高,教学类实验技术岗位已不仅是简单的教学辅助,而慢慢向着多角色的方向转变。周立敏等[7]介绍了中国海洋大学提出了在新形势下应加快打造创新型、服务型、教学型、科研型、管理型等"五型"实验技术队伍,并且明确指出创新型、服务型是每位实验技术人员都应当具备的能力,而教学型、科研型、管理型则是根据不同的岗位性质具备相应的专业能力。荆晶等[8]介绍,吉林大学摒弃了只关注科研项目和研究论文的传统做法,明确了实验技术人员在其本职岗位上从事的

---

* 作者简介:熊庆,高级实验师,主要研究仪器分析实验教学,教授"仪器分析实验"课程。

琐碎工作，并按教学实验技术岗、科研实验技术岗及公共平台实验技术岗等三类，从思想觉悟和政治素质、工作态度与工作纪律、实验服务与管理、实验室建设与管理、实验方法研究与仪器功能开发、学习培训与理论总结等 7 个方面，分别细化和量化了实验技术人员考核指标，并探索了高校实验技术队伍建设中的激励机制。赖春霞等[9]介绍了四川大学在"双一流"建设中实验技术队伍建设的新思路、新举措及新政策，包括改革实验技术系列职称评聘机制、优化实验技术队伍结构及设立实验技术专项经费和培训等。为适应新时代的发展，推动高校实验室发展以适应未来高校发展要求及树立实验技术岗位良好的职业认同感，在学校强有力的政策支持下，近十年来，化学实验教学中心紧跟学校建设和管理的步伐，响应学校的各项政策措施，积极探索教学实验技术队伍的改革发展之路。经过十多年的努力，化学实验教学中心的教学实验技术岗位逐渐发展成为"高学历、专技能、兼管理、参教学、并服务"的综合型岗位。

1 实验技术队伍的结构转变

经过十多年的努力，化学实验教学中心已形成了较为合理的教学实验技术队伍，具体表现为向高学历转变、年龄层次年轻化、具有良好的化学专业背景知识及优秀的岗位任务执行能力。自 2006 年起，硕士学历是招聘人员进入中心的基本要求。而到 2011 年，博士学历人员开始陆续进入中心的实验技术岗位，整体学历水平和化学专业知识背景明显提升。截至 2020 年 6 月，中心已逐渐构建了适合基础实验教学可持续发展的实验技术队伍，拥有化学专业知识背景的硕博士达到 65％以上，年龄 45 岁以下的人员达一半以上，如图 1 所示。他们不但承担着与教学运行相关，年均约 40 万人学时的所有实验准备、实验管理、实验室规划建设及安全环保等任务，也参与实验指导、实验教学改革、行政管理和服务及实验室宣传等多项其他重要工作，具备多种专业知识和管理技能，形成了稳定的教学实验室人事环境，有利于实验室的可持续发展。

图 1　教学实验技术队伍结构

2 实验技术队伍的多技能角色转变

传统的教学类实验技术岗位一般称为实验辅助人员[10]，主要任务是进行实验准备工作，从而保证实验教学的正常进行。自 2018 年起，学校将实验辅助人员更新为实验管理师、实验设计师，并制定了新的职称晋升标准。因此，在新的背景和形式下，教学类实验技术人员需要适应新的多角色任务。他们不但要进行实验管理与准备，保证实验课程正常高效运行，还要参与学生的实验教学指导，负责实验项目的改革，规划实验室建设，管理实验设备运行，参加实验室安全培训，分担中心管理工作等。经过近十年的努力，中心根据时代和学校的要求，重新对教学实验技术队伍进行了多角色定位（图 2），将中心的实验技术岗位的工作职责做具体细分，要求其参与实验管理、实验室规划建设、实验教学改革、安全环保建设、探索创新实验活动及兼职管理服务等。

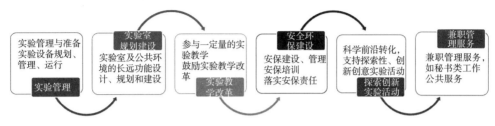

图 2　教学实验技术队伍的多角色定位

2.1　实验管理

教学实验技术岗位的主要任务之一是进行实验管理和准备工作，保质保量完成学校下达至中心的任务。目前，这也是中心教学类实验技术岗位的一项最基本任务。同时，为保证质量，中心实行无机化学、有机化学、物理化学、分析化学和创新教育的分团队管理制度，将教学实验管理与准备工作责任到每一位实验技术人员。

实验技术队伍必须配合实验教学体系，提出实验仪器设备的配置、规划及建设申报，执行获批的设备购置项目。还必须保障仪器设备的高完好率和高运行率，使其不断提升对教学实验和创新实验的服务能力。

2.2　实验室规划建设

高校实验室的建设和一流学科建设密不可分。教学实验室作为学生的第一个实践教学场地，我们要科学地规划实验室建设，制定高水平的实验室管理机制，从而建立优质的实验教学平台。近年来，学校不断加强对教学实验室建设的投入，从而保证学生在一流的实验环境中学习。而教学实验室由实验技术队伍管理，实验技术教师非常有必要参与到实验室的建设和规划中，对实验室进行一个长远的功能设计、规划和建设，从而保证实验室建设的可持续性。在未来的发展中，利用现代先进的计算机技术和网络技术，能够更好更快地实现实验室管理的网络化和信息化，这是实验室现代化的另一标志，也是实验室发展的必然趋势。因此，实验技术队伍还需学习，对实验室进行信息化建设，以适应未来实验室的规范化、信息化和科学化。

2.3　实验教学改革

在高校中，理论教学与实践教学共同构成了高校的教学体系，缺一不可。而实验教学是实践教学的主要环节之一，对培养学生的动手能力、创新能力有着重要作用。实验教学体系要保持一流水准，教学改革和创新势在必行。随着高学历人员加入实验技术队伍，他们拥有扎实的专业知识背景，具备参与实验改革的专业素养，是实验教学改革中新的血液。他们可以对已有的实验项目提出改进，将科研成果进行转化，建设新的实验项目，可以对不适合现场教学的实验进行虚拟实验设计，也可以对实验仪器设备进行改进、开发新功能等。

2.4 安全环保建设

化学实验室的安全工作是重中之重。因此，教学实验技术岗位必须具备专业的实验室安全与环保知识与技能。同时，不论是实验教学还是实验室管理，都必须坚持安全环保教育、安全环保管理、责任和培训常态化。化学实验教学中心执行实验室安全三层责任制，最终落实到每个实验房间至少配备一名实验技术安全责任人。实验技术队伍承担了对实验室安全管理的职责，必须持续不断地加强对他们进行安全环保知识与技能培训，具体内容为掌握所管辖试剂的安全存放和使用条件、化学品的个人防护知识、安全用水电知识、压力容器安全使用知识及废弃物的处置规范等。实验室的安全环保建设是持续性投入和学习的过程，实验技术队伍要不断学习和巩固，并将其运用到实验室安全和环保管理中。

2.5 探索创新实验活动

教学实验项目应与时俱进。科学技术在不断前进和创新，随着实验技术队伍结构的优化，高学历的实验技术人员都具有一定的科学研究背景。教学类实验技术人员由于全程参与实验教学活动，熟悉实验教学的全过程，有能力推动实验教学创新型变革。因此，实验技术人员应积极参与一定量的科研课题研究，紧跟科学前沿知识，提高自己的创新水平，同时，也可以将科学研究成果转化成教学实验项目，为实验教学中的探索、创新、创意实验做出贡献。

2.6 兼职管理服务

化学实验教学中心的实验教学工作量巨大，相应的行政管理工作也较繁杂。教学实验技术岗位应承担所有中心的行政管理任务，具体岗位包括建设项目秘书、实验秘书、教学秘书、办公室协调、宣传秘书及各分团队实验室负责人等。在此背景下，我们鼓励并要求实验技术教师参与中心的兼职管理服务及学校学院的公共服务。

3 实验技术队伍的发展建议

针对未来实验技术队伍的发展建议如下：

（1）进一步优化实验技术团队，强调专业人员干专业工作，提升业务水平和技能。随着学校对新进实验技术岗位要求的提高，实验技术队伍的结构会进一步被优化。因此，我们要抓住上级主管部门及中心等提供的各类培训机会，加强实验技术队伍专业培训，增加与同行业的交流机会，培养和提升实验技术队伍的业务水平和技能。

（2）鼓励进行实验教学改革，申报实验教学立项，并切实将改革和立项成果用到实验教学中来。

（3）进一步探索和完善实验技术岗位职责和考核制度。围绕不同实验技术岗位的特点，根据功能及职责定位的差异性进行岗位分类，重新界定岗位职责。建议学校将实验技术岗位细化分类，如针对教学类、测试类、管理类及科研类实验技术岗，分别制定不同的岗位职责指导意见，各学院和中心根据学科特点和专业要求细化工作职责和考核制度，逐步树立实验技术岗位良好的职业认同感。

（4）进一步整合管理服务，要求参与公务服务。鼓励并要求每一位实验技术教师参与一项中心的管理服务和公共服务工作，并公开公示。

结语

综上所述，伴随着"双一流"建设的深入开展，学校给予实验技术队伍越来越多的重视，正在持续不断地、有计划、有目标地探索实验技术队伍的建设和发展之路。随着越来越多的高学历、具有专业知识背景的人才进入实验技术岗位，其结构已在逐渐发生转变，能胜任更多的高技术含量的工作任务。学校也有必要出台宏观的指导性的指标，各学院和中心以此为基础，根据自身学科和专业特点制定具有针对性、可操作性的工作和考核指标，进一步细分实验技术工作岗位职责和考核制度。时代在进步，科技在发展，实验技术队伍仍需不断学习，努力充实自己的专业技能，才能更好地胜任新时代的实验室工作。

参考文献

[1] 张海峰."双一流"背景下的一流实验室建设研究 [J]. 实验室技术与管理，2017，34（12）：6−10.

[2] 范涛，梁传杰，水晶晶，等. 高校"双一流"建设模式改革与实践探析 [J]. 武汉理工大学学报，2019，32（4）：160−169.

[3] 高红梅，刘义全，李印川."双一流"背景下高校实验队伍建设探索 [J]. 实验室研究与探索，2018，37（6）：251−255.

[4] 胡蔓，朱德建，冉栋刚，等. 实验技术队伍能力提升路径研究与实践 [J]. 实验技术与管理，2020，37（4）：39−43.

[5] 郑志远，李传涛，黄昊翀，等. 高校实验技术队伍的现状调查及思考 [J]. 实验技术与管理，2019，36（9）：244−276.

[6] 汪国余. 高校实验技术人才队伍面临的困境及可行解决方案 [J]. 教育教学论坛，2019（49）：275−278.

[7] 周立敏，陈岩，杨桂朋，等. 打造高校"五型"实验技术队伍的思考 [J]. 实验室科学，2017，20（5）：203−205.

[8] 荆晶，杨民，赵耀东."双一流"视野下的高校实验技术队伍激励机制探索 [J]. 实验技术与管理，2019，36（2）：4−6.

[9] 赖春霞，董丽萍，杨祖幸."双一流"建设中实验技术队伍建设探析 [J]. 实验技术与管理，2018，35（11）：237−240.

[10] 张美玲. 浅谈高校实验技术人员应必备的素质 [J]. 实验室科学，2018，21（1）：179−181.

大学生"双创"智能化自主实验综合运行管理平台建设方案的研究

张影红* 何 柳 杨琴敏 郑小林

四川大学实验室及设备管理处

【摘 要】本文分析了国内外多所高校及本校实验室管理的现状,按照四川大学以高端化、国际化为目标,以先进性、专业性、创意性、探索性相结合的建设理念,提出了基于智能传感与控制、大数据分析与挖掘、三维可视化仿真等信息技术的大学生"双创"智能化自主实验综合运行管理平台的建设方案。通过该平台的实际运行,验证了平台建设方案和运行管理模式对学校"双创"建设和人才培养所取得的成效,为高校实验教学的改革创新提供了范例和指导。

【关键词】双创;智能化;自主实验;综合运行管理平台;建设方案

1 高校实验室建设及管理现状

实验室是教学、科研和科技成果转化的基地。《教育部等部门关于进一步加强高校实践育人工作的若干意见》(教思政〔2012〕1 号)中明确提出实践教学是学校教学工作的重要组成部分,要强化实践育人环节[1]。然而,当前高等院校实验室建设和管理状况尚不能完全满足日益发展的教学科研需要,存在一些亟待解决的问题。

1.1 对实验教学和实验室建设的重视程度不够

随着高等教育的发展和社会对人才素质需求的提高,近年来,各高校在教育教学管理中均加大了实验学时,强化了实验室的管理,但仍存在"重理论、轻实践"的状况。具体表现为缺乏实验室建设规划,资源配置受到轻视,实验教学相对落后,人员素质不高等诸多问题。

1.2 实验室建设缺乏顶层设计和长远规划

四川大学涉及学科门类复杂,故实验室类型众多且差异大,各实验室之间相对独立,在实验室管理及实验教学等方面缺乏整体布局和全局意识,片面追求小而全,缺乏顶层设计,既造成了人、财、物的浪费,又制约了实验室的发展和创新,影响了实验室功能的充

---

* 作者简介:张影红,助理研究员,主要研究方向为实验室建设与管理、仪器设备管理与开放共享。

分发挥，缺乏实验室建设的可持续性。

1.3 实验教学师资队伍不稳定

在传统教学观念中，实验教学工作被认为是教学辅助性工作，往往不被重视。高学历的毕业生由于该岗位职称不属于教师系列，故不太愿意从事此项工作或难于长期稳定，同时，由于某些政策原因导致部分具有高职称的教师也不愿意到实验室参与一线教学工作。实验技术人员存在准入门槛过高、队伍老化、数量不足等问题。

1.4 实验室信息化建设相对滞后

我国教育信息化建设历经多媒体化、网络化、数字化，正向目前倡导的智慧化过渡，其信息化建设水平已有很大进步。高校校园网络建设成熟稳定，信息化程度不断提高，但实验室信息化建设及管理相对滞后，仪器设备利用率低，实验室开放内容单一，缺乏多学科的综合性、交叉性和创新性，各实验室之间相互封闭，缺少交流和开放，无法实现资源共享等现象，严重制约了高校教学和科研水平的提高及"双创"建设的进程，不利于学生实践能力的提高和创新精神的培养。

2 智能化平台建设背景

国务院办公厅印发了《国务院关于大力推进大众创业万众创新若干政策措施的意见》（国发〔2015〕32号）和《国务院办公厅关于建设大众创业万众创新示范基地的实施意见》（国办发〔2016〕35号），系统部署了"双创"示范基地建设工作，明确了未来一段时期创新创业重点改革领域的任务部署，确定了首批包括四川大学、清华大学、上海交通大学、南京大学4所高校的"双创"示范基地。为贯彻落实国务院关于高校和科研院所"双创"示范基地的要求，培养大学生创新创业的能力、素质和优化提升大学生创新创业的环境，解决目前高校实验室运行管理的诸多问题，四川大学确定了"双创"示范基地建设要经得起检查评比，要具有示范性、可复制性和影响力的建设要求。经多方面调研论证，学校以高端化、国际化为目标，按照先进性、专业性、创意性、探索性相结合的建设理念，提出了开放共享的智能化实验室的运行管理模式，设计并建设了基于智能传感与控制、大数据分析与挖掘、三维可视化仿真等先进信息技术的大学生"双创"智能化自主实验综合运行管理平台（以下简称"智能化平台"）。

3 智能化平台建设方案

3.1 建设目标

本项目以智能化技术为手段，通过实验室管理的规范化、统一化，不断优化实验室教学、管理流程和效能，提高实验室的使用效率、教学质量及服务管理水平。为实验室评估、"双创"建设及实验教学质量等管理和科学决策提供数据支持，实现教学个性化、实验开放化、管理统一化、服务智能化及决策科学化，并为实验室对外开放共享提供有力支撑和保障。具体包括以下四个方面：

（1）紧密结合学校实验教学管理实际，打破信息壁垒，联通信息孤岛，全面贯通高校实验室内部信息，实现对学校实验室的统一管理，为学校实验室一体化建设建立起智能化、开放式、协同式、高效率的实验室管理机制和平台。

（2）实现学校创新创业服务和实验综合服务的智能化管理，搭建全校各学科"双创"实验平台的创新创业资源与社会创新创业的对接与共享平台，提供学生创客空间服务，提高实验室管理水平和服务水平，降低成本，提高效率[2-5]。

（3）创新实验室管理模式，实现实验室的全空间、全天候及全社会智能化开放，进一步推动实验教学改革的进行，促进实验教学质量的提高，使所有参与实验的教师和学生受益。

（4）通过大数据收集与应用，灵活自定义各种统计分析条件，根据需求生成各类报表、统计表或形式丰富的分析图形，为领导决策和实验室日常管理提供全面、准确的依据。

3.2　建设内容

智能化平台建设主要包括智能化自主实验室、智能化自主实验综合运行管理应用软件和监控指挥中心三个部分。

（1）智能化自主实验室。

智能化自主实验室包括基于智能传感和控制技术，对实验室的动力环境（如烟雾、温湿度、能耗、气体浓度、设备电源开关及设施运行位置等）进行感知和远程控制；对实验室场景、门禁进行监控；对实验室人员活动进行感知并设置一键求救，在感知到异常时，能自动联动报警；利用互联网络、智能终端设备及先进的视音频通信与协作技术，突破时空限制和技术壁垒，共享优秀的师资资源、教学资源和实验资源，提供更多的教学服务功能系统，构建个性化、智能化、数字化的实验环境，实现实验智能互动等。

（2）智能化自主实验综合运行管理应用软件。

智能化自主实验综合运行管理应用软件具体包括实验室教学管理、实验室运行管理、智能化实验室管理、实验室安全管理、监控指挥中心管理、实验教学 App 应用、"双创"智能化实验室平台统一门户、系统运维管理及智能化三维展示系统等。

（3）监控指挥中心。

监控指挥中心应用三维可视化技术，能对智能化自主实验室的运行状态进行实时三维可视化展示和远程控制，同时具备应急救援指挥功能，包括 1 个校级运行监控中心及 1 个中央机房基础建设与软硬件设备建设。

3.3　建设策略

高校智慧实验室管理平台建设规模大，要求高，涉及的业务部门和应用子系统多。结合我校智慧校园的总体规划及学校的实际需求，在建设项目过程中将遵循以下三个方面的策略：

（1）统筹规划，分步实施。

实验室建设和管理涉及学校发展规划，和实验室与资产管理、教务、科技、人事等多个部门有关。因此，实验室信息化建设是一项较复杂的系统工程，必须在统一的规划指导下，立足当前、着眼未来、统筹规划、全面协调、分步实施、逐步推进。

（2）整合资源，数据共享。

在项目建设中，要充分考虑与学校现有的应用系统的集成整合，保障信息资源的共享，建立信息资源共享机制，促进互联互通、信息共享，使有限的实验室资源发挥最大的效益。

（3）突出应用，注重实效。

要进一步深化应用驱动的基本导向，把实验教学、实验室管理和建设基础服务应用系统放在建设首位，立足实际，注重实效，优先解决学校实验室管理和实验教学当前最亟须解决的问题。

3.4 建设计划

按照上述建设思路和策略，本项目划分为三个阶段分步进行建设：

（1）需求调研及总体规划阶段，主要开展项目需求调研，确定项目总体规划方案。

（2）基础设施及基本应用建设阶段，主要推进平台所需基础设施建设及对平台中基础信息和基本应用系统进行建设和完善，确保实验室基本业务系统建设完成。

（3）扩展完善及深化应用阶段，在完成基本应用的基础上，进行较高层次的智能化应用系统建设，加强统一门户平台、统计分析和决策支持等相关智能化管理内容的建设。

4 智能化平台功能架构

经过前期调研和业务分析，智能化平台功能确定由实验教学管理、实验室综合信息管理、智能化自主实验综合运行管理与服务门户、实验室安全管理、综合决策分析及平台运行维护管理六个功能块组成[8-12]。

4.1 实验教学管理

实验教学管理功能块能实时自动采集实验教学中的学生、教师、设备等相关信息，可完成实验教学和创新实验的课前、课中、课后全过程闭环化管理，实时检查实验教学的情况，统计、分析实验教学的效果，体现实验教学工作的智能化、开放化、科学化。其主要有实验室开放管理、实验申请及预约、实验教学排课、实验教学过程管理、创新实验管理及虚拟仿真实验等功能。

4.2 实验室综合信息管理

实验室综合信息管理功能块旨在满足高校设备管理部门和实验室管理部门对实验室人员、设备及实验项目管理的要求，充分发挥固定资产管理系统的信息齐全、准确的优势，方便有关部门对教学、科研仪器设备的管理、查询、统计及上报，全面提高实验室的利用率、实验的效率和质量。其主要有实验室基本信息、仪器设备管理、实验耗材、实验室人员、实验经费及考核评估管理等功能。

4.3 智能化自主实验综合运行管理与服务门户

智能化自主实验综合运行管理与服务门户的建设，打破了原有的"信息孤岛"，实现了校园内实验室资源的有效配置和高效利用，提高了实验室教学、科研、管理、服务等工作效率。平台规划以"统一的数据标准、统一的技术路线、统一的业务规范、统一的组织管理"的原则进行设计。以"统一信息门户、统一身份认证"为基础，为全校师生提供统一的平台功能入口。

4.4 实验室安全管理

实验室是科技的摇篮，实验室安全管理系统是保证实验室安全的基础条件，旨在将实验室潜在的职业危险降至最低，以创造健康安全的工作环境。其主要分为实验室硬件与软件管理，包括实验安全课程管理、实验安全培训管理、实验安全考试管理、实验安全准入管理、实验用品安全管理、实验室安全检查评估及应急救援指挥管理。

4.5 综合决策分析

从四川大学实验室建设的整体情况来看，实验室类型多，涉及学科门类复杂，实验需求多样，实验参与者涉及专业领域广，随时都将产生大量、实时、多样的数据，需要对其进行有效的采集和管理。智能化平台应用学校云平台，搭建起实验室管理基础设施池、数据资源池、模型资源池、业务应用池和服务资源池，将基础设施、数据、模型、软件及服务等提供给学生、教师和各级管理人员。在此基础上，对实验课程和项目的教学数据、实验资源（实验用房、仪器设备等）的使用数据、实验队伍的绩效数据及实验经费使用情况数据、实验获得的成果数据及实验安全保障情况数据，进行基于大数据技术的综合分析和可视化展示，为管理人员提供决策支持。

4.6 平台运行维护管理

平台运行维护管理功能块对智能化平台运行所必需的基础数据和参数进行配置管理。其包括基于校园"一卡通"的用户基本信息和账号管理、用户的功能权限管理及运行日志管理等。所需的基础数据很多来源于外部应用系统，因此，需将运行数据共享给外部系统，这就要求其必须具备数据交换和共享管理的功能。

5 平台建设效益

智能化平台建设方案秉承"先进性、专业性、课程性、创意性"四位一体的建设理念和"世界一流"的建设标准，以全面提高大学生创新精神和实践能力为宗旨，以高校优质的实验教学资源为基础，以创新创业人才培养为主线，利用先进的信息化技术，建设以学生为主体、高度互动、虚实结合、过程可视的全天候智能化自主实验综合运行管理平台，并探索形成与之配套的管理体制及运行机制，使之成为大学生创新创业教育实践平台，为大学生创新创业提供了坚实的实验条件保障。

（1）以物联网、互联网＋、智能传感与控制、生物识别、大数据分析与挖掘、三维可视化仿真等国际一流、国内领先的信息技术为手段，打破信息壁垒，联通信息孤岛，实现学校"双创"实验室的全空间、全天候开放。

（2）学生可以根据自己的创新思维，自主设计实验方案、自主预约实验室、自主刷卡进入实验室完成实验，教师可通过视频和语音方式远程指导学生实验，为学生开展自主性、启发式实验提供了扎实的实验条件支撑。

（3）极大地提高了学校各级各类实验室仪器设备等实验资源的利用率和综合效益，促进学科融合，在为学校一流大学和一流学科建设提供坚实保障的同时，也为学校实验室资源面向社会开放提供技术平台支撑，实现优质资源共享，提升社会影响力。

（4）建立了全国首创的、可复制且经得起实践检验的大学生"双创"智能化自主实验综合运行管理机制，为全国实验教学的改革创新提供了示范。

结语

围绕学校"双创"人才培养目标，四川大学引入智能化、云计算及大数据等新一代信息技术，搭建的大学生"双创"智能化自主实验综合运行管理平台，实现了实验室全天候24 小时开放和学生自主使用，充分调动了学生学习的积极性和自主性，为实现学生"异想天开"的创新创业梦想提供实验条件支撑，为大学生创新、创业能力及素质培养教育提供更好的实验环境。

参考文献

[1] 任淑霞，张翠秒，刘微，等. 实验技术人员在实验室开放项目中的作用 [J]. 实验技术与管理，2018，35（8）：253-256.

[2] 黄天辰，娄建安，郎宾，等. 开放式实验教学信息化平台的设计与实现 [J]. 自动化技术与应用，2018，37（12）：43-47.

[3] 雷钢. 高校双创实验实训平台建设研究 [J]. 实验室研究与探索，2019，38（1）：210-214，280.

[4] 刘兴华，王方艳. 以创新人才培养为核心的实验室开放模式探索 [J]. 实验技术与管理，2016，33（1）：9-20.

[5] 马国勇，史元. "双创"教育对大学生实践能力的影响机制研究 [J]. 继续教育研究，2019（2）：34-39.

[6] 孟小峰，慈祥. 大数据管理：概念、技术与挑战 [J]. 计算机研究与发展，2013，50（1）：146-169.

[7] REN Z, XU X, WAN J, et al. Workload analysis, implications, and optimization on a production hadoop cluster: A case study on taobao [J]. IEEE Transactions on Services Computing, 2014, 7（2）：307-321.

[8] 徐新坤，王志坚，叶枫，等. 一个基于弹性云的负载均衡方法 [J]. 微电子学和计算机，2012，29（11）：29-32.

[9] 多雪松，张晶，高强. 基于 Hadoop 的海量数据管理系统 [J]. 微计算机信息，2010（5）：202-204.

[10] 周游弋，董道国，金城. 高并发集群监控系统中内存数据库的设计与应用 [J]. 计算机应用与软件，2011，28（6）：128-130.

"互联网+"时代外语语言实验室信息化发展创新探究

张玉竹*

四川大学外国语学院

【摘　要】外语语言实验室信息化的创新发展是外语实验室建设的必然趋势，是外语语言类学科稳健发展的外生动力，随着"互联网+"时代信息技术的不断更新，外语语言实验室的信息化发展显得尤为重要。当前，外语信息化发展任重而道远，需要在信息技术日新月异的路途中寻求新的突破。本文将外语信息化人才队伍的科学化建设、外语信息化创新教学研究及外语智能化信息技术发展等作为论述对象，针对当前外语语言实验室存在的信息化发展的局限性、信息技术的滞后性、信息技术支持不足及创新工作欠缺等问题，提出一些新的思考与对策，对四川大学外语语言实验室信息化在新时代、新形势、新环境下进行科学化的探索。

【关键词】互联网+；外语信息化；信息化人才；创新发展

引言

实验教学是高校教育教学中必不可少的部分，是训练学生创新思维、培养学生动手能力和创新能力的关键，也是高校办学的主要支柱之一。高校实验室工作水平体现着学校的整体教育水平、科学技术水平和管理水平，对实验室创新工作的探究及高校实验室的整体建设至关重要[1]。外语语言实验室是外语信息化发展过程中特色鲜明的重要领域。在近几年教育部制订的《大学英语教学指南》中就明确提出"学英语应大力推进最新信息技术与课程教学的融合，继续发挥现代教育技术，特别是信息技术在外语教学中的重要作用"，表明实施外语信息化改革已经上升为国家战略。

早在20世纪50年代初，电化教育已经与外语教育教学密切结合起来，语言实验教学、外台收录、有线外语广播、直观教具及外语唱片灌制等电化教育手段的采用极大促进了中国高校外语教学的发展[2]；纵观20世纪下半叶，我们可以清晰地看到外语电化教育工作者卓有成效的工作成果。近年来，外语语言实验室在信息化快速发展的背景下呈现出高效、有序发展的趋势，可谓是外语信息化的快速发展积极推动了外语语言实验室前进的步伐。

四川大学外语语言实验室的发展可追溯到20世纪50年代，是全国为数不多的建立有

---

* 作者简介：张玉竹，主要研究方向为外语语言信息化。

早期语音室的学校之一，当时教学中普遍使用留声机，钢丝、纸制磁带机，幻灯片等教学方式；20世纪60年代设置管理机构为语音室，进入20世纪70年代改为电化教学室，幻灯、录音、录像、电影等技术在教学领域被广泛使用；20世纪八九十年代，电教技术快速发展，电化教学已成为外语教学不可缺少的教学手段。随着2000年前后外语语言训练中心的组建，尤其是2013年以来，在学校支持下，实验室积极推进各类大规模语言教学设施的建设。目前，我校外语语言实验室由外语语言训练中心和外语专业实验室组成，是四川省高等学校的实验教学示范中心，分别服务于全校本科生基础外语教学和外国语学院外语专业教学，支撑教学、教改和科研。目前，我校拥有全国最大的语言实验室（学生端208座），拥有国家级的大规模网络考试环境。我校外语语言实验室包括同传实验室（图1）、笔译实验室（图2）、语音实验室、Televic外语实验室、虚拟仿真实验室及外语语言智慧教室等。

图1　同传实验室

图2　笔译实验室

近年来，网络教学、情景互动式教学、虚拟仿真实训、智慧互动课堂及云教室等现代教育技术和手段在外语教学中广泛应用。目前，我校外语语言实验室信息化建设正处在发展的关键期、技术的转型期。外语语言实验室的发展虽然在不断地朝着科学化的道路前进，但是在复杂多变的"互联网+"时代背景下也需要对外语语言实验室信息化发展进行全新探索，要深化现代教育信息技术与外语语言教学相融合，以促进实验室信息平台的持续发展。下面将分点来论述关于外语语言实验室信息化建设的发展方向与对策。

1 完善外语信息化发展的机制

1.1 提升外语信息化建设的认识高度

随着全国高校信息化校园建设步伐的推进，近几年高校信息化建设力度也在加大，教育信息化在学校综合竞争力上所起到的作用越来越凸显[3]。若从学校全局及整体高度来看，对信息化建设的认识仍需提高。信息化建设是影响学校核心竞争力的重要组成部分，需要自上而下，各单位、各部门共同参与，各位教师的积极融入，以及网络运营商和网络安全部门等各方力量共同支持，才能良好有序地推动高校信息化建设。外语语言实验室信息化发展也不例外，要不断提升信息化建设的认识高度；要引起有关部门对实验室信息化建设的重视，提升外语信息化技术水平；要不断了解当前外语学科新的信息化发展方向，学习新的技术手段，并将其运用到外语语言实验室信息化的建设中。

1.2 加大信息化人才队伍建设力度

当今社会信息技术快速发展，知识体系日新月异，人才竞争日益激烈，信息化科技人才成为提高高校核心竞争力的重要衡量标准。近年来，学校陆续引进教育信息化专业人才，并且做了相关举措推动信息化人才队伍建设，总体上除网络信息中心和实验与设备管理处等设有部分专职信息化人员外，各职能单位及各学院专业的信息化管理工作人员数量相对较少，引进力度也相对较小，且信息化人员转岗流失等问题也在一定程度上阻碍了外语信息化建设的前进步伐。

因此，外语语言实验室在建设过程中必须要适当加大人才队伍的建设力度，吸引更多优秀的信息化人才加入建设队伍中，融入更多的新鲜血液，注入新的活力。首先，上级部门要重视信息化人才建设方针，出台相应的实验室信息化人才建设政策，引进优秀的信息化专业技术人才；加强对信息化人员的专业技能培训；鼓励信息化从业人员参加资格考试认证；推进信息化人才与企业合作，学习先进的信息化技术。其次，要科学地引入一些先进的智能化设施设备，进而努力提升外语语言实验室在业界的影响力，让外语语言实验室更加规范化、专业化和智能化，为学校广大师生提供一个更加科学的、现代化的外语学习的环境与平台。

1.3 加快信息化理论联系实际的进度

在外语信息化发展过程中，信息技术专业人才需要将自己所学的理论知识运用到实际工作中，并且不断地学习新的知识与技术。信息科学技术发展更新较快，因此，信息化专业人才对于行业的发展方向要保持较高的灵敏度，时刻做到与时俱进，坚持学习和实践并行，理论与实际相结合，不断提高自身的理论修养和工作能力，以适应多变的工作环境，更好地应对工作中遇到的难题[4]。信息化人才的不断创新能够较快地将实验科研成果转化成教学价值、社会价值和经济价值，这样实验室就能够得到相对较多的实验支持和科研经费，能够进一步改善实验设备和条件，吸引更多的创新人才到实验室工作。在取得更多科研成果的情况下，还能培养一批业务骨干，为外语语言实验室信息化梯队的建设创造良好的条件，促进外语学科的不断壮大，形成学科建设和实验室建设相互发展的良性循环。

2 融入创新性实验教学理念

2.1 提高信息化应用的服务能力

纵观全局，实验室要不断提升外语信息化的服务能力。外语语言实验室可以通过搭建外国语言文学资料检索平台、情景语言交流环境和虚拟仿真语言训练环境，使实验室成为外语语言学习的多功能平台。让外语语言实验室不只是在外语教学课堂上发挥作用，在平时也适当地向学校师生开放，以校园网为依托，采用科学、高效的实验室管理方式，使学校的教学资源得到充分利用，尽最大努力实现实验室资源的优化配置[5]。师生到外语语言实验室能够体验外语学习的乐趣，提升学生学习外语的兴趣，增强学生外语学习的积极性和学习效率，提高学生对知识的整合能力和高阶思维能力；外语语言实验室不但是外语语言学习的平台，而且也能成为学生学好外语的良师益友，搭建起学生与外语语言学习之间的桥梁，为提高大学外语教学效率提供有力保障，不断提升信息化服务外语实验教学方面的能力。

2.2 推进在线教学资源平台建设

近年来，学院推行了一系列线上教学考试资源平台（如考试批改网平台、在线考试平台等），并在中国大学慕课网上推选精品课程，这对外语信息化发展起到了良好的推动作用。未来外语语言实验室可以继续开展在线语言情景交流平台建设、虚拟仿真语言外语实验室搭建及语义语调数据的挖掘研究等工作[6]，完成一系列新型的在线教学资源平台建设与项目研究工作，构建多元化的平台，有助于全面促进师生之间的互动，打破师生传统沟通的障碍。外语语言实验室应充分利用互联网的便捷构建多元化的教学环境，为外语信息化的发展提供良好的技术支持，由此推动外语语言类学科的科学化发展。自然语言处理语义理解框架如图3所示。

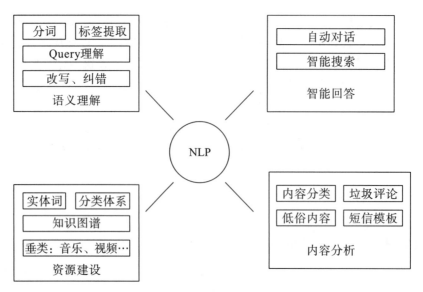

图3　自然语言处理语义理解框架

2.3　引入虚拟仿真、智能化等现代化信息技术

当前，人工智能已融入现实生活的方方面面，包括教育、医疗、商贸及军事等。智慧教育能激发学生的学习兴趣，给课堂注入新活力，外语语言实验室也急需引入一些新的智能化研究来适应时代的发展。众所周知，外语的学习主要包括语言沟通表达的学习和语言背后所蕴含的文化内涵的学习等。近年来，语音识别技术大力发展，随着大数据、机器学习及人工智能的崛起，自然语言处理（NLP）的研究成为新兴科学研究对象，自然语言处理是计算机科学领域与人工智能领域中的一个重要发展方向。它研究能实现人与计算机之间用自然语言进行有效通信的各种理论和方法。自然语言处理是一门融语言学、计算机科学、数学于一体的科学。自然语言处理包括自然语言理解（Natural Language Understanding）和自然语言生成（Natural Language Generation）两部分（图4），这两部分都与语言类学科的发展与研究息息相关。自然语言处理是计算机科学、人工智能、语言学关注计算机和人类（自然）语言之间的相互作用的领域[7]。可以将自然语言处理技术融入外语信息化建设的过程中，提取语言学研究中的关键因子，挖掘深层次的涵义，引入先进的科技技术与智慧化的理念，更好地服务于外语语言教学，结合当前人工智能技术中的语言处理去发挥语言类学科优势。那么，未来外语信息化发展将有巨大的潜力被挖掘，大量的创新工作被实现。在外语信息化探索的道路上，我们要时刻怀有打破常态化的思想，并结合当前信息化技术研究的重点和热点领域，勇于创新，努力促进高校外语教育事业的可持续性发展。

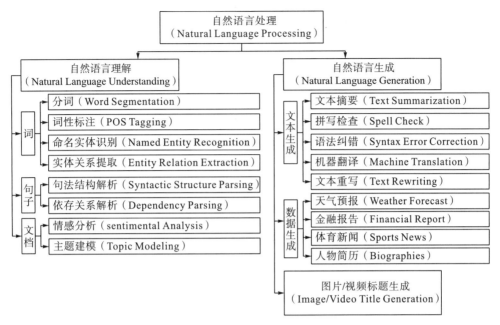

图4　自然语言处理主要技术领域

3　统筹推进相互学习，共同发展

实验室是国内外兄弟院校进行教学科研合作、开展学术交流的平台，在外语信息化发展的过程中要多与国内外其他优秀的高校互相交流，学习先进的经验。必须要具有长远的目光，正确把握实验室信息化未来发展的方向，打造良好、安全、高效的外语语言实验室信息化教学环境。同时，外语语言实验室可以多与外语授课教师合作，互相学习、共同进步，外国语学院授课教师在语言学和外语文化研究领域具有较高的造诣，授课教师主要是偏人文社科类的研究，外语语言实验室教师主要是电教化和信息科学方面的研究，一文一理，我们可以将两者科学地结合起来，在学科交叉的部分开展科学研究，申报课题，发表论文，这样就能够使外语信息化发展达到事半功倍的效果。近年来，对于广大的师生来说，课题申报变得越来越困难，科研项目已经打破了传统的单一学科的模式，跨学科、交叉学科的课题越来越多，这就需要我们寻求新的科研方向。开展合作研究后，会衍生出更多的新的课题与项目，等待广大师生去研究。因此，在外语信息化建设的道路中，应及时与授课教师进行交流，搭建起良好沟通的桥梁，了解他们的真实需求和本学科最新的发展方向与动向，做到与时俱进，开拓创新，这对双方来说都是有益的。

结语

高校实验室是服务学校科学建设的重要组成部分，是教学实践和科研活动的基地。在新的社会环境下，只有不断加强实验室信息化建设才能保证学校的科研及学术水平处于国内外先进行列，才能够培养出更多的具有创新精神的人才，才能够更好地服务社会，回报社会。综上所述，做好外语语言实验室信息化平台建设，是信息化时代高等院校外语教育应用型发展的必然趋势。目前，外语信息化正在不断地向前发展，实验室除完成正常教学任务外，也在良好、有序地开展各方面的创新工作。寻求信息化的新发展不是一蹴而就的，而是一个较缓慢的过程，是一个不断前进的过程，需要从多方面、多维度来考量它，需要做大量的工作去支撑、推动它。当然，除了上述加强人才队伍建设、融入创新性教学理念、推出多元化在线教学资源平台等有待加强的内容，还有一些其他部分等待我们去挖掘，如人工智能语言翻译的探索与应用等。未来，外语信息化还有很多发展方向，随着信息化发展的不断融合与创新，外语语言实验室定能建设成一个能够满足师生需求的、培养高级外语人才不可替代的、不可或缺的重要基地。

参考文献

[1] 郑茂妹. 在实验教学中培养创新思维 [J]. 读与算，2013（19）：13—15.

[2] 徐雪梅，李亮. 多媒体语言实验室在外语教学中的应用探析 [J]. 陕西教育（高教版），2009（10）：339—340.

[3] 马淑文，钱坤. 高校信息化建设人才队伍管理研究 [J]. 大众科技，2019（21）：119—120.

[4] 张作辉. 计算机教学中的理论联系实际的方法的浅议 [J]. 电子制作，2014（10）：125.

[5] 刘素转，吴卫江. 实验室开放预约系统的设计与开发 [J]. 教育教学论坛，2018（4）：275—276.

[6] 黄劲，聂琳. 云数字语言实验室的虚拟仿真环境部署与应用 [J]. 现代计算机，2019（15）：70—74.

[7] 赵京胜，宋梦雪，高祥. 自然语言处理发展及应用综述 [J]. 信息技术与信息，2019（7）：142—145.

[8] 张晓莉. 有效运用教育技术 焕发英语课堂活力 [J]. 吉林省教育学院学报（学科版），2012，28（10）：82—83.

[9] 陈言俊. 创新实验室的建设与创新教学的实践 [J]. 实验技术与管理，2009（26）：11—13.

[10] 施勇. 论高校教育信息化建设面临的问题与对策 [J]. 信息记录材料，2019（3）：182—183.

[11] 王静. 我国高校外语教育信息化政策发展研究 [D]. 上海：上海外国语大学，2017.

[12] 甘茂华. 外语院校信息化教学资源建设现状及策略探析——以四川外国语大学为例 [J]. 中国教育信息化，2019（5）：62—66.

[13] 刘庆国. 信息化背景下外语课堂教学模式与课程改革研究 [J]. 海外英语，2019（24）：11—12.

"双一流"建设中实验室目标管理探索与实践[*]

郑小林^{**1}　何　柳¹　朱　莉²
1. 四川大学实验室及设备管理处
2. 四川大学人事处

【摘　要】 随着高校"双一流"建设的不断深入，实验室建设与运行管理面临着新的更高的要求。目标管理作为一种先进的管理模式，是提升实验室管理水平的有效途径。本文以目标管理的相关理念与主要环节为基础，介绍了四川大学实验室目标考核体系的构建内涵与实施现状。同时，分析了施行校院管理体制改革背景下学校在"双一流"建设中实验室目标管理工作面临的新问题，提出了适应新形势下高校"双一流"建设的实验室目标管理工作的改进思路与建议。

【关键词】 "双一流"建设；实验室；目标管理

引言

实验室是高校人才培养、学科建设、科学研究、科技创新及社会服务的重要场所[1]，也是高校办学水平和实力的重要体现。建设一流的实验室是推进"双一流"建设的客观要求，高校必须加强一流实验室建设，并以一流实验室作为平台和支撑，推动"双一流"建设工作[2]。

随着"双一流"建设的不断推进与深入，对高校实验室建设与运行管理也提出了新的更高的要求。目标管理是以目标为基础或以目标为指导的一种管理体系[3-4]，通过引进目标管理考核机制，可以提升实验室的管理水平，由传统的管理模式转向量化管理模式，可以更直观地发现实验室在建设与运行管理上存在的问题和不足，以便找到实验室工作的重点和努力方向，对学校职能部门、各单位及实验室研判如何更好地发挥实验室对"双一流"建设的保障支撑作用，具有重要指导意义[5-6]。

1　实验室目标考核体系构建

为了进一步有效支撑"双一流"建设，加强实验室的建设与管理，增强实验室工作活

* 基金项目：四川大学实验技术立项项目（SCU201218，SCU201217）。
** 作者简介：郑小林，博士，助理研究员，主要从事实验室建设与管理方面的研究。

力，优化资源配置，加大共享开放，确保实验教学质量，提升创新人才培养水平，实现科学管理的长效运行机制，四川大学按照全校二级单位目标管理工作整体要求，并根据各实验室的具体情况，制订了"实验室管理与实验教学辅助工作"目标考核体系，具体方案见表1。

表1 四川大学实验室目标考核体系

一级指标	二级指标
基本任务	支撑创新创业人才培养的实验教学满足度（％）
	以房间为单位的教学科研实验室安全环保工作达标率（％）
	教学科研实验室安全环保无重大责任事故
实验室建设	建成符合"四新"原则①的实验平台（个）
	实现智能化全天候运行管理的教学科研实验室房间（个）
	支撑和指导学生获校级及以上奖励的创新创业实验项目（个）
	建成社会资源共建共享实验室（个）
实验技术队伍建设	实验设计师②数量（个）
	实验管理师②数量（个）
	获设备功能开发专利（项）
	获校级及以上实验技术立项（项）
	完成新的高水平教学实验设计（项）
	设计实施新的科研实验并取得重大科技成果（项）
设备开放共享	实验仪器设备开放共享年度合格率（％）

注：①"四新"原则：新标准——世界一流；新理念——"先进性、专业性、课程性、创意性"四位一体；新模式——打破学院、学科、专业壁垒，按照"双一流"建设要求，以学科群、专业群为依托，建设跨学院、学科、专业的教学实验平台，实现共建共享，并在实验室的智能化全天候运行管理中取得明显进展；新成效——在培养学生独立思考、设计和开展"异想天开"的创新创意实验方面取得明显成效。②实验设计师、实验管理师：学校新版高级职称评聘标准中对实验技术系列正高级及副高级职称的称呼。

目标考核体系包含"基本任务""实验室建设""实验技术队伍建设""设备开放共享"4个一级指标，共覆盖14个二级指标。体系中实验室建设及实验技术队伍建设都有量化考核指标，而基本任务中"支撑创新创业人才培养的实验教学满足度"主要通过实验教学辅助基本工作量及开放实验完成情况来定性考核。"实验室安全环保"要求实施以实验房间为单位的安全环保隐患风险点台账式管理（含动态评估、实验室危险源管理等，必须建立台账，含具体责任人、明确详细的整改记录等），并实行实验室重大安全环保事故"一票否决"制。"开放共享"则通过实验仪器设备开放共享工作年度考核结果及大精仪器设备使用总机时数来定性考核。

2 目标考核体系的实施和成效

按照四川大学目标管理考核工作方案，学校与各二级单位四年签订一次"二级单位领导班子（成员）任期目标考核任务"，考核任务分为 8 个板块，每个板块的具体指标体系由相应职能部门牵头制定并进行年度分解后，在年终进行绩效考核。学校人事处汇总并确认各板块年终目标考核结果后，按照一定权重比例计算形成各单位的工作年度考核结果，以作为各单位年终绩效分配的主要依据，也成为学校各职能部门在下一年度相关工作领域建设投入的重要参考。

学校最新一轮"二级单位领导班子（成员）任期目标考核任务"是在 2017 年启动的，并于 2020 年初进行了中期考核。全校"实验室建设与实验教学辅助工作"中期考核指标完成进展顺利，部分指标已提前完成（表 2）。通过目标管理，能够基本实现实验室在学校创新人才培养及科学研究等方面的有效支撑。同时，实验室建设与运行管理也在以下两方面取得了一些突出的成效。

表 2　新一轮实验室目标考核指标中期完成率

二级指标	实验教学满足度	安全达标率	无重大责任事故	创新实验平台	智能化实验房间	双创实验项目	共建共享实验室
任期目标	100	100	合格	30	207	299	35
中期完成	100	100	合格	39	321	368	53
完成率	100%	100%	100%	130%	155%	123%	151%
二级指标	实验设计师	实验管理师	设备专利	实验技术立项	高水平教学实验	重大科技成果	开放共享合格率
任期目标	38	110	206	444	240	284	100
中期完成	7	56	166	311	170	276	100
完成率	18.42%	50.90%	80.58%	70.05%	70.83%	97.18%	100%

（1）实验室经费投入和共享建设。

近年来，虽然学校年均投入约 1 亿元用于实验室建设，大幅提升了全校实验室的仪器设备和基础设施水平，但依然不能充分满足学校"双一流"建设与创新人才培养的新要求。在新一轮目标考核方案中，增加了"建成社会资源共建共享实验室"指标，要求各实验室积极争取社会资源投入建设实验室。近三年，各实验室引入社会资源，通过经费投入、设备捐赠、技术支持、设备联合开发及科研项目合作等多形式联合共建 53 个实验室。

2019 年，四川大学电气工程学院与美国罗克韦尔自动化公司共建"四川大学罗克韦尔智能制造协同创新中心"，共同投入价值 1860 万元的实验设备。通过实验室共建，新增和改造实验项目约 49 项，支持开展相关研究方向的本科大学生创新、本科生科研训练项目及课程设计和毕业设计。同时，可满足学校师生参加全国大学生信息技术创新应用大赛、全国大学生自动化系统应用大赛等硬件需求，并成为全国工业自动化人才认证培训和考试基地及罗克韦尔自动化工程师认证培训和考试基地等，人才培养效益十分显著。

（2）大精仪器实验设备管理与开放共享目标考核。

每年通过开放共享工作检查及大精仪器设备使用总机时数来考核各单位实验仪器设备开放共享年度合格率，不断加强全校教学及科研实验资源开放共享力度，切实提高综合使用效益，努力为师生提供更优质高效的实验条件保障。

截至 2019 年底，进入科技部"重大科研基础设施和大型科研仪器国家网络管理平台"对接设备（单台件≥50 万元）达到 714 台（套），全校仪器设备开放共享年收入约 1900 万元。近两年，均顺利通过科技部、财政部对全校大型科研仪器开放共享的评价考核。2018 年，在由科技部、财政部牵头首次对全国 373 个中央级单位设备资源开放共享情况进行的考评中，我校评为优秀，并获得奖励 85 万元。

3　目标考核体系面临的新问题

通过实施目标考核体系，学校可以较为准确地掌握实验室建设与运行管理的基本情况，实验室及设备管理处作为主管部门也应对考核结果进行分析与研究，明确进一步需要采取的相应措施，实现实验室建设与运行管理过程的科学化。就目前情况来看，学校现行实验室目标考核体系仍然存在着一些问题，具体如下。

3.1　目标考核体系的内容不够全面具体

学校现行的目标考核体系具体指标主要是借鉴上级有关部门对高等学校办学条件及实验室进行相关工作考评时所采用的指标体系，考核内容主要体现在"实验室教学与建设""实验设备开放共享""实验室安全环保"三大板块。从实际实施情况来看，考核指标设置还不够完善，实施效果还不能充分满足学校"双一流"建设及创新人才培养的发展要求。

如"支撑创新创业人才培养的实验教学满足度"指标主要通过实验教学辅助基本工作量及开放实验工作量来定性考核，而完成量的多少主要取决于学生选课人数及计划学时，考核导向作用不明显，不能从实验教学模式及方法等方面有效考核支撑"双创"人才培养的教学满足度。考核内容中也未重视实验室相关基础管理人员的日常管理和工作态度，没有对人员的能力发展计划进行管理。另外，对实验室综合利用效能也缺乏相应的考核。

3.2　目标考核体系指标值及考核权重不够合理

深化校院两级管理体制改革[7]是推动"双一流"建设的重要抓手之一，近年来，四川大学也探索制定了《校院两级管理体制改革实施意见》及人事管理制度、财务管理制度等多个配套实施细则。从 2018 年开始，在全校二级单位全面稳步推开，这对实验室建设与运行管理提出了新的要求，现行实验室目标管理的开展也受到了一定影响，部分考核指标完成困难。如根据人事管理制度改革，高级专业技术职务和人员选聘权限下放至二级单位后，对实验技术队伍的建设带来了显著的影响。二级单位引进实验技术人员普遍困难，实验技术人员职称晋升难度明显增大。从表 2 中可知，实验设计师（对应副高级）与实验管理师（对应正高级）指标的完成率明显低于其他指标。

另外，由于各项考核指标的重要程度是不同的，在进行绩效评价时，为了反映各项指标的主次关系，需要确定各项指标的权重系数。在实际评价过程中，目标考核指标按照"实验室教学与建设""实验设备开放共享""实验室安全环保"三个板块进行分类，学校根据各单位完成情况分别进行打分，再根据这三个板块的分数按相应权重加权后得到各个单位的评价结果。四川大学是一所规模大、学科门类齐全的综合性大学，各类实验室之间有一定的管理共性，也存在较大的建设差异。目前，各个板块内考核指标的权重系数及三个板块之间的权重系数的设置还不够合理，评价结果还不能真实体现不同类型实验室工作的完成情况。

3.3 目标考核数据采集信息化程度不够高

每年 12 月份，启动年度实验室目标任务完成情况考核工作后，各单位收集考核数据主要依靠人工采集汇总，最后将数据报送至学校审核，需要花费基层单位大量的时间来完成该项工作，部分实验成果也存在多部门同时考核重复上报的问题。同时，现有实验室综合管理系统存在"信息孤岛"问题，还没有与教务、国资、人事等相关部门实现信息完全对接，学校在审核各单位提交的数据时，对数据的准确性与真实性无法做到有效判断，在一定程度上影响了评价结果的精准度。

4 完善实验室目标管理工作的建议

目前，实验室目标管理工作在高校已经得到广泛的应用，随着"双一流"建设的持续深入推进及创新人才培养力度的不断加大，目标管理考核体系仍需进一步改进优化。根据四川大学近年来对实验室目标管理工作的探索与实践，提出以下三点建议。

4.1 科学设置目标考核指标体系

首先，为了增强目标考核指标体系的科学性、导向性、可行性与可比性，减少考核的误差，提高评价的可信度，进一步发挥考核指标体系对实验室建设与运行的引领、导向作用，应该彻底打破传统的定性考核模式，采取定性定量相结合的考核模式，建立以工作产出为核心的绩效评价机制。定性考核应去掉内容空泛的考核指标，以导向性明确的内容为主，如四川大学正在"实验室安全环保"考核方面探索以实验室安全动态评估等级挂牌制来进行定性考核，以期推动实验室安全环保工作更好地开展。定量考核也应对定量指标进一步细分细化，力求简明易行。

其次，目标考核体系要制定合理的评估标准，根据实际情况可采取满分制评估或综合指数评价等方式，要科学设置指标权重系数。针对综合性大学的实验室类型多、性质差别大等情况，为了便于纵、横对比，可以抓住实验室的主要共性部分，对不同类型和层次的实验室采取不同的评价标准，使所有实验室的评价结果都真实完整。

再次，根据"双一流"建设及国内外实验室发展的最新趋势，及时更新考核指标，引导实验室建设新方向，如虚拟仿真实验建设[8-10]及实验室文化建设[11-12]等近期研究的热点。

4.2 加强实验室绩效考核结果应用

实施实验室目标管理就是为了运用绩效考核的结果，发挥其自身的激励和引导等作用，必须形成相应的评价结果使用制度，促进绩效考核进入良性发展的模式。对于实验室评价结果，各单位对实验室绩效考核要进行全面分析、总结，充分利用考核结果，采取切实可行的措施，提高实验室整体建设与管理水平。学校把评价结果作为今后实验室建设投入的重要依据。对绩效好、工作水平高的实验室予以表彰奖励，并在经费上给予重点投入，对效益低下、工作水平差的实验室，责令整顿并限期改进，以实现"在建设中发挥效益，在发展中提高水平"的科学化管理目标。

4.3 加大信息化管理建设力度

实验室信息化管理系统的建设可以实现学校各院系、各相关职能部门及不同院校之间的实验数据和资源远程共享，提高实验室管理部门的工作效率，使实验室的日常管理从传统手工化、纸面化管理向科学化、高效化、信息化管理迈进。

在实验室综合管理系统开发过程中，应实现与教务系统课程及学生信息、国资系统实验用房信息、人事系统教师信息等实验室管理信息完全对接。同时，把目标考核中相关考核数据生产功能融入管理系统中，实现定量考核指标数据的自动收集与生成，还要实现对部分定性考核指标（如教辅工作量、仪器设备开放共享及实验室安全环保技术监测等）实时情况的精准掌握，最终实现考核指标完成数据的有效采集，为评价结果的准确形成与运用提供数据保障。

结语

中国高校要向世界一流大学目标迈进、要培养具有"双创"能力的高素质人才，实验室建设质量与运行管理水平具有非常重要的支撑作用。近年来，四川大学积极探索了基于目标管理的实验室科学管理长效机制建设过程，并取得了显著成效。随着高校"双一流"建设的持续深入推进，为了让目标管理在实验室建设与运行管理中充分发挥作用，必须建立更科学、更适合本单位实际的考核机制，并在实践探索中不断发展完善，从而使实验室能更有效地支撑高校"双一流"建设与"双创"人才培养。

参考文献

[1] 彭新一，童燕青. 构建实验室科学管理体系的思考 [J]. 华南理工大学学报（社会科学版），2009，11 (1)：61-63.

[2] 张海峰. "双一流"背景下的一流实验室建设研究 [J]. 实验技术与管理，2009，34 (12)：6-10.

[3] 许一. 目标管理理论述评 [J]. 外国经济与管理，2006，28 (9)：1-7.

[4] 赵君，廖建桥，文鹏. 绩效考核目的的维度与影响效果 [J]. 中南财经政法大学学报，2013，196 (1)：144-151.

[5] 郜维超，黄刚，尹婵娟，等. 浅析目标管理在高校实验室管理中的应用 [J]. 实验室研究与探索，2017，36 (9)：225-228.

[6] 刘凌，吴元喜. 通过目标管理推动实验教学中心的发展 [J]. 实验科学与技术，2015，13 (1)：183-186.

[7] 许杰. 深化校院两级管理：经验与思索 [J]. 教育经济与管理，2016 (1)：42-47.

[8] 刘亚丰，余龙江. 虚拟仿真实验教学中心建设理念及发展模式探索 [J]. 实验技术与管理，2016，33 (4)：108-110.

[9] 熊宏齐. 虚拟仿真实验教学助推理论教学与实验教学的融合改革与创新 [J]. 实验技术与管理，2020，37 (5)：1-4.

［10］ 杜月林，黄刚，王峰，等. 建设虚拟仿真实验平台探索创新人才培养模式［J］. 实验技术与管理，2015，32（12）：26－29.

［11］ 柯红岩，钱大益，刘云，等. 高校实验室文化建设探索［J］. 实验技术与管理，2012，29（3）：328－330.

［12］ 张原，李鑫，杜兴号. 高校实验室文化的内涵及建设途径［J］. 实验技术与管理，2011，28（3）：15－19.